Massimo Bergamini
Graziella Barozzi
Anna Trifone

Moduli di matematica

S Disequazioni e funzioni

Matematica e arte

Ellsworth Kelly di Emanuela Pulvirenti

Che cos'è quella strana macchia bianca e nera in copertina? Difficile crederlo, ma è un quadro: un'opera di Ellsworth Kelly dal titolo *White Relief Over Black*. Certo, ha una forma anomala, dimensioni esagerate, non presenta immagini né disegni astratti, non si capisce quale sia il significato... eppure è un dipinto a tutti gli effetti. E come tutti i dipinti, anche quelli più essenziali, nasce dall'esigenza di rappresentare un aspetto della realtà. Nel caso di Kelly, artista americano morto a dicembre del 2015 all'età di 92 anni, quell'aspetto è la forma che hanno le cose, soprattutto quelle della natura e delle piante a lungo disegnate negli anni della formazione.

"Non sono interessato alla struttura di una roccia ma alla sua ombra", amava dire Kelly.

I contorni delle cose, dunque, sono per Kelly più importanti di quello che ci sta dentro; la sagoma del quadro è più interessante del colore con cui è riempito. Si tratta quindi di un'esplorazione precisa e paziente delle infinite geometrie del quadro. Un'operazione di reinvenzione del mondo attraverso un linguaggio "pulito" e astratto. Talmente rigoroso e oggettivo che l'opera deve quasi sembrare essersi fatta da sé, senza l'intervento della volontà dell'artista.

La sua produzione è vicina al movimento del *Hard Edge Painting*, la pittura realizzata con campiture uniformi accostate in modo netto, ed è affine al *Minimalismo*, la corrente artistica che si esprime con elementi geometrici semplici e basilari. Eppure la sua opera sfugge a queste definizioni, perché riduce la tavolozza a pochi colori base, per di più usati separatamente, e poi perché le sue tele, con quelle forme originali e non classificabili, possiedono un dinamismo estraneo all'arte minimalista.

Le sue sagome colorate parlano lo stesso linguaggio essenziale ed esatto della matematica, sono formule visive che raccontano, proprio come fa questo libro, un universo misterioso tutto da scoprire.

Ellsworth Kelly, *White Relief Over Black,* 2012
olio su tela
177,8 x 177,8 x 6,7 cm

Per saperne di più vai **su.zanichelli.it/copertine-bergamini**

PER IL COMPUTER E PER IL TABLET

L'eBook multimediale

1 REGÌSTRATI

Vai su **my.zanichelli.it** e regìstrati come studente

2 ATTIVA IL TUO LIBRO

Una volta entrato in **myZanichelli**, inserisci la **chiave di attivazione** che trovi sul bollino argentato in questa pagina

3 CLICCA SULLA COPERTINA

Puoi:
- **scaricare l'eBook offline** sul tuo computer o sul tuo tablet
- **sfogliare un'anteprima** dell'eBook online

ZANICHELLI

Moduli di matematica, modulo S *Disequazioni e funzioni* è la seconda edizione di Bergamini, Barozzi, Trifone, *Matematica.bianco*, modulo S *Disequazioni e funzioni*, Zanichelli 2014.

Realizzazione editoriale:
- Coordinamento editoriale: Giulia Laffi
- Redazione: Silvia Gerola, Marinella Lombardi, Giulia Tosetti
- Collaborazione redazionale: Massimo Armenzoni, Parma
- Segreteria di redazione: Deborah Lorenzini, Rossella Frezzato
- Progetto grafico: Byblos, Faenza
- Composizione e impaginazione: Litoincisa, Bologna
- Disegni: Livia Marin; Luca Pacchiani; Francesca Ponti; Dario Zannier; Graffito, Cusano Milanino
- Ricerca iconografica: Silvia Basso; Anna Boscolo; Byblos, Faenza; Silvia Gerola; Marinella Lombardi; Angela Marcheschi; Federico Munini; Chiara Severini

Contributi:
- Revisione creativa dei testi e degli esercizi: Massimo Armenzoni, Silvia Basso, Silvia Bastia, Alessandro Bordin, Anna Boscolo, Marco Giusiano, Luca Malagoli, Angela Marcheschi, Federico Munini, Francesca Anna Riccio, Francesca Ruzzi, Federica Scalari
- Coordinamento degli esercizi Realtà e modelli: Luca Malagoli
- Stesura delle schede di approfondimento: Daniela Cipolloni, Adriano Demattè, Daniele Gouthier, Chiara Manzini, Elisa Menozzi, Ilaria Pellati, Antonio Rotteglia
- Stesura degli esercizi: Chiara Ballarotti, Anna Maria Bartolucci, Silvia Basso, Davide Bergamini, Andrea Betti, Cristina Bignardi, Francesco Biondi, Daniela Boni, Alessandro Bordin, Anna Boscolo, Silvia Bruno, Silvana Calabria, Lisa Cecconi, Roberto Ceriani, Daniele Cialdella, Chiara Cinti, Paolo Maurizio Dieghi, Daniela Favaretto, Francesca Ferlin, Rita Fortuzzi, Ilaria Fragni, Lorenzo Ghezzi, Chiara Lucchi, Mario Luciani, Chiara Lugli, Francesca Lugli, Armando Magnavacca, Luca Malagoli, Angela Marcheschi, Elisa Menozzi, Luisa Morini, Federico Munini, Monica Prandini, Tiziana Raparelli, Laura Recine, Daniele Ritelli, Antonio Rotteglia, Francesca Ruzzi, Federica Scalari, Giuseppe Sturiale, Renata Tolino, Maria Angela Vitali, Alessandro Zagnoli, Alessandro Zago, Lorenzo Zordan
- Stesura degli esercizi Realtà e Modelli: Riccardo Avigo, Arcangela Bennardo, Andrea Betti, Daniela Boni, Silvia Bruno, Roberto Ceriani, Paolo Maurizio Dieghi, Maria Falivene, Marco Ferrigo, Beatrice Franzolini, Lorenzo Ghezzi, Giovanna Guidone, Nicola Marigonda, Marcello Marro, Lorenzo Meneghini, Nadia Moretti, Marta Novati, Francesco Parigi, Marta Parroni, Marco Petrella, Pasquale Ronca, Marco Sgrignoli, Giulia Signorini, Enrico Sintoni, Claudia Zampolini
- Stesura dei *Listen to it*: Silvia Basso, Fabio Bettani, Anna Boscolo, Beatrice Franzolini, Ilaria Lovato
- Stesura degli esercizi in lingua inglese: Anna Baccaglini-Frank, Andrea Betti
- Revisione dei *Listen to it* e degli esercizi in lingua inglese: Jessica Halpern, Luisa Doplicher
- Coordinamento della correzione degli esercizi: Francesca Anna Riccio
- Correzione degli esercizi: Silvano Baggio, Francesco Benvenuti, Davide Bergamini, Angela Capucci, Elisa Capucci, Lisa Cecconi, Barbara Di Fabio, Sara Di Ruzza, Elisa Garagnani, Daniela Giorgi, Erika Giorgi, Chiara Guidi, Cristina Imperato, Francesca Incensi, Chiara Lugli, Francesca Lugli, Elisa Menozzi, Elena Meucci, Monica Prandini, Francesca Anna Riccio, Daniele Ritelli, Renata Schivardi, Elisa Targa, Ambra Tinti

Realizzazione dell'eBook multimediale:
- Coordinamento redazionale: Fabio Bettani
- Sviluppo software Booktab: duDAT srl, Bologna
- Realizzazione dell'eBook: Preparé Italia, Battipaglia
- Revisione dell'eBook: CHIARA comunicazione, Parma

Video:
- Coordinamento redazionale: Fabio Bettani, Elena Zaninoni
- Redazione e realizzazione: Christian Biasco, Piero Chessa
- Revisione: Agnese Barbensi, Annalisa Castellucci, Sara Di Ruzza, Beatrice Franzolini, Damiano Maragno

Animazioni interattive:
- Coordinamento redazionale: Fabio Bettani, Giulia Tosetti, Elena Zaninoni
- Stesura e realizzazione: Davide Bergamini
- Revisione: Beatrice Franzolini, Francesca Elisa Leonelli, Paolo Scarpat

Audio *Listen to it*:
- Voce: Anna Baccaglini-Frank
- Realizzazione: formicablu srl, Bologna; Immagina srl, Castel Maggiore

Copertina:
- Progetto grafico: Miguel Sal & C., Bologna
- Realizzazione: Roberto Marchetti e Francesca Ponti
- Immagine di copertina: Ellsworth Kelly, **White Relief Over Black**, 2012. Collezione privata. © Ellsworth Kelly Foundation
  Fotografia: Hulya Kolabas, courtesy Ellsworth Kelly Studio

Prima edizione: marzo 2018

Ristampa:

5 4 2020 2021 2022

Zanichelli garantisce che le risorse digitali di questo volume sotto il suo controllo saranno accessibili, a partire dall'acquisto dell'esemplare nuovo, per tutta la durata della normale utilizzazione didattica dell'opera. Passato questo periodo, alcune o tutte le risorse potrebbero non essere più accessibili o disponibili: per maggiori informazioni, leggi my.zanichelli.it/fuoricatalogo

File per sintesi vocale
L'editore mette a disposizione degli studenti non vedenti, ipovedenti, disabili motori o con disturbi specifici di apprendimento i file pdf in cui sono memorizzate le pagine di questo libro. Il formato del file permette l'ingrandimento dei caratteri del testo e la lettura mediante software screen reader. Le informazioni su come ottenere i file sono sul sito www.zanichelli.it/scuola/bisogni-educativi-speciali

Grazie a chi ci segnala gli errori
Segnalate gli errori e le proposte di correzione su **www.zanichelli.it/correzioni**. Controlleremo e inseriremo le eventuali correzioni nelle ristampe del libro. Nello stesso sito troverete anche l'errata corrige, con l'elenco degli errori e delle correzioni.

Zanichelli editore S.p.A. opera con sistema qualità certificato CertiCarGraf n. 477 secondo la norma UNI EN ISO 9001:2015

Questo libro è stampato su carta che rispetta le foreste.
www.zanichelli.it/chi-siamo/sostenibilita

Stampa: Cartoedit s.r.l.
Via Antoniucci 23, 06012 Città di Castello (Perugia)
per conto di Zanichelli editore S.p.A.
Via Irnerio 34, 40126 Bologna

SOMMARIO

Nell'eBook

4 video (• Invenzione degli scacchi • Calcolo approssimato dei logaritmi • Logaritmi e decibel • Le formule degli angoli associati)

e inoltre 17 animazioni

TUTOR matematica **60 esercizi interattivi in più**

risorsa riservata a chi ha acquistato l'edizione con tutor

Fonti delle immagini

Capitolo 1 Disequazionii

1: melis/Shutterstock
3: Serhii Bobyk/Shutterstock
7: Pressmaster/Shutterstock
8: Yaping/Shutterstock
9: Syda Productions/Shutterstock
13: smallblackcat/Shutterstock
20: Jimi Hera/Shutterstock
22: Kitch Bain/Shutterstock
23 (a): Stas Tolstnev/Shutterstock
23 (b): ESB Professional/Shutterstock
23 (c): michaeljung/Shutterstock
30: bonybin/Shutterstock
32 (a): Quality Stock Arts/Shutterstock
32 (b): Firma V/Shutterstock
33: Delpixel/Shutterstock
40: PornSak Paewlumfaek/Shutterstock
41: NarisaFotoSS/Shutterstock
42: Ilya Andriyanov/Shutterstock
55: elen 418/Shutterstock

Capitolo 2 Funzioni, successioni e loro proprietà

57: Minerva Studio/Shutterstock
63: Alessio Cola/Shutterstock
68: Subbotina Anna/Shutterstock
75: Inu/Shutterstock
78: AZir/Shutterstock
81:Goodluz/Shutterstock
95: Jason Vandehey/Shutterstock
96: wildlife_nordic/Shutterstock
97: Baloncici/Shutterstock
98: Africa Studio/Shutterstock
101: Syda Productions/Shutterstock
106: Barnaby Chambers/Shutterstock
107 (a): Supertrooper/Shutterstock
107 (b): studioVin/Shutterstock; Tim UR/Shutterstock; kaband/Shutterstock
107 (c): Andrey_Popov/Shutterstock
108: Nataliafrei/Shutterstock

Capitolo 3 Esponenziali, logaritmi, funzioni goniometriche

109: Vasin Lee/Shutterstock
112: Maren Winter/Shutterstock
113: angellodeco/Shutterstock
115: Zhao jian kang/Shutterstock
121: Dmytro Zinkevych/Shutterstock
127: Alexey Y. Petrov/Shutterstock
128: Dino Osmic/Shutterstock
135 (a): Arthimedes/Shutterstock
135 (b): Fabio Alcini/Shutterstock
137: Dennis W. Donohue/Shutterstock
139: Mopic/Shutterstock
143: Marcel Jancovic/Shutterstock
150: pim pic/Shutterstock
157 (a): Alberto Zornetta/Shutterstock
157 (b): RMIKKA/Shutterstock
163 (a): Oleg Znamenskiy/Shutterstock
163 (b): Gearstd/Shutterstock
165: Matryoha/Shutterstock
173 (a): Elisanth/Shutterstock
173 (b): Photo Melon/Shutterstock
175: Robert Kneschke/Shutterstock
176 (a): Tatiana Popova/Shutterstock
176 (b): CroMary/Shutterstock
178: Africa Studio/Shutterstock
179 (a): happy photo/Shutterstock
179 (b): Giuseppe_R/Shutterstock
180 (a): Jason Salmon/Shutterstock
180 (b): viritphon/Shitterstock
181: Dimedrol68/Shutterstock
185: Bodik1992/Shutterstock
186 (a): Diego Barbieri/Shutterstock
186 (b): Satirus/Shutterstock
187 (a): Peter Gudella/Shutterstock
187 (b): Heliosphile/Shutterstock
187 (c): William Perugini/Shutterstock
188: Davide bonaldo/Shutterstock

CAPITOLO 1 DISEQUAZIONI

Non solo economia

Le disequazioni possono servire per modellizzare e risolvere problemi tratti dalla realtà.
Le applicherai in problemi di economia per ricavare, per esempio, a quale prezzo un'azienda deve vendere uno zaino per avere un buon guadagno o quale tasso si deve ottenere da una banca per aumentare, in un certo periodo, i propri risparmi.
Ma anche la festa di Capodanno ti impegnerà nella ricerca di una disequazione. Se ogni invitato fa gli auguri a tutti gli altri e dopo un minuto gli scambi sono già 36...

...quanti sono come minimo gli invitati?

▶ La risposta a pag. 7

1 Disequazioni e princìpi di equivalenza

▶ Esercizi a p. 20

Rivediamo in modo sintetico i concetti e i metodi che hai già studiato per risolvere le disequazioni di primo grado.

Le disuguaglianze sono enunciati fra espressioni che confrontiamo mediante i simboli:

$<$ (minore), $>$ (maggiore), $\leq$ (minore o uguale), $\geq$ (maggiore o uguale).

Per esempio: $2 + 1 < 5$, $3a + 1 \geq b$.

DEFINIZIONE
Una **disequazione** è una disuguaglianza in cui compaiono espressioni letterali per le quali cerchiamo i valori di una o più lettere che rendono la disuguaglianza vera.

Le lettere per le quali si cercano valori sono le **incognite**. I valori delle incognite che rendono vera la disuguaglianza sono le **soluzioni** della disequazione.

In questo capitolo ci occuperemo di disequazioni a una sola incognita e cercheremo di determinare l'**insieme delle soluzioni** S nell'insieme $\mathbb{R}$ dei numeri reali. Spesso l'insieme delle soluzioni delle disequazioni è costituito da particolari sot-

Listen to it

An **inequality** is a relation that compares two expressions, one greater than the other. If the expressions contain unknown quantities, we **solve the inequality** by finding the values for which the **inequality** holds.

TEORIA

toinsiemi di $\mathbb{R}$, chiamati **intervalli**, che si possono rappresentare in tre modi diversi: con le disuguaglianze, con le parentesi quadre o graficamente.

Per esempio, l'insieme delle soluzioni della disequazione $x - 4 > 0$ può essere rappresentato come segue.

$x > 4$ oppure $]4; +\infty[$ oppure 

Due disequazioni che hanno lo stesso insieme di soluzioni si dicono **equivalenti**. Valgono i seguenti **princìpi di equivalenza**.

Primo principio di equivalenza
Data una disequazione, si ottiene una disequazione a essa equivalente aggiungendo a entrambi i membri uno stesso numero o espressione.

► La disequazione $4x - 1 \geq x + 2$ è equivalente a $4x - x \geq 2 + 1$?

Per il primo principio **un termine può essere trasportato da un membro all'altro di una disequazione, cambiando il suo segno**.

Secondo principio di equivalenza
Data una disequazione, si ottiene una disequazione a essa equivalente:
- moltiplicando o dividendo entrambi i membri per uno stesso numero (o espressione) *positivo*.
- moltiplicando o dividendo entrambi i membri per un numero (o espressione) *negativo* e *cambiando il verso* della disuguaglianza.

► La disequazione $-2x > 6$ è equivalente a $x > -3$?

Per il secondo principio **se si cambia il segno di tutti i termini di una disequazione e si inverte il suo verso, si ottiene una disequazione equivalente**.

Per risolvere una disequazione passiamo dalla disequazione a disequazioni equivalenti sempre più semplici applicando i princìpi di equivalenza.

2 Disequazioni di primo grado

► Esercizi a p. 21

Una disequazione è:
- **di primo grado** o **lineare** se l'incognita è di primo grado;
- **numerica** se non compaiono altre lettere oltre all'incognita;
- **intera** se l'incognita compare soltanto nei numeratori delle eventuali frazioni presenti.

Risolviamo una disequazione numerica intera, applicando i princìpi di equivalenza:

ESEMPIO

$$2 + \frac{x}{4} \leq 1 + x \;\to\; \frac{x}{4} - x \leq 1 - 2 \;\to\; -\frac{3}{4}x \leq -1 \;\to\; x \geq \frac{4}{3}.$$

primo principio di equivalenza — svolgiamo i calcoli — secondo principio di equivalenza

TEORIA

Possiamo indicare la soluzione anche con $\left[\frac{4}{3}; +\infty\right[$ o come in figura.

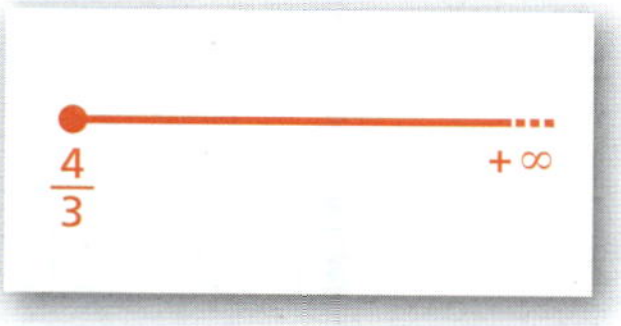

Il pallino pieno indica che il valore corrispondente è una soluzione, il pallino vuoto che non lo è.

► Risolvi le disequazioni:
a. $4x + 1 > 6 + 5x$;
b. $x \geq 1 + x$.

ESEMPIO Conti al cinema

Un cinema ha 400 posti a sedere; il biglietto per la visione di un film costa € 8 a prezzo pieno e € 5 ridotto.

► Per lo spettacolo delle 20:00, quanti biglietti ridotti devono essere venduti, al massimo, per avere la sala piena e un incasso di almeno € 2750?

Chiamiamo x il numero di biglietti ridotti venduti. Quando la sala del cinema è piena, i biglietti a prezzo pieno sono $400 - x$ e l'incasso è, pertanto:

$$5 \cdot x + 8(400 - x).$$

Dobbiamo risolvere la disequazione:

$$5x + 8(400 - x) \geq 2750 \quad \rightarrow \quad 5x + 3200 - 8x \geq 2750 \quad \rightarrow$$

$$-3x \geq -450 \quad \rightarrow \quad x \leq 150.$$

Per incassare almeno € 2750 non si devono vendere più di 150 biglietti ridotti.

Studio del segno di un prodotto

ESEMPIO

Consideriamo la disequazione

$$(x - 1)(3x + 2)(x + 4) > 0.$$

Per risolverla **studiamo il segno** di ogni fattore e poi deduciamo quello del prodotto al variare di x.

$$x - 1 > 0 \quad \rightarrow \quad x > 1$$

$$3x + 2 > 0 \quad \rightarrow \quad x > -\frac{2}{3}$$

$$x + 4 > 0 \quad \rightarrow \quad x > -4$$

Rappresentiamo i risultati in uno schema grafico in cui indichiamo i segni dei fattori nei diversi intervalli e il segno del prodotto, ottenuto con la regola dei segni. Evidenziamo in giallo gli intervalli in cui la disequazione è verificata, cioè quelli in cui il prodotto risulta essere positivo. L'insieme delle soluzioni è:

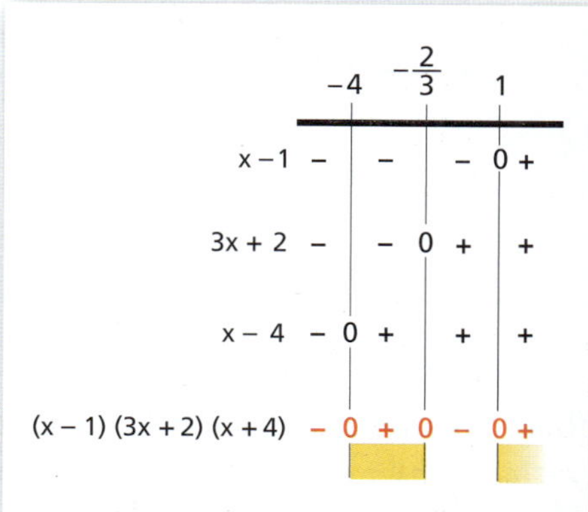

$$-4 < x < -\frac{2}{3} \quad \vee \quad x > 1.$$

Animazione

Nell'animazione, scomponendo in fattori e applicando lo stesso metodo, risolviamo anche:

$x^3 - 4x \leq 0$.

► Risolvi le seguenti disequazioni:
a. $(7x + 2)(4x - 5) \geq 0$;
b. $x(1 - x)(x - 6) < 0$.

Animazione

▶ Risolvi la disequazione $x(4-2x)(x+3) \leq 0$.

Possiamo rappresentare la soluzione anche negli altri due modi:

- graficamente: 

- indicando gli intervalli con le parentesi quadre: $\left]-4; -\frac{2}{3}\right[\cup]1; +\infty[$.

3 Disequazioni di secondo grado

Ogni disequazione di secondo grado intera nell'incognita x può essere ricondotta alla forma normale $ax^2 + bx + c > 0$ (o in quelle analoghe con $\geq, <, \leq$), con $a \neq 0$.

Per risolverla usiamo un metodo che si basa sullo studio del segno del trinomio $ax^2 + bx + c$ associato.

Segno di un trinomio di secondo grado

▶ Esercizi a p. 25

ESEMPIO

Studiamo il segno del trinomio di secondo grado $2x^2 - 7x + 3$.

La funzione $y = 2x^2 - 7x + 3$ ha per grafico una parabola che ha la concavità rivolta verso l'alto e interseca l'asse x nei punti di ascissa $\frac{1}{2}$ e 3, perché:

$$2x^2 - 7x + 3 = 0 \rightarrow \Delta = 49 - 24 = 25 > 0,\ x = \frac{7 \pm 5}{4} \rightarrow x_1 = \frac{1}{2},\ x_2 = 3.$$

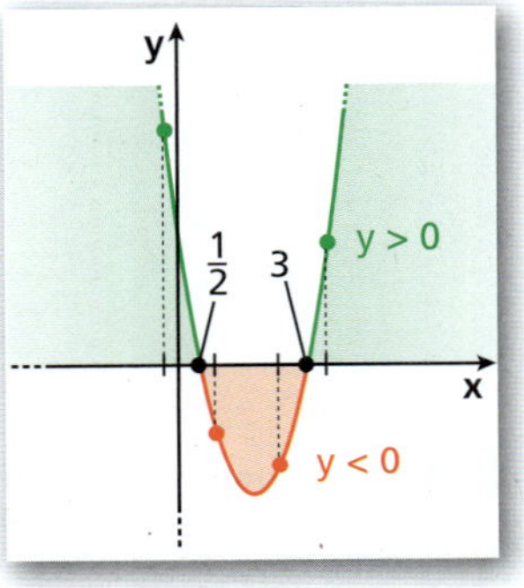

Per $\frac{1}{2} < x < 3$, i punti del grafico hanno ordinata negativa; per $x < \frac{1}{2}$ o $x > 3$, hanno ordinata positiva.

Per lo studio del segno non servono altre informazioni relative alla parabola, quindi possiamo utilizzare lo schema semplificato della figura a lato e concludere che il trinomio $2x^2 - 7x + 3$ è:

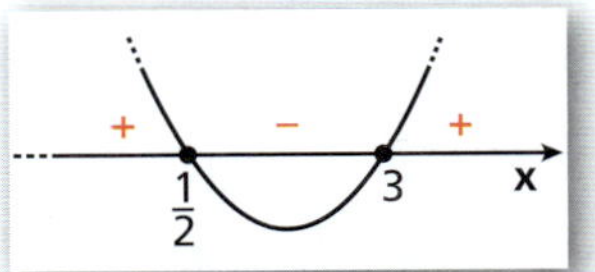

- negativo se $\frac{1}{2} < x < 3$;
- nullo se $x = \frac{1}{2} \vee x = 3$;
- positivo se $x < \frac{1}{2} \vee x > 3$.

In generale, consideriamo il trinomio di secondo grado $ax^2 + bx + c$, con $a \neq 0$, lo indichiamo con y ed esaminiamo il suo grafico, che è una parabola.

Riassumiamo nella tabella le possibili posizioni di una parabola di equazione $y = ax^2 + bx + c$ rispetto all'asse x. x_1 e x_2 sono le radici dell'equazione associata $ax^2 + bx + c = 0$, cioè i valori per i quali il trinomio è nullo. I segni + e − indicano dove la parabola è sopra o sotto l'asse x, e quindi anche dove il trinomio è positivo o negativo.

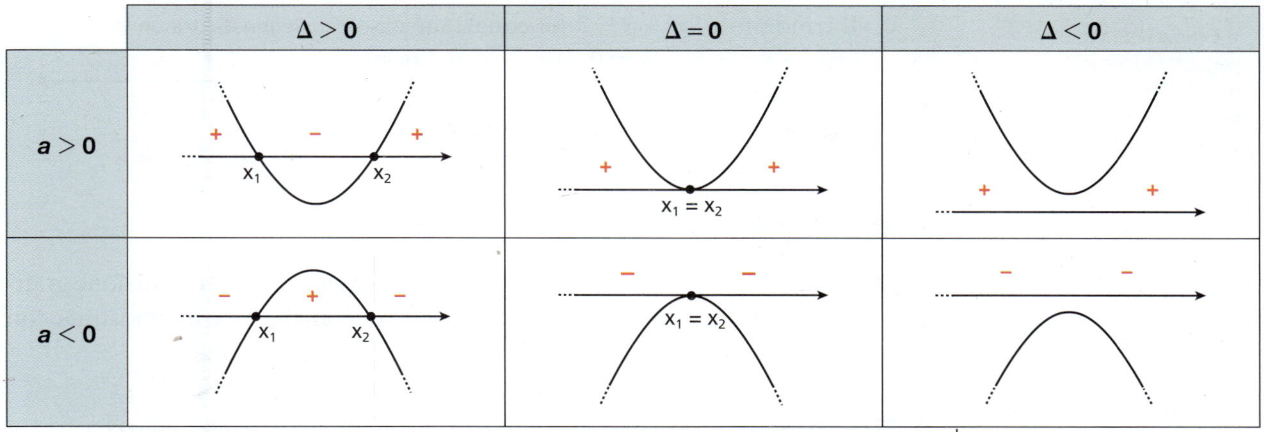

Chiamiamo *intervallo delle radici* l'intervallo dei valori compresi fra x_1 e x_2.

Osserviamo i grafici nella prima colonna della tabella precedente, che si riferiscono al caso $\Delta > 0$. Per valori di x esterni all'intervallo delle radici:

- se $a > 0$, cioè ha segno $+$, anche il trinomio ha segno $+$;
- se $a < 0$, cioè ha segno $-$, anche il trinomio ha segno $-$;

quindi il trinomio assume sempre *segno concorde* con quello del primo coefficiente a per *valori esterni all'intervallo delle radici* dell'equazione associata.

Invece il trinomio assume *segno discorde* da quello di a per *valori di x interni all'intervallo delle radici* dell'equazione associata.

Procedendo nello stesso modo anche nei casi $\Delta = 0$ e $\Delta < 0$, otteniamo il seguente schema, che possiamo utilizzare senza tracciare il grafico della parabola.

confronto dei segni di $ax^2 + bx + c$ e di a:

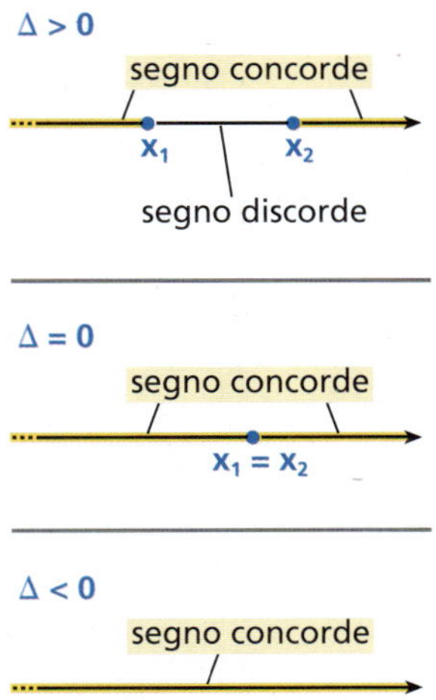

Segno di un trinomio di secondo grado

Quando l'equazione associata al trinomio $ax^2 + bx + c$, con $a \neq 0$, ha:

- $\mathbf{\Delta > 0}$, il trinomio e il coefficiente a hanno
  - *segno concorde* per valori di x *esterni* all'intervallo delle radici;
  - *segno discorde* per valori di x *interni* all'intervallo delle radici;
- $\mathbf{\Delta = 0}$, il trinomio e il coefficiente a hanno *segno concorde* per *tutti* i valori di x *diversi* dalla radice dell'equazione associata;
- $\mathbf{\Delta < 0}$, il trinomio e il coefficiente a hanno *segno concorde* per *ogni* valore reale di x.

Facciamo alcuni esempi.

ESEMPIO

a. Il trinomio $-x^2 - x + 2$ ha equazione associata $-x^2 - x + 2 = 0$, con $\Delta > 0$ e $x_1 = -2$, $x_2 = 1$.

Segno del trinomio

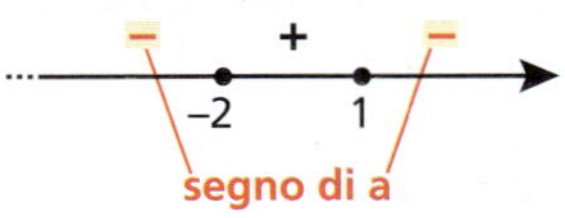

b. Il trinomio $+9x^2 - 6x + 1$ ha equazione associata $9x^2 - 6x + 1 = 0$, con $\Delta = 0$ e $x_1 = x_2 = \frac{1}{3}$.

Segno del trinomio

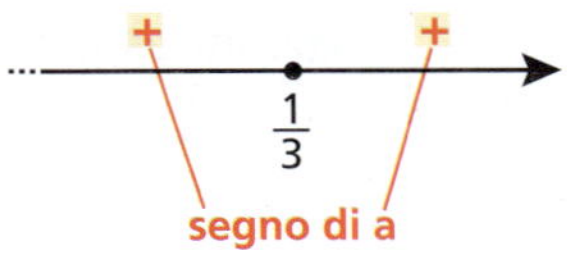

▶ Studia il segno dei seguenti trinomi:
a. $x^2 + 5x + 6$;
b. $3x^2 + x + 1$;
c. $x^2 - 2x + 1$.

c. Il trinomio $-8x^2 + x - 3$ ha equazione associata $-8x^2 + x - 3 = 0$, con $\Delta < 0$ e nessuna radice reale.

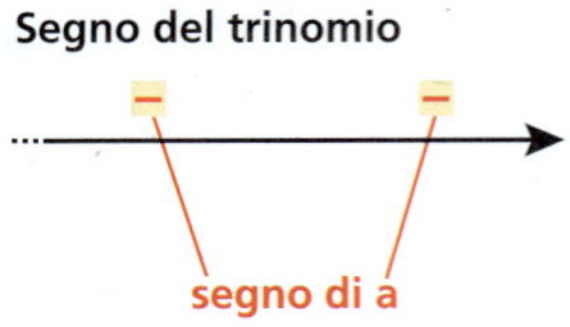

Studio algebrico del segno

Animazione | La regola che abbiamo ottenuto mediante interpretazione grafica, osservando le caratteristiche della parabola, può anche essere dimostrata con lo studio algebrico del segno, come proponiamo nell'animazione.

Risoluzione di una disequazione di secondo grado

▶ Esercizi a p. 27

Attraverso la regola dello studio del segno di un trinomio di secondo grado risolviamo una disequazione di secondo grado.

Possiamo procedere come segue.

- Portiamo la disequazione nella forma $\boldsymbol{ax^2 + bx + c > 0}$ (o in quelle analoghe con $\geq$, $<$, $\leq$), dove per comodità scegliamo di avere $\boldsymbol{a > 0}$. Possiamo sempre ricondurci a questo caso perché, se $a < 0$, basta moltiplicare i due membri della disequazione per -1 e cambiare il verso della disequazione applicando il secondo principio di equivalenza.
- Risolviamo l'equazione associata, determinando il segno del discriminante e le radici, quando esistono.
- Applichiamo la regola dello studio del segno, individuando l'intervallo o gli intervalli in cui il trinomio è o positivo o negativo, a seconda della richiesta della disequazione.

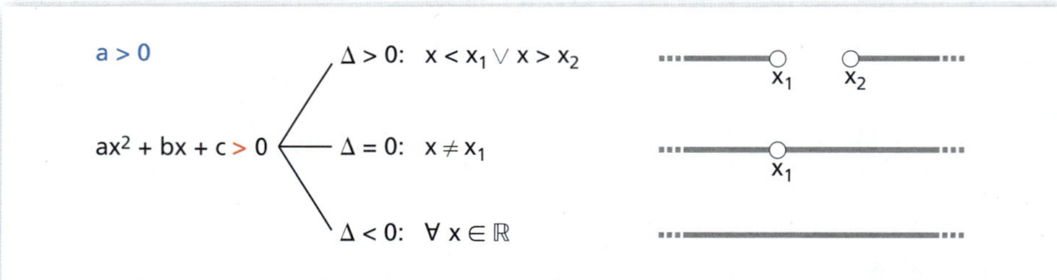

Video

Interpretazione grafica delle disequazioni di secondo grado Dopo averla scritta nella forma $ax^2 + bx + c > 0$, dai un'interpretazione grafica della disequazione $12 + 8x - 9x^2 < x - 3 - 5x^2$.

Se scegliamo, come nello schema precedente, di portare la disequazione nella forma con $a > 0$ nella risoluzione, per studiare il segno del trinomio, possiamo utilizzare solo parabole con la concavità rivolta verso l'alto.

Esaminiamo alcuni esempi. Nelle animazioni puoi vedere il segno dei trinomi in modo dinamico.

Listen to it

To solve a **quadratic inequality** just sketch some basic features of the **graph** of the associated quadratic function, as shown in the figures.

ESEMPIO

1. **Animazione** | $\boldsymbol{\Delta > 0}$ Risolviamo la disequazione $3x^2 - x - 2 < 0$.

L'equazione associata è $3x^2 - x - 2 = 0$, con $\Delta = 25 > 0$; le sue radici sono:

$$x_1 = -\frac{2}{3}; \quad x_2 = 1.$$

Il trinomio ha segno concorde con il coefficiente 3 di x^2, cioè positivo, per valori esterni all'intervallo $\left[-\frac{2}{3}; 1\right]$, ha segno discorde, cioè negativo, per valori interni.

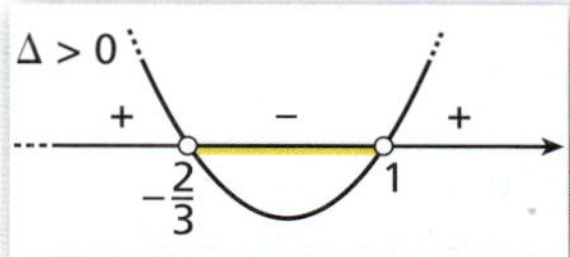

La disequazione chiede che il trinomio sia negativo, quindi le soluzioni sono:

$$-\frac{2}{3} < x < 1.$$

2. **Animazione** | $\Delta = 0$ Risolviamo la disequazione $x^2 - 4x + 4 > 0$.

L'equazione associata $x^2 - 4x + 4 = 0$ ha $\Delta = 0$, con due soluzioni coincidenti:

$$x_1 = x_2 = 2.$$

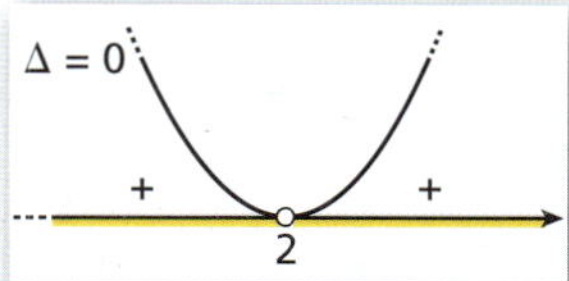

Il trinomio ha segno concorde con il coefficiente 1 di x^2, cioè positivo, per qualunque valore diverso da 2.
La disequazione chiede che il trinomio sia positivo, quindi le soluzioni sono:

$$x \neq 2.$$

3. **Animazione** | $\Delta < 0$ Risolviamo la disequazione $2x^2 - x + 1 < 0$.

L'equazione associata $2x^2 - x + 1 = 0$ ha $\Delta < 0$.
Il trinomio ha segno concorde con il coefficiente 2 di x^2, cioè positivo, per qualsiasi valore di x.
La disequazione chiede che il trinomio sia negativo, quindi non è mai verificata.

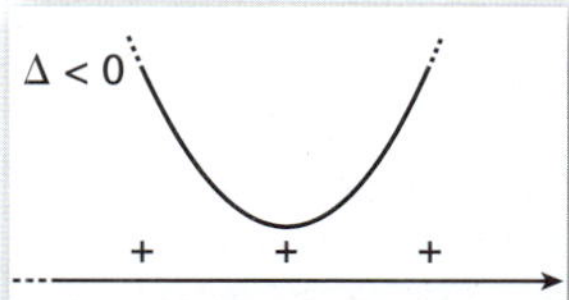

► Risolvi le seguenti disequazioni:
a. $2x^2 + 8x - 10 < 0$;
b. $2x^2 - 12x + 18 \geq 0$;
c. $4x^2 + 2x + 1 < 0$.

Vediamo un'applicazione delle disequazioni di secondo grado.

ESEMPIO Più invitati e più auguri

A una festa di capodanno, quando scocca la mezzanotte, ogni invitato fa gli auguri a tutti gli altri. Dopo un minuto, gli scambi di auguri sono già 36.

► Quanti sono come minimo gli invitati alla festa?

Se x è il numero degli invitati, ognuno fa gli auguri a $(x-1)$ persone. Il numero di scambi di auguri, tenendo conto che due persone si fanno gli auguri solo una volta, è:

$$\frac{x(x-1)}{2}.$$

Dobbiamo risolvere la disequazione:

$$\frac{x(x-1)}{2} \geq 36 \rightarrow x^2 - x \geq 72 \rightarrow x^2 - x - 72 \geq 0.$$

L'equazione associata $x^2 - x - 72 = 0$ ha $\Delta = 289 > 0$ e le sue radici sono:

$$x_1 = \frac{1+17}{2} = 9; \quad x_2 = \frac{1-17}{2} = -8.$$

Il trinomio ha segno concorde con il coefficiente 1 di x^2, cioè positivo, per valori esterni all'intervallo $[-8; 9]$, ha segno discorde, cioè negativo, per valori

TEORIA

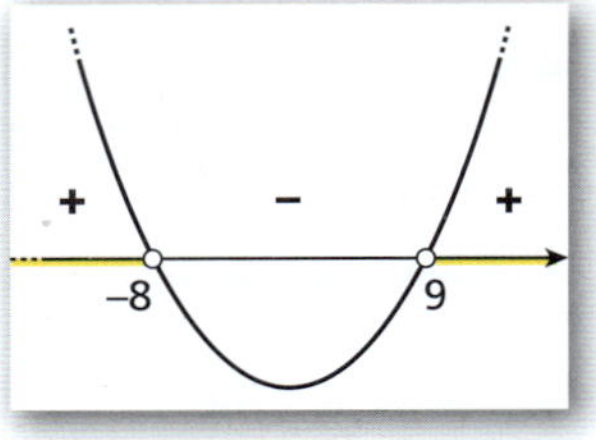

interni. La disequazione chiede che il trinomio sia positivo o nullo, quindi le soluzioni sono:

$$x \leq -8 \vee x \geq 9.$$

Dal momento che x rappresenta il numero delle persone, le soluzioni negative non sono accettabili. Quindi gli invitati sono $x \geq 9$.

Vediamo un altro esempio.

ESEMPIO Domanda e offerta

Il reparto marketing di un'azienda che produce zaini ha calcolato che la domanda per un nuovo modello è legata al prezzo di vendita p dalla funzione

$$p = 80 - 10x, \quad 0 \leq x \leq 8,$$

dove x rappresenta il numero di zaini venduti, in migliaia.
Il ricavo della vendita di x zaini è $R = x(80 - 10x)$, in migliaia di euro.
Il costo di produzione di x migliaia di zaini è di € 15 per ogni zaino, più € 3000 fissi. Quindi $C = 15x + 3$, in migliaia di euro.

► Quale prezzo di vendita è consigliato perché il guadagno totale sia di almeno € 102 000?

Il guadagno totale è:

$$G = R - C = x(80 - 10x) - (15x + 3) = -10x^2 + 65x - 3.$$

Dobbiamo risolvere la disequazione

$$-10x^2 + 65x - 3 \geq 102 \rightarrow 10x^2 - 65x + 105 \leq 0 \rightarrow 2x^2 - 13x + 21 \leq 0.$$

Le soluzioni dell'equazione associata sono:

$$x = \frac{13 \pm 1}{4} \quad \rightarrow \quad x_1 = \frac{7}{2};\ x_2 = 3.$$

Il trinomio $2x^2 - 13x + 21$ è negativo per valori interni all'intervallo $\left[3; \frac{7}{2}\right]$.
Quindi la disequazione è verificata per $3 \leq x \leq \frac{7}{2}$, cioè bisogna vendere tra i 3000 e i 3500 zaini. Di conseguenza, per il prezzo di vendita p si ha:

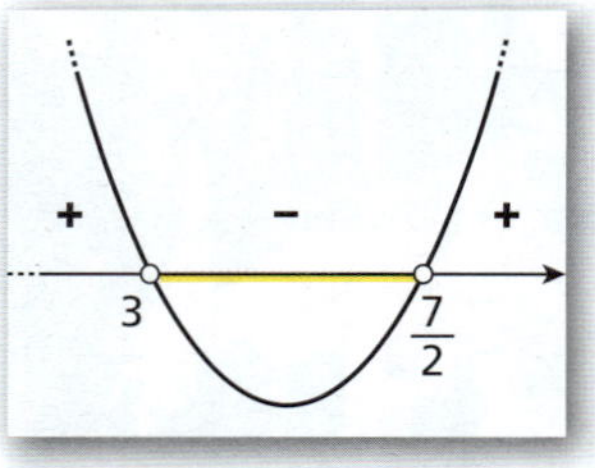

$$80 - 10 \cdot \frac{7}{2} \leq p \leq 80 - 10 \cdot 3 \rightarrow 45 \leq p \leq 50.$$

Per guadagnare almeno € 102 000 l'azienda deve vendere gli zaini a un prezzo compreso tra € 45 e € 50.

4 Disequazioni di grado superiore al secondo

► Esercizi a p. 33

In particolari casi di disequazioni, possiamo utilizzare metodi specifici.

Disequazioni binomie

Una **disequazione binomia** può essere ricondotta alla forma $ax^n + b \gtreqless 0$, con $a \neq 0$ e n intero positivo.

Vediamo il caso in cui n è dispari.

ESEMPIO Animazione

Risolviamo $x^3 - 8 \leq 0$.
L'equazione associata $x^3 - 8 = 0$ è un'*equazione binomia*, perché è nella forma $ax^n + b = 0$, con $a \neq 0$ e n intero positivo, e in particolare l'esponente è $n = 3$, dispari. La sua soluzione è:

$$x^3 = 8 \rightarrow x = \sqrt[3]{8} = 2.$$

Ricordando che $a^3 - b^3 = (a - b)(a^2 + ab + b^2)$, scriviamo

$$x^3 - 8 = (x - 2)(x^2 + 2x + 4).$$

Inoltre il trinomio $x^2 + 2x + 4$, che ha $\frac{\Delta}{4} = 1 - 4 < 0$, assume sempre segno positivo, allora il segno di $x^3 - 8$ dipende solo dal segno del fattore $(x - 2)$.

La disequazione è verificata per $x \leq 2$.

► **a.** Risolvi $x^5 + 125 \leq 0$.
b. Risolvi $x^4 - 81 > 0$ e $x^4 + 81 > 0$, e confronta i risultati con il caso di esponente dispari di x.

In generale, le disequazioni del tipo $\boldsymbol{x^n > a}$ e $\boldsymbol{x^n < a}$, con n dispari, si possono risolvere direttamente scrivendo rispettivamente $\boldsymbol{x > \sqrt[n]{a}}$ e $\boldsymbol{x < \sqrt[n]{a}}$.

ESEMPIO A tasso fisso

Alessandra ha messo da parte € 10 000 da investire. Se la banca le offre un tasso di interesse costante r, dopo n anni il suo capitale sarà:

$$C = 10000(1 + r)^n.$$

► Quanto deve valere r se Alessandra vuole avere almeno € 11 000 dopo 5 anni?

Dobbiamo risolvere la disequazione

$$10000(1 + r)^5 \geq 11000 \rightarrow (1 + r)^5 \geq 1{,}1 \rightarrow 1 + r \geq \sqrt[5]{1{,}1} \rightarrow r \geq 0{,}02.$$

Quindi il tasso deve essere almeno del 2%.

Vediamo ora il caso in cui n è pari.

ESEMPIO

Risolviamo $x^4 - 16 > 0$.
L'equazione associata $x^4 - 16 = 0$ ha soluzioni $x = \pm\sqrt[4]{16} = \pm 2$.
Scomponiamo in fattori $x^4 - 16$:

$$x^4 - 16 = (x^2 - 4)(x^2 + 4).$$

Il binomio $x^2 + 4$ è sempre positivo, quindi il segno di $x^4 - 16$ dipende solo dal segno del fattore $x^2 - 4$.

$$x^4 - 16 > 0 \rightarrow x^2 - 4 > 0 \rightarrow x < -2 \vee x > 2.$$

In generale, le disequazioni del tipo $\boldsymbol{x^n > a}$ e $\boldsymbol{x^n < a}$, con n pari e $a \geq 0$, hanno rispettivamente soluzioni $\boldsymbol{x < -\sqrt[n]{a} \vee x > \sqrt[n]{a}}$ e $\boldsymbol{-\sqrt[n]{a} < x < \sqrt[n]{a}}$.

Disequazioni biquadratiche

Una **disequazione biquadratica** è riconducibile alla forma $ax^4 + bx^2 + c \gtreqless 0$, con $a \neq 0$.

▶ Risolvi: $-x^4 - 6x^2 - 8 < 0$.

ESEMPIO Animazione

Risolviamo $x^4 - 13x^2 + 36 \geq 0$.

L'equazione associata $x^4 - 13x^2 + 36 = 0$ è un'*equazione biquadratica*, perché è nella forma $ax^4 + bx^2 + c = 0$, con $a \neq 0$. Introduciamo l'incognita ausiliaria z, poniamo $x^2 = z$ e risolviamo nell'incognita z:

$$z^2 - 13z + 36 = 0 \quad \rightarrow \quad z_1 = 4, z_2 = 9.$$

La disequazione iniziale è equivalente alla disequazione in z:

$$z^2 - 13z + 36 \geq 0,$$

le cui soluzioni sono $z \leq 4 \ \vee \ z \geq 9$; da ciò, essendo $x^2 = z$:

$$x^4 - 13x^2 + 36 \geq 0 \quad \text{per} \quad x^2 \leq 4 \ \vee \ x^2 \geq 9, \text{ ossia:}$$

$$-2 \leq x \leq 2 \ \vee \ (x \leq -3 \ \vee \ x \geq 3).$$

▶ Risolvi: $4x^5 + 7x^3 - 36x > 0$.

Animazione

Disequazioni trinomie

Una **disequazione trinomia** può essere ricondotta alla forma $ax^{2n} + bx^n + c \gtreqless 0$, con $a \neq 0$ e n intero positivo. Se $n = 2$, si ha una disequazione biquadratica.

ESEMPIO Animazione

Risolviamo $x^6 - 3x^3 + 2 > 0$.

L'equazione associata $x^6 - 3x^3 + 2 = 0$ è un'*equazione trinomia*, perché è nella forma $ax^{2n} + bx^n + c = 0$, con $a \neq 0$ e n intero positivo. Per risolverla, introduciamo l'incognita ausiliaria z e poniamo $x^3 = z$:

$$z^2 - 3z + 2 = 0 \quad \text{per} \quad z_1 = 1, z_2 = 2.$$

Procediamo come abbiamo fatto per la disequazione biquadratica.

La disequazione di sesto grado, nell'incognita x, è equivalente alla disequazione di secondo grado, nell'incognita ausiliaria z.

Ricaviamo:

$$z^2 - 3z + 2 > 0 \quad \text{per} \quad z < 1 \ \vee \ z > 2 \ \rightarrow$$

$$x^6 - 3x^3 + 2 > 0 \quad \text{per} \quad x^3 < 1 \ \vee \ x^3 > 2 \ \rightarrow \ x < 1 \ \vee \ x > \sqrt[3]{2}.$$

▶ Risolvi: $-x^{10} - x^5 + 2 \leq 0$.

Disequazioni risolvibili con scomposizioni in fattori

Dato un polinomio $P(x)$ di grado maggiore di 2, le disequazioni del tipo $P(x) < 0$ o $P(x) > 0$ sono di grado superiore al secondo e possono essere risolte scomponendo in fattori di primo e secondo grado il polinomio $P(x)$ e studiando il segno del prodotto di polinomi che si ottiene.

ESEMPIO Animazione

Risolviamo la disequazione $x^3 - 2x^2 - 5x + 6 > 0$.
Scomponiamo $x^3 - 2x^2 - 5x + 6$ in fattori mediante la regola di Ruffini.

Se sostituiamo nel polinomio i divisori del termine noto 6, scopriamo che 1 è uno zero del polinomio, che è quindi divisibile per $(x - 1)$.

Applichiamo la regola di Ruffini:

	1	−2	−5	6
1		1	−1	−6
	1	−1	−6	0

$\rightarrow \quad x^3 - 2x^2 - 5x + 6 = (x - 1)(x^2 - x - 6)$.

La disequazione iniziale è equivalente a:

$$(x - 1)(x^2 - x - 6) > 0.$$

Esaminiamo il segno dei polinomi fattori e del prodotto:

$$x - 1 > 0 \quad \rightarrow \quad x > 1;$$

$$x^2 - x - 6 > 0 \quad \rightarrow \quad x < -2 \ \vee \ x > 3.$$

Dal quadro dei segni in figura ricaviamo che la disequazione è verificata per $-2 < x < 1 \ \vee \ x > 3$.

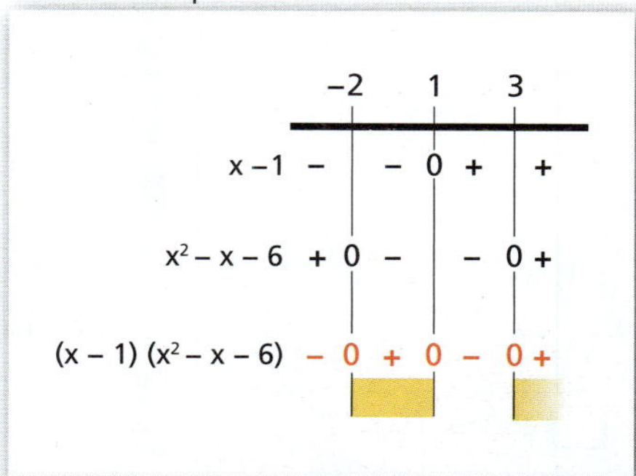

▶ Risolvi:
a. $x^3 + x^2 - 4x - 4 > 0$;
b. $x^3 + 3x^2 - 6x - 8 \leq 0$.

5 Disequazioni fratte

▶ Esercizi a p. 35

Una disequazione è **fratta** se contiene l'incognita in almeno un denominatore.

Per risolverla dobbiamo trasformarla, svolgendo le necessarie operazioni tra frazioni algebriche e usando i princìpi di equivalenza, in una delle seguenti forme, dette *forme normali*,

$$\frac{N(x)}{D(x)} > 0, \quad \frac{N(x)}{D(x)} < 0,$$

o in quelle analoghe con $\leq$ e $\geq$. $N(x)$ e $D(x)$ sono funzioni dell'incognita x, noi studiamo solo il caso in cui le due funzioni sono polinomi (disequazione razionale fratta).

Per risolvere una disequazione fratta in forma normale dobbiamo studiare il segno della frazione $\frac{N(x)}{D(x)}$, esaminando i segni di $N(x)$ e di $D(x)$. Dobbiamo imporre $D(x) \neq 0$ per la condizione di esistenza della frazione.

Listen to it

If the unknown is in the denominator, the inequality is called a **rational inequality**.

ESEMPIO Animazione

Risolviamo la disequazione $\frac{x^2 - 1}{2x^2 - 7x - 4} \geq 0$.

Il denominatore deve essere non nullo, perciò:

$$\text{C.E.: } 2x^2 - 7x - 4 \neq 0 \quad \rightarrow \quad x \neq -\frac{1}{2} \ \wedge \ x \neq 4.$$

Studiamo il segno del numeratore:

$$x^2 - 1 > 0 \quad \rightarrow \quad x < -1 \ \vee \ x > 1.$$

TEORIA

▶ Risolvi le seguenti disequazioni:

a. $\frac{3-x}{x+5} > 0$;

b. $\frac{x^2-4}{x^2+2x} \leq 0$.

[a) $-5 < x < 3$; b) $0 < x \leq 2$]

Animazione

Studiamo il segno del denominatore.

Le radici dell'equazione associata sono $-\frac{1}{2}$ e 4, quindi:

$$2x^2 - 7x - 4 > 0 \quad \rightarrow \quad x < -\frac{1}{2} \quad \vee \quad x > 4.$$

Compiliamo il quadro dei segni.

		-1		$-\frac{1}{2}$		1		4	
x^2-1	+	0	−		−	0	+		+
$2x^2-7x-4$	+		+	0	−		−	0	+
$\frac{x^2-1}{2x^2-7x-4}$	+	0	−	∄	+	0	−	∄	+

La disequazione fratta è verificata per:

$$x \leq -1 \quad \vee \quad -\frac{1}{2} < x \leq 1 \quad \vee \quad x > 4.$$

▶ Risolvi $\frac{1}{x^2} \leq \frac{1}{x+2}$.

Video

Osservazione. Per brevità possiamo anche non scrivere le condizioni di esistenza e segnare direttamente nel quadro dei segni i valori per cui la frazione non esiste.

6 Sistemi di disequazioni

▶ Esercizi a p. 41

DEFINIZIONE

Un **sistema di disequazioni** è un insieme di più disequazioni nella stessa incognita, per le quali cerchiamo le soluzioni comuni.

Listen to it

To solve a **system of inequalities** we have to find the values that satisfy all the inequalities involved.

Le **soluzioni** del sistema sono quei numeri reali che soddisfano *contemporaneamente* tutte le disequazioni e si ottengono dall'**intersezione** degli insiemi delle soluzioni dalle singole disequazioni.

Vediamo la risoluzione di un sistema di disequazioni che modellizza un problema tratto dalla realtà.

▶ Risolvi il sistema $\begin{cases} x^2-2x-3<0 \\ x^2-6x \geq 0 \end{cases}$.

[$-1 < x \leq 0$]

ESEMPIO Aree giochi

Nel cortile rettangolare di una scuola dell'infanzia si vogliono attrezzare due aree giochi uguali, una erbosa e una con giostrine, come nello schema della figura, dove le misure sono in metri. L'area giochi complessiva deve garantire almeno 4 m² per ogni bambino, e i bambini sono 36.

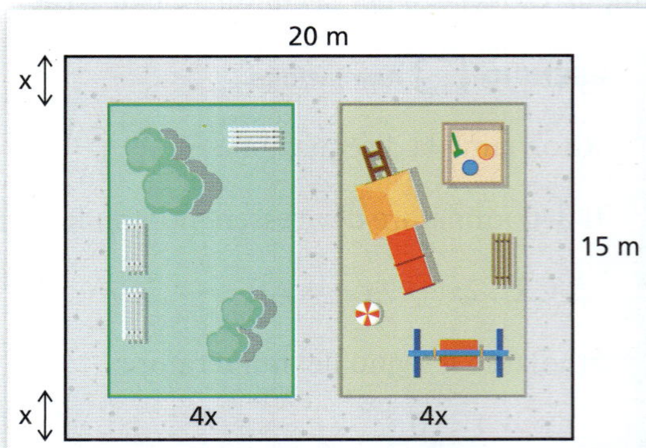

▶ Quali valori può assumere x?

Imponiamo le condizioni geometriche che deduciamo dalla figura.

Il problema ha senso se

$$\begin{cases} x \geq 0 \\ 2x \leq 15 \\ 8x \leq 20 \end{cases} \rightarrow \begin{cases} x \geq 0 \\ x \leq \frac{15}{2} \\ x \leq \frac{5}{2} \end{cases} \rightarrow 0 \leq x \leq \frac{5}{2}.$$

L'area complessiva delle due zone attrezzate è

$$\mathcal{A} = 2 \cdot [4x(15-2x)] = 8x(15-2x)$$

e deve essere di almeno $36 \cdot 4 = 144\ \text{m}^2$. Pertanto dobbiamo risolvere il sistema:

$$\begin{cases} 0 \leq x \leq \frac{5}{2} \\ 8x(15-2x) \geq 144 \end{cases}.$$

Risolviamo la seconda disequazione:

$$x(15-2x) \geq 18 \rightarrow 2x^2 - 15x + 18 \leq 0.$$

L'equazione associata ha soluzioni

$$x = \frac{15 \pm \sqrt{225-144}}{4} = \frac{15 \pm 9}{4} = \begin{cases} x_1 = 6, \\ x_2 = \frac{3}{2}, \end{cases}$$

e, poiché il coefficiente di x^2 è positivo, il trinomio è negativo per $\frac{3}{2} < x < 6$, nullo per $x = \frac{3}{2} \vee x = 6$.

Costruiamo lo schema grafico relativo al sistema.

Le soluzioni del sistema sono $\frac{3}{2} \leq x \leq \frac{5}{2}$.

Quindi x può assumere valori compresi tra 1,5 m e 2,5 m.

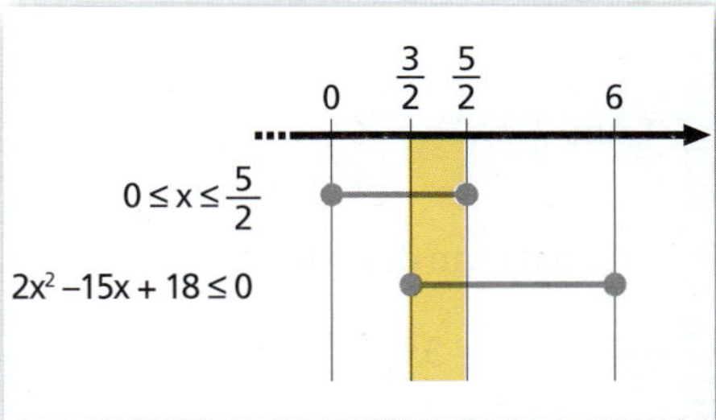

7 Equazioni e disequazioni con valori assoluti

Il **valore assoluto** di un numero è uguale al numero stesso se il numero è positivo o nullo, è l'opposto del numero se questo è negativo. In generale:

$$|x| = \begin{cases} x & \text{se } x \geq 0 \\ -x & \text{se } x < 0 \end{cases}$$

ESEMPIO

$|+5| = 5; \quad |0| = 0; \quad |-5| = 5.$

Il *valore assoluto* di un numero è per definizione *sempre positivo o nullo*.

Elenchiamo alcune utili proprietà del valore assoluto:

1. $|x| = |-x| \quad \forall x \in \mathbb{R}$;
2. $|x \cdot y| = |x| \cdot |y| \quad \forall x, y \in \mathbb{R}$;
3. $\left|\frac{x}{y}\right| = \frac{|x|}{|y|} \quad \forall x, y \in \mathbb{R}, y \neq 0$;
4. $|x| = |y| \quad \leftrightarrow \quad x = \pm y \quad \forall x, y \in \mathbb{R}$;
5. $|x| \leq |y| \quad \leftrightarrow \quad x^2 \leq y^2 \quad \forall x, y \in \mathbb{R}$;
6. $\sqrt{x^2} = |x| \quad \forall x \in \mathbb{R}$.

Equazioni con valori assoluti

▶ Esercizi a p. 44

Risolviamo ora equazioni nelle quali compaiono valori assoluti dell'incognita, o di espressioni che la contengono.

ESEMPIO Animazione

Risolviamo l'equazione $|x-5| = 3x-1$.
Studiamo il segno dell'espressione all'interno del valore assoluto:

$$x - 5 \geq 0 \quad \rightarrow \quad x \geq 5.$$

Compiliamo uno schema grafico: il valore assoluto coincide con $x-5$ quando $x-5$ è positivo o nullo; è l'opposto di $x-5$, ossia $-(x-5)$, quando $x-5$ è negativo.

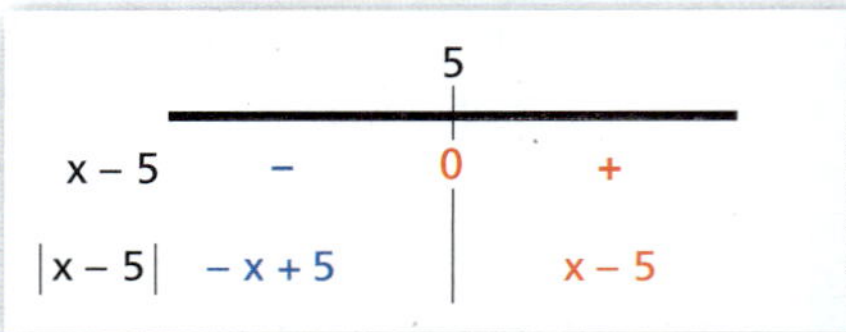

Quindi $|x-5| = \begin{cases} x-5 & \text{se } x \geq 5 \\ -x+5 & \text{se } x < 5 \end{cases}$.

L'equazione data diventa

$$x - 5 = 3x - 1 \qquad \text{per } x \geq 5,$$
$$-x + 5 = 3x - 1 \qquad \text{per } x < 5.$$

Questo significa che l'insieme delle soluzioni dell'equazione è l'**unione** degli insiemi delle soluzioni dei seguenti sistemi.

Primo sistema

$$\begin{cases} x \geq 5 \\ x - 5 = 3x - 1 \end{cases}$$

$$\begin{cases} x \geq 5 \\ -2x = 4 \rightarrow x = -2 \end{cases}$$

Secondo sistema

$$\begin{cases} x < 5 \\ -x + 5 = 3x - 1 \end{cases}$$

$$\begin{cases} x < 5 \\ -4x = -6 \rightarrow x = \frac{3}{2} \end{cases}$$

$x = -2$ non è accettabile perché non è maggiore o uguale a 5, mentre $x = \frac{3}{2}$ è accettabile perché minore di 5: l'equazione iniziale ha per soluzione $x = \frac{3}{2}$.

► Risolvi l'equazione $|2x+2| + x = 1$.
$\left[x = -\frac{1}{3} \vee x = -3\right]$

Disequazioni con valori assoluti

▶ Esercizi a p. 46

Per le disequazioni con un valore assoluto si procede come per le equazioni.

ESEMPIO Animazione

Risolviamo la disequazione $|x-4| > -2x+1$.

Studiamo il segno dell'espressione all'interno del valore assoluto:

$$x-4 \geq 0 \quad \rightarrow \quad x \geq 4.$$

Quindi: $|x-4| = \begin{cases} x-4 & \text{se } x \geq 4 \\ -x+4 & \text{se } x < 4. \end{cases}$

La disequazione ha per soluzioni l'unione delle soluzioni di due sistemi.

Primo sistema

$$\begin{cases} x \geq 4 \\ x-4 > -2x+1 \rightarrow x > \dfrac{5}{3} \end{cases}$$

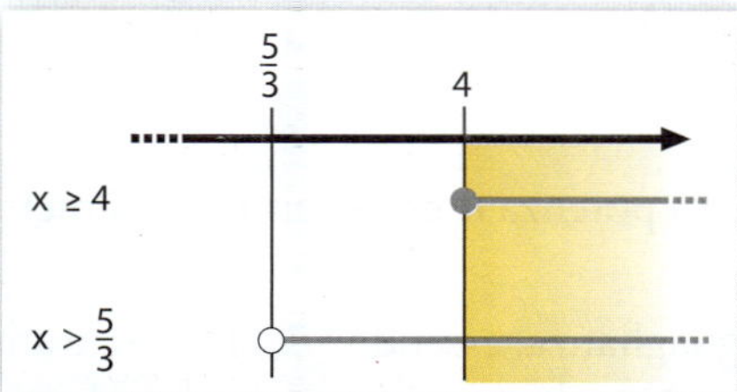

Soluzioni: $x \geq 4$.

Secondo sistema

$$\begin{cases} x < 4 \\ -x+4 > -2x+1 \rightarrow x > -3 \end{cases}$$

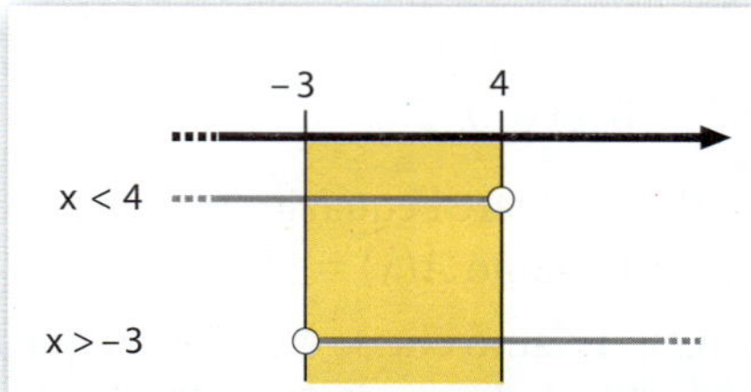

Soluzioni: $-3 < x < 4$.

Le soluzioni della disequazione sono quindi:

$$-3 < x < 4 \ \vee \ x \geq 4 \ \rightarrow \ x > -3.$$

▶ Risolvi
$|3x+6| \geq 9+2x$.
$[x \leq -3 \vee x \geq 3]$

8 Equazioni e disequazioni irrazionali

Un'**equazione** o **disequazione** è **irrazionale** se in essa ci sono radicali contenenti l'incognita.

Listen to it

An equation or an inequality is irrational if it involves one or more radical expressions containing an unknown variable.

ESEMPIO

$\sqrt{x+4} = x$ è un'equazione irrazionale.

$\sqrt{1-x} < 13$ è una disequazione irrazionale.

$\sqrt{7}\,x + x^2 = \sqrt{2}$ *non* è un'equazione irrazionale.

Equazioni irrazionali

▶ Esercizi a p. 47

Consideriamo l'equazione del tipo $\sqrt[n]{A(x)} = B(x)$, con $n \in \mathbb{N}$ e $n \geq 2$.

- Se n è *dispari*, l'equazione si risolve elevando alla potenza n-esima entrambi i membri, cioè:

$$\sqrt[n]{A(x)} = B(x) \quad \text{è equivalente ad} \quad A(x) = [B(x)]^n \qquad (\text{se } n \text{ è dispari}).$$

Video

Caccia all'errore Fabio, Elena e Christian hanno risolto tre equazioni irrazionali, ma tutti e tre non hanno trovato il risultato corretto.

▶ Dov'è l'errore?

Vediamo due esempi in cui $B(x)$ è un numero.

ESEMPIO

1. $\sqrt[3]{x-1}=2 \to x-1=2^3 \to x-1=8 \to x=9$
   eleviamo al cubo i due membri

2. $\sqrt[5]{3x+4}=-1 \to 3x+4=(-1)^5 \to 3x+4=-1 \to x=-\frac{5}{3}$
   eleviamo alla quinta i due membri

▶ Risolvi:
a. $\sqrt[3]{3x+1}=1$;
b. $\sqrt[3]{x-3}=-3$.

- Se n è *pari*, è necessario porre alcune condizioni.
  La condizione di esistenza del radicale:
  $A(x)\geq 0$.
  La condizione di concordanza di segno per $B(x)$: un radicale con indice pari è sempre uguale a un numero positivo o nullo, quindi nell'uguaglianza deve essere positivo o nullo anche il secondo membro. Abbiamo allora:
  $B(x)\geq 0$.
  Per risolvere l'equazione, eleviamo poi alla potenza n-esima entrambi i membri e otteniamo $A(x)=[B(x)]^n$.
  Osserviamo che se è verificata questa uguaglianza, essendo $[B(x)]^n\geq 0$, è anche verificata la condizione di esistenza $A(x)\geq 0$, che possiamo quindi tralasciare.

In sintesi, se n è pari, l'equazione $\sqrt[n]{A(x)}=B(x)$ è equivalente al sistema:

$$\begin{cases} B(x)\geq 0 \\ A(x)=[B(x)]^n. \end{cases}$$

Vediamo due esempi in cui $B(x)$ è un numero.

ESEMPIO

1. Risolviamo $\sqrt{x-2}=3$.
   3 è positivo, quindi possiamo elevare al quadrato i due membri ottenendo un'equazione equivalente.
   $\sqrt{x-2}=3 \to x-2=9 \to x=11$

2. Risolviamo $\sqrt{x+1}=-4$.
   -4 è negativo, e una radice quadrata non può mai essere negativa, pertanto l'equazione è impossibile.

▶ Risolvi:
a. $\sqrt{3-x}=2$;
b. $\sqrt{x+5}=-6$.

Vediamo ora alcuni esempi in cui $B(x)$ è un polinomio in x.

ESEMPIO

1. Risolviamo $\sqrt[3]{4+x-x^3}=-x$.
   Poiché $n=3$ è dispari, l'equazione è equivalente a
   $4+x-x^3=-x^3 \to 4+x=0 \to x=-4$.
   La soluzione è $x=-4$.

2. Risolviamo $\sqrt{2x^2+x+4}=2x-1$.
   Poiché $n=2$ è pari, l'equazione è equivalente al sistema:

   $$\begin{cases}2x-1\geq 0\\2x^2+x+4=(2x-1)^2\end{cases}\rightarrow\begin{cases}x\geq\frac{1}{2}\\2x^2+x+4=4x^2-4x+1\end{cases}$$

   $$\begin{cases}x\geq\frac{1}{2}\\2x^2-5x-3=0\end{cases}\rightarrow\begin{cases}x\geq\frac{1}{2}\\x=-\frac{1}{2}\vee x=3\end{cases}.$$

   Il valore $x=-\frac{1}{2}$ non soddisfa la disequazione del sistema, per cui non è accettabile, mentre $x=3$ soddisfa la disequazione, quindi è la soluzione del sistema e dell'equazione irrazionale.

Animazione

Nell'animazione c'è anche la verifica relativa alle soluzioni delle due disequazioni dell'esempio.

▶ Risolvi:
a. $\sqrt[3]{x^3-x}=x$;
b. $\sqrt{x^2+4x}=x+1$.

Disequazioni irrazionali

▶ Esercizi a p. 49

Esaminiamo disequazioni del tipo $\sqrt[n]{A(x)}<k$ oppure $\sqrt[n]{A(x)}>k$, con $n\in\mathbb{N}$ e $n\geq 2$.

Indice dispari

Se n è *dispari*, sia la prima sia la seconda disequazione si risolvono elevando alla potenza n-esima entrambi i membri, ottenendo così una disequazione equivalente a quella data, cioè:

se n è dispari,

$\sqrt[n]{A(x)}<k$	è equivalente a	$A(x)<k^n$;
$\sqrt[n]{A(x)}>k$	è equivalente a	$A(x)>k^n$.

ESEMPIO

1. Risolviamo $\sqrt[3]{-1+4x}\leq-2$.
   Eleviamo al cubo i due membri e svolgiamo i calcoli:

   $$\sqrt[3]{-1+4x}\leq-2\rightarrow-1+4x\leq(-2)^3\rightarrow 4x\leq-7\rightarrow x\leq-\frac{7}{4}.$$

2. Risolviamo $\sqrt[3]{x^2+7x+9}>3$.
   Eleviamo al cubo i due membri e svolgiamo i calcoli:

   $$\sqrt[3]{x^2+7x+9}>3\rightarrow x^2+7x+9>27\rightarrow x^2+7x-18>0.$$

   Scomponiamo in fattori:

   $$x^2+7x-18>0\rightarrow(x-2)(x+9)>0\rightarrow x<-9\vee x>2.$$

▶ Risolvi:
a. $\sqrt[3]{2-3x}\geq 1$;
b. $\sqrt[3]{2x^2-10x}<-2$.

Indice pari

Se n è *pari*, consideriamo il caso $n=2$ e teniamo conto della seguente proprietà.

Se a e b sono due numeri reali positivi o nulli, la relazione di disuguaglianza che c'è fra i due numeri è la stessa che c'è fra i loro quadrati:

$$\forall\, a,b\geq 0:\ a<b\ \leftrightarrow\ a^2<b^2.$$

Per esempio:

$$5>3\ \leftrightarrow\ 5^2>3^2.$$

La relazione può non essere valida se i due numeri non sono entrambi positivi o nulli.

Per esempio: $-5 < 3$ ma non è vero che $25 < 9$.

Disequazioni del tipo $\sqrt{A(x)} < k$

Data la disequazione $\sqrt{A(x)} < k$, per risolverla, dobbiamo porre la condizione di esistenza del radicale:

$$A(x) \geq 0.$$

Distinguiamo poi due casi.

- Se $k \leq 0$, poiché il radicale quadratico è un numero positivo o nullo, la disequazione è impossibile.

ESEMPIO

negativo

$\sqrt{x+5} < -3 \quad \rightarrow \quad$ impossibile.

positivo se $x \geq -5$

- Se $k > 0$, i due membri della disequazione sono entrambi positivi o il primo nullo e il secondo positivo, quindi, per la proprietà esaminata in precedenza, possiamo elevarli al quadrato, ottenendo la relazione:

  $$A(x) < k^2.$$

  Le soluzioni sono date in questo caso dall'intersezione tra le soluzioni di $A(x) < k^2$ e le condizioni poste su $A(x)$.

In sintesi, la disequazione $\sqrt{A(x)} < k$, con $k > 0$, è equivalente al sistema:

$$\begin{cases} A(x) \geq 0 \\ A(x) < k^2 \end{cases}.$$

ESEMPIO

1. Risolviamo $\sqrt{3x+4} < 7$.
   Dobbiamo risolvere il sistema:

   $$\begin{cases} 3x+4 \geq 0 \\ 3x+4 < 7^2 \end{cases} \rightarrow \begin{cases} x \geq -\frac{4}{3} \\ 3x < 49-4 \end{cases} \rightarrow \begin{cases} x \geq -\frac{4}{3} \\ x < 15 \end{cases}.$$

   Le soluzioni sono: $-\frac{4}{3} \leq x < 15$.

2. Risolviamo $\sqrt{x^2+3x} < 2$.
   Dobbiamo risolvere il sistema:

   $$\begin{cases} x^2+3x \geq 0 \\ x^2+3x < 2^2 \end{cases} \rightarrow \begin{cases} x(x+3) \geq 0 \\ x^2+3x-4 < 0 \end{cases} \rightarrow \begin{cases} x(x+3) \geq 0 \\ (x+4)(x-1) < 0 \end{cases} \rightarrow$$

   $$\begin{cases} x \leq -3 \vee x \geq 0 \\ -4 < x < 1 \end{cases}.$$

   Le soluzioni sono:

   $$-4 < x \leq -3 \vee 0 \leq x < 1.$$

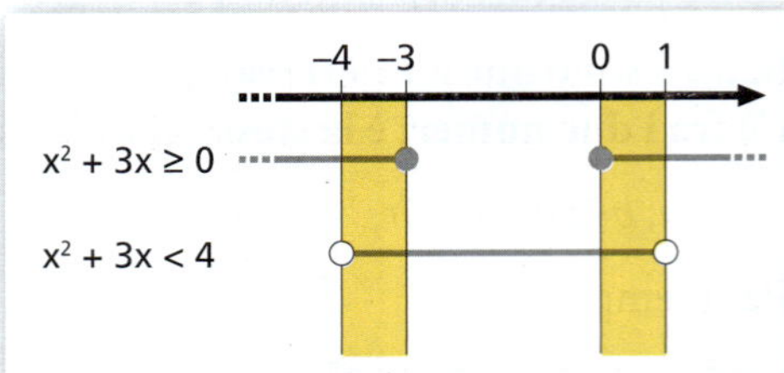

▶ Risolvi:

a. $\sqrt{3x^2-1} < 0$;

b. $\sqrt{x-2} < 1$;

c. $\sqrt{x^2-6x} < 4$.

Se nella disequazione compare il simbolo $\leq$, ossia se è del tipo $\sqrt{A(x)} \leq k$, la disequazione è impossibile se $k < 0$, mentre se $k \geq 0$ è equivalente al sistema:

$$\begin{cases} A(x) \geq 0 \\ A(x) \leq k^2 \end{cases}.$$

Disequazioni del tipo $\sqrt{A(x)} > k$

Anche per una disequazione del tipo $\sqrt{A(x)} > k$ poniamo la condizione di esistenza del radicale:

$$A(x) \geq 0.$$

Distinguiamo poi due casi.

- Se $k < 0$, la disequazione iniziale è senz'altro soddisfatta, perché il secondo membro che è negativo deve essere minore del primo, che è positivo o nullo. Quindi la disequazione è verificata da tutti i valori che soddisfano le condizioni di esistenza: $A(x) \geq 0$.

ESEMPIO

$\sqrt{8-x} > -5$ è verificata per ogni x tale che:

$$8 - x \geq 0 \rightarrow x \leq 8.$$

- Se $k \geq 0$, entrambi i membri della disuguaglianza sono positivi o nulli, quindi, se li eleviamo al quadrato, otteniamo una disuguaglianza con lo stesso verso:

  $$A(x) > k^2.$$

  Osserviamo che se è verificata questa relazione, $A(x)$, essendo maggiore di un quadrato, è certamente positivo: la condizione di esistenza del radicale, $A(x) \geq 0$, è superflua.

In sintesi, la disequazione $\sqrt{A(x)} > k$, con $k \geq 0$, è equivalente alla disequazione:

$$A(x) > k^2.$$

ESEMPIO

Risolviamo $\sqrt{12-5x} > 3$.

Eleviamo al quadrato i due membri e svolgiamo i calcoli:

$$\sqrt{12-5x} > 3 \rightarrow 12 - 5x > 9 \rightarrow -5x > -3 \rightarrow x < \frac{3}{5}.$$

Verifichiamo che le soluzioni trovate soddisfano effettivamente le condizioni di esistenza del radicale:

$$\text{C.E.}: 12 - 5x \geq 0 \rightarrow x \leq \frac{12}{5}.$$

Si ha $x < \frac{3}{5} < \frac{12}{5}$, pertanto le condizioni di esistenza sono soddisfatte.

▶ Risolvi:

a. $\sqrt{x-6} > -17$;

b. $\sqrt{3+8x} > 0$;

c. $\sqrt{2x+1} > 1$.

Se nella disequazione compare il simbolo $\geq$, ossia se è del tipo $\sqrt{A(x)} \geq k$, la disequazione è soddisfatta per gli x tali che $A(x) \geq 0$ se $k \leq 0$, mentre se $k > 0$ è equivalente alla disequazione $A(x) \geq k^2$.

ESERCIZI

CAPITOLO 1
ESERCIZI

1 Disequazioni e princìpi di equivalenza

▶ Teoria a p. 1

Indica per ogni disequazione quali dei valori proposti sono soluzioni.

1 $2x - 4 > 3x$; $\quad -5; -1; 0; 3.$

2 $6a - 2 \leq a + 3$; $\quad -1; 0; 1; 2.$

---

3 TEST L'intervallo rappresentato a fianco corrisponde a:

A $]5; +\infty[$ B $[5; +\infty[$ C $]5; +\infty]$ D $[5; +\infty]$

Rappresenta i seguenti intervalli sulla retta orientata e utilizzando la notazione con le parentesi quadre.

4 $\{x \mid x \in \mathbb{R}; 3 \leq x \leq 7\}$

5 $\{x \mid x \in \mathbb{R}; -5 \leq x < 8\}$

6 $\{x \mid x \in \mathbb{R}\}$

7 $\{x \mid x \in \mathbb{R}; x \geq 7\}$

8 $\{x \mid x \in \mathbb{R}; -3 < x < -2\}$

9 $\{x \mid x \in \mathbb{R}; x < 5\}$

Rappresenta i seguenti intervalli (o unioni di intervalli) mediante disuguaglianze e mediante parentesi quadre.

10 

11 

12 

13 

14 

15 

16 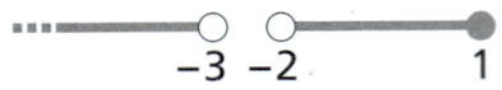

17 

18 

Rappresenta con le disuguaglianze e con le parentesi quadre gli insiemi formati da tutti i numeri reali che sono:

19 compresi tra -2 e 9, estremi inclusi.

20 compresi tra $-\frac{1}{2}$ e 2, estremi esclusi.

21 compresi tra -4 e 5, con -4 incluso e 5 escluso.

22 positivi e minori o uguali a 4.

23 maggiori di $\frac{12}{5}$.

24 minori o uguali a -3 o maggiori di 1.

---

25 REALTÀ E MODELLI **Sirenetta...** Un ostello di Copenaghen offre le promozioni indicate a lato.
Descrivi nei tre modi possibili gli intervalli di tempo corrispondenti alle varie offerte (chiama t la variabile che indica il numero di giorni).

Offerta Weekend, per permanenze fino a 3 giorni
Offerta Travel, per permanenze da 4 a 7 giorni
Offerta Relax, per permanenze oltre 7 giorni

26 ●○ **ASSOCIA** ogni disequazione a quella a essa equivalente.

a. $5x - 10 > 0$ **b.** $3x + 3 > -3$ **c.** $20 - 10x > 0$ **d.** $5x > 2x$

1. $x > 0$ **2.** $x > 2$ **3.** $x < 2$ **4.** $x > -2$

Risolvi le seguenti disequazioni, applicando il primo o il secondo principio di equivalenza. Per ogni passaggio indica quale principio hai applicato.

27 ●○ $x - 5 < 7$; $2x > 10$; $-3x < 4$.

28 ●○ $2x > x + 3$; $9 > x + 1$; $3x + 2 < 1 + 2x$.

29 ●○ $9 < -3x$; $12x > 4x$; $\frac{1}{3}x > 2$.

30 ●○ $5x - 7 < 6x$; $\frac{9}{2}x > 1$; $12x - 4 < 7$.

2 Disequazioni di primo grado

▶ Teoria a p. 2

Con i principi di equivalenza si deve ottenere la forma $ax > b$ (oppure $\geq$, $<$, $\leq$).

- $2x > 6 \rightarrow x > 3$ determinata
- $-4x \geq 8 \rightarrow x \leq 2$ determinata
- $0x > 2 \rightarrow \nexists x$ impossibile
- $0x > -3 \rightarrow \forall x$ sempre verificata

31 ●○ **ASSOCIA** ogni disequazione alle sue soluzioni.

a. $x > x + 1$ **b.** $a + 2 \geq a + 2$ **c.** $-4x < 0$ **d.** $a < -a$

1.  **2.** $\varnothing$ **3.** $\mathbb{R}$ **4.** 

Risolvi le seguenti disequazioni numeriche intere.

32 ●○ $5x - 8 > 3x - 6$ $[x > 1]$

33 ●○ $4x + 12 < 6 - 14x$ $\left[x < -\frac{1}{3}\right]$

34 ●○ $3(x-1) + x \geq 2(2+x) - 1$ $[x \geq 3]$

35 ●○ $5x - (x-2) < 4x - 7$ $[\nexists x \in \mathbb{R}]$

36 ●○ $7x - 3 + 5(-2x + 1) < 3x - 7$ $\left[x > \frac{3}{2}\right]$

37 ●○ $x > \frac{4+x}{-3}$ $[x > -1]$

38 ●○ $\frac{1}{3}x - \frac{5}{2} \leq 0$ $\left[x \leq \frac{15}{2}\right]$

39 ●○ $6 - (2x - 3) < 6x + 2(9 - 4x)$ $[\forall x \in \mathbb{R}]$

40 ●○ $3 - (x+5) < 4(1-x) + 9$ $[x < 5]$

41 ●○ $-(4x-2) \geq 10 + 3(x-3)$ $\left[x \leq \frac{1}{7}\right]$

42 ●○ $6x + 2 > 3x + (4 - x) - (12 + 6x)$ $[x > -1]$

43 ●○ $x + (x+1)(x+3) < x^2 + 5 + 4x$ $[x < 2]$

44 ●○ $\frac{1}{2}x - \frac{1}{3}(2 - x) > \frac{x-1}{6}$ $\left[x > \frac{3}{4}\right]$

45 ●○ $\frac{x-2}{\sqrt{2}-\sqrt{3}} > \frac{4}{\sqrt{2}-\sqrt{3}}$ $[x < 6]$

46 ●○ $-\frac{1}{2} + 5(x+1) > 2\left(\frac{13}{5} + x\right) + \frac{1}{2}$ $\left[x > \frac{2}{5}\right]$

47 ●○ $\frac{3x+5}{2} - \frac{8x-5}{7} < \frac{x-1}{14}$ $\left[x < -\frac{23}{2}\right]$

48 ●○ $x(x-4) + \frac{7}{2} \leq x - x\left(\frac{3}{2} - x\right)$ $[x \geq 1]$

49 ●○ $2x\left[1 - \frac{1}{2}(x-1)\right] > (1-x)x$ $[x > 0]$

---

50 ●○ $\frac{1}{3}(x-3) - \frac{x+1}{6} \geq -2$ $[x \geq -5]$

51 ●○ $\frac{3-x^2}{2} + 7\left(\frac{1}{2} + x\right) < \frac{1}{2}(8 - x^2)$ $\left[x < -\frac{1}{7}\right]$

ESERCIZI

52 $\frac{x+4}{12} - \frac{x+2}{8} + \frac{5}{24}(x-1) > \frac{x-1}{4} - \frac{x-6}{24}$ $[x < -3]$

53 $\frac{3x-2}{5} + \frac{5x-6}{15} + \frac{x-3}{10} - \frac{x-3}{30} \geq 0$ $[x \geq 1]$

54 Determina per quali valori di b il perimetro del triangolo ottusangolo in figura è minore di 20.

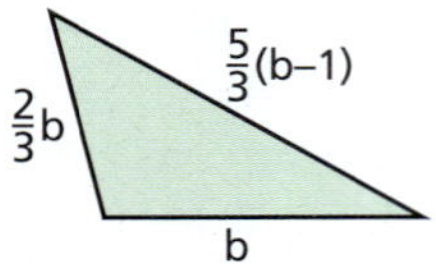

$\left[\frac{5}{2} < b < \frac{13}{2}\right]$

55 REALTÀ E MODELLI **Che colazione!** Quanti biscotti può mangiare al massimo Carolina, insieme al latte, per non superare le 650 kcal? [4]

56 ESERCIZIO GUIDA Risolviamo $\left(\frac{x}{2}+1\right)^2 + (x-4)(x+4) > -\frac{2x+14}{2} + \frac{5}{4}x^2$.

Eliminiamo le parentesi svolgendo i calcoli:

$$\frac{x^2}{4} + x + 1 + x^2 - 16 > -\frac{2x+14}{2} + \frac{5}{4}x^2.$$

Eliminiamo i denominatori, moltiplicando entrambi i membri per 4 (secondo principio di equivalenza):

$$x^2 + 4x + 4 + 4x^2 - 64 > -4x - 28 + 5x^2.$$

Trasportiamo i termini con l'incognita al primo membro e i termini noti al secondo membro (primo principio di equivalenza):

$$\cancel{5x^2} + 4x + 4x - \cancel{5x^2} > -28 + 60$$

$$8x > 32 \quad \rightarrow \quad x > 4.$$

L'intervallo delle soluzioni è $]4; +\infty[$.

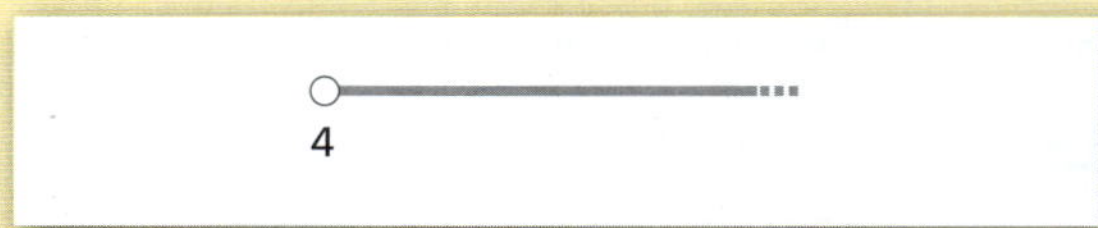

Risolvi le seguenti disequazioni numeriche intere.

57 $\frac{x}{4}(8x-3) - 2(x+2)^2 > \frac{3}{4}$ $[x < -1]$

58 $(1-x)^2 \leq (x+3)^2$ $[x \geq -1]$

59 $(x-2)(x+2) \geq x(x-12)$ $\left[x \geq \frac{1}{3}\right]$

60 $(x-3)(x+3) - \frac{1}{2}(3-2x) + 1 - 7\left(\frac{3}{2} + \frac{1}{7}x^2\right) < 0$ $[x < 20]$

61 $(x-3)^2 + 3(3x+4) > (x+6)(x+3) + 12$ $\left[x < -\frac{3}{2}\right]$

62 $x^2 + 3(x+1) > (x+3)^2 - 3(x+2)$ $[\nexists x \in \mathbb{R}]$

63 $x(x-2) > (x-1)^2 + 2$ $[\nexists x \in \mathbb{R}]$

64 $\left(x+\frac{1}{4}\right)^2 - \frac{1}{2}(x+3) - 2\left(\frac{15}{4} + 3x\right) > (x-3)^2$ $[\nexists x \in \mathbb{R}]$

65 $x(2-x)^2 + (x-6)(x+1) - x^3 - 2 > -3(x-1)(x+1)$ $[x < -11]$

66 $(x+1)(x^2-x+1) + (x+1)^2 - 5x > 5(1-x) + x^2(1+x) + 2$ $\left[x > \frac{5}{2}\right]$

67 La somma di tre numeri naturali consecutivi deve essere maggiore di 24. Qual è la terna con i numeri più piccoli che soddisfa la richiesta? [8, 9, 10]

68 Trova per quali valori di a l'equazione $ax^2 - 4x + 2 = 0$ non ha soluzioni reali. $[a > 2]$

69 Calcola per quali valori di k la soluzione dell'equazione $2x - 3k = 6 + 7k$ è maggiore di 4. $\left[k > \frac{1}{5}\right]$

REALTÀ E MODELLI

70 **Sollevamento pesi** In una macchina da palestra, un sistema di leve fa sì che lo sforzo compiuto equivalga a sollevare un peso pari all'88% di quello effettivamente posizionato sulla macchina. Sapendo che il carico può essere variato a passi di 1 kg, quale carico bisogna mettere sull'attrezzo per compiere uno sforzo pari al sollevamento di almeno 70 kg? [carico $\geq$ 80 kg]

71

Compito in classe Un test è composto da 10 domande. Ogni risposta esatta vale un punto; per ogni risposta mancata o errata vengono tolti 0,25 punti. Quante risposte esatte bisogna dare per ottenere almeno 6 punti? [risposte esatte $\geq$ 7]

72 **Lezioni di chitarra** Un'insegnante di chitarra può essere pagata in 2 modi:

- tariffa 1: € 20 per ogni ora di lezione;
- tariffa 2: € 100 più € 10 per ogni ora di lezione.

Dopo quante ore di lezione la tariffa 2 è più conveniente della tariffa 1?

[numero di ore > 10]

Interpretazione grafica di una disequazione

73 **ESERCIZIO GUIDA** Interpretiamo graficamente la disequazione $6 - x \geq 0$.

Indichiamo con y l'espressione $6 - x$.
$y = 6 - x$ è una funzione lineare, il cui grafico è una retta che interseca l'asse x in $P(6; 0)$.
Disegniamo il grafico della retta e cerchiamo i punti che hanno ordinata positiva o nulla. Questo si verifica per $x \leq 6$.

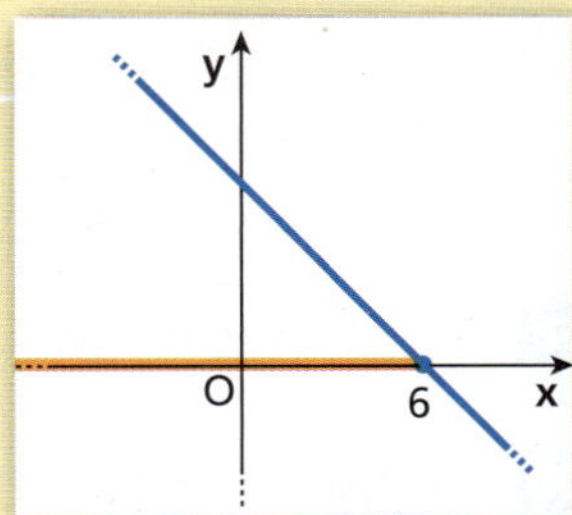

Interpreta graficamente le seguenti disequazioni.

74 $5x + 1 \geq 0$

75 $7 - x < 0$

76 $4x + 8 \leq 0$

77 $-x - 5 > 0$

78 $9 - 3x \geq 0$

79 $2x - 7 < 0$

80 $5 - 2x \leq 0$

81 $-\frac{1}{4}x - 1 \geq 0$

82 $-\frac{1}{3}x + \frac{1}{6} < 0$

Studio del segno di un prodotto

RIFLETTI SULLA TEORIA Spiega perché le seguenti coppie di disequazioni hanno lo stesso insieme di soluzioni.

83 $(x+2)(x-1)>0, \quad \frac{100}{7}(x+2)(x-1)>0.$

84 $x(x+1)>0, \quad -2x(x+1)<0.$

85 $-\frac{1}{5}x(2x-1)<0, \quad \frac{1}{5}x(1-2x)<0.$

86 $(3-x)(x-5)>0, \quad (x-3)(5-x)>0.$

Studia il segno dei seguenti prodotti. Dai risultati ottenuti deduci il segno dei trinomi quando *x* assume i valori indicati a fianco. Verifica l'esattezza della deduzione, almeno in qualche caso.

87 $x(x-1), \quad x=-2, 0, 2.$

88 $(x+1)(x-6), \quad x=0, 1, 8.$

89 $\left(x+\frac{1}{2}\right)(3x-1) \quad x=-4, 0, 4.$

90 $(5x+1)(x-4), \quad x=-6, 1, 3.$

91 $8(x-1)(3x+1), \quad x=-1, 0, 1.$

92 $-4(3-2x)(2-x), \quad x=-\frac{3}{2}, \frac{1}{2}, \frac{5}{2}.$

93 $(x-1)(x+2)(x-4), \quad x=0, 4, 8.$

94 $4x(x-3)(x+12), \quad x=-1, 1, 4.$

AL VOLO Studia il segno delle seguenti espressioni senza fare calcoli.

95 $(x-3)^2$

96 $(-x-2)^2$

97 $-(1-x)^2$

98 **ESERCIZIO GUIDA** Risolviamo la disequazione $-\frac{1}{2}x(x-2)(4-x)\geq 0$.

Studiamo il segno di ognuno dei fattori, cercando i valori di x per i quali ciascun fattore è positivo:

$$-\frac{1}{2}x>0 \quad \rightarrow \quad x<0$$

$$x-2>0 \quad \rightarrow \quad x>2$$

$$4-x>0 \quad \rightarrow \quad x<4.$$

Compiliamo il quadro dei segni.

		0		2		4	
$-\frac{1}{2}x$	+	0	−		−		−
$x-2$	−		−	0	+		+
$4-x$	+		+		+	0	−
$-\frac{1}{2}x(x-2)(4-x)$	−	0	+	0	−	0	+

Poiché si richiede che il prodotto sia positivo o nullo, le soluzioni della disequazione sono:

$$0\leq x\leq 2 \ \vee \ x\geq 4.$$

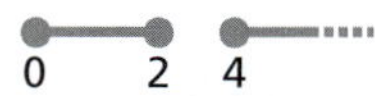

Risolvi le seguenti disequazioni.

99 $(x+3)(x-5)>0$ $\quad [x<-3 \ \vee \ x>5]$

100 $-x(3x+1)\leq 0$ $\quad \left[x\leq -\frac{1}{3} \ \vee \ x\geq 0\right]$

101 $(2x+3)(x+1)>0$ $\quad \left[x<-\frac{3}{2} \ \vee \ x>-1\right]$

102 $3(x-8)(2-4x)\leq 0$ $\quad \left[x\leq \frac{1}{2} \vee x\geq 8\right]$

103 $6x(10x+2)\leq 0$ $\quad \left[-\frac{1}{5}\leq x\leq 0\right]$

104 $-\frac{1}{3}(x+2)\left(x-\frac{1}{3}\right)>0$ $\quad \left[-2<x<\frac{1}{3}\right]$

---

105 $-(2x+5)(1-x)<0$ $\quad \left[-\frac{5}{2}<x<1\right]$

106 $-2x(4+x)(3-x)\geq 0$ $\quad [-4\leq x\leq 0 \ \vee \ x\geq 3]$

107 $\frac{(x-5)(2x+1)}{-3} \leq 0$ $\left[x \leq -\frac{1}{2} \vee x \geq 5\right]$

108 $-\frac{1}{2}(-x+8)(6x-12) < 0$ $[2 < x < 8]$

AL VOLO **Risolvi senza fare calcoli.**

109 $-3(2x-5)^2 \geq 0$

110 $(x-1)^2 \leq 0$

111 $5(3-2x)^2 < 0$

112 **TEST** Quale delle seguenti disequazioni è impossibile?

A $(x+2)^2 \leq 0$

B $(x+2)^2 < 0$

C $-(x+2)^2 < 0$

D $-(x+2)^2 \geq 0$

3 Disequazioni di secondo grado

Segno di un trinomio di secondo grado

▶ Teoria a p. 4

LEGGI IL GRAFICO **In ogni figura è rappresentata una parabola di equazione $y = ax^2 + bx + c$. Indica il segno dei trinomi associati a ciascuna parabola.**

113

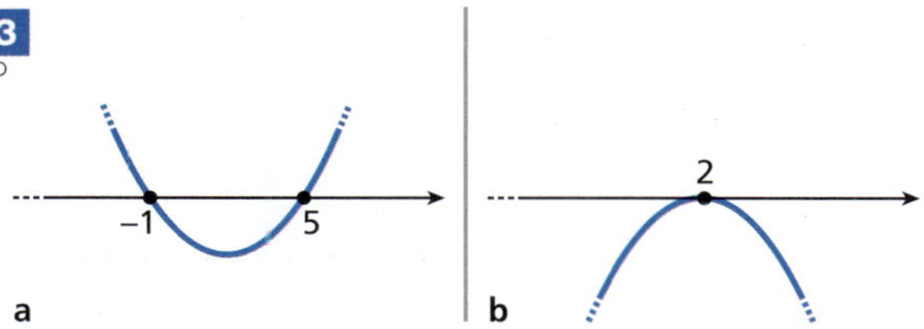

115

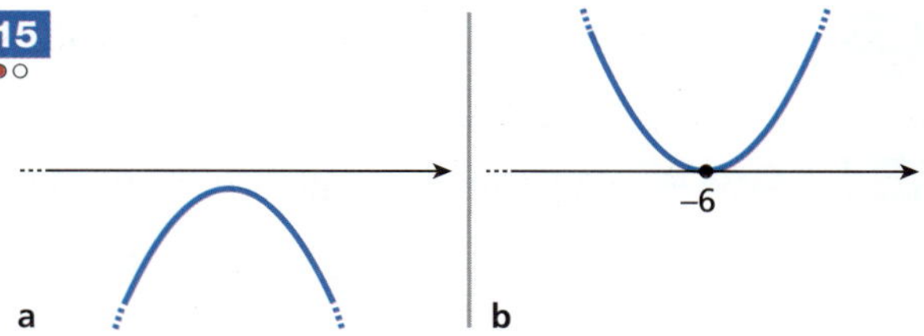

114

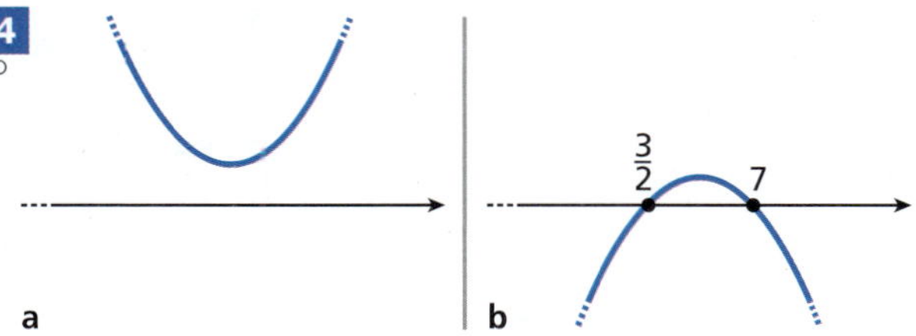

116

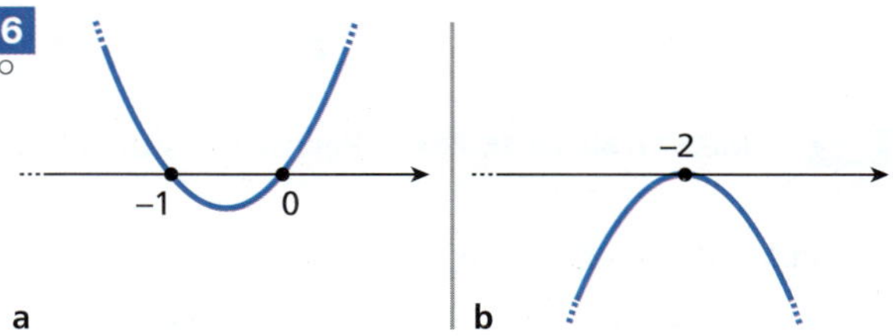

117 **ESERCIZIO GUIDA** Studiamo il segno dei seguenti trinomi di secondo grado:

a. $-x^2+7x-12$; **b.** $-x^2+10x-25$; **c.** $4x^2+x+3$.

---

a. Risolviamo l'equazione associata $-x^2+7x-12=0$.

$$\Delta = 49-48 = 1 > 0 \quad \rightarrow \quad x = \frac{-7 \pm 1}{-2} \begin{cases} x_1 = 3 \\ x_2 = 4 \end{cases}$$

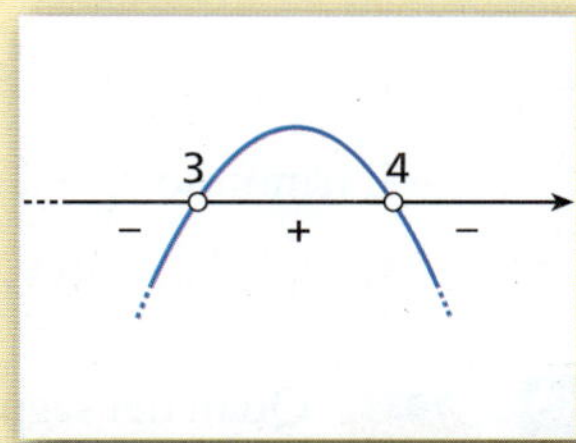

Disegniamo la parabola associata di equazione $y = -x^2+7x-12$, che è rivolta verso il basso perché il coefficiente di x^2 è negativo. Deduciamo dal grafico che il trinomio è positivo per $3 < x < 4$, negativo per $x < 3 \vee x > 4$ e nullo per $x = 3 \vee x = 4$.

b. L'equazione associata $-x^2 + 10x - 25 = 0$ ha:

$$\frac{\Delta}{4} = 25 - 25 = 0 \quad \rightarrow \quad x_1 = x_2 = 5.$$

Il coefficiente di x^2 è negativo, quindi la parabola rivolge la concavità verso il basso e il trinomio è negativo per $x \neq 5$, nullo per $x = 5$.

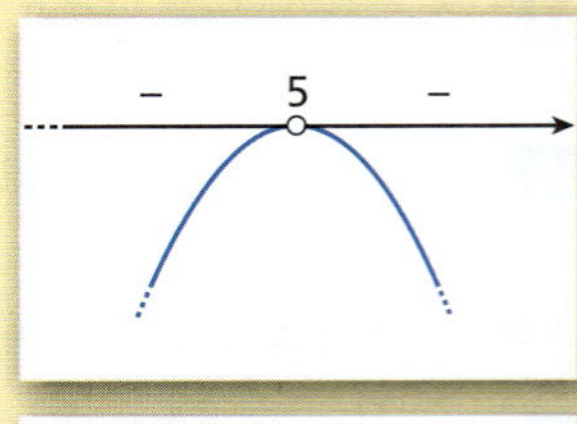

c. L'equazione associata $4x^2 + x + 3 = 0$ ha $\Delta = 1 - 48 = -47 < 0$, pertanto è impossibile. Il coefficiente di x^2 è positivo, quindi la parabola associata è rivolta verso l'alto e ha tutti i punti con ordinata positiva. Il trinomio è positivo $\forall x \in \mathbb{R}$.

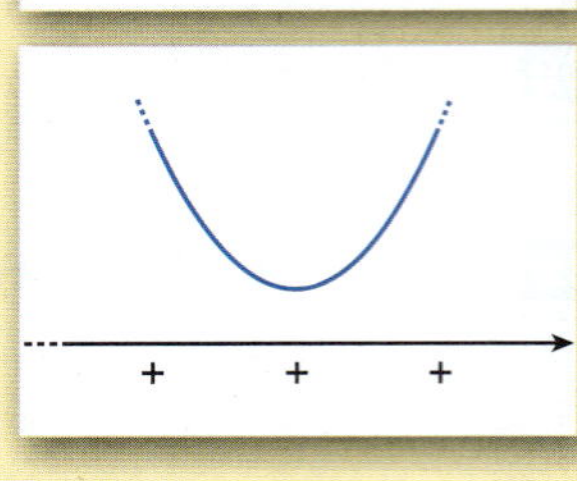

Studia il segno dei seguenti trinomi di secondo grado.

118 $x^2 - 6x + 9$ $[\text{positivo se } x \neq 3]$

119 $3x^2 - 4x + 1$ $\left[\text{positivo se } x < \frac{1}{3} \vee x > 1\right]$

120 $-4x^2 + 3x - 2$ $[\text{negativo } \forall x \in \mathbb{R}]$

121 $a^2 + 2a - 24$ $[\text{positivo se } a < -6 \vee a > 4]$

122 $x^2 - 4x + 5$ $[\text{positivo } \forall x \in \mathbb{R}]$

123 $2x^2 - 15x + 7$ $\left[\text{positivo se } x < \frac{1}{2} \vee x > 7\right]$

124 $-3x^2 - 3x - 3$ $[\text{negativo } \forall x \in \mathbb{R}]$

125 $2x^2 - 3 - 5x$ $\left[\text{positivo se } x < -\frac{1}{2} \vee x > 3\right]$

126 ASSOCIA ogni trinomio al grafico che ne rappresenta il segno.

a. $-x^2 + 4x - 4$ **b.** $2x^2 - 5x + 2$ **c.** $x^2 + 4x + 8$ **d.** $-4x^2 + 10x - 4$

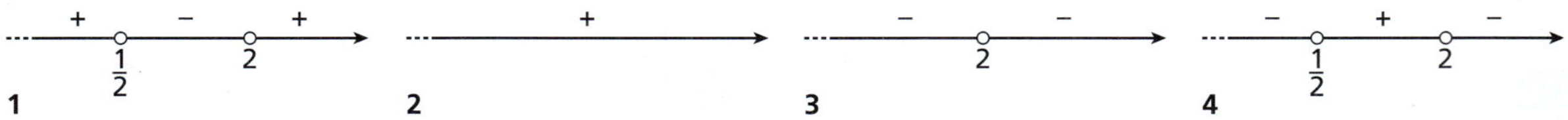

127 RIFLETTI SULLA TEORIA Perché per studiare il segno di $3x^2 + 4$ e di $-x^2 - 5$ non è necessario eseguire calcoli?

AL VOLO **Studia il segno delle seguenti espressioni senza fare calcoli.**

128 $x^2 + 2$

129 $(x-3)^2$

130 $-4 - 9x^2$

131 $(-x-2)^2$

132 $\sqrt{2} + x^2$

133 $-(1-x)^2$

134 VERO O FALSO?

a. Il trinomio $-3x^2 + x + 4$ è sempre negativo perché il coefficiente di x^2 è negativo. V F

b. Il trinomio $7x^2 - 12x - 4$ è positivo per valori interni all'intervallo delle radici. V F

c. Il trinomio $x^2 + 2x + 7$ è positivo $\forall x \in \mathbb{R}$. V F

d. Il trinomio $-5x^2 + x - 4$ non si annulla mai. V F

135 TEST Quali dei seguenti trinomi sono sempre positivi?

1. $x^2 + 8x + 16$ **2.** $3x^2 + 2x + 4$ **3.** $5x^2 + x - 1$

A 1 e 2. B 1, 2 e 3. C Solo 2. D Solo 1.

Risoluzione di una disequazione di secondo grado

▶ Teoria a p. 6

$ax^2 + bx + c \gtrless 0$, con $a > 0$

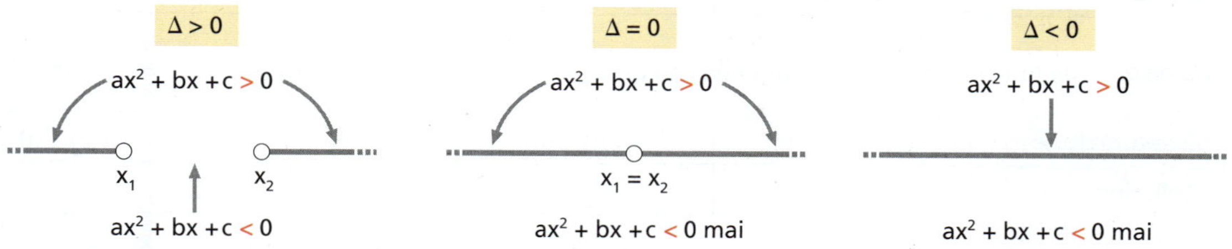

L'equazione associata ha $\Delta > 0$

136 ESERCIZIO GUIDA Risolviamo $5x(x-1) + x^2 + 1 < 0$.

Sviluppiamo i calcoli e otteniamo: $6x^2 - 5x + 1 < 0$.
Risolviamo l'equazione associata $6x^2 - 5x + 1 = 0$.

$$\Delta = 25 - 24 = 1 > 0 \quad \rightarrow \quad x = \frac{5 \pm 1}{12} = \begin{cases} \frac{1}{2} \\ \frac{1}{3} \end{cases}$$

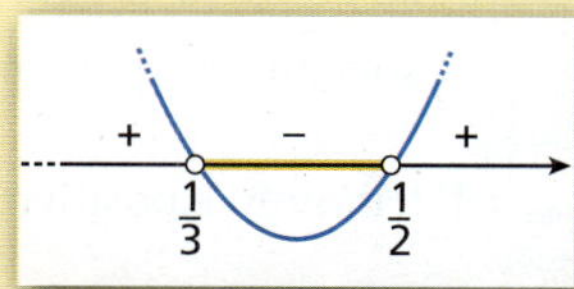

Il trinomio è negativo per valori interni all'intervallo delle radici, pertanto la disequazione è verificata per $\frac{1}{3} < x < \frac{1}{2}$.

Risolvi le seguenti disequazioni di secondo grado.

137 $3x^2 - 12 > 0$ $[x < -2 \vee x > 2]$

138 $x^2 + 3x - 18 \geq 0$ $[x \leq -6 \vee x \geq 3]$

139 $-2x^2 + 3x + 2 < 0$ $\left[x < -\frac{1}{2} \vee x > 2\right]$

140 $x^2 - 7x + 10 < 0$ $[2 < x < 5]$

141 $-x^2 - 6x + 7 > 0$ $[-7 < x < 1]$

142 $3x^2 - 2x - 5 > 0$ $\left[x < -1 \vee x > \frac{5}{3}\right]$

143 $x^2 + 3x + 2 > 0$ $[x < -2 \vee x > -1]$

144 $x^2 + x - 6 > 0$ $[x < -3 \vee x > 2]$

145 $x^2 - 2x - 8 > 0$ $[x < -2 \vee x > 4]$

146 $-x^2 + 36 \leq 0$ $[x \leq -6 \vee x \geq 6]$

147 $-x^2 - 6x - 8 \geq 0$ $[-4 \leq x \leq -2]$

148 $6x^2 + x - 1 < 0$ $\left[-\frac{1}{2} < x < \frac{1}{3}\right]$

149 $10x^2 + 4x - \frac{1}{2} \leq 0$ $\left[-\frac{1}{2} \leq x \leq \frac{1}{10}\right]$

150 $\frac{x^2}{3} + \frac{4}{3}x - 7 < 0$ $[-7 < x < 3]$

151 $8x^2 - 6x - 5 > 0$ $\left[x < -\frac{1}{2} \vee x > \frac{5}{4}\right]$

152 $x^2 - \frac{11}{2}x - 3 \geq 0$ $\left[x \leq -\frac{1}{2} \vee x \geq 6\right]$

153 $4x^2 + 8x < 12$ $[-3 < x < 1]$

154 $x^2 - \frac{5}{3}x - \frac{2}{3} \leq 0$ $\left[-\frac{1}{3} \leq x \leq 2\right]$

155 $-x^2 - 6x < 0$ $[x < -6 \vee x$

156 $-x^2 + \frac{3}{2}x - \frac{1}{2} > 0$ $\left[\frac{1}{2} <\right.$

157 COMPLETA la tabella con le soluzioni della disequazione indicata, considerando $f(x) = 2x^2 - 3x - 5$.

Disequazione	$f(x) > 0$	$f(x) \geq 0$	$f(x) < 0$	$f(x) \leq 0$
Soluzione				

158 COMPLETA la tabella con le soluzioni della disequazione indicata, considerando $f(x) = -x^2 + 6x - 5$.

Disequazione	$f(x) > 0$	$f(x) \geq 0$	$f(x) < 0$	$f(x) \leq 0$
Soluzione				

L'equazione associata ha $\Delta = 0$

159 ESERCIZIO GUIDATO Risolvi la disequazione $9 + 8x(3 + 2x) \leq 0$.

Svolgiamo i calcoli e otteniamo: $\square\, x^2 + \square\, x + \square \leq 0$.

Risolviamo l'equazione associata: $\frac{\Delta}{4} = \square \rightarrow x_1 = x_2 = \square$.

Il trinomio è positivo per ogni valore di $x \neq \square$ e si annulla per $x = \square$.

Pertanto la disequazione è verificata per $x = -\frac{3}{4}$.

Risolvi le seguenti disequazioni di secondo grado.

160 $9x^2 - 12x + 4 < 0$ $[\nexists x \in \mathbb{R}]$

161 $-16x^2 - 9 + 24x \leq 0$ $[\forall x \in \mathbb{R}]$

162 $81x^2 + 18x + 1 \leq 0$ $\left[x = -\frac{1}{9}\right]$

163 $2x^2 - 12x + 18 \geq 0$ $[\forall x \in \mathbb{R}]$

164 $-4a^2 + 4a - 1 \geq 0$ $\left[a = \frac{1}{2}\right]$

165 $5x^2 - 20x + 20 \leq 0$ $[x = 2]$

166 $20x - 4x^2 - 25 < 0$ $\left[x \neq \frac{5}{2}\right]$

167 $-\frac{1}{4}x^2 + 5x - 25 > 0$ $[\nexists x \in \mathbb{R}]$

168 $x^2 + 4 \leq 4x$ $[x = 2]$

169 $4x^2 + \frac{1}{4} - 2x \geq 0$ $[\forall x \in \mathbb{R}]$

170 $49x^2 - 14x + 1 \geq 0$ $[\forall x \in \mathbb{R}]$

171 $8x(2x + 1) > -1$ $\left[x \neq -\frac{1}{4}\right]$

172 $x^2 + 36 \geq 12x$ $[\forall x \in \mathbb{R}]$

173 $3(4x - 3) \geq 4x^2$ $\left[x = \frac{3}{2}\right]$

---

174 COMPLETA la tabella con le soluzioni della disequazione indicata, considerando $f(x) = -4x^2 + 12x - 9$.

Disequazione	$f(x) > 0$	$f(x) \geq 0$	$f(x) < 0$	$f(x) \leq 0$
Soluzione				

175 TEST Nell'insieme dei numeri reali, la disequazione $x^2 - 2x + 1 > 0$ è verificata:

A per ogni $x \in \mathbb{R}$.

B per ogni $x \neq 1$.

C per ogni $x \neq -1$.

D per nessun valore di x.

L'equazione associata ha $\Delta < 0$

176 ESERCIZIO GUIDATO Risolvi la disequazione $5(2x+7) < -x^2$.

Sviluppiamo i calcoli e otteniamo: $\square x^2 + \square x + \square < 0$.

Risolviamo l'equazione associata: $\frac{\Delta}{4} = \square < 0 \rightarrow$ equazione $\square$.

Il trinomio è sempre $\square$, pertanto la disequazione è impossibile.

Risolvi le seguenti disequazioni di secondo grado.

177 $3x^2 + 2x + 5 > 0$ $[\forall x \in \mathbb{R}]$

178 $\frac{1}{9}x^2 + x + 9 \leq 0$ $[\nexists x \in \mathbb{R}]$

179 $x^2 - 4x + 16 > 0$ $[\forall x \in \mathbb{R}]$

180 $x^2 - 2x + 10 > 0$ $[\forall x \in \mathbb{R}]$

181 $x^2 + 4x + 5 < 0$ $[\nexists x \in \mathbb{R}]$

182 $x^2 + 10x + 34 < 0$ $[\nexists x \in \mathbb{R}]$

183 AL VOLO $9x^2 + 4 > 0$ $[\forall x \in \mathbb{R}]$

184 $x^2 - 8x + 20 > 0$ $[\forall x \in \mathbb{R}]$

185 AL VOLO $-x^2 - 3 \geq 0$ $[\nexists x \in \mathbb{R}]$

186 $6x^2 + 3x + 1 < 0$ $[\nexists x \in \mathbb{R}]$

187 $x^2 + x + 7 \geq 0$ $[\forall x \in \mathbb{R}]$

188 $x(2 - x) < 6$ $[\forall x \in \mathbb{R}]$

189 $-x^2 - 6 > 3x$ $[\nexists x \in \mathbb{R}]$

190 $2(x^2 + 4) < x$ $[\nexists x \in \mathbb{R}]$

Riepilogo: Disequazioni di secondo grado numeriche intere

191 CACCIA ALL'ERRORE Correggi le risoluzioni delle seguenti disequazioni.

a. $x^2 > 0 \rightarrow x > 0$

b. $x^2 \geq 36 \rightarrow x \geq \pm 6$

c. $x^2 \geq 5x \rightarrow x \geq 5$

d. $-\frac{1}{4}x^2 \geq 0 \rightarrow x^2 \leq -4$

e. $x^2 \leq 16 \rightarrow x \leq 4$

f. $-3x^2 \geq -3 \rightarrow x^2 \geq 1$

192 ASSOCIA a ogni disequazione l'insieme delle sue soluzioni.

a. $x^2 \geq 4$ b. $4 \geq x^2$ c. $x^2 < 4$ d. $-x^2 \leq 4$

1. $\forall x \in \mathbb{R}$ 2. $x \leq -2 \vee x \geq 2$ 3. $-2 < x < 2$ 4. $-2 \leq x \leq 2$

Risolvi le seguenti disequazioni.

193 $9x^2 + 64 < 0$ $[\nexists x \in \mathbb{R}]$

194 $x^2 + 9x \leq 0$ $[-9 \leq x \leq 0]$

195 $9x^2 < 25$ $\left[-\frac{5}{3} < x < \frac{5}{3}\right]$

196 $3x^2 + 4x + \frac{4}{3} > 0$ $\left[x \neq -\frac{2}{3}\right]$

197 $-x^2 + \frac{5}{2}x - 1 \leq 0$ $\left[x \leq \frac{1}{2} \vee x \geq 2\right]$

198 $x^2 - 1 > \frac{15}{4}x$ $\left[x < -\frac{1}{4} \vee x > 4\right]$

199 $4x^2 + 11x - 3 \leq 0$ $\left[-3 \leq x \leq \frac{1}{4}\right]$

200 $x^2 - 4x - 12 \geq 0$ $[x \leq -2 \vee x \geq 6]$

201 $-x^2 + 9 \leq 0$ $[x \leq -3 \vee x \geq 3]$

202 $4x^2 + 4x + 9 < 0$ $[\nexists x \in \mathbb{R}]$

ESERCIZI

203 $-x^2+8x \geq 0$ $[0 \leq x \leq 8]$

204 $-x^2+1>0$ $[-1<x<1]$

205 COMPLETA

a. $x^2 \square 1 > 0$ $\quad \forall x \in \mathbb{R}$.

b. $x^2 \square 1 < 0$ $\quad$ per $-1<x<1$.

c. $x^2-6x+9 \leq 0$ $\quad$ per $\square$.

d. $-x^2+2x-10>0$ $\quad$ per $\square$.

e. $x^2 \square 9 < 0$ $\quad$ per nessun valore di x.

f. $-x^2+4x-3 \square 0$ $\quad$ per $1 \leq x \leq 3$.

206 **Tuffiamoci** La piscina che Francesco vorrebbe nel suo giardino deve avere un lato lungo 1 metro in meno del doppio dell'altro lato. Trova il perimetro minimo della piscina, sapendo che la superficie dell'acqua deve avere area di almeno 28 m^2. [22 m]

Semplifica e risolvi le seguenti disequazioni.

207 $-4x(x-1)>1$ $[\nexists x \in \mathbb{R}]$

208 $x(x-2)+7>-2x$ $[\forall x \in \mathbb{R}]$

209 $(1-3x)(1+3x)<7x+1$ $\left[x<-\frac{7}{9} \vee x>0\right]$

210 $-x(x-4)<3$ $[x<1 \vee x>3]$

211 $x(x+3) \leq -2x$ $[-5 \leq x \leq 0]$

212 $\frac{1}{2}(x-1) \leq x^2-x$ $\left[x \leq \frac{1}{2} \vee x \geq 1\right]$

213 $3(x^2+3)>x(12-x)$ $\left[x \neq \frac{3}{2}\right]$

214 $3x(x-1)+(x^2+1)<0$ $[\nexists x \in \mathbb{R}]$

215 $2(x-1)(x+3) \geq 0$ $[x \leq -3 \vee x \geq 1]$

216 $(x-4)^2 \leq 9$ $[1 \leq x \leq 7]$

217 $(x-2)(x+2)>5x-4$ $[x<0 \vee x>5]$

218 $2(x^2+1)<5x$ $\left[\frac{1}{2}<x<2\right]$

219 $3\left(\frac{2}{3}-x\right)(x+4) \geq 0$ $\left[-4 \leq x \leq \frac{2}{3}\right]$

220 $16(x^2+1)<40x+7$ $\left[\frac{1}{4}<x<\frac{9}{4}\right]$

221 $(x+1)^2+(2x-1)>\frac{x-5}{2}$ $\left[x<-\frac{5}{2} \vee x>-1\right]$

222 $(x+3)^2+12(2-x)>3(3-4x)$ $[\forall x \in \mathbb{R}]$

223 $2x(x+1)+4(x-2)+3(1-3x)>0$ $\left[x<-1 \vee x>\frac{5}{2}\right]$

224 $\left(x-\frac{7}{2}\right)^2+2(8+x)<\frac{1}{4}(49+8x)$ $[\nexists x \in \mathbb{R}]$

225 $(x-1)^2+10x-7(x+1)>0$ $[x<-3 \vee x>2]$

226 $2x(x+1)-(x^2+1)<2x^2$ $[x \neq 1]$

227 $4(x^2-1)+(x+1)(x-3)<0$ $\left[-1<x<\frac{7}{5}\right]$

228 $3x(x+1) \leq 2x(x-5)-6$ $[-6 \leq x \leq -1]$

229 $(2x-7)(2x+7)+5x-11 \geq 3x(x-2)-18$ $[x \leq -14 \vee x \geq 3]$

230 $\frac{3(x^2+1)}{2} - 1 \geq 2x(2x-1)$ $\left[-\frac{1}{5} \leq x \leq 1\right]$

231 $-6(x+1)+\left(\frac{1}{3}x+1\right)(6x+3) > -4x^2+2$ $\left[x < -1 \vee x > \frac{5}{6}\right]$

232 $3x^2 - 2(2+5x) \leq -(x+5)(2-x)$ $\left[\frac{1}{2} \leq x \leq 6\right]$

Problemi sui numeri

233 **ESERCIZIO GUIDATO** La differenza tra il doppio di un numero reale x e il triplo del suo quadrato è minore della differenza tra il numero stesso e 4. Quali valori può assumere x?

Traduciamo il testo del problema in una disequazione e risolviamola:

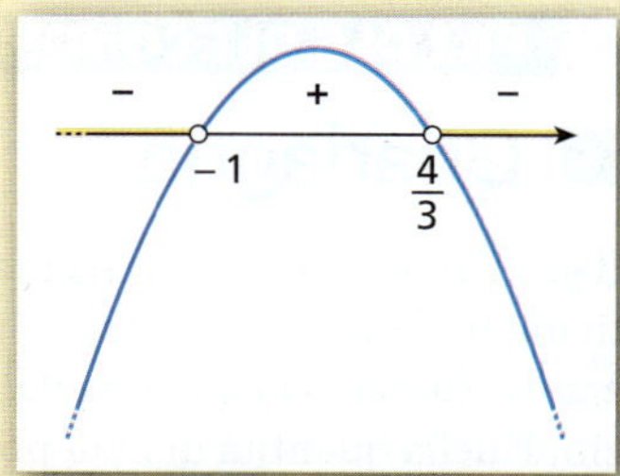

$2x \square 3x^2 < x - 4 \rightarrow -3x^2 + \square + 4 < 0.$

Risolviamo l'equazione associata $\square = 0.$

$\Delta = \square > 0 \rightarrow x = \frac{-1 \pm 7}{-6} = \begin{cases} \square \\ \frac{4}{3} \end{cases}$

La disequazione è verificata per $x \square -1$ o $x \square \frac{4}{3}$. La soluzione del problema è quindi $x < -1 \vee x > \frac{4}{3}$.

234 La somma tra il quadrato di un numero reale x e il triplo del numero stesso è maggiore di 4. Quali valori può assumere x? $[x < -4 \vee x > 1]$

235 Un numero reale positivo x è tale che sommando 7 al doppio del quadrato di x si ottiene un numero maggiore di $15x$. Quali valori può assumere x? $\left[0 < x < \frac{1}{2} \vee x > 7\right]$

236 Determina per quali valori di k il polinomio $P(x) = (k^2+1)x^2 - kx + 2k - 1$ è tale che:

a. $P(1) > 0$; **b.** $P(2) > P(-1) + 9$.

$[a)\ k < -1 \vee k > 0;\ b)\ k < -1 \vee k > 2]$

237 Calcola per quali valori di x la somma dei polinomi $f(x) = x^2 + 2x - 6$ e $g(x) = -6(x+1)$ è negativa. $[-2 < x < 6]$

Problemi geometrici

238 Un rettangolo ha i lati di lunghezza $3x + 2$ e $x + 1$. Trova per quali valori di x la sua area è minore dell'area di un triangolo di base $4x$ e altezza $2x + 3$. $[x > 1]$

239 In un rettangolo l'altezza h supera di 1 cm i $\frac{3}{7}$ della base. Quanto deve misurare h affinché l'area sia minore di 98 cm^2? $[1 < h < 7]$

240 Quali valori può assumere x affinché il parallelogramma in figura abbia un'area maggiore di 5 cm^2? $\left[x > \frac{1}{2}\right]$

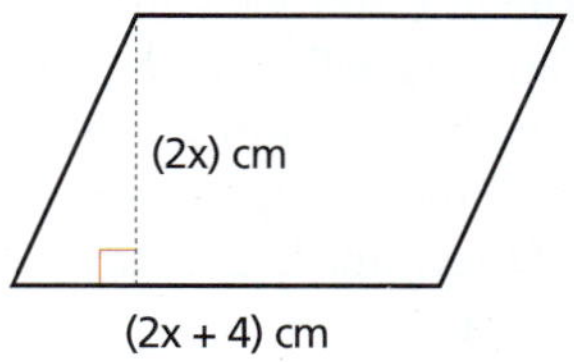

ESERCIZI

241 In un triangolo la differenza tra la base b e $\frac{1}{3}$ dell'altezza vale 8 cm. Trova quali valori può assumere la base in cm, in modo che l'area sia al massimo di 30 cm^2. $[8 < b \leq 10]$

242 In un triangolo la somma della base e dell'altezza vale 12 cm. Quanto può misurare, in cm, la base b affinché l'area del triangolo sia maggiore dell'area di un rettangolo di lati $\sqrt{5}$ cm e $2\sqrt{5}$ cm? $[2 < b < 10]$

243 Quanto deve misurare l'altezza del trapezio in figura affinché la sua area sia maggiore dell'area del triangolo a fianco? $[x > 2]$

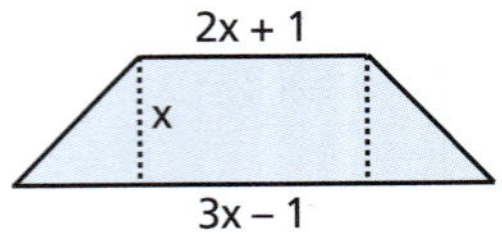

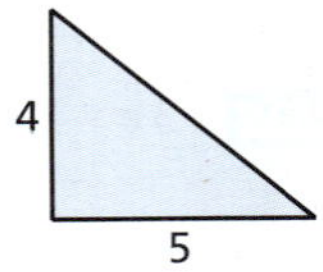

Problemi REALTÀ E MODELLI

PILLOLE DI ECONOMIA

Guadagno

Il **guadagno**, o **utile**, è il risultato economico positivo, in denaro, di un'attività. Incrementare il guadagno è l'obiettivo di ogni azienda. Per ottenerlo è utile studiare la **funzione del guadagno**, che esprime il guadagno in funzione della quantità di beni prodotti.
Il guadagno in milioni di euro dell'azienda MOTORS è $-q^2 + 50q - 30$, dove q è la quantità, in migliaia, di beni venduti.

► **Modellizziamo il problema.**

Determina per quali valori di q il guadagno dell'azienda è maggiore di 19 milioni.

Risolviamo la disequazione:

$$-q^2 + 50q - 30 > 19 \quad \rightarrow \quad -q^2 + 50q - 49 > 0.$$

Risolviamo l'equazione associata:

$$\Delta = 2500 - 196 = 2304 > 0; \qquad q = \frac{-50 \pm 48}{-2} = \begin{cases} 49, \\ 1. \end{cases}$$

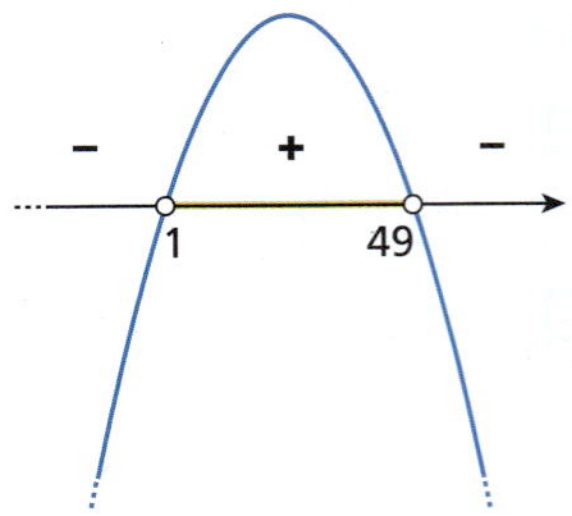

Il trinomio è positivo per valori interni all'intervallo delle radici, pertanto il guadagno dell'azienda sarà superiore a 19 milioni se l'azienda vende una quantità di beni compresa tra 1 migliaio e 49 migliaia.

► **Ora prova tu!**

- Il guadagno in euro di un'azienda è $q^2 - 45q + 350$, dove q è la quantità di beni venduti. Per quali valori di q il guadagno è positivo? $[0 < q < 10 \text{ e } q > 35]$
- I costi di produzione, in milioni, di un'azienda che produce elettrodomestici sono $q^2 - 24q + 163$, dove q è la quantità, in migliaia, di elettrodomestici venduti. Per quali quantità i costi sono inferiori a 100 milioni? $[3 < q < 21]$

244 **In attivo** Una ditta è in grado di produrre mensilmente 2000 kg di una certa merce. Per la produzione sostiene una spesa fissa mensile di € 500 000 e un costo di € 1000 per ogni kg prodotto. La domanda della merce (cioè la quantità di merce richiesta dai consumatori) è espressa in funzione del prezzo dalla relazione: $x(p) = 2400 - 0{,}4p$, dove x è la quantità richiesta e p è il prezzo al kg. Determina la quantità di merce da produrre per non essere in perdita. [tra i 106 kg e i 1894 kg circa]

4 Disequazioni di grado superiore al secondo

▶ Teoria a p. 8

Disequazioni binomie

245 ESERCIZIO GUIDATO Risolvi le seguenti disequazioni: **a.** $x^5 + 32 > 0$; **b.** $x^6 - 64 \geq 0$.

a. $x^5 + 32 > 0 \rightarrow x^5 > \square \rightarrow x > \sqrt[\square]{\square} \rightarrow x > -2.$

b. $x^6 - 64 \geq 0 \rightarrow x^6 \geq \square \rightarrow x \leq -\sqrt[\square]{\square} \vee x \geq +\sqrt[\square]{\square} \rightarrow x \leq -2 \vee x \geq 2.$

Risolvi le seguenti disequazioni.

246 $x^4 + 3 \geq 0$ $[\forall x \in \mathbb{R}]$

247 $x^3 + 1 \leq 0$ $[x \leq -1]$

248 $32x^5 - 1 > 0$ $\left[x > \frac{1}{2}\right]$

249 $x^4 - 81 < 0$ $[-3 < x < 3]$

250 $2x^6 - 128 < 0$ $[-2 < x < 2]$

251 $81x^4 - 16 > 0$ $\left[x < -\frac{2}{3} \vee x > \frac{2}{3}\right]$

---

252 ASSOCIA a ogni disequazione le sue soluzioni.

a. $x^4 + 16 > 0$ **b.** $x^3 + 8 > 0$ **c.** $x^5 - 32 < 0$ **d.** $4 - x^2 > 0$

1. $-2 < x < 2$ **2.** $x > -2$ **3.** $\forall x \in \mathbb{R}$ **4.** $x < 2$

253 REALTÀ E MODELLI **Il tasso** Daria vuole investire € 2000 per 3 anni. Se la banca le offre un tasso di interesse costante r, dopo 3 anni il suo capitale sarà $C = 2000(1 + r)^3$. Quanto deve valere r affinché il capitale dopo 3 anni sia di almeno € 2500?

$[r \geq 0,08]$

Disequazioni trinomie

254 ESERCIZIO GUIDATO Risolvi la disequazione $x^8 - 15x^4 - 16 \geq 0$.

Consideriamo l'equazione associata:

$x^8 - 15x^4 - 16 = 0.$

Poniamo $x^4 = z$ e risolviamo l'equazione in z:

$\square - 15\square - 16 = 0 \rightarrow z_1 = \square, z_2 = \square.$

Otteniamo:

$\square - 15\square - 16 \geq 0$

per $z \leq \square \vee z \geq \square$, vale a dire

$x^8 - 16x^4 - 16 \geq 0$

per $x^4 \leq \square \vee x^4 \geq \square$.

La prima disequazione è $\square$, la seconda è verificata per $x \leq \square \vee x \geq \square$.

Pertanto la disequazione $x^8 - 15x^4 - 16 \geq 0$ ha per soluzioni:

$\square \vee \square$.

Risolvi le seguenti disequazioni trinomie.

255 $x^6 + x^3 + 1 < 0$ $[\nexists x \in \mathbb{R}]$

256 $x^4 + x^2 + 1 > 0$ $[\forall x \in \mathbb{R}]$

257 $4x^6 + 8x^3 + 4 > 0$ $[x \neq -1]$

258 $16x^4 - 24x^2 + 9 \leq 0$ $\left[x = \pm\frac{\sqrt{3}}{2}\right]$

259 $x^4 - x^2 - 12 \geq 0$ $[x \leq -2 \vee x \geq 2]$

260 $y^6 + 7y^3 - 8 < 0$ $[-2 < y < 1]$

261 $x^4 - 8x^2 - 9 > 0$ $[x < -3 \vee x > 3]$

262 $x^6 - 4x^3 + 3 < 0$ $[1 < x < \sqrt[3]{3}]$

263 $x^6 - 5x^3 + 6 > 0$ $[x < \sqrt[3]{2} \vee x > \sqrt[3]{3}]$

264 $2x^8 + x^4 - 3 > 0$ $[x < -1 \vee x > 1]$

Disequazioni con prodotti di fattori

265 ESERCIZIO GUIDATO Risolvi la disequazione $(x+1)^4(3-x)^5 \leq 0$.

Studiamo il segno dei due fattori.

$(x+1)^4 > 0 \rightarrow x \neq \square$ $(3-x)^5 > 0 \rightarrow \square > 0 \rightarrow x < \square$

Dal quadro dei segni si deduce che le soluzioni sono: $x = -1 \vee x \geq 3$.

Risolvi le seguenti disequazioni in cui il primo membro è scritto in forma di prodotto.

266 $(2x-4)(x^2+1) < 0$ $[x < 2]$

267 $x^2(3-x) \geq 0$ $[x \leq 3]$

268 $x^3(2x-1)(x-4) \leq 0$ $\left[x \leq 0 \vee \frac{1}{2} \leq x \leq 4\right]$

269 $(x+7)^2(x-1) > 0$ $[x > 1]$

270 $(x+3)^3(x-5) \leq 0$ $[-3 \leq x \leq 5]$

271 $(x-2)^3(x+1)^5 < 0$ $[-1 < x < 2]$

Disequazioni risolubili con scomposizione in fattori

272 ESERCIZIO GUIDA Risolviamo la disequazione di terzo grado $x^3 - 5x^2 - 4x + 20 > 0$.

Scomponiamo in fattori il polinomio $x^3 - 5x^2 - 4x + 20$ con un raccoglimento parziale:

$x^2(x-5) - 4(x-5) > 0 \rightarrow (x^2-4)(x-5) > 0$.

Studiamo il segno dei due fattori.

$x^2 - 4 > 0 \rightarrow x < -2 \vee x > 2$

$x - 5 > 0 \rightarrow x > 5$

La disequazione data è verificata per:

$-2 < x < 2 \vee x > 5$.

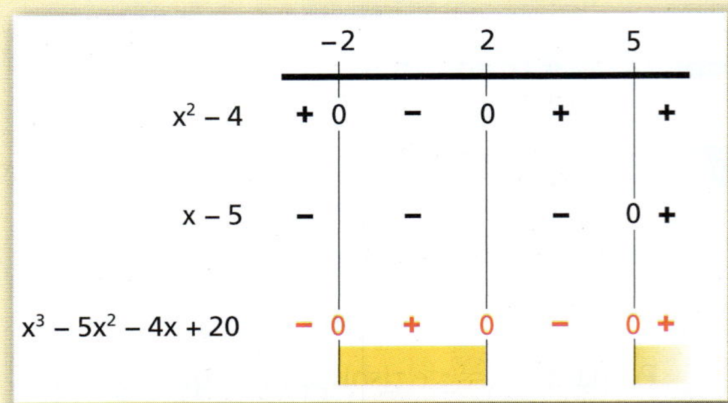

Risolvi le seguenti disequazioni di grado superiore al secondo, scomponendo in fattori.

273 $x^3 - 4x^2 - 5x > 0$ $[-1 < x < 0 \vee x > 5]$

274 $x^4 + 7x^3 + 12x^2 < 0$ $[-4 < x < -3]$

275 $x^5 - 25x^3 > 0$ $[-5 < x < 0 \vee x > 5]$

276 $-4x^4 - 4x^3 - x^2 \geq 0$ $\left[x = 0 \vee x = -\frac{1}{2}\right]$

277 $x^4 + 8x > 0$ $[x < -2 \vee x > 0]$

278 $3x^5 + 12x^3 \geq 0$ $[x \geq 0]$

279 $x^6 - 81x^2 > 0$ $[x < -3 \vee x > 3]$

280 $9x^4 - x^6 > 0$ $[-3 < x < 3]$

281 $x^4 - 2x^3 + 4x^2 \leq 0$ $[x = 0]$

282 $x^3 + x^2 - 4x - 4 \leq 0$ $[x \leq -2 \vee -1 \leq x \leq 2]$

283 $x^5 + 6x^4 + 9x^3 > 0$ $[x > 0]$

284 $5x^2 + 7x^4 \leq 0$ $[x = 0]$

285 $x^4 - 5x^3 - x + 5 < 0$ $[1 < x < 5]$

286 $16x - x^5 \geq 0$ $[x \leq -2 \vee 0 \leq x \leq 2]$

287 $x^4 - 5x^2 \geq 0$ $[x \leq -\sqrt{5} \vee x \geq \sqrt{5} \vee x = 0]$

288 $x^6 + 8x^3 \geq 0$ $[x \leq -2 \vee x \geq 0]$

---

289 $x^3 + 2x^2 - 9x - 18 < 0$ $[x < -3 \vee -2 < x < 3]$

290 $x^3(1 + x) < 2x^2(x^2 - 2x - 3)$ $[x < -1 \vee x > 6]$

291 $2x(2x^2 + 3) + 4x^2 - 3(2x^2 + 1) > 0$ $\left[x > \frac{1}{2}\right]$

292 $3(x^3 + x^2 - 1) + x(x^2 + 9x - 1) \leq 0$ $\left[x \leq -3 \vee -\frac{1}{2} \leq x \leq \frac{1}{2}\right]$

293 $x(x^2 - 11) < 7x(1 - x)$ $[x < -9 \vee 0 < x < 2]$

294 Sapendo che le misure sono espresse in cm, trova per quali valori di x il volume del parallelepipedo in figura è maggiore di 48 cm^3. $[x > 2]$

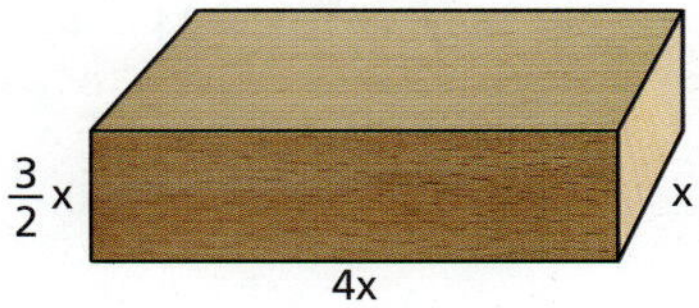

5 Disequazioni fratte

▶ Teoria a p. 11

295 **VERO O FALSO?**

a. $\frac{6}{5}$ appartiene all'insieme delle soluzioni di $\frac{x-2}{1-x} > 3$. V F

b. $\frac{x+2}{3} + \frac{1}{4} \geq 0$ è una disequazione fratta. V F

c. $-\frac{1}{x^2} < 0$ ha come insieme delle soluzioni $\mathbb{R}$. V F

d. L'insieme delle soluzioni di $\frac{x+2}{4-x} > 0$ è un intervallo limitato. V F

Disequazioni del tipo $\frac{A(x)}{B(x)} \gtreqless 0$

296 **ESERCIZIO GUIDATO** Risolvi $\frac{3-2x}{x+4} \leq 0$.

Studiamo il segno del numeratore e del denominatore.

$N > 0$: $\square > 0 \rightarrow x < \square$;

$D > 0$: $\square > 0 \rightarrow x > \square$.

Compiliamo il quadro dei segni.
Ci interessano gli intervalli in cui la frazione è negativa o nulla.
Le soluzioni sono pertanto:

$x < -4 \vee x \geq \frac{3}{2}$.

		-4		$\frac{3}{2}$	
N	+		+	0	−
D	−	0	+		+
$\frac{N}{D}$	−	∄	+	0	−

ESERCIZI

Risolvi le seguenti disequazioni.

297 $\frac{x+6}{x-3} \geq 0$ $[x \leq -6 \lor x > 3]$

298 $\frac{2x-1}{2x} > 0$ $\left[x < 0 \lor x > \frac{1}{2}\right]$

299 $\frac{4-3x}{3+x} < 0$ $\left[x < -3 \lor x > \frac{4}{3}\right]$

300 $\frac{7+14x}{x+5} \leq 0$ $\left[-5 < x \leq -\frac{1}{2}\right]$

301 $-\frac{3}{12-4x} > 0$ $[x > 3]$

302 $\frac{-5x}{3x-1} \leq 0$ $\left[x \leq 0 \lor x > \frac{1}{3}\right]$

303 $\frac{x-3}{x+5} < 0$ $[-5 < x < 3]$

304 $-\frac{2x+1}{7-x} \leq 0$ $\left[-\frac{1}{2} \leq x < 7\right]$

305 **ESERCIZIO GUIDA** Risolviamo la disequazione $\frac{x^2-10x+24}{2x^2-7x-15} > 0$.

- Studiamo il segno del numeratore:

$x^2 - 10x + 24 > 0.$

Equazione associata:

$x^2 - 10x + 24 = 0.$

$$\frac{\Delta}{4} = 25 - 24 = 1 \rightarrow x = 5 \pm 1 = \begin{cases} 6; \\ 4. \end{cases}$$

Il numeratore è positivo per valori esterni all'intervallo di estremi 4 e 6:

$x < 4 \lor x > 6.$

- Studiamo il segno del denominatore:

$2x^2 - 7x - 15 > 0.$

Equazione associata:

$2x^2 - 7x - 15 = 0.$

$$\Delta = 49 + 120 = 169 \rightarrow x = \frac{7 \pm 13}{4} = \begin{cases} 5; \\ -\frac{3}{2}. \end{cases}$$

Il denominatore è positivo per valori esterni all'intervallo di estremi $-\frac{3}{2}$ e 5:

$x < -\frac{3}{2} \lor x > 5.$

- Compiliamo il quadro dei segni.

La disequazione è verificata per:

$x < -\frac{3}{2} \lor 4 < x < 5 \lor x > 6.$

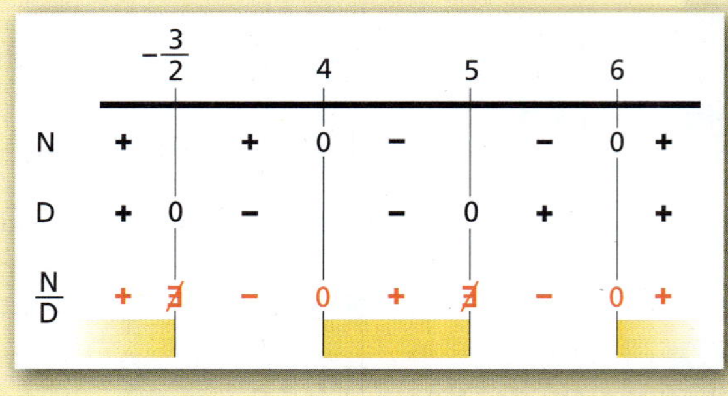

Risolvi le seguenti disequazioni.

306 $\frac{2x}{6x^2+x-5} \leq 0$ $\left[x < -1 \lor 0 \leq x < \frac{5}{6}\right]$

307 $\frac{9x^2-12x+4}{5x^2} \geq 0$ $[x \neq 0]$

308 $\frac{x^2+5x+9}{x^2+x+4} > 0$ $[\forall x \in \mathbb{R}]$

309 $\frac{x-1}{3x^2+2x+5} < 0$ $[x < 1]$

310 $\frac{4x^2-3x-1}{5-x} \geq 0$ $\left[x \leq -\frac{1}{4} \lor 1 \leq x < 5\right]$

311 $\frac{-3x^2+8x+3}{2x-1} \leq 0$ $\left[-\frac{1}{3} \leq x < \frac{1}{2} \lor x \geq 3\right]$

312 $\frac{x^2+4x+4}{12x-4-9x^2} \geq 0$ $[x = -2]$

313 $\frac{x(-x+8)-(2x+9)}{x^2-4} \leq 0$ $[x < -2 \lor x > 2]$

314 $\frac{x^2-4}{x^2+5x-14} < 0$ $[-7 < x < -2]$

315 $\frac{-x^2+7x-12}{2x^2-7x+3} > 0$ $\left[\frac{1}{2} < x < 3 \lor 3 < x < 4\right]$

316 ESERCIZIO GUIDATO Risolvi $\frac{x^2(x-3)}{(x+1)^5} \geq 0$.

Studiamo il segno del numeratore e del denominatore.

$N_1 > 0$: $x^2 > 0 \rightarrow$ ☐;

$N_2 > 0$: $x - 3 > 0 \rightarrow x >$ ☐;

$D > 0$: $(x+1)^5 > 0 \rightarrow x + 1 >$ ☐ $\rightarrow x >$ ☐.

Dal quadro dei segni si deduce che le soluzioni sono:

$x < -1 \vee x =$ ☐ $\vee x \geq$ ☐.

		−1		0		3	
N_1	+		+	0	+		+
N_2	−		−		−	0	+
D	−	0	+		+		+
$\frac{N}{D}$	☐	∄	☐	0	☐	0	☐

Risolvi le seguenti disequazioni.

317 $\frac{x^2(x-1)}{x+2} \leq 0$ $[-2 < x \leq 1]$

318 $\frac{2x^2(x^2+4)}{(3x-5)^2} \geq 0$ $\left[x \neq \frac{5}{3}\right]$

319 $\frac{x(3+x)^4}{(x-1)^3} < 0$ $[0 < x < 1]$

320 $\frac{x^2-2x-8}{x(x^2+1)} \geq 0$ $[-2 \leq x < 0 \vee x \geq 4]$

321 $\frac{x^2-x-2}{x(3-x)} > 0$ $[-1 < x < 0 \vee 2 < x < 3]$

322 $\frac{x^2-8x+16}{(x+1)(2x-11)} < 0$ $\left[-1 < x < \frac{11}{2} \wedge x \neq 4\right]$

---

323 YOU & MATHS Consider the inequality $\frac{(x-2)^4}{x^2+9} \leq 0$. Which of the following statements is true?

A It has no real solutions.

B It has only one real solution.

C The set of solutions is: $x \leq 2$.

D The set of solutions is $x \leq -2 \vee x \geq 2$.

324 COMPLETA

a. $\frac{x^2+9}{-2x} > 0$ per x ☐.

b. $\frac{x^2}{x-3} \leq 0$ per x ☐.

c. $\frac{(x-4)^5}{x^2} > 0$ per x ☐.

AL VOLO **Risolvi le seguenti disequazioni.**

325 $\frac{x^2}{(x^2+1)^2} > 0$

326 $\frac{x^4+1}{3x^2} < 0$

327 $\frac{-5x^2}{(x-3)^3} \geq 0$

Risolvi le seguenti disequazioni scomponendo in fattori.

328 $\frac{x^3-4x}{x} < 0$ $[-2 < x < 2 \wedge x \neq 0]$

329 $\frac{x^4+x^3}{2-x} \leq 0$ $[-1 \leq x \leq 0 \vee x > 2]$

330 $\frac{x^2+5x+4}{x^3+x} \geq 0$ $[-4 \leq x \leq -1 \vee x > 0]$

331 $\frac{3x^2-3x^3}{16-x^2} < 0$ $[x < -4 \vee 1 < x < 4]$

332 $\frac{x^3+2x}{9x^2-6x} > 0$ $\left[x > \frac{2}{3}\right]$

333 $\frac{x^2+4x-5}{2x^5-3x^4} < 0$ $\left[x < -5 \vee 1 < x < \frac{3}{2}\right]$

334 $\frac{3x^4+3}{3x^2+2x} \geq 0$ $\left[x < -\frac{2}{3} \vee x > 0\right]$

335 $\frac{x^2-1}{2x^3-4x^2} < 0$ $[x < -1 \vee 1 < x < 2]$

---

336 EUREKA! **Solo lei** Una sola tra le seguenti disequazioni è impossibile. Quale?

A $\frac{x^2-1}{1+x} \geq 0$ B $\frac{x^3-x^4}{1-x} \leq 0$ C $\frac{x-1}{x^2-x^3} \geq 0$ D $\frac{x^2(1-x)}{1-x} \geq 0$

337 Determina per quali valori di x il rapporto tra $P(x) = x^2 - 7x + 12$ e $Q(x) = 2x^2 - 5x - 3$ è positivo.

$\left[x < -\frac{1}{2} \vee x > 4\right]$

ESERCIZI

Disequazioni da ridurre a forma normale

338 CACCIA ALL'ERRORE

a. $\dfrac{x-4}{x} \geq 1 \rightarrow x-4 \geq 1 \wedge x \geq 1$

b. $\dfrac{1}{x} < 1 \rightarrow x < 1$

c. $\dfrac{x}{2x-1} > \dfrac{3}{5} \rightarrow x > 3 \wedge 2x-1 > 5$

d. $\dfrac{x+3}{x-2} \geq 0 \rightarrow x \leq -3 \vee x \geq 2$

339 RIFLETTI SULLA TEORIA Metti a confronto le risoluzioni delle disequazioni

$\dfrac{x}{x-3} > 0$ e $\dfrac{x}{x-3} > 1$.

340 ESERCIZIO GUIDA Risolviamo la disequazione $\dfrac{1}{5} + \dfrac{6}{x-3} \leq \dfrac{7}{5x-15}$.

Riduciamo le frazioni allo stesso denominatore e portiamo al primo membro.

$$\frac{x-3}{5(x-3)} + \frac{6 \cdot 5}{5(x-3)} - \frac{7}{5(x-3)} \leq 0 \rightarrow \frac{x+20}{5(x-3)} \leq 0.$$

Studiamo il segno della frazione ottenuta.

$N > 0$: $x+20 > 0 \rightarrow x > -20$;

$D > 0$: $5(x-3) > 0 \rightarrow x > 3$.

		−20		3	
N	−	0	+		+
D	−		−	0	+
N/D	+	0	−	∄	+

Dal quadro dei segni deduciamo che

$\dfrac{N}{D} \leq 0$ se $-20 \leq x < 3$.

Risolvi le seguenti disequazioni dopo averle ricondotte alla forma $\dfrac{A(x)}{B(x)} \lesseqgtr 0$.

341 $\dfrac{5x-1}{x-3} \geq 1$ $\left[x \leq -\dfrac{1}{2} \vee x > 3\right]$

342 $\dfrac{3x-2}{x} \leq 4$ $[x \leq -2 \vee x > 0]$

343 $\dfrac{x}{3x+1} \geq 7$ $\left[-\dfrac{7}{20} \leq x < -\dfrac{1}{3}\right]$

344 $\dfrac{x+5}{x-1} + 2 \geq 0$ $[x \leq -1 \vee x > 1]$

345 $\dfrac{1}{x} - \dfrac{3}{5x} \geq 2$ $\left[0 < x \leq \dfrac{1}{5}\right]$

346 $\dfrac{4}{3x} \leq \dfrac{1}{9}$ $[x < 0 \vee x \geq 12]$

347 $\dfrac{6x-5}{2-x} > -2 + \dfrac{4}{x-2}$ $\left[-\dfrac{3}{4} < x < 2\right]$

348 $\dfrac{3x-5}{2x-6} > \dfrac{x}{x-3}$ $[x < 3 \vee x > 5]$

349 $\dfrac{x-5}{2x-8} \leq \dfrac{1}{2}$ $[x > 4]$

350 $\dfrac{4-x^2}{x} > \dfrac{1-2x}{2}$ $[0 < x < 8]$

351 $\dfrac{x+5}{x+1} - 3 \leq -\dfrac{4x-1}{2x+2}$ $[x < -1]$

352 $\dfrac{4}{3} > \dfrac{x-2}{2x-2} + \dfrac{1}{x-1}$ $\left[x < 1 \vee x > \dfrac{8}{5}\right]$

353 $\dfrac{2+x}{4x-2} + \dfrac{1}{2x-1} + \dfrac{2x+4}{3-6x} \geq 0$ $\left[\dfrac{1}{2} < x \leq 4\right]$

354 $\dfrac{13x+5}{2x+1} - 8 < 0$ $\left[x < -1 \vee x > -\dfrac{1}{2}\right]$

355 $-\dfrac{3x}{2x+8} > \dfrac{10-4x}{x+4}$ $[x < -4 \vee x > 4]$

356 $\dfrac{x-1}{3x+4} \geq \dfrac{3x-2}{6x+8}$ $\left[-\dfrac{4}{3} < x \leq 0\right]$

357 $-\dfrac{1}{x} - 3 \geq \dfrac{2x+1}{2x}$ $\left[-\dfrac{3}{8} \leq x < 0\right]$

358 $\dfrac{3x+24}{4-x} \leq 3$ $[x \leq -2 \vee x > 4]$

359 $-\dfrac{x}{x+2} - 1 > \dfrac{x-1}{x+2}$ $\left[-2 < x < -\dfrac{1}{3}\right]$

360 $\dfrac{3}{x-1} - \dfrac{1}{3} > \dfrac{x}{3x-3}$ $[1 < x < 5]$

361 $\dfrac{1}{x+6} - 2 \geq \dfrac{1}{3x+18}$ $\left[-6 < x \leq -\dfrac{17}{3}\right]$

362 $4 + \dfrac{x}{x-2} \geq \dfrac{-26+12x}{3x-6}$ $\left[x \leq -\dfrac{2}{3} \vee x > 2\right]$

363 **ESERCIZIO GUIDATO** Risolvi la disequazione $\frac{2-x}{x} \geq -\frac{3x+4}{x+1}$.

- Eseguiamo i calcoli per portarla in forma normale.

$$\frac{2-x}{x} + \frac{3x+4}{x+1} \geq 0 \rightarrow \frac{\square + 2 - x^2 - x + 3x^2 + 4x}{x(x+1)} \geq 0 \rightarrow \frac{\square + \square + \square}{x(x+1)} \geq 0$$

denominatore comune

D_1 D_2

- Studiamo il segno della frazione e compiliamo il quadro dei segni.

$N > 0$: $\square > 0$.

Equazione associata: $2x^2 + 5x + 2 = 0$.

$$\Delta = \square,\ x = \frac{-5 \pm 3}{4} = \begin{cases} -\frac{1}{2}; \\ \square. \end{cases}$$

Il numeratore è positivo per

$x < \square \vee x > \square$.

$D_1 > 0$: $x > 0$;

$D_2 > 0$: $x + 1 > 0 \rightarrow x > \square$.

		-2		-1		$-\frac{1}{2}$		0	
N	+	0	−		−	0	+		+
D_1	−		−		−		−	0	+
D_2	−		−	0	+		+		+
$\frac{N}{D_1 D_2}$	+	0	−	∄	+	0	−	∄	+

La disequazione è verificata per $x \leq -2 \vee -1 < x \leq -\frac{1}{2} \vee x > 0$.

Risolvi le seguenti disequazioni dopo averle ricondotte alla forma $\frac{A(x)}{B(x)} \lessgtr 0$.

364 $3 - x \geq \frac{4}{x+2}$ $[x < -2 \vee -1 \leq x \leq 2]$

365 $x + 3 \leq \frac{5}{3-x}$ $[x \leq -2 \vee 2 \leq x < 3]$

366 $x + \frac{1}{5} \leq \frac{3}{25x-5}$ $\left[x \leq -\frac{2}{5} \vee \frac{1}{5} < x \leq \frac{2}{5}\right]$

367 $1 + \frac{2x}{x^2-1} + \frac{x}{x+1} < 0$ $\left[\frac{1}{2} < x < 1\right]$

368 $x - \frac{x-2}{x+3} \geq 2$ $[-3 < x \leq -2 \vee x \geq 2]$

369 $1 + \frac{x^2+3x-10}{x^2+1} < 0$ $\left[-3 < x < \frac{3}{2}\right]$

370 $\frac{4x^2-3x+3}{5x^2-3x-2} > -1$ $\left[x < -\frac{2}{5} \vee x > 1\right]$

371 $\frac{x+3}{x-2} < \frac{x-2}{x+3}$ $\left[x < -3 \vee -\frac{1}{2} < x < 2\right]$

372 $\frac{1}{x} < \frac{x-1}{x^2+x+1}$ $\left[-\frac{1}{2} < x < 0\right]$

373 $\frac{x^3+x^2+1}{x^3-1} \leq 1$ $[x < 1]$

374 $\frac{2x^2+3x+5}{x^2-x+3} < -1$ $[\nexists x \in \mathbb{R}]$

375 $\frac{1}{x-1} \geq \frac{x+1}{x^2-1}$ $[x \neq 1, x \neq -1]$

376 $\frac{4}{2x-1} \leq \frac{3}{2x+1}$ $\left[x \leq -\frac{7}{2} \vee -\frac{1}{2} < x < \frac{1}{2}\right]$

377 $\frac{x}{x+6} - \frac{12-14x}{x^2-36} \geq \frac{x}{x-6}$ $[x > -6 \wedge x \neq 6]$

378 $\frac{6(x+1)}{9-x^2} + \frac{2}{x+3} > \frac{3}{3-x}$ $[x < 3 \wedge x \neq -3]$

379 $\frac{6+x}{x} < \frac{2}{x+1}$ $[-3 < x < -2 \vee -1 < x < 0]$

380 $\frac{6}{x-1} - \frac{6}{x} < 1$ $[x < -2 \vee 0 < x < 1 \vee x > 3]$

381 $\frac{1}{3} - \frac{2}{1-x^2} > \frac{1}{2+2x}$ $[x < -1 \vee x > 1]$

---

382 $\frac{3}{x^2-2x+1} + \frac{3+x}{x-1} > 0$ $[x < -2 \vee (x > 0 \wedge x \neq 1)]$

383 $\frac{1}{3x-x^2} - \frac{4}{x^2-6x+9} \leq \frac{1}{x-3}$ $[-3 \leq x < 0 \vee 1 \leq x < 3 \vee x > 3]$

384 $\frac{x+2}{x+1}+\frac{18}{x^2-2x-3}<\frac{x+3}{x-3}$ $\left[-1<x<\frac{9}{5} \vee x>3\right]$

385 Il rapporto tra il quadrato di un numero e il successivo del numero stesso è minore di $\frac{1}{2}$. Quanto può valere quel numero? $\left[x<-1 \vee -\frac{1}{2}<x<1\right]$

Problemi REALTÀ E MODELLI

RISOLVIAMO UN PROBLEMA

Riempire una cisterna

Un idraulico ha a disposizione tre rubinetti per riempire una cisterna: il primo rubinetto impiega un certo numero di ore; il secondo rubinetto ne impiega il doppio; il terzo impiega 2 ore più del primo.

- Quanto tempo impiega ciascun rubinetto da solo se, aperti tutti e tre insieme, riempiono la cisterna in meno di un'ora?

▶ Modellizziamo la situazione.

Prendiamo come incognita n, il numero di ore impiegate dal primo rubinetto per riempire la cisterna. Il secondo ne impiega $2n$ e il terzo $n+2$. Il problema ha senso soltanto se $n>0$.

In un'ora il primo rubinetto riempie $\frac{1}{n}$ di cisterna, il secondo $\frac{1}{2n}$ e il terzo $\frac{1}{n+2}$.

Pertanto, se vengono aperti contemporaneamente, i tre rubinetti in un'ora riempiono

$$\frac{1}{n}+\frac{1}{2n}+\frac{1}{n+2}=\frac{2(n+2)+(n+2)+2n}{2n(n+2)}=\frac{5n+6}{2n(n+2)} \text{ di cisterna.}$$

I tre rubinetti riempiono la cisterna in meno di un'ora se:

$$\frac{5n+6}{2n(n+2)}>1.$$

Risolviamo la disequazione.

$$\frac{5n+6}{2n(n+2)}-1>0 \rightarrow \frac{5n+6-2n^2-4n}{2n(n+2)}>0 \rightarrow \frac{-2n^2+n+6}{2n(n+2)}>0$$

Studiamo il segno del numeratore e del denominatore.

$N>0$: $-2n^2+n+6>0 \rightarrow -\frac{3}{2}<n<2$;

$D_1>0$: $2n>0 \rightarrow n>0$;

$D_2>0$: $n+2>0 \rightarrow n>-2$.

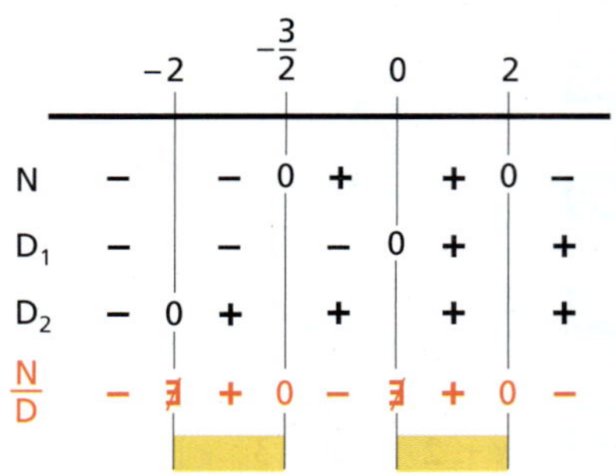

Le soluzioni accettabili sono: $0<n<2$.

Quindi il primo rubinetto impiega tra 0 e 2 ore, il secondo tra 0 e 4 ore, il terzo tra 2 e 4 ore.

▶ Ora prova tu!

Per imbiancare casa Gino impiegherebbe n giorni, Pino 3 giorni in meno e Marino il doppio dei giorni rispetto a Gino. Lavorando insieme terminano i lavori in meno di 3 giorni. Quanto avrebbe impiegato al massimo Gino? [9 giorni]

386 ●○

Pronti a giocare Manca un'ora all'inizio della partita e il campo da calcio deve ancora essere tosato. Il custode con il suo tosaerba impiegherebbe n minuti e il giardiniere con il trattorino ne impiegherebbe la metà. Sapendo che i due, lavorando insieme, sono in grado di finire il lavoro, quanto impiegherebbe al massimo il custode da solo?

[3 ore]

6 Sistemi di disequazioni

▶ Teoria a p. 12

Sistemi con disequazioni intere

387 ●○ RIFLETTI SULLA TEORIA È vero che la disequazione $-1 \le x \le 3$ è equivalente al sistema $\begin{cases} x \ge -1 \\ x \le 3 \end{cases}$? Spiega perché.

388 ●○ YOU & MATHS Find the solution set E of $2x + 7 \le 19$, $x \in \mathbb{R}$. Find the solution set H of $3 - 2x \le 11$, $x \in \mathbb{R}$. Find $E \cap H$.
(IR *Leaving Certificate Examination*, Ordinary Level, 1995)

$[E \cap H = \{-4 \le x \le 6\}]$

389 ●○ TEST Un numero reale x è tale che il suo cubo è maggiore di -8 e il suo quadrato è minore di 16. Allora:

A $x > 4$.
B $-2 < x < 4$.
C $x < -2 \vee x > 4$.
D $x > -2 \vee x < 4$.

390 ESERCIZIO GUIDA Risolviamo il seguente sistema di disequazioni: $\begin{cases} 2x - x^2 < 0 \\ x^2 - 3x - 4 < 0 \end{cases}$.

Prima disequazione

$$2x - x^2 < 0 \;\rightarrow\; x(2-x) < 0 \;\rightarrow\; x < 0 \vee x > 2.$$

Seconda disequazione
Le radici dell'equazione associata sono -1 e 4, quindi

$$x^2 - 3x - 4 < 0 \;\rightarrow\; -1 < x < 4.$$

Rappresentiamo gli intervalli delle soluzioni.

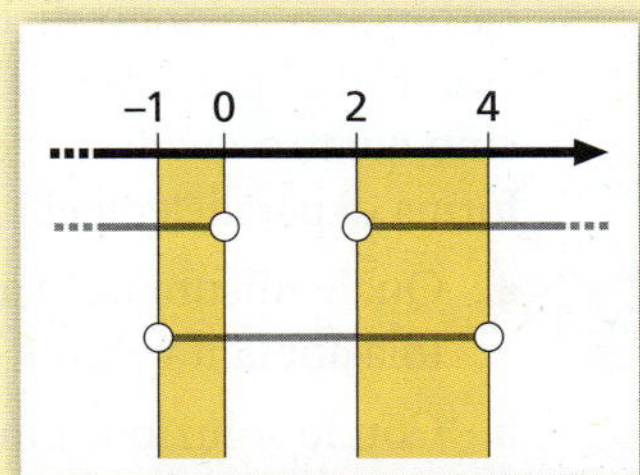

Le soluzioni del sistema sono $-1 < x < 0 \vee 2 < x < 4$.

Risolvi i seguenti sistemi di disequazioni intere.

391 ●○ $\begin{cases} x + 1 \le 0 \\ 2x - 5 < 0 \end{cases}$ $[x \le -1]$

392 ●○ $\begin{cases} 3(x+2) - 5(x-1) \le 0 \\ 9 + 3(x-4) > 0 \end{cases}$ $\left[x \ge \frac{11}{2}\right]$

393 ●○ $\begin{cases} 4x + 1 > x + 6 \\ 2x + 3 > -x + 2 \\ 3(x+1) > 1 \end{cases}$ $\left[x > \frac{5}{3}\right]$

394 ●○ $\begin{cases} x^2 + 2 > 0 \\ x + 1 > 0 \end{cases}$ $[x > -1]$

395 ●○ $\begin{cases} x^2 + 2x > 0 \\ x + 3 > 0 \end{cases}$ $[-3 < x < -2 \vee x > 0]$

396 ●○ $\begin{cases} x - 2 < 0 \\ -4x^2 + 12x + 7 > 0 \end{cases}$ $\left[-\frac{1}{2} < x < 2\right]$

397 ●○ $\begin{cases} x^2 - 6x + 9 > 0 \\ 2x + 1 \ge 0 \end{cases}$ $\left[x \ge -\frac{1}{2} \wedge x \ne 3\right]$

398 ●○ $\begin{cases} x^2 + 3x - 4 < 0 \\ 1 - 3x \ge 0 \end{cases}$ $\left[-4 < x \le \frac{1}{3}\right]$

399 ●○ $\begin{cases} 3x^2 - 14x + 8 \le 0 \\ x - 3 > 0 \end{cases}$ $[3 < x \le 4]$

400 ●○ $\begin{cases} 2x^2 - 11x + 5 \le 0 \\ 6 - 3x < 0 \end{cases}$ $[2 < x \le 5]$

ESERCIZI

401 $\begin{cases} 3x \geq 1 \\ 6x^2 \leq 5x - 1 \end{cases}$ $\left[\frac{1}{3} \leq x \leq \frac{1}{2}\right]$

402 $\begin{cases} 2x - 7 \geq 0 \\ 2x - 7 < (3x + 1)^2 \end{cases}$ $\left[x \geq \frac{7}{2}\right]$

403 $\begin{cases} x - x^2 > 0 \\ x^2 + 5x + 6 > 0 \end{cases}$ $[0 < x < 1]$

404 $\begin{cases} 25 - x^2 \leq 0 \\ x^2 + x - 12 \leq 0 \end{cases}$ $[\nexists x \in \mathbb{R}]$

405 $\begin{cases} x(x + 1) < 12 \\ (3 - x)(3 + x) > 4(x - 3) \end{cases}$ $[-4 < x < 3]$

406 $\begin{cases} (x + 1)^2 \leq 16 \\ x(x - 7) \geq 4(5 - 2x) \end{cases}$ $[x = -5]$

407 $\begin{cases} 4x^2 - 4x + 1 \geq 0 \\ \frac{1}{5} + \frac{3x - 1}{2} > x - \frac{1}{10} \end{cases}$ $\left[x > \frac{2}{5}\right]$

408 $\begin{cases} 4x - 8 < 0 \\ 1 - x < 0 \\ 9 - 16x^2 < 0 \end{cases}$ $[1 < x < 2]$

409 $\begin{cases} 2x - 3 > 0 \\ x - 5 > 0 \\ 6x^2 - x - 1 < 0 \end{cases}$ $[\nexists x \in \mathbb{R}]$

---

410 Il trapezio in figura ha area minore di 12,5 ma maggiore di 3,5. Quanto può valere b? $\left[\frac{1}{4} < b < 1\right]$

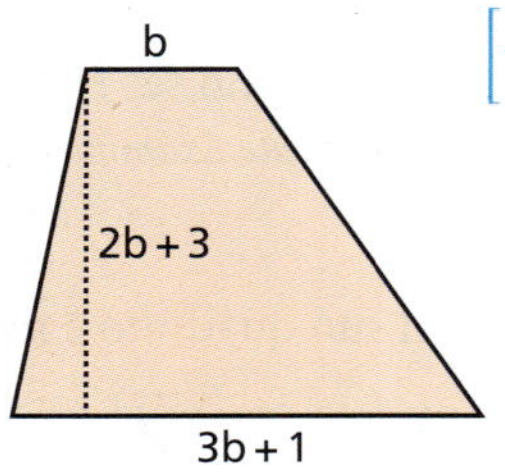

411 Usando i dati indicati, determina per quali valori di x il perimetro della figura è minore di 48. $[0 < x < 2]$

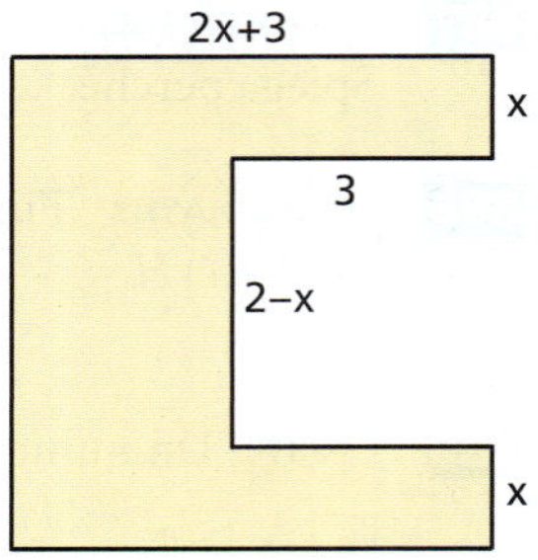

REALTÀ E MODELLI

412 **Per il mercatino** Anna vuole partecipare al mercatino dell'artigianato organizzato nel suo paese vendendo scatole di cioccolatini. Vuole costruire con un cartoncino colorato di 12 × 9 cm una scatoletta da riempire con almeno 10 cioccolatini preparati da lei. Per far questo, ritaglia dai quattro angoli del cartoncino quattro quadrati, per poi ripiegare i lembi laterali. I cioccolatini hanno la forma di parallelepipedi rettangoli di dimensioni 4 × 2 × 1 cm.

a. Quale misura deve avere il lato l del quadrato da ritagliare perché la scatola abbia il volume corrispondente ad almeno 10 cioccolatini?

b. Con le soluzioni limite trovate, quanti cioccolatini possono stare effettivamente nella scatola? Qual è la soluzione migliore?

$[a)\ 1{,}4 \leq l \leq 2;\ b)\ l = 2 \text{ cm}]$

413 **Dado fai da te** Luigi deve costruire un dado ritagliando un cartoncino.

a. Quanto può essere lungo lo spigolo s del dado?

b. Quanto deve essere lungo lo spigolo perché il volume del dado sia maggiore di 125 cm^3?

$[a)\ 0 \leq s \leq 7;\ b)\ 5 \leq s \leq 7]$

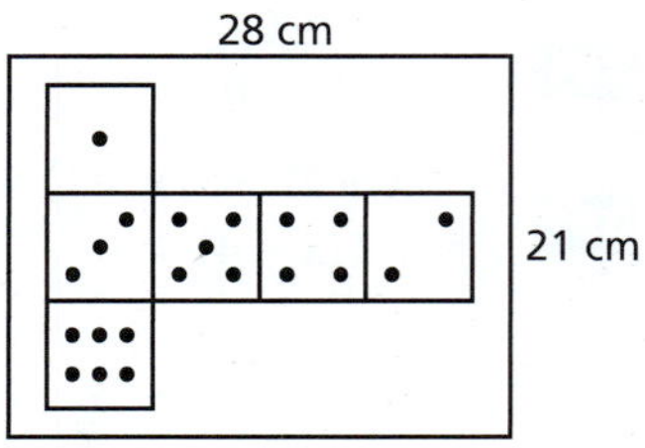

414 **La cornice** Mario sta costruendo una cornice di legno rettangolare di dimensioni 14 cm e 25 cm. Quale deve essere la larghezza dei lati della cornice in centimetri affinché l'apertura abbia al massimo un'area di 210 cm^2? $[2 \leq x < 7]$

Risolvi i seguenti sistemi con disequazioni di grado superiore al secondo.

AL VOLO

415 $\begin{cases} x^4 + 2 \geq 0 \\ 3x > 6 \end{cases}$

416 $\begin{cases} x^{10} + 10 \leq 0 \\ (x+1)^3 < 0 \end{cases}$

417 $\begin{cases} (x+3)^6 > 0 \\ 5x < 15 \end{cases}$

418 $\begin{cases} (3x-1)^4 \leq 0 \\ 2 - x > 0 \end{cases}$ $\left[x = \frac{1}{3}\right]$

419 $\begin{cases} x^4 + x \geq 0 \\ 3x + 3 \geq 0 \end{cases}$ $[x = -1 \vee x \geq 0]$

420 $\begin{cases} x^4 - 2x^3 > 0 \\ x^2 - 4x + 3 \geq 0 \end{cases}$ $[x < 0 \vee x \geq 3]$

421 $\begin{cases} x^4 - 5x^2 + 4 < 0 \\ x - 3 < 0 \end{cases}$ $[-2 < x < -1 \vee 1 < x < 2]$

422 $\begin{cases} x^4 - 4x^3 \geq 0 \\ x^2 - 7x + 10 < 0 \end{cases}$ $[4 \leq x < 5]$

423 $\begin{cases} x^3 + 3x < 0 \\ 9 - x^2 \geq 0 \end{cases}$ $[-3 \leq x < 0]$

Sistemi con disequazioni fratte

424 ESERCIZIO GUIDATO Risolvi il sistema $\begin{cases} x^2 - 6x + 5 \geq 0 \\ \dfrac{x}{4-x} < 0 \end{cases}$.

Prima disequazione

Risolviamo l'equazione associata:

$x^2 - 6x + 5 = 0 \rightarrow \Delta = \square \rightarrow x_1 = \square, x_2 = \square$.

La disequazione è verificata per $\square$.

Seconda disequazione

$\dfrac{x}{4-x} < 0$ $N > 0$: $\square$; $D > 0$: $4 - x > 0 \rightarrow x < \square$.

Dallo studio del segno si deduce che la disequazione è verificata per $\square$.

Rappresenta gli intervalli delle soluzioni.

L'insieme delle soluzioni del sistema è l'intersezione delle soluzioni delle due disequazioni:

$x < 0 \vee x \geq 5$.

Risolvi i seguenti sistemi di disequazioni intere o fratte.

425 $\begin{cases} 3x - 9 < 0 \\ \dfrac{x}{1-x} \geq 0 \end{cases}$ $[0 \leq x < 1]$

426 $\begin{cases} \dfrac{-2}{x-6} \geq 0 \\ x - 4 \leq 0 \end{cases}$ $[x \leq 4]$

427 $\begin{cases} x - 5 < 0 \\ \dfrac{x-3}{x+2} \geq 0 \end{cases}$ $[x < -2 \vee 3 \leq x < 5]$

428 $\begin{cases} x < 0 \\ \dfrac{x^2}{x-9} \leq 0 \end{cases}$ $[x < 0]$

429 $\begin{cases} x \geq x^2 \\ \dfrac{1}{2x+4} \leq 0 \end{cases}$ $[\nexists x \in \mathbb{R}]$

430 $\begin{cases} x(x+3) \leq 0 \\ \dfrac{2x+6}{x} < 0 \end{cases}$ $[-3 < x < 0]$

431 $\begin{cases} \dfrac{-2x}{x-3} \leq 0 \\ 2x^2 - x > 0 \end{cases}$ $[x < 0 \vee x > 3]$

432 $\begin{cases} \dfrac{x-2}{x} \leq 0 \\ x^2 + 3x - 10 \geq 0 \end{cases}$ $[x = 2]$

433 AL VOLO $\begin{cases} \dfrac{x}{(x-1)} - \dfrac{5-2x}{3-3x} > 0 \\ (x^2-3)^2 + 4x^2 < 0 \end{cases}$ $[\nexists x \in \mathbb{R}]$

ESERCIZI

434 $\begin{cases} \dfrac{x+1}{x-5} < 0 \\ x^2 \geq 9 \end{cases}$ $[3 \leq x < 5]$

435 $\begin{cases} \dfrac{1}{x} > x \\ 3x^2 + 8x - 3 > 0 \end{cases}$ $\left[x < -3 \vee \dfrac{1}{3} < x < 1\right]$

436 $\begin{cases} \dfrac{x}{x^2 - 3x} \geq 0 \\ x - 2 \geq 0 \end{cases}$ $[x > 3]$

437 $\begin{cases} 4x^2 - 100 \geq 0 \\ \dfrac{x+1}{x^2} < 0 \end{cases}$ $[x \leq -5]$

438 $\begin{cases} x^2 - 1 > 0 \\ \dfrac{x+4}{x-3} \leq 0 \end{cases}$ $[-4 \leq x < -1 \vee 1 < x < 3]$

439 $\begin{cases} \dfrac{x-2}{x+3} \geq 0 \\ 7 + 2x \geq -\dfrac{x^2}{7} \end{cases}$ $[x < -3 \vee x \geq 2]$

440 $\begin{cases} x^2 + 4x + 4 > 0 \\ \dfrac{1}{x^2} \geq 0 \end{cases}$ $[x \neq -2, x \neq 0]$

441 $\begin{cases} \dfrac{x+1}{x-2} < 1 \\ (x^2 + 4)(x + 1) < 0 \end{cases}$ $[x < -1]$

442 $\begin{cases} \dfrac{1 - 2x}{7x} > 0 \\ -\dfrac{1}{x+3} \geq 0 \end{cases}$ $[\nexists x \in \mathbb{R}]$

443 $\begin{cases} \dfrac{5x + 10}{3x} < 1 \\ \dfrac{1}{x} > -2 \end{cases}$ $\left[-5 < x < -\dfrac{1}{2}\right]$

444 $\begin{cases} \dfrac{x+1}{x} - 4 \geq 0 \\ \dfrac{1}{x} + \dfrac{1}{2} > 0 \end{cases}$ $\left[0 < x \leq \dfrac{1}{3}\right]$

445 $\begin{cases} x + \dfrac{1}{x} < 0 \\ x - \dfrac{1}{x} \geq 0 \end{cases}$ $[-1 \leq x < 0]$

446 $\begin{cases} \dfrac{8}{x} \geq 0 \\ \dfrac{2}{x+3} < 1 \end{cases}$ $[x > 0]$

7 Equazioni e disequazioni con valori assoluti

$$|x| = \begin{cases} x & x \geq 0 \\ -x & x < 0 \end{cases}$$

Proprietà del valore assoluto

447 VERO O FALSO?

a. $|x + 2| = |-x + 2| \quad \forall x \in \mathbb{R}$. V F

b. $-3|x| = |-3x| \quad \forall x \in \mathbb{R}$. V F

c. $|-a - 3| \geq 0 \quad \forall a \in \mathbb{R}$. V F

d. $|y| + 4 > 0$ solo se $y > 0$. V F

448 COMPLETA

a. $|x + 4| =$ ☐ se $x \geq -4$.

b. $|a - 3| =$ ☐ se $a < 3$.

c. $|6 - y| = y - 6$ se y ☐.

d. $|2x + 4| = 2x + 4$ se x ☐.

Equazioni con valori assoluti

Teoria a p. 14

Equazioni con un valore assoluto

449 ESERCIZIO GUIDATO Risolvi l'equazione $|x^2 - 16| = -6x$.

Studiamo il segno dell'espressione all'interno del valore assoluto:

$x^2 - 16 \geq 0 \quad \rightarrow \quad x^2 \geq$ ☐ $\quad \rightarrow \quad x \leq$ ☐ $\vee$ $x \geq$ ☐.

Quindi

$$|x^2 - 16| = \begin{cases} x^2 - 16 & \text{se } \square \\ \square & \text{se } \square \end{cases}.$$

L'insieme delle soluzioni dell'equazione è l'unione degli insiemi delle soluzioni dei seguenti sistemi.

Primo sistema

$\begin{cases} x \leq \square \vee x \geq \square \\ x^2 - 16 = -6x \end{cases}$

Risolviamo l'equazione:

$x^2 + 6x - 16 = 0.$

$x = -3 \pm \sqrt{\square} = \begin{cases} x_1 = -8 \text{ accettabile;} \\ x_2 = \square \text{ non accettabile.} \end{cases}$

Secondo sistema

$\begin{cases} \square < x < \square \\ \square = -6x \end{cases}$

Risolviamo l'equazione:

$x^2 - 6x - 16 = 0.$

$x = \square = \begin{cases} x_1 = -2 \text{ accettabile;} \\ x_2 = \square \text{ non accettabile.} \end{cases}$

Le soluzioni dell'equazione di partenza sono $x = -8$ e $x = -2$.

Risolvi le seguenti equazioni.

450 $|1 - x| = 3x$ $\left[\frac{1}{4}\right]$

451 $|4x - 3| = 5x$ $\left[\frac{1}{3}\right]$

452 $1 - |x| = x$ $\left[\frac{1}{2}\right]$

453 $|3x - 5| = 2x + 1$ $\left[\frac{4}{5}; 6\right]$

454 $|5x - 3| = 2(2x - 7) - 2(x + 3)$ $[\nexists x \in \mathbb{R}]$

455 $|2a - 1| + 3 = 3a + 4$ $[0]$

456 $|4x + 5| = (2 - x)(2 + x) + 3 + x^2$ $\left[\frac{1}{2}; -3\right]$

457 $x^2 + 3|x + 2| = -3$ $[\nexists x \in \mathbb{R}]$

458 $|3 - 3x^2 + x| = 3(2x + 1)$ $[0; 3]$

459 $|x^2| + x = 0$ $[-1; 0]$

460 $|x^2 - 4x| = x$ $[0; 3; 5]$

461 AL VOLO $|3 - 5x + x^2| = -x^2 - 3$

462 $|9 - x^2| = x - 3$ $[3]$

463 $|3x - x^2| - 5 = x$ $[-1; 5]$

464 $|x^2 + x + 5| = x + 10$ $[-\sqrt{5}; \sqrt{5}]$

465 $2 - |x^2 - 9| - x - 6 = 3x$ $[2 - \sqrt{17}; -5]$

Equazioni con più valori assoluti

466 ESERCIZIO GUIDA Risolvi l'equazione: $|x - 1| - 3|x| = -2$.

Studiamo i segni delle espressioni all'interno dei valori assoluti:

$x - 1 \geq 0 \rightarrow x \geq 1 \quad \rightarrow \quad |x - 1| = \begin{cases} x - 1 & \text{se } x \geq 1 \\ -x + 1 & \text{se } x < 1 \end{cases};$

$x \geq 0 \quad \rightarrow \quad |x| = \begin{cases} x & \text{se } x \geq 0 \\ -x & \text{se } x < 0 \end{cases}.$

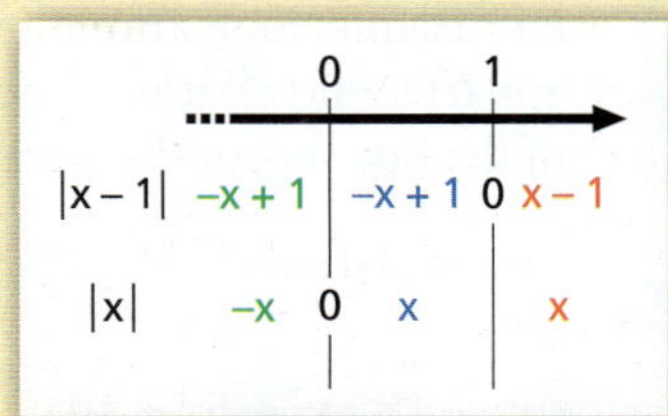

Riportiamo i dati nello schema.

L'insieme delle soluzioni dell'equazione è l'unione degli insiemi delle soluzioni dei seguenti tre sistemi.

- $\begin{cases} x < 0 \\ -x + 1 + 3x = -2 \end{cases}$ $\begin{cases} x < 0 \\ 2x = -3 \end{cases}$

- $\begin{cases} 0 \leq x < 1 \\ -x + 1 - 3x = -2 \end{cases}$ $\begin{cases} 0 \leq x < 1 \\ -4x = -3 \end{cases}$

- $\begin{cases} x \geq 1 \\ x - 1 - 3x = -2 \end{cases}$ $\begin{cases} x \geq 1 \\ -2x = -1 \end{cases}$

ESERCIZI

Svolgendo i calcoli nei tre sistemi, otteniamo:

$\begin{cases} x < 0 \\ x = -\frac{3}{2} \end{cases}$ accettabile | $\begin{cases} 0 \leq x < 1 \\ x = \frac{3}{4} \end{cases}$ accettabile | $\begin{cases} x \geq 1 \\ x = \frac{1}{2} \end{cases}$ non accettabile

quindi l'equazione ha come soluzioni $x = -\frac{3}{2}$ e $x = \frac{3}{4}$.

Risolvi le seguenti equazioni.

467 $|x| - 5|x+2| = -3$ $\left[-\frac{13}{4}; -\frac{7}{6}\right]$

468 $|x+3| - 2|x| = 1$ $\left[-\frac{2}{3}; 2\right]$

469 $4 - 6|x-1| = -2|x+2|$ $\left[-\frac{1}{4}; \frac{7}{2}\right]$

470 $|x+3| + |x-4| = -1$ $[\nexists x \in \mathbb{R}]$

471 $2x + x|x+1| = (x+1)|x-1| - 1$ $[0]$

472 $|x| - x^2 = |x-3| - 3$ $[0; 2]$

473 $|x| = |4x-1|$ $\left[\frac{1}{3}; \frac{1}{5}\right]$

474 $|3-2a| = 2|a|$ $\left[\frac{3}{4}\right]$

475 AL VOLO $|x^3 - 4x^2| = -3|x|$

476 $|-x^2 + 2x + 3| = |-x+3|$ $[-2; 0; 3]$

477 TEST Solo una delle seguenti equazioni è impossibile. Quale?

A $|4x| = |-x-3|$

B $|-x| + |5x+4| = 0$

C $-|3-8x| = -10$

D $|x| + |x^2 - x| = 0$

Disequazioni con valori assoluti

▶ Teoria a p. 15

478 COMPLETA

a. $|4-x^2| > 0$ se x ☐.

b. $\frac{1}{|x-2| + |x^2-4|} > 0$ se x ☐

c. $|4x^2| \leq 0$ se x ☐.

d. $\left|\frac{x}{x+2}\right| + 2 > 0$ se x ☐.

479 ESERCIZIO GUIDA Risolviamo la disequazione $|x^2 - 4| < x^2 + 5x + 10$.

Studiamo il segno dell'espressione all'interno del valore assoluto:

$$x^2 - 4 \geq 0 \quad \rightarrow \quad x \leq -2 \vee x \geq 2.$$

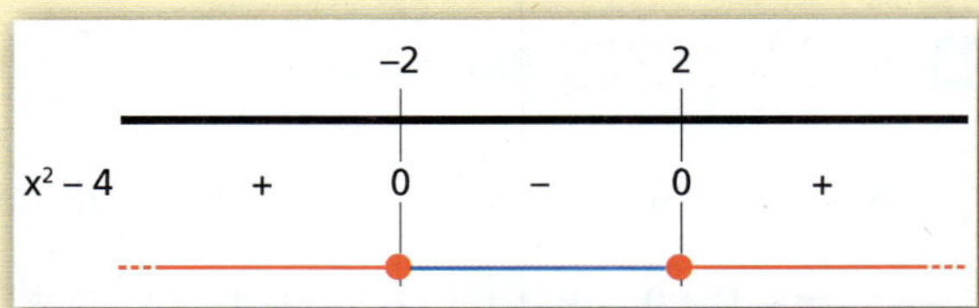

La disequazione ammette come soluzioni i valori appartenenti all'unione degli insiemi delle soluzioni dei due seguenti sistemi, che risolviamo.

Primo sistema

$\begin{cases} x \leq -2 \vee x \geq 2 \\ x^2 - 4 < x^2 + 5x + 10 \end{cases}$

$\begin{cases} x \leq -2 \vee x \geq 2 \\ -5x < 14 \end{cases}$

$\begin{cases} x \leq -2 \vee x \geq 2 \\ x > -\frac{14}{5} \end{cases}$

Secondo sistema

$\begin{cases} -2 < x < 2 \\ -x^2 + 4 < x^2 + 5x + 10 \end{cases}$

$\begin{cases} -2 < x < 2 \\ -2x^2 - 5x - 6 < 0 \end{cases}$

$\begin{cases} -2 < x < 2 \\ \forall x \in \mathbb{R} \end{cases}$

Compiliamo i quadri delle soluzioni dei due sistemi.

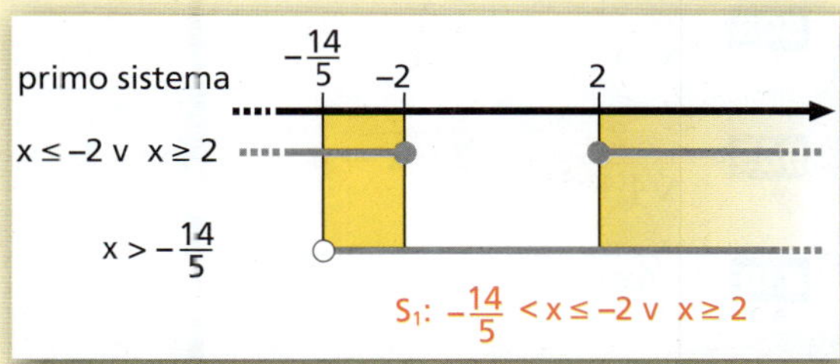

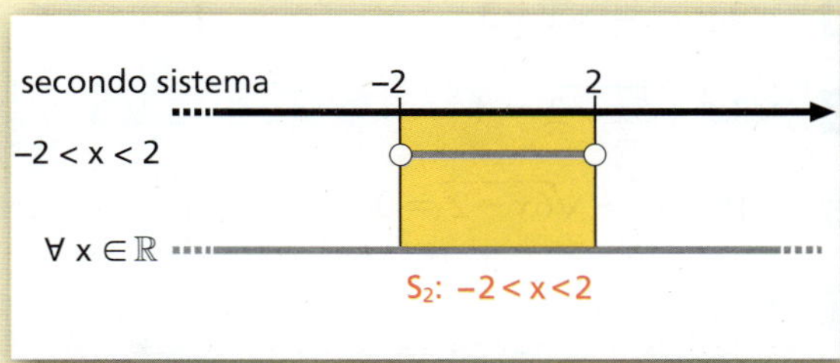

Uniamo le soluzioni.

La disequazione iniziale è soddisfatta per $x > -\frac{14}{5}$.

Risolvi le seguenti disequazioni.

480 $|5x - 1| < 3x + 2$ $\left[-\frac{1}{8} < x < \frac{3}{2}\right]$

481 $|3x - 4| \geq 2x + 5$ $\left[x \leq -\frac{1}{5} \vee x \geq 9\right]$

482 $|3x + 1| - 3(x + 5) > 2$ $[x < -3]$

483 $|-2x + 5| < x - 3$ $[\nexists x \in \mathbb{R}]$

484 $\left|\frac{1}{2}x - 3\right| > 2x - \frac{5}{2}$ $\left[x < \frac{11}{5}\right]$

485 $|x| > x^2 - 4x + 6$ $[2 < x < 3]$

486 $|2(x + 3) - 3(x - 2)| < -2x - 3$ $[\nexists x \in \mathbb{R}]$

487 $\left|\frac{1}{2}x + 3\right| > 3x + 1$ $\left[x < \frac{4}{5}\right]$

488 $|x + 1| + (x^2 + 5) > 5$ $[\forall x \in \mathbb{R}]$

489 $|3 - 5x| + x^2 > 3$ $[x < 0 \vee x > 1]$

490 $|x + 3| > 2x^2 + 10$ $[\nexists x \in \mathbb{R}]$

491 $x|x| < 5$ $[x < \sqrt{5}]$

492 $|x^2 - 3x + 2| > 2$ $[x < 0 \vee x > 3]$

493 $\frac{|x^2 - 81|}{4} \leq 0$ $[-9; 9]$

494 $|x^2 - 3| \leq 2x$ $[1 \leq x \leq 3]$

495 $|2x + 1| > -7x + 3$ $\left[x > \frac{2}{9}\right]$

496 $|9 - x^2| \geq x^2 + 3x$ $\left[x \leq \frac{3}{2}\right]$

497 $x|x| - x^2 < x + 4$ $[\forall x \in \mathbb{R}]$

8 Equazioni e disequazioni irrazionali

Scrivi le condizioni di esistenza per i seguenti radicali.

498 $\sqrt{1 - x^2}$; $\sqrt[3]{\frac{2}{x}}$; $\sqrt{x} + \sqrt{4 - x}$. $[-1 \leq x \leq 1; x \neq 0; 0 \leq x \leq 4]$

499 $\frac{1}{\sqrt[3]{x^2 - 1}}$; $\sqrt{x^2 + 4}$; $\sqrt{\frac{x + 1}{2 - x}}$. $[x \neq \pm 1; \forall x \in \mathbb{R}; -1 \leq x < 2]$

500 $\sqrt{x^2 - 7x + 12}$; $\sqrt[3]{x^3 - 8}$; $\sqrt{5x - x^2 - 6}$. $[x \leq 3 \vee x \geq 4; \forall x \in \mathbb{R}; 2 \leq x \leq 3]$

Equazioni irrazionali

▶ Teoria a p. 15

501 **TEST** Quale delle seguenti equazioni è irrazionale?

A $x^2 + \sqrt{3x} = 2$

B $\sqrt{5}\,x - x = 8$

C $\frac{1}{\sqrt{3}}x + \sqrt{7} = 1$

D $1 - \sqrt{3}\,x = x^2$

Indica le condizioni di esistenza delle seguenti equazioni.

502 $\sqrt{x + 10} = 1$ $[x \geq -10]$

503 $6 - \sqrt[3]{x - 2} = 0$ $[\forall x \in \mathbb{R}]$

504 $\sqrt{9-x^2}=\sqrt{x+3}$ $[-3 \leq x \leq 3]$

505 $\sqrt{3x^2+5x-2}=4$ $\left[x \leq -2 \vee x \geq \frac{1}{3}\right]$

506 $\sqrt{16-x^2}-\sqrt{6x-2}=0$ $\left[\frac{1}{3} \leq x \leq 4\right]$

507 $\sqrt{-x^2-2x-1}=0$ $[x=-1]$

508 $\frac{1}{\sqrt{2x^2-8}}-\frac{3}{\sqrt{x}}=0$ $[x>2]$

509 $\frac{2}{\sqrt[3]{4+x}}+\sqrt{2-x}=0$ $[x \leq 2 \wedge x \neq -4]$

510 $\sqrt{6x-x^2}=1+\sqrt[3]{x+3}$ $[0 \leq x \leq 6]$

---

511 RIFLETTI SULLA TEORIA Spiega perché ciascuna delle seguenti equazioni non ha soluzione.

a. $\sqrt{2x+3}=-4$ **b.** $\sqrt{-x^2}=2$ **c.** $-\sqrt{3+x}=x^4$ **d.** $\sqrt{x}=-\sqrt{1-x}$

$\sqrt[n]{A(x)}=B(x)$

Se n è dispari è equivalente a	Se n è pari è equivalente a
$A(x)=[B(x)]^n$.	$\begin{cases} B(x) \geq 0 \\ A(x)=[B(x)]^n \end{cases}$.

512 ESERCIZIO GUIDATO Risolvi le equazioni: **a.** $\sqrt[3]{2x+x^3+1}=x$; **b.** $\sqrt{x^2-3x+2}=2-x$.

a. Poiché l'indice del radicale è ______, la radice è sempre definita. Quindi basta elevare entrambi i membri al ______ per eliminare la radice:

$2x+x^3+1=$ ______ $\rightarrow$ $2x+1=$ ___ $\rightarrow$ $x=$ ___.

La soluzione è: $x=-\frac{1}{2}$.

b. Poiché l'indice del radicale è ______, l'equazione è equivalente al sistema:

$\begin{cases} 2-x \;\square\; 0 \\ x^2-3x+2=(\;\square\;)^2 \end{cases} \rightarrow \begin{cases} x \leq 2 \\ \square = \square \end{cases} \rightarrow \begin{cases} x \leq 2 \\ x=2 \end{cases}$.

La soluzione è $x=2$.

Risolvi le seguenti equazioni irrazionali.

513 $\sqrt{3x-6}=3$ $[5]$

514 $\sqrt[3]{4x+9}=1$ $[-2]$

515 $\sqrt{x+5}=3$ $[4]$

516 $\sqrt[3]{x-17}=-2$ $[9]$

517 $\sqrt{11-3x}=-6$ $[\nexists x \in \mathbb{R}]$

518 $\sqrt{9+x^2}-1=0$ $[\nexists x \in \mathbb{R}]$

519 $\sqrt{2x^2-2}=4$ $[\pm 3]$

520 $\sqrt{x-1}=(-2)^2$ $[17]$

521 $5-\sqrt{2-x}=0$ $[-23]$

522 $\sqrt{3x+4}=2+x$ $[-1; 0]$

523 $\sqrt[3]{x}=x$ $[-1; 0; 1]$

524 $2+\sqrt{8-4x}=x$ $[2]$

525 $\sqrt{x+1}-x-1=0$ $[-1; 0]$

526 $\sqrt{4x+5}=2x+1$ $[1]$

527 $\sqrt{6x+3}+x=4$ $[1]$

528 $\sqrt[3]{x(x^2+5)-1}-x=0$ $\left[\frac{1}{5}\right]$

529 $\sqrt{x^2-13x+36}-6=0$ [0; 13]

530 $\sqrt{1-x^2}+x=-3$ [$\nexists x \in \mathbb{R}$]

531 Un triangolo rettangolo ha un cateto lungo 15 cm. Trova l'area, sapendo che il perimetro è 90 cm. [270 cm²]

532 La differenza tra un numero e la sua radice quadrata è 6. Trova il numero. [9]

533 ESERCIZIO GUIDA Risolviamo l'equazione $\sqrt{x+4}=\sqrt{x^2-16}$.

Determiniamo le condizioni di esistenza.

$$\begin{cases} x+4\geq 0 \\ x^2-16\geq 0 \end{cases} \rightarrow \begin{cases} x\geq -4 \\ x\leq -4 \vee x\geq 4 \end{cases} \rightarrow x=-4 \vee x\geq 4.$$

Eleviamo al quadrato i due membri dell'equazione e svolgiamo i calcoli.

$$\sqrt{x+4}=\sqrt{x^2-16} \rightarrow x+4=x^2-16 \rightarrow x^2-x-20=0 \rightarrow$$

$$(x-5)(x+4)=0 \rightarrow x=-4 \vee x=5.$$

Entrambe le soluzioni sono accettabili.

Risolvi le seguenti equazioni irrazionali con due o più radicali.

534 $\sqrt{7-x}=\sqrt{2x-8}$ [5]

535 $\sqrt{2x}=\sqrt{x-10}$ [$\nexists x \in \mathbb{R}$]

536 $\sqrt[3]{x}=\sqrt[3]{x^2+x-25}$ [±5]

537 $\sqrt{x+8}=\sqrt{x^2+3x}$ [−4; 2]

538 $\sqrt{x-2}=\sqrt{x^2-4}$ [2]

539 $\sqrt{2x^2+x-6}=2\sqrt{3x}$ [6]

540 $\sqrt{3x^2-2x+1}=\sqrt{3x-1}$ $\left[\frac{2}{3}; 1\right]$

541 $\sqrt[3]{5x-1}=\sqrt[3]{x+4}$ $\left[\frac{5}{4}\right]$

Disequazioni irrazionali

▶ Teoria a p. 17

Risolvi le seguenti disequazioni che contengono radicali con indice dispari.

542 $\sqrt[3]{x+7}\geq 3$ [$x\geq 20$]

543 $\sqrt[3]{x^2-1}<2$ [$-3<x<3$]

544 $\sqrt[5]{x-4}<-1$ [$x<3$]

545 $\sqrt[3]{4x+1}\geq -3$ [$x\geq -7$]

546 $\sqrt[5]{x^2+2x}\leq -1$ [$x=-1$]

Se n è **dispari**:

$\sqrt[n]{A(x)}<k$ è equivalente ad $A(x)<k^n$;

$\sqrt[n]{A(x)}>k$ è equivalente ad $A(x)>k^n$.

547 $\sqrt[3]{x^2-3x-2}-2>0$ [$x<-2 \vee x>5$]

Disequazioni del tipo $\sqrt{A(x)}<k$

RIFLETTI SULLA TEORIA

548 La disequazione $\sqrt{x+1}<3$ è equivalente a $x+1<9$? Perché?

ESERCIZI

549 Spiega perché la disequazione $\sqrt{x+1} < -5$ è impossibile.

AL VOLO **Risolvi le seguenti disequazioni senza elevare al quadrato.**

550 $\sqrt{x} < -4$

551 $\sqrt{x^2+2} < 0$

552 $\sqrt{x-3} \leq 0$

553 $-2\sqrt{x^2+1} < 0$

554 $\sqrt{-x^2-5} < 0$

555 $\sqrt{6-x} \leq 0$

556 **ESERCIZIO GUIDATO** Risolvi $\sqrt{3x^2-x} < 2$.

Risolviamo il sistema:

$$\begin{cases} 3x^2-x \geq 0 \\ 3x^2-x < \square \end{cases} \rightarrow \begin{cases} 3x^2-x \geq 0 \\ 3x^2-x-\square < 0 \end{cases}$$

Prima disequazione

$3x^2-x \geq 0 \rightarrow x \leq 0 \vee x \geq \frac{1}{3}$

Seconda disequazione

Risolviamo l'equazione associata.

$3x^2-x-\square = 0 \rightarrow x = \frac{1 \pm \sqrt{\square}}{6} \rightarrow$

$x = -1 \vee x = \square$

Quindi: $3x^2-x-\square < 0 \rightarrow \square < x < \square$.

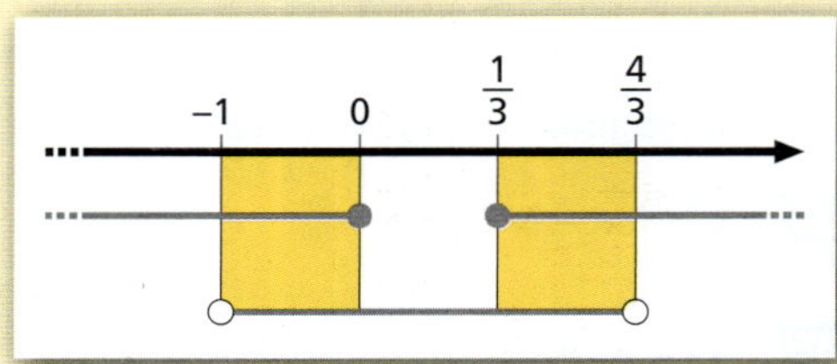

Le soluzioni del sistema sono:

$-1 < x \leq 0 \vee \frac{1}{3} \leq x < \frac{4}{3}$.

Risolvi le seguenti disequazioni irrazionali.

557 $\sqrt{x-5} < 3$ $[5 \leq x < 14]$

558 $\sqrt{2x-1} \leq 1$ $\left[\frac{1}{2} \leq x \leq 1\right]$

559 $\sqrt{16-x} - 2 < 0$ $[12 < x \leq 16]$

560 $\sqrt{5x+2} + 4 < 0$ [impossibile]

561 $\sqrt{x^2-9} \leq 4$ $[-5 \leq x \leq -3 \vee 3 \leq x \leq 5]$

562 $\sqrt{x+2x^2} + \sqrt{3} < 0$ [impossibile]

563 $\sqrt{4-5x} < 3$ $\left[-1 < x \leq \frac{4}{5}\right]$

> $\sqrt{A(x)} < k$
>
> - se $k \leq 0$ è impossibile;
> - se $k > 0$ è equivalente a $\begin{cases} A(x) \geq 0 \\ A(x) < k^2 \end{cases}$.

564 $\sqrt{4+x} - 3 \leq 0$ $[-4 \leq x \leq 5]$

565 $\sqrt{x^2-16} \leq 3$ $[-5 \leq x \leq -4 \vee 4 \leq x \leq 5]$

566 $\sqrt{3x^2-x} < \sqrt{2}$ $\left[-\frac{2}{3} < x \leq 0 \vee \frac{1}{3} \leq x < 1\right]$

567 Un quadrato ha lato $\sqrt{a+2}$. Trova a in modo che il suo perimetro sia minore di 32. $[-2 < a < 62]$

568 **TEST** Solo una delle seguenti disequazioni è impossibile. Quale?

A $\sqrt{-x^2} \leq 0$

B $\sqrt{x^2+1} \leq 1$

C $\sqrt{x^2-1} \leq 0$

D $\sqrt{x+1} + 4 \leq 0$

Disequazioni del tipo $\sqrt{A(x)} > k$

RIFLETTI SULLA TEORIA

569 Quando le due disequazioni $\sqrt{A(x)} \geq 0$ e $\sqrt{A(x)} \leq 0$ possono essere entrambe vere? Quando entrambe impossibili?

570 Massimo e Lorenzo stanno risolvendo la disequazione $\sqrt{4-x} > -2$. Massimo eleva al quadrato e scrive:

$4 - x > 4 \quad \rightarrow \quad x < 0.$

Lorenzo gli fa osservare che ci sono anche altre soluzioni positive, per esempio $x = 1$ o $x = 3$. Come mai?

AL VOLO **Risolvi le seguenti disequazioni senza elevare al quadrato.**

571 $\sqrt{x^2+2} > -2$; $\quad \sqrt{x^2} > 0$.

572 $-\sqrt{x^2+4} > 0$; $\quad \sqrt{-x^2} \geq 0$.

573 ESERCIZIO GUIDATO Risolvi $\sqrt{x^2 - 9x} \geq 6$.

Questa disequazione è equivalente a quella ottenuta elevando i due membri al ______.

$\sqrt{x^2-9x} \geq 6 \quad \rightarrow \quad x^2 - 9x \geq \square \quad \rightarrow \quad x^2 - 9x - \square \geq 0.$

Risolviamo l'equazione associata:

$x^2 - 9x - \square = 0 \quad \rightarrow \quad x = \dfrac{9 \pm \square}{2} = \begin{cases} x_1 = \square; \\ x_2 = \square. \end{cases}$

Le soluzioni della disequazione sono:

$x \leq -3 \lor x \geq 12.$

Risolvi le seguenti disequazioni irrazionali.

> $\sqrt{A(x)} > k$
> - se $k < 0$ è equivalente ad $A(x) \geq 0$;
> - se $k \geq 0$ è equivalente ad $A(x) > k^2$.

574 $\sqrt{x+3} > 3$ $\quad [x > 6]$

575 $\sqrt{3x + 2x^2} > -1$ $\quad \left[x \leq -\frac{3}{2} \lor x \geq 0\right]$

576 $\sqrt{3+x} > 4$ $\quad [x > 13]$

577 $\sqrt{5x-10} > -3$ $\quad [x \geq 2]$

578 $\sqrt{x+6} > 6$ $\quad [x > 30]$

579 $\sqrt{5+4x^2} \geq 1$ $\quad [\forall x \in \mathbb{R}]$

580 $\sqrt{15x-6} - 3 \geq 0$ $\quad [x \geq 1]$

581 $\sqrt{2x^2 - 11x - 2} \geq 2$ $\quad \left[x \leq -\frac{1}{2} \lor x \geq 6\right]$

582 TEST La disequazione $\sqrt{x^2-1} \geq 1$ è equivalente a tutte le seguenti, *tranne* una. Quale?

A $x^2 - 1 \geq 1$

B $\begin{cases} x^2 - 1 \geq 0 \\ x^2 - 1 \geq 1 \end{cases}$

C $x^2 \geq 2$

D $x^2 - 1 \geq 0$

583 Un rettangolo ha la base che misura $\sqrt{k+3}$ e l'altezza è il doppio della base. Trova per quali valori di k il suo perimetro è maggiore di 24. $\quad [k > 13]$

VERIFICA DELLE COMPETENZE

VERIFICA DELLE COMPETENZE ALLENAMENTO

UTILIZZARE TECNICHE E PROCEDURE DI CALCOLO

1 ●○ VERO O FALSO?

a. La disequazione $x^2 - 4x + 5 < 0$ è verificata $\forall x \in \mathbb{R}$. V F

b. La disequazione $-16x^2 - 9 > 0$ non ha soluzioni. V F

c. Il sistema $\begin{cases} 1 - x < 0 \\ 1 + x^2 \leq 0 \end{cases}$ è impossibile. V F

d. Le disequazioni $x^2 - 4 \geq 0$ e $x^4 - 16 \geq 0$ sono equivalenti. V F

Risolvi le seguenti disequazioni intere.

2 ●○ $-x^2 - 1 > 0$ $[\nexists x \in \mathbb{R}]$

3 ●○ $-x^2 + 3x + 4 \geq 0$ $[-1 \leq x \leq 4]$

4 ●○ $x^2 - 4x + 6 > 0$ $[\forall x \in \mathbb{R}]$

5 ●○ $4x^2 - 21x + 27 > 0$ $\left[x < \frac{9}{4} \vee x > 3\right]$

6 ●○ $2x^2 - 11x + 5 < 0$ $\left[\frac{1}{2} < x < 5\right]$

7 ●○ $7x - 6x^2 \leq 0$ $\left[x \leq 0 \vee x \geq \frac{7}{6}\right]$

8 ●○ $-x^2 + x + 12 \geq 0$ $[-3 \leq x \leq 4]$

9 ●○ $2x^2 - 18x > 0$ $[x < 0 \vee x > 9]$

10 ●○ $-\frac{1}{4}x^2 \leq 0$ $[\forall x \in \mathbb{R}]$

11 ●○ $x^2 + 2x + 9 \geq 0$ $[\forall x \in \mathbb{R}]$

12 ●○ $5x^2 + 9x - 2 \geq 0$ $\left[x \leq -2 \vee x \geq \frac{1}{5}\right]$

13 ●○ $-x^2 + 14x - 49 < 0$ $[x \neq 7]$

14 ●○ $\frac{(1+2x)(1-2x)}{2} + 2 \geq \frac{1}{2}x$ $\left[-\frac{5}{4} \leq x \leq 1\right]$

15 ●○ $\frac{x(x+2)}{3} - \frac{1}{5}x \geq \frac{8x^2+1}{5} - \frac{x-2}{5}$ $[\nexists x \in \mathbb{R}]$

16 ●○ $(x-3)^2 - \frac{3}{5}(x+1) \leq 9 - 7x$ $\left[-1 \leq x \leq \frac{3}{5}\right]$

17 ●○ $2\left(x^2 + \frac{1}{12}\right) + x[6(x-1) + x] > x(x-1) - \frac{3}{4}$ $[\forall x \in \mathbb{R}]$

18 ●○ $3x^4 + x^3 - 24x - 8 \leq 0$ $\left[-\frac{1}{3} \leq x \leq 2\right]$

19 ●○ $18x^4 - 3x^2 \leq 3x^3$ $\left[-\frac{1}{3} \leq x \leq \frac{1}{2}\right]$

20 ●○ $17x^8 + 17 \leq 0$ $[\nexists x \in \mathbb{R}]$

21 ●○ $2x^3 - 5x^2 + 8x - 20 < 0$ $\left[x < \frac{5}{2}\right]$

22 ●○ $x^3 - x^2 - 4x + 4 \leq 0$ $[x \leq -2 \vee 1 \leq x \leq 2]$

23 ●○ $x^2(x^2+2) - 2x^2 - (x-1)(1+x) \geq 0$ $[\forall x \in \mathbb{R}]$

24 ●○ $2x^2(x^4 - 4x) - x^3(x^3 - 1) - 8 > 0$ $[x < -1 \vee x > 2]$

25 ●○ $(x-1)^2 - 6(x^2-1) + x^3 - 1 + (13-x)(x-1) \geq 0$ $[x \geq 1]$

26 ●○ $3(5x-6) + (x-1)^2 \geq 2(x^2-9) + 1 - 2x$ $[0 \leq x \leq 15]$

27 ●○ $2x(x-6) + 4(x+4) - 2 > (x-1)(x+1)$ $[x < 3 \vee x > 5]$

28 ●○ $-\frac{1}{4}x(3x-2) + x - 2x + \frac{3}{2}(x^2+1)^2 \leq \frac{11}{4} + 3x$ $\left[-1 \leq x \leq \frac{5}{3}\right]$

29 ●○ $\frac{5x(x+1)}{2} + 1 \geq \frac{7-x^2}{2} - 2x(1-x)$ $\left[x \leq -5 \vee x > \frac{1}{2}\right]$

30 ●○ $\frac{x(x+3)}{3} + \frac{x(2x-1)}{2} > -\frac{3}{2}$ $[\forall x \in \mathbb{R}]$

31 $(1-x)^2+2+(x+4)^2<x+2(8-x)$ $\left[-3<x<-\frac{1}{2}\right]$

32 $8(x^2+2-x)<x(16-x)$ $[\nexists x\in\mathbb{R}]$

33 $\frac{5}{2}x(x+1)+\frac{3}{2}\left(-x^2-\frac{4}{3}x+\frac{1}{24}\right)>0$ $\left[x\neq-\frac{1}{4}\right]$

34 $(2x+3)\left(x+\frac{3}{2}\right)-7x>2\left(\frac{1}{4}-\frac{7}{2}x\right)$ $[x<-2\vee x>-1]$

35 $\frac{19}{30}+\frac{x-3}{5}+\frac{2x^2+1}{2}>2\left(\frac{7x^2-1}{15}\right)$ $[\forall x\in\mathbb{R}]$

Risolvi le seguenti disequazioni fratte.

36 $\frac{x-5}{x+8}\leq 0$ $[-8<x\leq 5]$

37 $\frac{-2x}{-2x+10}>0$ $[x<0\vee x>5]$

38 $\frac{7-x}{-3(6-x)}\geq 0$ $[6<x\leq 7]$

39 $\frac{x}{x^2-9}<0$ $[x<-3\ \vee\ 0<x<3]$

40 $\frac{x^2-8x}{1+x}\geq 0$ $[-1<x\leq 0\vee x\geq 8]$

41 $\frac{x^2+7x-8}{3+x}<0$ $[x<-8\ \vee\ -3<x<1]$

42 $\frac{-3x^2+2x}{x^2-4x+4}<0$ $\left[x<0\ \vee\ x>\frac{2}{3}\ \wedge\ x\neq 2\right]$

43 $\frac{x}{11x-6x^2+2}>0$ $\left[x<-\frac{1}{6}\ \vee\ 0<x<2\right]$

44 $\frac{(x-3)^2}{x^2+5x+9}\leq 0$ $[x=3]$

45 $\frac{(x^2+x+7)}{3x-8}\geq 0$ $\left[x>\frac{8}{3}\right]$

46 $\frac{2x-1}{x-3}+\frac{x-2}{-2x+6}\geq 0$ $[x\leq 0\vee x>3]$

47 $\frac{4}{2-3x}\geq\frac{3}{4-x}$ $\left[-2\leq x<\frac{2}{3}\vee x>4\right]$

48 $\frac{2}{x^2+2}>\frac{1}{x}$ $[x<0]$

49 $\frac{1}{x^2}-\frac{2}{x}-3>0$ $\left[-1<x<0\vee 0<x<\frac{1}{3}\right]$

50 $\frac{2x+3}{x-5}\leq\frac{x+7}{x+2}$ $[-2<x<5]$

51 $\frac{2x+1}{2x}+\frac{3}{x}\leq\frac{x-4}{4x}$ $[-6\leq x<0]$

52 $\frac{10x-x^2-9}{x^3-8}\geq 0$ $[x\leq 1\ \vee\ 2<x\leq 9]$

53 $\frac{1}{x}<\frac{1}{x-3}+\frac{x^2-1}{x^2-3x}$ $[x<0\vee x>3]$

54 $\frac{1}{x+1}-\frac{x+5}{x^2-1}<\frac{9}{4}-\frac{6}{x-1}$ $\left[x<-1\vee-\frac{1}{3}<x<1\vee x>3\right]$

55 $\frac{1}{x+2}-\frac{2x}{2x+4}>\frac{-12}{x^2-4}$ $[2<x<5]$

56 $\frac{2x}{x^2-9}>\frac{1}{x-3}-\frac{x-2}{x^2+6x+9}$ $\left[-\frac{1}{2}<x<3\vee x>3\right]$

Risolvi le seguenti equazioni e disequazioni con valori assoluti.

57 $|3x-1|=4$ $\left[-1;\frac{5}{3}\right]$

58 $|x^2-x|=6$ $[-2;3]$

59 $\frac{|2x-1|}{3}-2=\frac{1}{2}$ $[\nexists x\in\mathbb{R}]$

60 $x=|2x+1|-3$ $\left[-\frac{4}{3};2\right]$

61 $5-2|x+3|=3x$ $\left[-\frac{1}{5}\right]$

62 $5|x+1|=1-2x$ $\left[-2;-\frac{4}{7}\right]$

63 $\left|\frac{1}{3}x-3\right|>6$ $[x<-9\ \vee\ x>27]$

64 $|5x+1|<6$ $\left[-\frac{7}{5}<x<1\right]$

65 $|3x^2-5x|>-6$ $[\forall x\in\mathbb{R}]$

66 $|2x^2-5x|>12$ $\left[x<-\frac{3}{2}\ \vee\ x>4\right]$

Risolvi le seguenti equazioni e disequazioni irrazionali.

67 $\sqrt{3+4x^2} = 2$ $\left[\pm\frac{1}{2}\right]$

68 $\sqrt{7x+2} = 5$ $\left[\frac{23}{7}\right]$

69 $\sqrt{x^2-3} = x+1$ $[\nexists x \in \mathbb{R}]$

70 $x + \sqrt{x^2+3x} = 2$ $\left[\frac{4}{7}\right]$

71 $2x = \sqrt{4x^2+2} - 3$ $\left[-\frac{7}{12}\right]$

72 $x - \sqrt{x+5} = -3$ $[-1]$

73 $\sqrt{4x^2-x} > -6$ $\left[x \le 0 \vee x \ge \frac{1}{4}\right]$

74 $\sqrt{17-5x} < 4$ $\left[\frac{1}{5} < x \le \frac{17}{5}\right]$

75 $\sqrt{100-x^2} > 0$ $[-10 < x < 10]$

76 $\sqrt{6x^2-11} < -14$ $[\nexists x \in \mathbb{R}]$

77 $\sqrt{x^2+6x} \ge 4$ $[x \le -8 \vee x \ge 2]$

78 $\sqrt{2x-1} \le x+3$ $\left[x \ge \frac{1}{2}\right]$

79 $2x + \sqrt{2x+1} > 1$ $[x > 0]$

80 $x+2 > \sqrt{x^2-6x}$ $\left[-\frac{2}{5} < x \le 0 \vee x \ge 6\right]$

81 $\sqrt{x^2-1} > x+3$ $\left[x < -\frac{5}{3}\right]$

Risolvi i seguenti sistemi di disequazioni.

82 $\begin{cases} \frac{1}{4}(8x^2-4) - 2x(x+6) > 5 \\ x+7 \ge 6 \end{cases}$ $\left[-1 \le x < -\frac{1}{2}\right]$

83 $\begin{cases} x > 1 \\ x^2 - 4x < 0 \end{cases}$ $[1 < x < 4]$

84 $\begin{cases} 2x^2 + 2x + 1 \ge 0 \\ 3 - 2x - x^2 > 0 \end{cases}$ $[-3 < x < 1]$

85 $\begin{cases} x^2 - 3x + 5 < 0 \\ 4(x-3) < 6 \end{cases}$ $[\nexists x \in \mathbb{R}]$

86 $\begin{cases} \frac{1}{4}(x-2) - 3(x+1) < 2 \\ \frac{15}{2}(x+2) - 8 < \frac{x-7}{2} \end{cases}$ $\left[-2 < x < -\frac{3}{2}\right]$

87 $\begin{cases} 16x^2 - 8x + 1 > 0 \\ x^2 - 8x - 9 \le 0 \end{cases}$ $\left[-1 \le x \le 9 \wedge x \ne \frac{1}{4}\right]$

88 $\begin{cases} 8x^2 + 6x - 9 > 0 \\ x^2 + 8x \le 0 \end{cases}$ $\left[-8 \le x < -\frac{3}{2}\right]$

89 $\begin{cases} \frac{-3x}{x-3} \ge 0 \\ 6x - 2x^2 \le 0 \end{cases}$ $[x = 0]$

90 $\begin{cases} \frac{x-2}{x+1} \ge 0 \\ x^2 - 5x + 6 < 0 \end{cases}$ $[2 < x < 3]$

91 $\begin{cases} 5(x^2+1) < 2x \\ x^2 + 5 \ge 0 \end{cases}$ $[\nexists x \in \mathbb{R}]$

92 $\begin{cases} \frac{x-3}{x+4} < -1 \\ -x^2 + 3x \ge 0 \end{cases}$ $[\nexists x \in \mathbb{R}]$

93 $\begin{cases} \frac{x-2}{x+3} \ge 0 \\ \frac{3}{2}(x+5) > 8 \end{cases}$ $[x \ge 2]$

94 $\begin{cases} \frac{x-2}{x+6} \ge 0 \\ 2x^2 - 7x + 3 \le 0 \end{cases}$ $[2 \le x \le 3]$

95 $\begin{cases} x(2-x) \le x(3-x) - 2 \\ \frac{x-4}{1-2x} \ge 0 \end{cases}$ $[2 \le x \le 4]$

RISOLVERE PROBLEMI

96 La somma del doppio di un numero con il suo reciproco è minore di 3. Quali sono i numeri che soddisfano tale condizione? $\left[x < 0 \vee \frac{1}{2} < x < 1\right]$

97 Considera il rettangolo della figura.

a. Per quali valori di x esiste il rettangolo?

b. Determina quali rettangoli hanno il perimetro minore di 20 cm e l'area maggiore di 4 cm^2.

$\left[\text{a) } x > 3; \text{ b) } \frac{7}{2} < x < 4\right]$

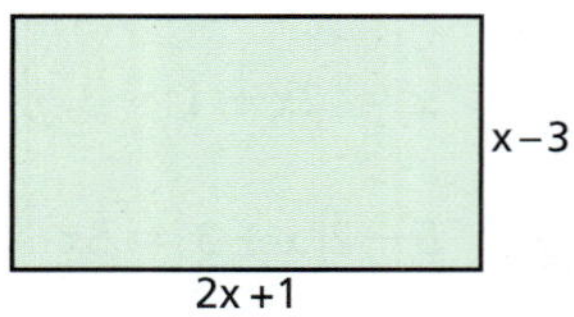

98 Un rettangolo ha l'area di 50 cm^2. Quanto deve misurare la sua base affinché il perimetro non superi i 30 cm? [$5 \le x \le 10$]

99 Indica per quali valori di k la soluzione dell'equazione $kx - k^2 + 4 = 0$ è positiva. [$-2 < k < 0 \vee k > 2$]

100 Data l'equazione

$$kx^2 - (2k+1)x + k = 0, \quad k \in \mathbb{R},$$

trova per quali valori di k:

a. le soluzioni sono reali e distinte;

b. non ci sono soluzioni reali.

[$a) k > -\frac{1}{4}$; $b) k < -\frac{1}{4}$]

101 Trova per quali valori di x il perimetro del trapezio in figura è maggiore di 80 cm. [$x > 24$ cm]

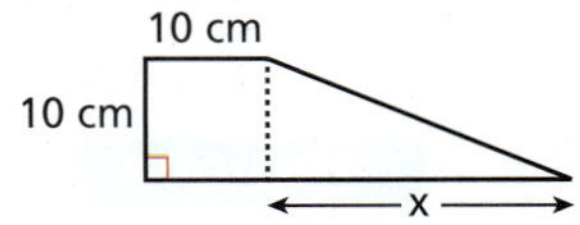

102 Nella figura trova x in modo tale che si abbia $\overline{CH} = \frac{7}{2}\overline{AB}$. [$\sqrt{2}$ cm]

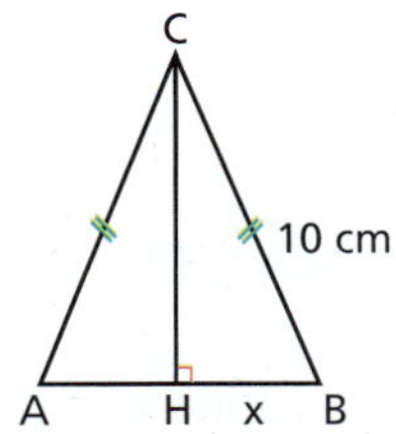

COSTRUIRE E UTILIZZARE MODELLI

103 **Che convenienza!** Mauro ha un'offerta sul suo smartphone solo per Internet e paga le chiamate a parte. Deve valutare se accettare la nuova tariffa proposta dalla sua compagnia.

a. Quanto dovrebbero durare in media le sue chiamate affinché gli convenga cambiare?

b. Se accetta la nuova tariffa, quanto dovrebbero durare in media le sue chiamate per risparmiare almeno 2 cent/min rispetto alla vecchia tariffa?

[a) almeno 3 min; b) almeno 5 min]

104

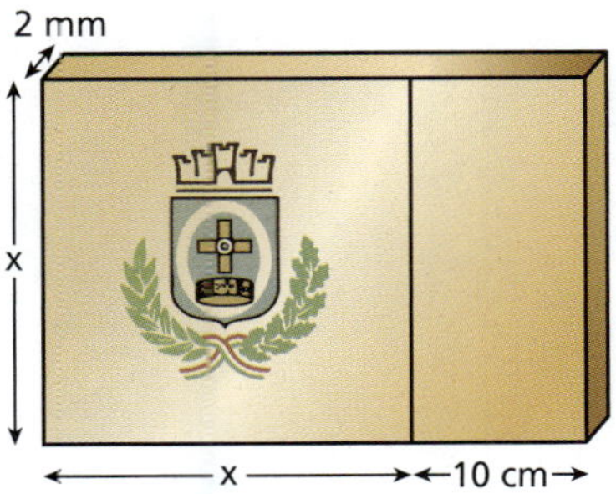

Vittoria! Una società di pallacanestro vuole celebrare la vittoria nel campionato con una targa di ottone su cui incidere lo stemma della squadra e i nomi dei giocatori.
L'ottone costa € 5 al kilogrammo e ha densità 8,5 kg/dm^3, mentre la lavorazione costa € 33.
Quali sono le dimensioni massime che può avere la targa per costare meno di € 50?

[40 cm × 50 cm]

105 **L'aiuola** Antonio deve collocare almeno 60 piante nell'aiuola, una al centro e le altre lungo tre circonferenze concentriche, a distanza costante una dall'altra.

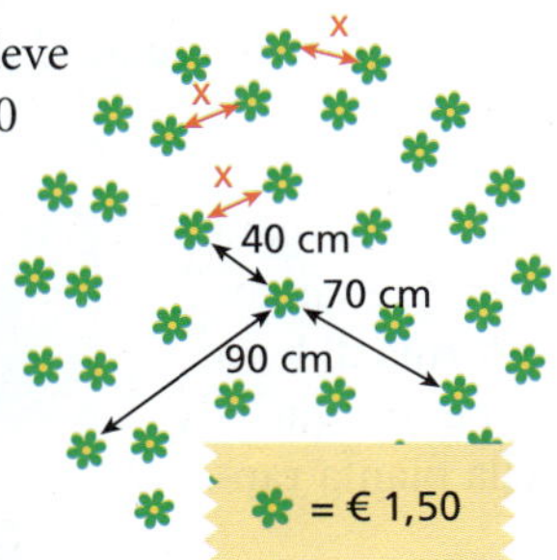

a. A quale distanza deve piantarle per non spendere più di € 120?

b. Quante piante può acquistare?

[a) $x = 20,94$ cm; b) $n = 61$]

106 **La siepe** Michele deve recintare il suo giardino, che ha le dimensioni riportate in figura, espresse in metri.

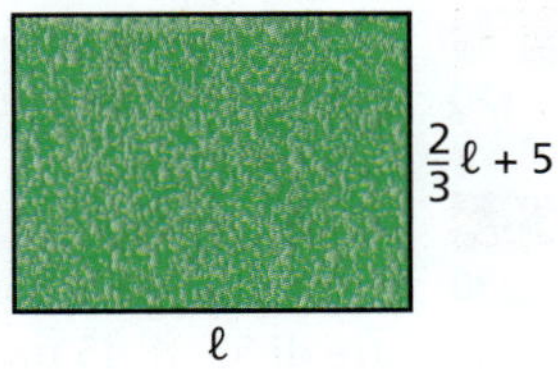

Quanto deve valere l affinché la lunghezza della recinzione sia compresa tra 80 e 100 m? [$21 < l < 27$]

VERIFICA DELLE COMPETENZE PROVE

1 ora

PROVA A

Risolvi le seguenti disequazioni.

1 ..../20 a. $5x^2 + 2x + 3 \leq 0$ b. $x(x-3) + \frac{2}{3}x(2-x) > 10 - 2x$

2 ..../15 a. $\frac{x^2 - 3x + 3}{x - 1} \geq 1$ b. $2x^3 + 9x^2 + 10x < 0$

3 ..../15 $(x-2)^2 - 2x(x-4) - x^2 \geq 6 + (1-x)(1+x)$.

4 ..../15 Risolvi l'equazione $x^2 = |x^2 - 5x| + 3$.

5 ..../15 Risolvi il sistema $\begin{cases} 7 - x > 0 \\ x^2 - 3x - 18 \geq 0 \end{cases}$.

6 ..../20 Un campetto rettangolare in un campo giochi deve avere perimetro di 44 m e area di almeno 112 m^2. Quanto possono misurare i suoi lati?

Punti totali ..../100

Controlla i risultati sul sito del libro.

PROVA B

Risolvi le seguenti disequazioni.

1 ..../10 $(x^2 - 4)(x^3 - 5x^2 + 6x) \geq 0$

2 ..../10 $\frac{2}{x^2 - 9} - \frac{1}{x^2 - 3x} \geq 0$

3 ..../15 $|x^2 - 9| \geq 8x$

4 ..../15 Risolvi il sistema $\begin{cases} 2x^2 + 7x - 4 \leq 0 \\ 2x^2 + 9x > 0 \end{cases}$.

5 ..../20 La metà della differenza tra 11 e un numero reale x è maggiore o uguale al prodotto tra 12 e il reciproco di x. Che valori può assumere x?

6 ..../30 **Il caseggiato** Un'amministrazione comunale bandisce una gara d'appalto per la costruzione di un caseggiato su un terreno rettangolare di 55 × 45 m. Il bando prevede che il caseggiato a forma di L sia circondato da una zona verde di area almeno doppia rispetto a quella occupata dalla casa. Le dimensioni della casa sono nella pianta rappresentata in figura.
Trova l'intervallo dei valori di x per i quali sono rispettate le condizioni poste.

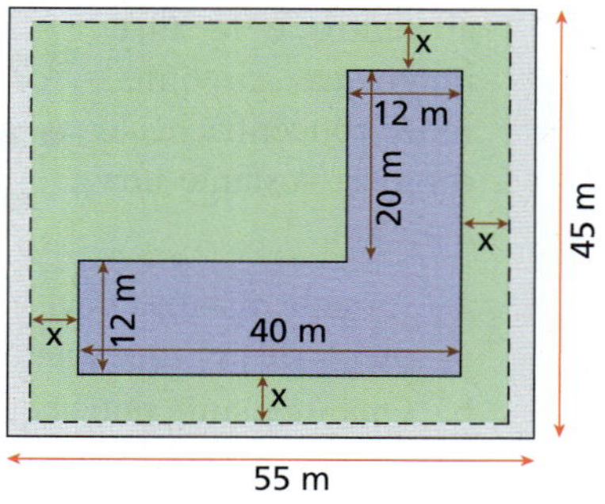

Punti totali ..../100

Controlla i risultati sul sito del libro.

CAPITOLO

2 FUNZIONI, SUCCESSIONI E LORO PROPRIETÀ

Il prezzo è giusto!

Ci sono *funzioni* utilizzate per descrivere variabili economiche. In particolare, si utilizzano la *funzione della domanda* e la *funzione dell'offerta* per determinare il prezzo di un paio di scarpe, della benzina, di un pacco di pasta...
Infatti, il prezzo di un bene sale o scende a seconda che esso sia più o meno richiesto (domanda) e più o meno presente (offerta) sul mercato.

Per la vendita di mele, come determiniamo il prezzo al quintale con un modello matematico?

▶ La risposta a pag. 63

1 Funzioni e loro caratteristiche

Che cosa sono le funzioni

▶ Esercizi a p. 76

Richiamiamo il concetto di funzione reale di variabile reale.

DEFINIZIONE
Dati due sottoinsiemi A e B (non vuoti) di $\mathbb{R}$, una **funzione** f da A a B è una relazione che associa a *ogni* numero reale di A *uno e un solo* numero reale di B.

Listen to it
A **function** from a subset A of $\mathbb{R}$ to a subset B of $\mathbb{R}$ is a relation that assigns to each element in the set A exactly one element in the set B.

Scriviamo: $f: A \to B$.

Se a $x \in A$ la funzione f associa $y \in B$, diciamo che y è **immagine** di x mediante f.
La legge che definisce la funzione f molto spesso viene indicata con l'equazione $y = f(x)$, detta **espressione analitica** della funzione.
In una funzione $y = f(x)$, x è detta **controimmagine** di y.

A è il **dominio** della funzione, e lo indicheremo anche con D, mentre il sottoinsieme di B formato dalle immagini degli elementi di A è l'**insieme immagine** o **immagine** o **codominio** di A ed è indicato con $f(A)$ o con I o con C.

ESEMPIO
La funzione $f: \mathbb{R} \to \mathbb{R}$, descritta dalla legge matematica $y = -\frac{3}{2}x + 3$, associa a ogni valore di x uno e un solo valore di y. Per esempio, per $x = 4$ si ha $y = -3$.

▶ Considera la funzione $y = x^2 - 3$. Quale valore di y associa a $x = 2$?

TEORIA

▶ Considera la funzione indicata dall'espressione $x^3 - y - 1 = 0$. Qual è la sua forma esplicita?

x è detta **variabile indipendente**, y **variabile dipendente**.
Una funzione può essere anche indicata con un'espressione del tipo $f(x; y) = 0$, detta **forma implicita**, mentre $y = f(x)$ è detta **forma esplicita**. Per esempio, la funzione $3x + 2y - 6 = 0$ è la forma implicita di $y = -\frac{3}{2}x + 3$.

Di una funzione f possiamo disegnare il **grafico**, cioè l'insieme dei punti $P(x; y)$ del piano cartesiano tali che y è immagine di x mediante f, ossia l'insieme dei punti $P(x; f(x))$. Del grafico possiamo cercare le **intersezioni con gli assi**, che si determinano mettendo a sistema l'equazione della funzione con $y = 0$ (equazione dell'asse x) o con $x = 0$ (equazione dell'asse y).

Esistono funzioni, dette **funzioni definite a tratti**, date da espressioni analitiche diverse a seconda dei valori attribuiti alla variabile indipendente.

ESEMPIO
La **funzione valore assoluto** è definita nel modo seguente:

$$y = |x| = \begin{cases} x & \text{se } x \geq 0 \\ -x & \text{se } x < 0 \end{cases}.$$

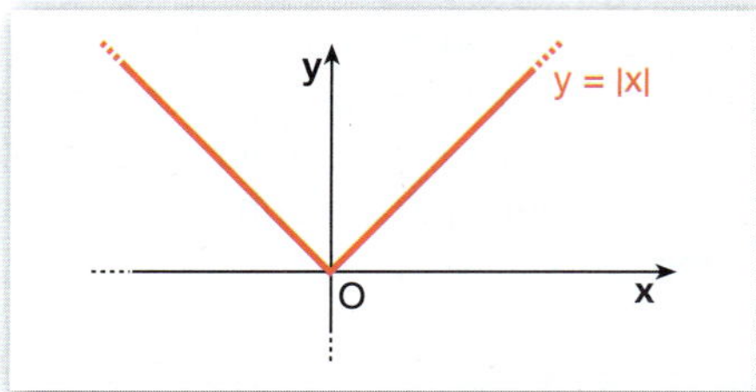

Classificazione delle funzioni

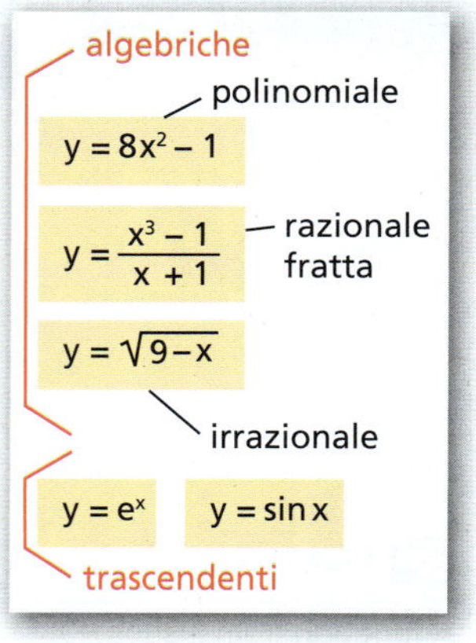

La funzione è **algebrica** se l'espressione analitica $y = f(x)$ che la descrive contiene solo, per la variabile x, operazioni di addizione, sottrazione, moltiplicazione, divisione, elevamento a potenza o estrazione di radice.

Una funzione algebrica è:

- **razionale intera** o **polinomiale** se è espressa mediante un polinomio; in particolare se il polinomio è di primo grado rispetto alla variabile x, la funzione è **lineare**, se il polinomio in x è di secondo grado, la funzione è **quadratica**;
- **razionale fratta** se è espressa mediante quozienti di polinomi;
- **irrazionale** se la variabile indipendente x compare sotto il segno di radice.

Se una funzione $y = f(x)$ non è algebrica, si dice **trascendente**. Per esempio, fra le funzioni che studieremo, sono trascendenti la funzione esponenziale $y = e^x$ e la funzione seno $y = \sin x$.

Dominio di una funzione

▶ Esercizi a p. 82

Dominio naturale

Molto spesso una funzione viene assegnata senza indicare il dominio.
In questi casi deve essere determinato il suo *dominio naturale*.

DEFINIZIONE
Il **dominio naturale** (o **campo di esistenza**) della funzione $y = f(x)$ è l'insieme più ampio dei valori reali che si possono assegnare alla variabile indipendente x affinché esista il corrispondente valore reale y.

Chiamiamo il dominio naturale anche soltanto **dominio** e lo indichiamo con D.

Se una funzione è **razionale intera**, il dominio è $\mathbb{R}$.
Se una funzione è **razionale fratta**, il dominio è $\mathbb{R}$ privato dei valori che annullano il denominatore.
Se una funzione è **irrazionale**, è necessario considerare l'indice. Nel caso di:

- indice *pari*, un radicale con radicando negativo non ha significato; il dominio è l'insieme dei valori per i quali il radicando ha significato ed è non negativo;
- indice *dispari*, è sempre definita per tutti i valori per i quali il radicando ha significato.

ESEMPIO

Determiniamo il dominio delle seguenti funzioni algebriche.

1. $y = x^3 + 7x^2 - 5x + 9$

   È una funzione razionale intera, perciò il suo dominio è $\mathbb{R}$.

2. $y = \dfrac{x^3 + 8}{2x^2 + 3x - 5}$

   È una funzione razionale fratta, quindi è definita per i valori di $\mathbb{R}$ che non annullano il denominatore, quindi poniamo:

   $$2x^2 + 3x - 5 \neq 0 \quad \rightarrow \quad x_1 \neq -\frac{5}{2};\ x_2 \neq 1.$$

   Il dominio della funzione è D: $\mathbb{R} - \left\{-\frac{5}{2}; 1\right\}$.

3. $y = \sqrt{2x^2 + 7x}$

   La radice ha indice pari, perciò la funzione è definita solo se:

   $$2x^2 + 7x \geq 0 \quad \rightarrow \quad x \leq -\frac{7}{2} \vee x \geq 0.$$

   Il dominio della funzione perciò è D: $x \leq -\frac{7}{2} \vee x \geq 0$.

Funzioni uguali

DEFINIZIONE

$y = f(x)$ e $y = g(x)$ sono **funzioni uguali** se hanno lo stesso dominio D e $f(x) = g(x)$ per ogni $x \in D$.

ESEMPIO

Le funzioni $f(x) = \dfrac{x(x^2+1)}{x^2+1}$ e $g(x) = x$ sono uguali perché hanno lo stesso dominio $\mathbb{R}$ e $f(x) = \dfrac{x(x^2+1)}{x^2+1} = x$ per ogni $x \in \mathbb{R}$.

$f(x) = \dfrac{x^2 - x}{x - 1}$ e $g(x) = x$ *non* sono uguali: $\dfrac{x(x-1)}{x-1} = x$ *solo se* $x \neq 1$.

Zeri e segno di una funzione

Esercizi a p. 85

Un numero reale a è uno **zero della funzione** $y = f(x)$ se $f(a) = 0$.

Nel grafico di $f(x)$ gli zeri sono le ascisse dei punti di intersezione con l'asse x.
L'eventuale punto di intersezione con l'asse y si ottiene calcolando $y = f(0)$, se $x = 0$ appartiene al dominio di f.

È possibile anche **studiare il segno** di una funzione $y = f(x)$, cioè cercare per quali valori di x appartenenti al dominio il corrispondente valore di y è positivo, e per quali è negativo. Per esempio, la funzione $y = 2x - 6$ risulta positiva per $x > 3$, nulla per $x = 3$, negativa per $x < 3$.

Grafici delle funzioni e trasformazioni geometriche

▶ Esercizi a p. 87

Nelle figure seguenti riportiamo evidenziati in giallo i grafici di funzioni che si ottengono, a partire da quello di una funzione $y = f(x)$, mediante particolari trasformazioni geometriche.

Traslazioni Animazione

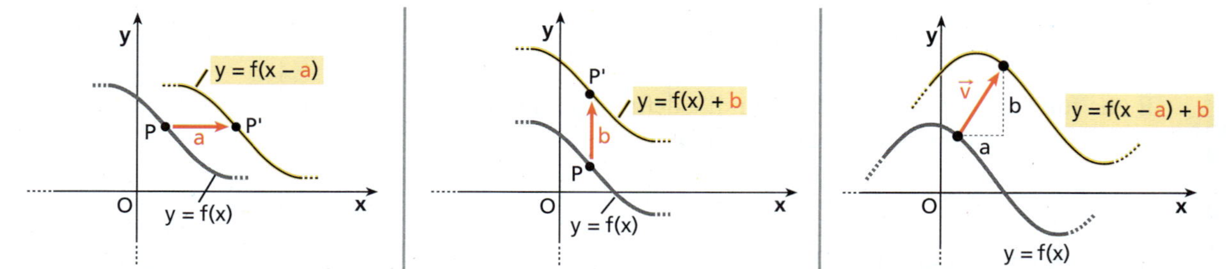

a. Traslazione di vettore parallelo all'asse *x*.

b. Traslazione di vettore parallelo all'asse *y*.

c. Traslazione di vettore $\vec{v}(a; b)$.

Simmetrie

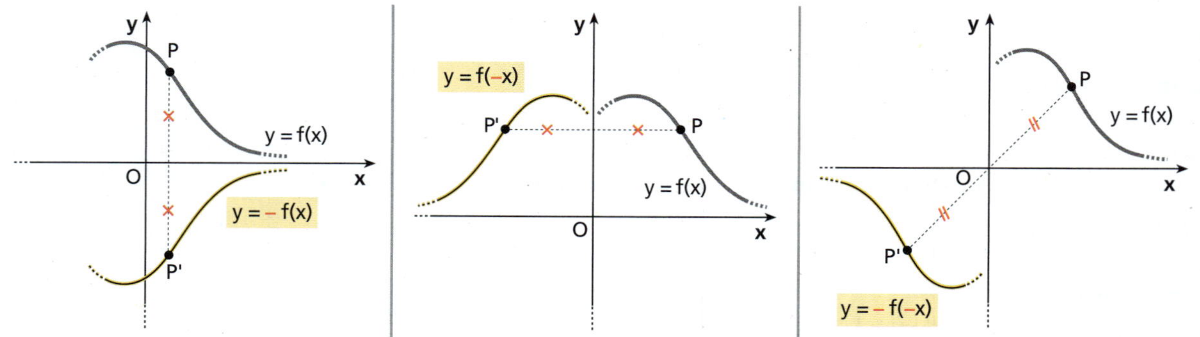

a. Simmetria rispetto all'asse *x*.

b. Simmetria rispetto all'asse *y*.

c. Simmetria centrale rispetto a *O*.

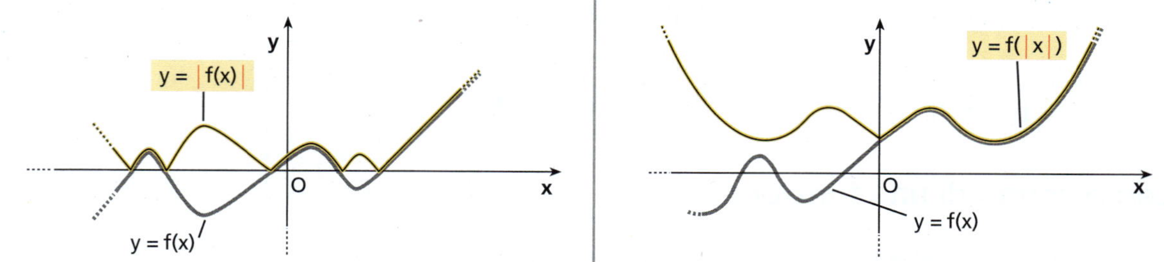

d. Simmetria rispetto all'asse *x* delle parti del grafico di $y = f(x)$ con $y < 0$.

e. Per $x \geq 0$ il grafico è lo stesso di $y = f(x)$, per $x < 0$ il grafico è il simmetrico rispetto all'asse *y* di quello che $y = f(x)$ ha per $x > 0$.

Esaminiamo un esempio relativo al caso **d** della figura precedente.

ESEMPIO

Il grafico di $y = |x^2 - x|$ si ottiene dalla parabola di equazione $y = x^2 - x$ se al posto dei punti con ordinata negativa si prendono i punti con la stessa ascissa ma con ordinata opposta, cioè simmetrici rispetto all'asse x.

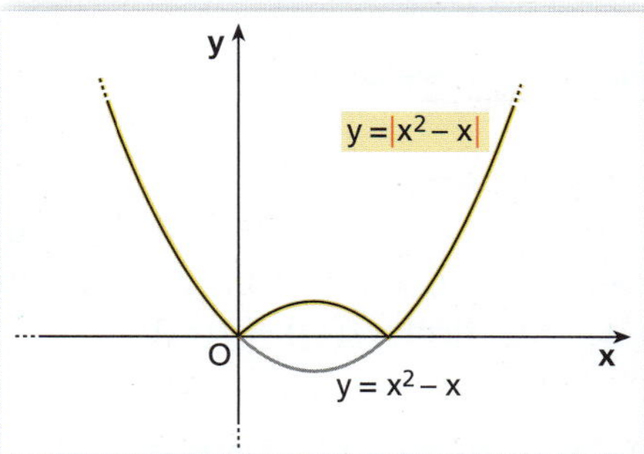

► Traccia i grafici di:
- $y = \left|-\frac{x}{2} + 1\right|$;
- $y = -\frac{|x|}{2} + 1$.

Animazione

2 Proprietà delle funzioni

Funzioni iniettive, suriettive e biunivoche

► Esercizi a p. 90

DEFINIZIONE

Una funzione da A a B è:
- **iniettiva** se ogni elemento di B è immagine di al più un elemento di A;
- **suriettiva** se ogni elemento di B è immagine di almeno un elemento di A;
- **biunivoca** (o biiettiva) se è sia iniettiva sia suriettiva.

Listen to it

A **function** from a set *A* to a set *B* is said to be:
- an **injection** (or an **injective function**) if it maps distinct objects of set *A* to distinct objects of set *B*;
- a **surjection** (or a **surjective function**) if each element of *B* is the image of at least one element of *A*;
- a **bijection** (or a **bijective function**) if it is both injective and surjective.

Una definizione equivalente di funzione iniettiva è la seguente:
una funzione è *iniettiva* se a elementi distinti di A corrispondono elementi distinti di B, ossia se $x_1 \neq x_2$, allora $f(x_1) \neq f(x_2)$.

ESEMPIO

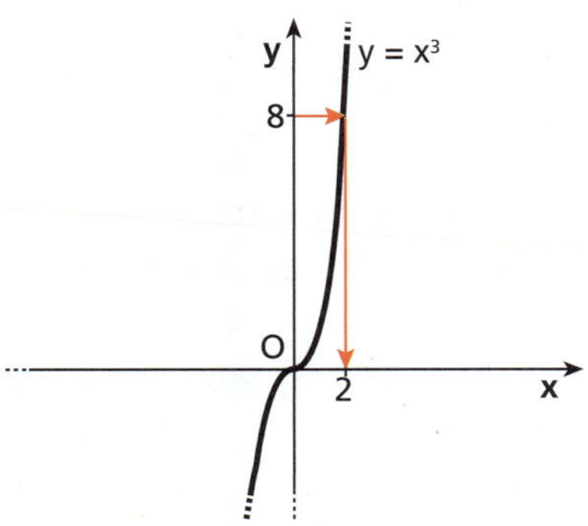

a. La funzione $y = x^3$ è sia iniettiva sia suriettiva perché a ogni valore scelto sull'asse y corrisponde *un* valore (suriettiva) e *un solo* (iniettiva) valore sull'asse x. La funzione è quindi biunivoca.

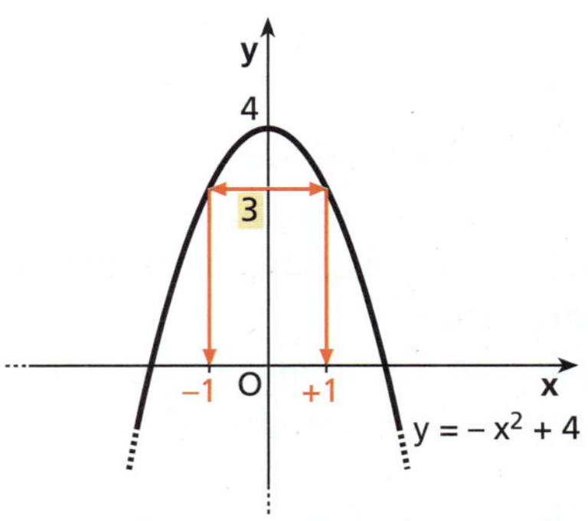

b. La funzione $y = -x^2 + 4$ è suriettiva se si considera come insieme B l'insieme immagine, che è l'insieme degli y tali che $y \leq 4$, ma *non* è iniettiva perché, scelto in B un y diverso da 4, esso è l'immagine di **due** valori distinti di x.

Animazione

Studiamo l'iniettività e la non iniettività delle due funzioni dell'esempio, anche mediante figure dinamiche.

► Disegna il grafico di una funzione suriettiva su $\mathbb{R}$ che non sia iniettiva.

Funzioni crescenti, decrescenti, monotòne

▶ Esercizi a p. 91

Funzioni crescenti

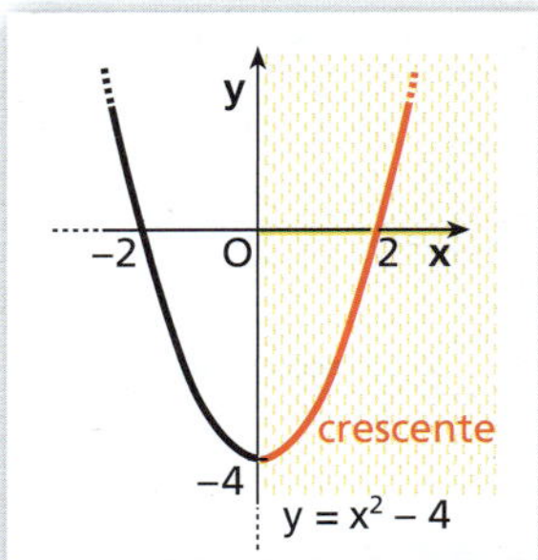

DEFINIZIONE
$y = f(x)$ di dominio $D \subseteq \mathbb{R}$ è una **funzione crescente** in senso stretto in un intervallo *I*, sottoinsieme di *D*, se, comunque scelti x_1 e x_2 appartenenti a *I*, con $x_1 < x_2$, risulta $f(x_1) < f(x_2)$.

Per esempio, $y = x^2 - 4$ è crescente in $I = [0; +\infty[$ (figura a lato).

Se nella definizione sostituiamo la relazione $f(x_1) < f(x_2)$ con $f(x_1) \leq f(x_2)$, otteniamo la definizione di funzione **crescente in senso lato**, o anche **non decrescente**. Si può anche dire che la funzione è **debolmente crescente**.

▶ In quale intervallo la funzione $y = x^2 - 2x + 1$ è strettamente crescente?

ESEMPIO

$$f(x) = \begin{cases} x + 1 & \text{se } x \leq 1 \\ 2 & \text{se } 1 < x < 4 \\ 2x - 6 & \text{se } x \geq 4 \end{cases}$$

è crescente in senso lato in $\mathbb{R}$.

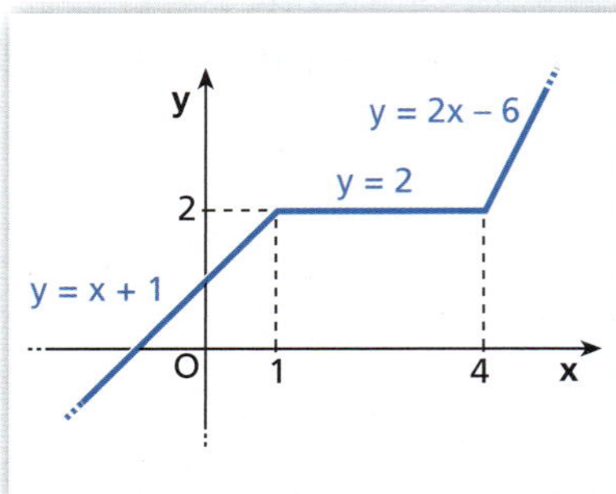

Funzioni decrescenti

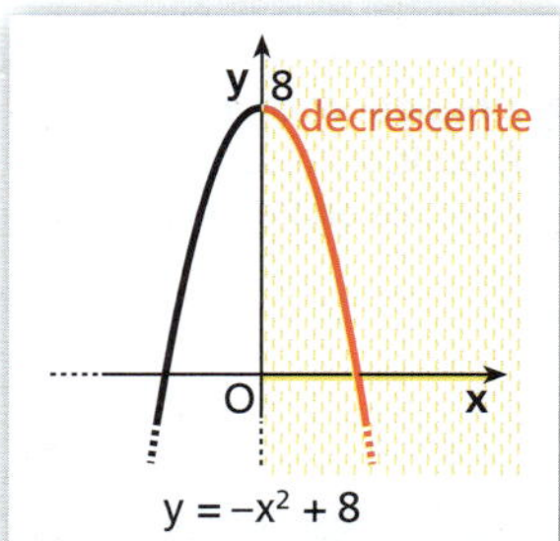

DEFINIZIONE
$y = f(x)$ di dominio $D \subseteq \mathbb{R}$ è una **funzione decrescente** in senso stretto in un intervallo *I*, sottoinsieme di *D*, se, comunque scelti x_1 e x_2 appartenenti a *I*, con $x_1 < x_2$, risulta $f(x_1) > f(x_2)$.

Per esempio, $y = -x^2 + 8$ è decrescente nell'intervallo $I = [0; +\infty[$ (figura a lato).

Se nella definizione precedente sostituiamo la relazione $f(x_1) > f(x_2)$ con $f(x_1) \geq f(x_2)$, otteniamo la definizione di funzione **decrescente in senso lato**, o anche **non crescente**. In questo caso si può anche dire che la funzione è **debolmente decrescente.**

In seguito, se diremo che una funzione è crescente (o decrescente), senza aggiungere altro, sarà sottinteso che lo è in senso stretto.

Funzioni monotòne

DEFINIZIONE
Una funzione di dominio $D \subseteq \mathbb{R}$ è **monotòna** in senso stretto in un intervallo *I*, sottoinsieme di *D*, se in quell'intervallo è sempre crescente o sempre decrescente in senso stretto. Analoga definizione può essere data per una funzione monotòna in senso lato.

Vediamo un esempio con due funzioni monotòne, una crescente e una decrescente, utilizzate in economia.

▶ Quale delle due funzioni

$y = x^2 - 4x + 4$,

$y = \frac{1}{2}x + 1$

è monotòna? Verificalo con i loro grafici.

ESEMPIO **Il prezzo di equilibrio**

Le leggi di mercato della domanda e dell'offerta di un prodotto determinano il suo prezzo di vendita, che si ottiene quando la domanda e l'offerta coincidono (punto di equilibrio).

Esaminiamo un esempio in un modello semplificato. In un determinato periodo dell'anno, la quantità di mele richiesta sul mercato segue la legge della domanda $q(p) = 170 - 2p$, mentre la legge dell'offerta è $q(p) = p - 10$, dove p è il prezzo in euro al quintale e $q(p)$ è la quantità di mele in quintali.

- ▶ Verifichiamo che sono funzioni monotòne.
- ▶ Calcoliamo il prezzo di vendita al quintale delle mele e quanti quintali di mele corrispondono al punto di equilibrio.

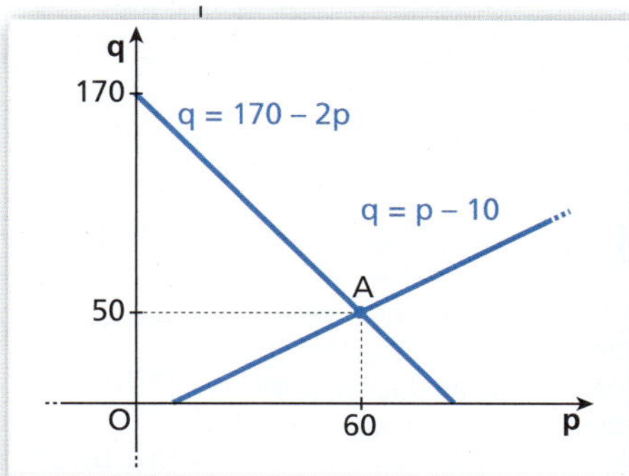

Le due funzioni assegnate hanno entrambe come grafico una retta nel piano cartesiano Opq. La funzione della domanda è decrescente, mentre la funzione dell'offerta è crescente, entrambe in senso stretto.

Delle rette consideriamo soltanto quelle parti in cui $p \geq 0$ e $q \geq 0$, perché prezzo e quantità non possono assumere valori negativi.

Per calcolare le coordinate del punto di equilibrio risolviamo il sistema:

$$\begin{cases} q = 170 - 2p \\ q = p - 10 \end{cases} \rightarrow \begin{cases} 170 - 2p = p - 10 \\ q = p - 10 \end{cases} \rightarrow \begin{cases} p = 60 \\ q = 50 \end{cases}.$$

In corrispondenza del punto di equilibrio il prezzo di vendita è di € 60 al quintale e vengono venduti 50 quintali di mele.

Funzioni periodiche

▶ Esercizi a p. 91

DEFINIZIONE

$y = f(x)$ è una **funzione periodica** di periodo T, con $T > 0$, se, per qualsiasi numero k intero, abbbiamo:

$$f(x) = f(x + kT).$$

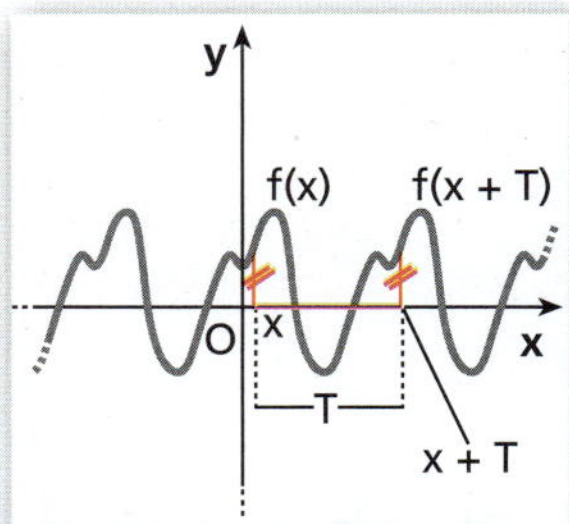

In una funzione periodica il grafico si ripete di periodo in periodo.

Se una funzione è periodica di periodo T, essa lo è anche di periodo $2T$, $3T$, $4T$, …

Per esempio, la funzione della figura ha periodo 3, ma anche 6, 9, …

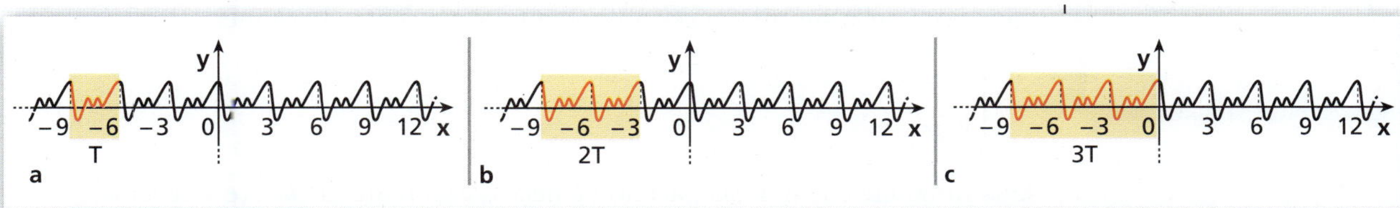

Il periodo minore è anche detto **periodo principale** ed è quello che di solito è considerato come periodo della funzione.

Funzioni pari e funzioni dispari

▶ Esercizi a p. 91

DEFINIZIONE

Indichiamo con D un sottoinsieme di $\mathbb{R}$ tale che, se $x \in D$, allora $-x \in D$. $y = f(x)$ è una **funzione pari** in D se $\boldsymbol{f(-x) = f(x)}$ per qualunque x appartenente a D.

ESEMPIO

$$y = f(x) = -x^4 + 2x^2$$

è pari perché:

$$f(-x) = -(-x)^4 + 2(-x)^2 = -x^4 + 2x^2 = f(x).$$

▶ La funzione $y = \dfrac{1}{-x^2+4}$ è pari?

Animazione

Nell'animazione risolviamo i tre esercizi relativi a funzioni pari e funzioni dispari, quello qui sopra e i due qui sotto.

In generale, se una funzione polinomiale ha espressione analitica contenente soltanto potenze della x con *esponente pari*, allora è pari.
Si può verificare invece che la funzione $y = f(x) = 2x^4 - x$ **non** è pari perché, sostituendo a x il suo opposto $-x$, non si ottiene $f(x)$.

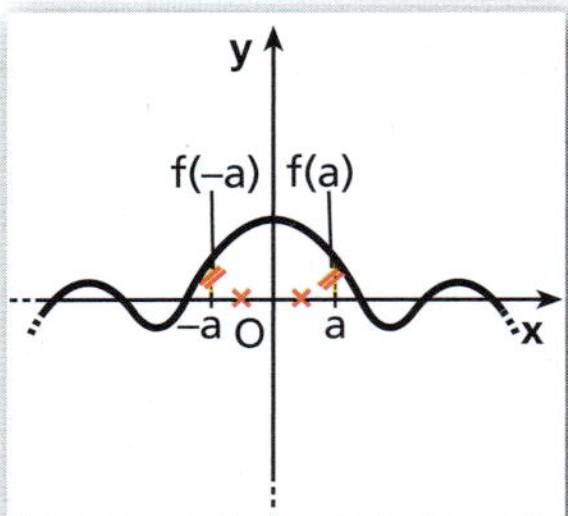

Se una funzione è **pari**, **il suo grafico è simmetrico rispetto all'asse $\boldsymbol{y}$**. Infatti, se il punto $P(x; y)$ appartiene al grafico, vi appartiene anche il punto $P'(-x; y)$. Pertanto, le coordinate di P', pensate come $(x'; y')$, soddisfano le equazioni della simmetria rispetto all'asse y:

$$\begin{cases} x' = -x \\ y' = y \end{cases}.$$

DEFINIZIONE

Indichiamo con D un sottoinsieme di $\mathbb{R}$ tale che, se $x \in D$, anche $-x \in D$. $y = f(x)$ è una **funzione dispari** in D se $\boldsymbol{f(-x) = -f(x)}$ per qualunque x appartenente a D.

ESEMPIO

$y = f(x) = 4x^5 - x$ è dispari perché:

$$f(-x) = 4(-x)^5 - (-x) = -4x^5 + x = -(4x^5 - x) = -f(x).$$

▶ Verifica che la funzione $y = f(x) = x^3 + 1$ **non** è dispari.

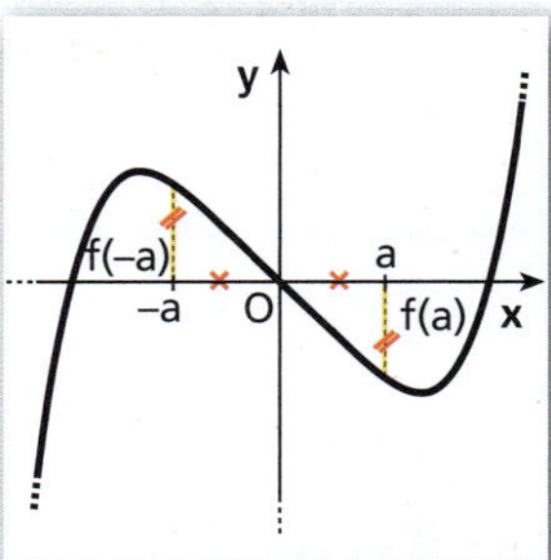

Una funzione polinomiale con espressione analitica contenente solo potenze della x con *esponente dispari* è una funzione dispari.

Se una funzione è **dispari**, **il suo grafico è simmetrico rispetto all'origine degli assi**. Infatti, se il punto $P(x; y)$ appartiene al grafico, vi appartiene anche il punto $P'(-x; -y)$. Pertanto le coordinate di P', pensate come $(x'; y')$, soddisfano le equazioni della simmetria centrale avente come centro l'origine:

$$\begin{cases} x' = -x \\ y' = -y \end{cases}.$$

Una funzione che non sia pari non è necessariamente dispari (e viceversa).

▶ Verifica che $y = f(x) = x^3 - x^2$ non è né pari né dispari.

3 Funzione inversa

Esercizi a p. 92

DEFINIZIONE

Data la funzione biunivoca

$y = f(x)$ da A a B,

la **funzione inversa** di f è la funzione biunivoca

$x = f^{-1}(y)$ da B ad A

che associa a ogni y di B il valore x di A tale che $y = f(x)$.

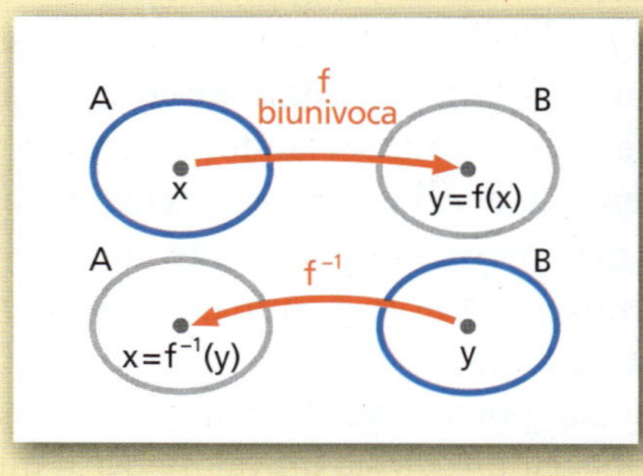

Listen to it

Given a bijective function f from A to B, its **inverse function** f^{-1} is the bijective function from B to A which associates to each y in B the value x in A such that $y = f(x)$.

Se una funzione ammette inversa, si dice che è **invertibile**.
Se una funzione $f(x)$ non è biunivoca in A, è possibile considerare una **restrizione D' del dominio** in cui sia biunivoca. Infatti, per l'invertibilità è sufficiente scegliere in A un sottoinsieme D' in modo che $f(x)$ sia iniettiva in D', perché $f(x)$ è senz'altro suriettiva se come insieme di arrivo consideriamo l'insieme immagine $f(D')$.

ESEMPIO

La funzione $y = f(x) = x^2$ ha come dominio $\mathbb{R}$ e non è biunivoca. Per renderla biunivoca dobbiamo considerare come dominio un insieme più ristretto, quello dei numeri reali positivi o nulli, cioè prendiamo $x \geq 0$. Con la restrizione del dominio operata possiamo considerare la sua funzione inversa,

$$x = f^{-1}(y) = \sqrt{y},$$

definita associando a un numero quel valore che, elevato al quadrato, dà il numero stesso.
Per esempio,

$$f^{-1}(9) = \sqrt{9} = 3,$$

perché $9 = f(3) = 3^2$.

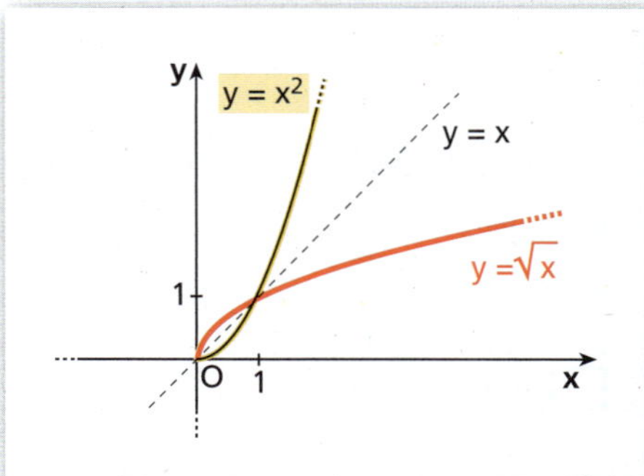

Per rappresentare la funzione f^{-1} insieme alla funzione f, scambiamo le variabili nell'espressione della funzione inversa, considerando:

$$y = \sqrt{x}.$$

Il grafico di una funzione e quello della sua inversa sono simmetrici rispetto alla bisettrice del primo e del terzo quadrante.

▶ Restringi il dominio della funzione

$y = 9 - x^2$

in modo che sia invertibile e determina la funzione inversa.

Animazione

Sfruttando questa proprietà, conoscendo anche soltanto il grafico di una funzione possiamo disegnare il grafico della sua inversa.

Le funzioni monotòne in senso stretto sono biunivoche se si considera come insieme di arrivo la loro immagine.
Quindi esse ammettono sempre la funzione inversa.

4 Funzione composta

Esercizi a p. 93

Date le funzioni f e g, indichiamo con $g \circ f$ (si legge «g composto f») oppure con $y = g[f(x)]$ la **funzione composta** che si ottiene associando a ogni elemento x del dominio di f, che abbia immagine $f(x)$ appartenente al dominio di g, il valore y immagine di $f(x)$ mediante g.

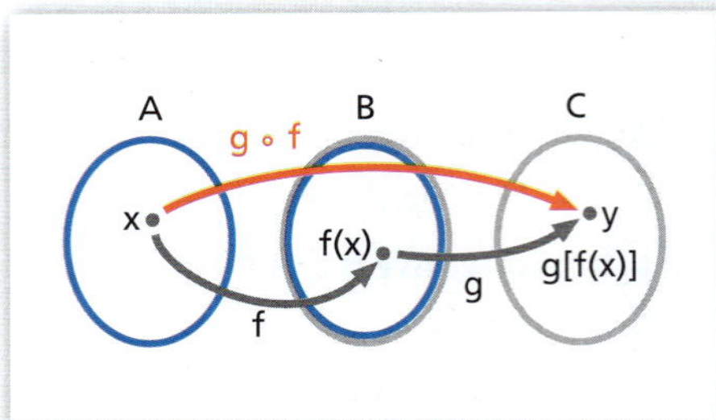

Per comporre le due funzioni, occorre che l'immagine di x mediante la prima funzione, cioè $f(x)$, sia un valore per il quale si può determinare l'immagine tramite la seconda funzione. Quindi il dominio di $y = g[f(x)]$ è costituito da tutti gli x del dominio di f tali che $f(x)$ appartiene al dominio di g.
In generale, **la composizione delle funzioni non è commutativa**: $g \circ f \neq f \circ g$.

ESEMPIO

Consideriamo le funzioni f e g, da $\mathbb{R}$ a $\mathbb{R}$, $f(x) = x^2$, $g(x) = x + 1$.
La funzione composta $g \circ f$ è:

$$y = g[f(x)] = g(x^2) = x^2 + 1.$$

Invece $f \circ g$ è:

$$y = f[g(x)] = f(x + 1) = (x + 1)^2.$$

Per esempio:

$$g[f(5)] = g(25) = 26, \quad \text{mentre} \quad f[g(5)] = f(6) = 36.$$

► Date le seguenti funzioni f e g, determina $f \circ g$ e $g \circ f$:

a. $f(x) = x^2 - 1, \quad g(x) = \frac{1}{x}$;

b. $f(x) = x - 1, \quad g(x) = x^3$.

Animazione

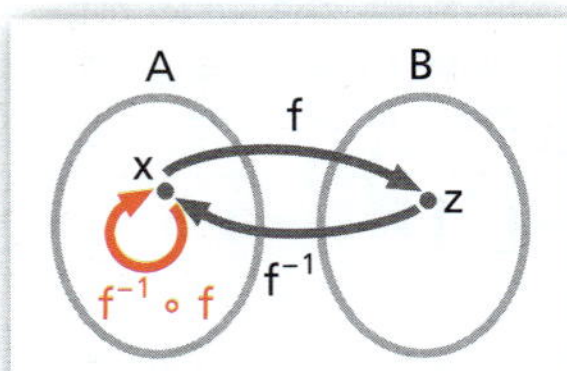

Se si compone la funzione f con la sua inversa f^{-1}, si ottiene la **funzione identità,** che associa a ogni elemento di un insieme se stesso:

$$f[f^{-1}(x)] = f^{-1}[f(x)] = x.$$

5 Successioni numeriche

Listen to it

A **numerical sequence** is a function $f: \mathbb{N} \to \mathbb{R}$ that associates with each natural number n a real value a_n: $a_n = f(n)$.

DEFINIZIONE

Una **successione numerica** è una funzione $f: \mathbb{N} \to \mathbb{R}$ che associa a ogni numero naturale n un numero reale a_n:

$$a_n = f(n).$$

Una successione è costituita da un insieme ordinato e infinito di numeri, detti **termini**:

$$a_0, \quad a_1, \quad a_2, \quad a_3, \quad \ldots, \quad a_n, \quad \ldots$$

In particolare, quando non si specifica il numero n, a_n si chiama **termine generico**. L'**indice** 0, 1, … indica che i termini a_0, a_1, … sono i corrispondenti, rispettivamente, dei numeri 0, 1, …

ESEMPIO

La successione costituita da tutti i quadrati dei numeri naturali è una funzione che associa a ogni numero naturale il suo quadrato:

$$f(n) = n^2;$$

$$a_0 = 0 \qquad a_1 = 1 \qquad a_2 = 4 \qquad a_3 = 9 \qquad \ldots$$

L'insieme immagine di questa successione è l'insieme dei quadrati dei numeri naturali.

Rappresentazioni delle successioni

▶ Esercizi a p. 97

Rappresentazione per elencazione

I numeri naturali sono infiniti; sarebbe dunque impossibile descrivere una successione tramite tutte le assegnazioni. In alcuni casi è possibile rappresentare una successione come una lista ordinata indicando i primi cinque o sei termini seguiti dai puntini di sospensione.

ESEMPIO

0, 10, 20, 30, … è la successione dei multipli di 10.

Questa rappresentazione è consigliabile soltanto se, leggendo i primi termini, si possono dedurre gli altri senza ambiguità.

▶ Completa la successione fino al decimo termine:
$0, \frac{1}{2}, 1, \frac{3}{2}, 2, \frac{5}{2},$ ____, ____, ____, ____.

Rappresentazione mediante espressione analitica

È il modo più comune di rappresentare una successione numerica e consiste nello scrivere esplicitamente la relazione che lega l'indice n e il termine a_n.

ESEMPIO

1. $a_n = 2n + 1, \quad n \in \mathbb{N}$.
   Scriviamo i primi termini della successione sostituendo alla lettera n, nell'espressione $2n + 1$, i valori 0, 1, 2, 3, …
   Si ha $a_0 = 1$, $a_1 = 3$, $a_2 = 5$, $a_3 = 7$, …
   Si vede facilmente che si tratta della successione dei numeri naturali dispari.
2. Consideriamo la seguente successione definita tramite espressione analitica:
   $$a_n = \frac{2n+1}{3+n^2}, \quad n \in \mathbb{N}.$$
   Sostituendo a n i valori 0, 1, 2, 3, 4, …, si ottengono i seguenti termini:
   $$\frac{1}{3}, \frac{3}{4}, \frac{5}{7}, \frac{7}{12}, \frac{9}{19}, \ldots$$
   In questo caso non è facile capire quali sono i termini successivi, dunque la rappresentazione per elencazione può essere inefficace.

▶ Scrivi l'espressione analitica della successione:
$-1, 0, 3, 8, 15, 24, 35, 48, \ldots$

TEORIA

In alcuni casi è preferibile, comunque, rappresentare la successione per elencazione. Per esempio, la successione

0, 0,6, 0,66, 0,666, 0,6666, ...

non ha una rappresentazione mediante espressione analitica facile da ricavare.

Rappresentazione ricorsiva o per ricorsione

Questo tipo di rappresentazione di una successione consiste nel fornire il primo termine della successione a_0 e una relazione che lega il termine generale a_n a quello precedente a_{n-1}.

$$\begin{cases} a_0 \\ a_n = f(a_{n-1}) & \text{se } n > 0 \end{cases}$$

ESEMPIO

$$\begin{cases} a_0 = 1 \\ a_n = a_{n-1} + 2 & \text{se } n > 0 \end{cases}$$

Ogni termine si ottiene dal precedente sommando 2. A partire dal primo termine, si determinano quelli successivi:

$$a_1 = a_0 + 2 = 1 + 2 = 3,$$

$$a_2 = a_1 + 2 = 3 + 2 = 5,$$

$$a_3 = a_2 + 2 = 5 + 2 = 7, \ldots$$

Osserviamo che abbiamo ottenuto ancora la successione dei numeri dispari.

► Scrivi i primi sei termini della seguente successione.
$\begin{cases} a_0 = 2 \\ a_n = 3a_{n-1} - 2 \text{ se } n > 0 \end{cases}$

A volte la rappresentazione ricorsiva è data fornendo i primi k termini della successione e una relazione che lega il termine generale ai k termini precedenti.
Per esempio:

$$\begin{cases} a_0 = 0,\ a_1 = 1 \\ a_n = a_{n-1} + a_{n-2} & \text{se } n > 1 \end{cases}$$

$$a_2 = a_1 + a_0 = 1 + 0 = 1, \quad a_3 = a_2 + a_1 = 1 + 1 = 2,$$
$$a_4 = a_3 + a_2 = 2 + 1 = 3, \quad a_5 = a_4 + a_3 = 3 + 2 = 5, \ldots$$

Ogni termine si ottiene sommando i due termini che lo precedono.
Questa successione è detta **successione di Fibonacci**. Il nome è dovuto al problema posto da Fibonacci che studiamo nell'esempio.

ESEMPIO I conigli di Fibonacci

Nel *Liber Abaci*, pubblicato nel 1202, Leonardo Fibonacci riporta questo problema: «Un tale mise una coppia di conigli in un luogo completamente circondato da pareti per scoprire quante coppie di conigli discendessero da questa in un anno: per natura ogni mese le coppie di conigli generano un'altra coppia e cominciano a procreare nel secondo mese dalla nascita».

► Al crescere del numero dei mesi, quante coppie di conigli ci saranno, mese dopo mese, nel recinto? Se le coppie di conigli restano tutte in vita, quante saranno quelle presenti nel recinto dopo un anno?

All'inizio, al tempo $t = 0$, nel recinto c'è una coppia di conigli appena nata. Alla fine del primo mese, cioè per $t = 1$, la coppia è adulta, in grado di riprodursi. Alla fine del secondo mese è presente una coppia adulta e una coppia appena nata, alla fine del terzo due coppie adulte e una appena nata, …. Rappresentiamo nello schema le coppie di conigli presenti nel recinto ogni mese fino al quinto mese. Ogni punto blu ● indica una coppia adulta, mentre ogni punto rosso ● una coppia appena nata, che non può ancora procreare.

Tempo in mesi	Coppie presenti	Numero di coppie
0	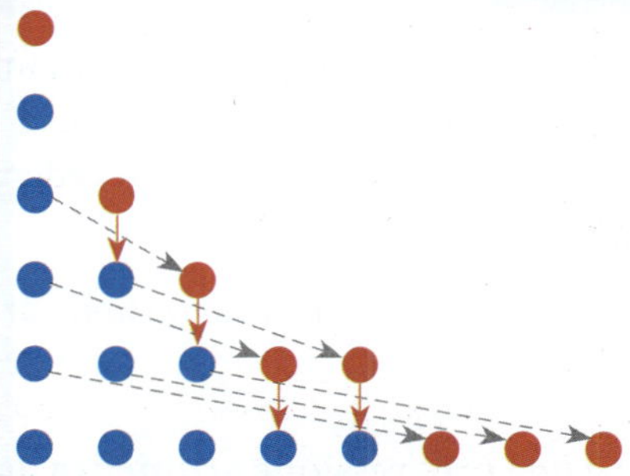	$a_0 = 1$
1		$a_1 = 1$
2		$a_2 = 2$
3		$a_3 = 3$
4		$a_4 = 5$
5		$a_5 = 8$

Si può notare che il numero delle coppie presenti ogni mese, a partire da $t = 2$, è la somma delle coppie presenti nei due mesi precedenti.
La successione di valori che si ottiene è la successione di Fibonacci, i cui primi termini sono:

1, 1, 2, 3, 5, 8, 13, 21, 34, 55, 89, 144 …

Dopo un anno, al termine del dodicesimo mese, nel recinto il numero di coppie presenti è il dodicesimo termine della successione di Fibonacci:

$$a_{12} = a_{10} + a_{11} = 89 + 144 = 233.$$

Successioni monotòne

▶ Esercizi a p. 99

Una successione è:

- **crescente** se ogni termine è maggiore del suo precedente, ossia:

  $$a_n < a_{n+1}, \quad \forall n \in \mathbb{N};$$

- **decrescente** se ogni termine è minore del suo precedente, ossia:

  $$a_n > a_{n+1}, \quad \forall n \in \mathbb{N};$$

- **non decrescente** (o **crescente in senso lato**) se: $a_n \leq a_{n+1}$, $\forall n \in \mathbb{N}$;
- **non crescente** (o **decrescente in senso lato**) se: $a_n \geq a_{n+1}$, $\forall n \in \mathbb{N}$;
- **costante** se ogni termine è uguale al suo precedente: $a_n = a_{n+1}$, $\forall n \in \mathbb{N}$.

In generale, una successione per cui vale una di queste proprietà si dice **monotòna**.

ESEMPIO

1. La successione 0, 3, 6, 9, 12, … è monotòna crescente.
2. La successione 20, 12, 4, − 4, − 12, − 20, − 28, … è monotòna decrescente.
3. La successione 0, 0, 1, 2, 2, 3, 4, 4, 5, 6, 6, 7, … è monotòna non decrescente.
4. $1, \frac{1}{2}, \frac{1}{2}, \frac{1}{3}, \frac{1}{3}, \frac{1}{3}, \frac{1}{4}, \frac{1}{4}, \frac{1}{4}, \frac{1}{4}, \ldots$ è monotòna non crescente.
5. La successione 5, 5, 5, 5, 5, 5, … è costante.

6 Progressioni aritmetiche

▶ Esercizi a p. 99

Consideriamo la successione: 2, 5, 8, 11, 14, ...

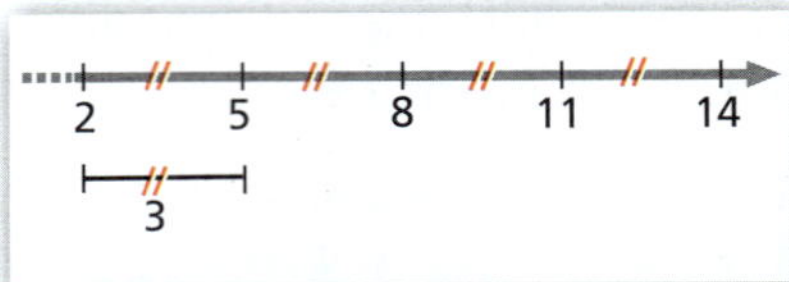

Ogni termine si ottiene dal precedente aggiungendo 3. Possiamo anche dire che la differenza fra ogni termine e il suo precedente è uguale a 3.
Disponendo i termini su una retta come in figura, si può vedere che la distanza fra due punti consecutivi è sempre uguale a 3.

Diciamo in questo caso che la successione è una *progressione aritmetica*.

DEFINIZIONE

Una successione numerica è una **progressione aritmetica** quando la differenza fra ogni termine e il suo precedente è costante; questa differenza è la **ragione della progressione**.

Listen to it

A numerical sequence is an **arithmetic progression** if the difference between any two consecutive terms is constant.

▶ Verifica se la successione $2, \frac{8}{3}, \frac{10}{3}, 4, \frac{14}{3}, \ldots$ è una progressione aritmetica.

In una progressione aritmetica di ragione d ogni termine si calcola da quello precedente addizionando d oppure dal successivo sottraendo d:

$\boldsymbol{a_n = a_{n-1} + d}$ oppure $\boldsymbol{a_n = a_{n+1} - d}$.

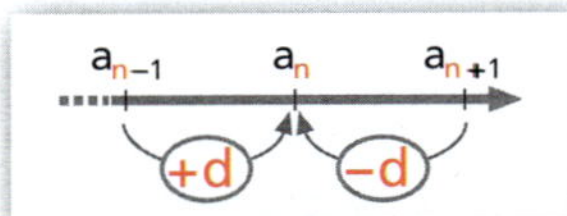

A volte si considera un numero finito di termini consecutivi di una progressione. In tal caso il primo e l'ultimo termine di questo insieme ordinato sono detti **estremi** della progressione.

Una progressione aritmetica di ragione d è:

crescente se $d > 0$; **decrescente** se $d < 0$; **costante** se $d = 0$.

▶ Fai un esempio di progressione aritmetica:
- crescente;
- decrescente;
- costante.

Calcolo del termine a_n di una progressione aritmetica

Consideriamo la progressione aritmetica di ragione 7 e di primo termine 3. Qual è il decimo termine?

Per rispondere alla domanda scriviamo i termini della progressione, utilizzando il primo termine e la ragione. In questo paragrafo e nel successivo definiremo le successioni con $n \geq 1$.

	In simboli:
$a_1 = 3$	
$a_2 = 3 + 7$	$a_2 = a_1 + d$
$a_3 = 3 + 7 + 7 = 3 + 2 \cdot 7$	$a_3 = a_1 + 2d$
$a_4 = 3 + 7 + 7 + 7 = 3 + 3 \cdot 7$	$a_4 = a_1 + 3d$
$a_5 = 3 + 7 + 7 + 7 + 7 = 3 + 4 \cdot 7$	$a_5 = a_1 + 4d$
...	...
$a_{10} = 3 + 9 \cdot 7 = 66$	$a_{10} = a_1 + (10 - 1)d$

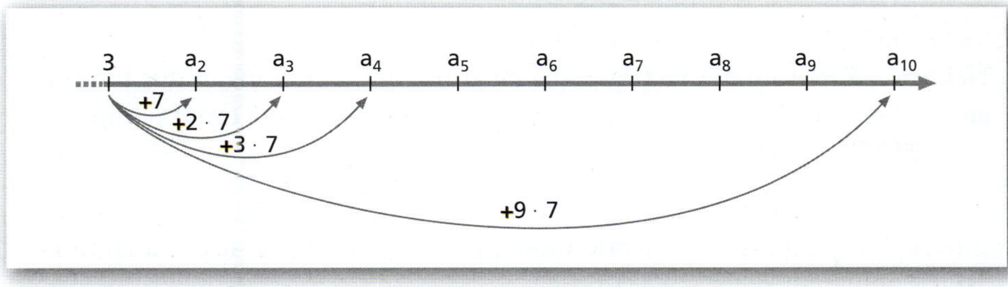

Vale il seguente teorema.

TEOREMA

In una progressione aritmetica, il termine a_n è uguale alla somma del primo termine a_1 con il prodotto della ragione d per $(n-1)$:

$$\boldsymbol{a_n = a_1 + (n-1) \cdot d}, \text{ con } n \geq 1.$$

DIMOSTRAZIONE

In una progressione aritmetica la differenza tra ogni termine e quello precedente è uguale alla ragione d:

$$a_2 - a_1 = d, \quad a_3 - a_2 = d, \quad \ldots, \quad a_n - a_{n-1} = d.$$

Sommiamo membro a membro le $n-1$ uguaglianze e semplifichiamo:

$$a_n - a_1 = (n-1)d \quad \rightarrow \quad a_n = a_1 + (n-1)d.$$

Animazione

Oltre alla dimostrazione, nell'animazione trovi la sua interpretazione geometrica e la risoluzione dell'esercizio che segue.

Il teorema mette in relazione i numeri a_1, n, a_n, d.

Conoscendo tre di essi, è possibile ricavare il quarto numero.

ESEMPIO

Calcoliamo il numero n dei termini estratti dalla progressione aritmetica di ragione 6, avente per estremi 9 e 45.

I dati sono: $d = 6$, $a_1 = 9$, $a_n = 45$.

Sostituiamo nella formula $a_n = a_1 + (n-1) \cdot d$ e ricaviamo n. Si ha:

$$45 = 9 + (n-1) \cdot 6 \quad \rightarrow \quad 6n - 6 = 36 \quad \rightarrow \quad n = 7.$$

L'insieme è formato da 7 termini: 9, 15, 21, 27, 33, 39, 45.

► Calcola la ragione d della progressione aritmetica che ha come primo termine 1 e come settimo termine 25.

Somma di due termini equidistanti dagli estremi

La **distanza fra due termini** a_r e a_s di una successione è data dal valore assoluto della differenza degli indici: $|r - s|$. Per esempio, a_4 dista $|4 - 6| = 2$ da a_6.

Due termini sono **equidistanti** da un termine se hanno la stessa distanza da esso.

Scriviamo i primi sei termini di una progressione aritmetica di estremi 10 e 25 e ragione 3: 10, 13, 16, 19, 22, 25.

Diciamo che 13 e 22 sono equidistanti dagli estremi, perché il numero dei termini che precedono 13 è uguale al numero dei termini che seguono 22. Così pure sono equidistanti dagli estremi 16 e 19. Osserviamo che la somma di due termini equidistanti dagli estremi è costante e uguale alla somma dei termini estremi:

$$10 + 25 = 35, \qquad 13 + 22 = 35, \qquad 16 + 19 = 35.$$

Vale il seguente teorema, che non dimostriamo.

TEORIA

TEOREMA
Nei primi k termini di una progressione aritmetica, la somma di due termini equidistanti dagli estremi è costante e uguale alla somma dei termini estremi.

Se consideriamo un numero k dispari di termini, il termine centrale, che è equidistante dagli estremi, va considerato raddoppiato. Per esempio, se prendiamo 1, 4, 7, 10, 13, abbiamo: $7 + 7 = 1 + 13$.

Somma di termini consecutivi di una progressione aritmetica

TEOREMA
La somma S_n dei primi n termini di una progressione aritmetica è uguale al prodotto di n per la semisomma dei due termini estremi a_1 e a_n:

$$S_n = n \cdot \frac{a_1 + a_n}{2}.$$

DIMOSTRAZIONE
Scriviamo per esteso la somma dei primi n termini della progressione e poi la stessa somma con i termini scritti in ordine inverso:

$$S_n = a_1 + a_2 + a_3 + \ldots + a_{n-2} + a_{n-1} + a_n$$
$$S_n = a_n + a_{n-1} + a_{n-2} + \ldots + a_3 + a_2 + a_1.$$

Sommiamo termine a termine i due membri delle uguaglianze:

$$2 \cdot S_n = (a_1 + a_n) + (a_2 + a_{n-1}) + (a_3 + a_{n-2}) + \ldots + (a_{n-1} + a_2) + (a_n + a_1).$$

Abbiamo ottenuto le n somme dei termini equidistanti dagli estremi, che, per il teorema precedente, possiamo sostituire con $a_1 + a_n$:

$$2 \cdot S_n = \underbrace{(a_1 + a_n) + (a_1 + a_n) + \ldots + (a_1 + a_n)}_{n \text{ addendi}} = n \cdot (a_1 + a_n) \rightarrow$$

$$S_n = n \cdot \frac{a_1 + a_n}{2}.$$

Animazione

Oltre alla dimostrazione del teorema, nell'animazione trovi la risoluzione dell'esercizio che segue.

ESEMPIO
Calcoliamo la somma dei primi 10 termini della progressione aritmetica di primo termine 1 e ragione 2:

1, 3, 5, 7, 9, 11, 13, 15, 17, 19, …

Poiché $n = 10$, $a_1 = 1$, $a_{10} = 19$, calcoliamo S_{10}:

$$S_{10} = 10 \cdot \frac{1 + 19}{2} = 10 \cdot 10 = 10^2.$$

► Calcola la somma dei primi 6 termini della progressione aritmetica di primo termine 2 e ragione 3.

La progressione che abbiamo considerato nell'esempio è quella dei numeri dispari. In generale, **la somma dei primi n numeri dispari è uguale a n^2.**

7 Progressioni geometriche

▶ Esercizi a p. 101

Consideriamo la successione:

4, 8, 16, 32, 64, ...

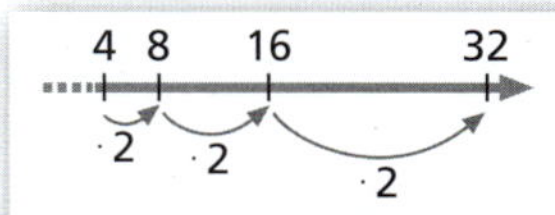

Osserviamo che ogni termine si ottiene dal precedente moltiplicandolo per 2. Disponendo i termini della successione su una retta, si può vedere che la distanza fra un termine e il suo successivo raddoppia a ogni passo. Possiamo anche dire che il quoziente fra ogni termine e il suo precedente è uguale a 2. Le successioni di questo tipo sono chiamate *progressioni geometriche*.

DEFINIZIONE

Una successione numerica è una **progressione geometrica** quando il quoziente fra ogni termine e il suo precedente è costante; il rapporto è la **ragione della progressione**.

Listen to it

A numerical sequence is a **geometric progression** if the ratio between any two consecutive terms is constant.

La ragione, che indichiamo con q, non può essere mai uguale a 0 e nemmeno i termini della progressione possono essere 0, perché non ha significato la divisione $\frac{n}{0}$.

Se consideriamo un numero finito di termini consecutivi di una progressione geometrica, il primo e l'ultimo termine sono detti **estremi** della progressione.

In una progressione geometrica di ragione q ogni termine si calcola da quello precedente moltiplicandolo per q, oppure dal successivo dividendolo per q:

$$\boldsymbol{a_n = q \cdot a_{n-1}} \quad \text{oppure} \quad \boldsymbol{a_n = \frac{a_{n+1}}{q}}.$$

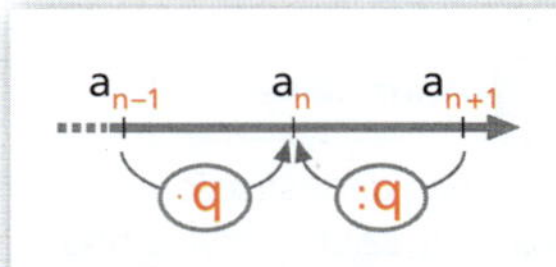

Possiamo dedurre da queste proprietà che in una progressione geometrica:

- se $\boldsymbol{q > 0}$, i termini sono tutti **positivi** oppure tutti **negativi**;
- se $\boldsymbol{q < 0}$, i termini sono **alternativamente** di **segno opposto**.

ESEMPIO

1. $\boldsymbol{q > 0}$. Date le progressioni geometriche, di ragione $q = 2$,

   $-6, \quad -12, \quad -24, \quad -48, \quad \dots$

   $6, \quad 12, \quad 24, \quad 48, \quad \dots$

   nella prima i termini sono tutti negativi, nella seconda tutti positivi.

2. $\boldsymbol{q < 0}$. Nella progressione geometrica, con $q = -2$,

   $-6, \quad 12, \quad -24, \quad 48, \quad \dots$

   i termini sono alternativamente negativi e positivi.

Una progressione geometrica di ragione q positiva è:

- **crescente** se $q > 1$ e i termini sono positivi, oppure se $0 < q < 1$ e i termini sono negativi;
- **decrescente** se $0 < q < 1$ e i termini sono positivi, oppure se $q > 1$ e i termini sono negativi;
- **costante** se $q = 1$.

▶ Stabilisci se la successione

$24, 4, \frac{2}{3}, \frac{1}{9}, \frac{1}{54}, \dots$

è una progressione geometrica.

▶ Fai un esempio di:
- progressione geometrica crescente di ragione 4;
- progressione geometrica decrescente a termini negativi.

TEORIA

Se la ragione è negativa, i termini della progressione geometrica hanno segno alterno, per cui la progressione non è né crescente né decrescente.

Calcolo del termine a_n di una progressione geometrica

Consideriamo la progressione geometrica di ragione 3 e primo termine 2. Qual è il valore del quinto termine?

Per rispondere alla domanda possiamo calcolare i termini della progressione fino ad a_5 utilizzando il primo termine e la ragione.

$a_1 = 2$

$a_2 = 2 \cdot 3$

$a_3 = (2 \cdot 3) \cdot 3 = 2 \cdot 3^2$

$a_4 = (2 \cdot 3^2) \cdot 3 = 2 \cdot 3^3$

$a_5 = (2 \cdot 3^3) \cdot 3 = 2 \cdot 3^4$

In simboli:

$a_2 = a_1 \cdot q$

$a_3 = a_1 \cdot q^2$

$a_4 = a_1 \cdot q^3$

$a_5 = a_1 \cdot q^4$

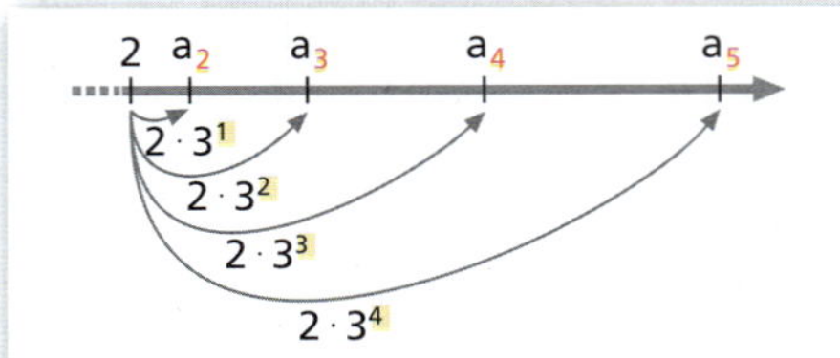

Il quinto termine è $2 \cdot 3^4 = 162$. La progressione è 2, 6, 18, 54, 162, …
Vale il seguente teorema.

TEOREMA
In una progressione geometrica il termine a_n è uguale al prodotto del primo termine a_1 per la potenza della ragione con esponente $(n-1)$:

$\boldsymbol{a_n = a_1 \cdot q^{n-1}}$, con $n \geq 1$.

DIMOSTRAZIONE
In una progressione geometrica ogni termine è uguale al prodotto del precedente per la ragione q:

$$a_2 = a_1 \cdot q, \quad a_3 = a_2 \cdot q, \quad a_4 = a_3 \cdot q, \quad \dots, \quad a_n = a_{n-1} \cdot q.$$

Moltiplichiamo membro a membro le $n-1$ uguaglianze, e semplifichiamo:

$$\cancel{a_2} \cdot \cancel{a_3} \cdot \cancel{a_4} \cdot \ldots \cdot a_n = a_1 \cdot \cancel{a_2} \cdot \cancel{a_3} \cdot \ldots \cdot \cancel{a_{n-1}} \cdot \underbrace{q \cdot q \cdot \ldots \cdot q}_{n-1 \text{ termini}},$$

da cui $a_n = a_1 \cdot q^{n-1}$.

Animazione

Oltre alla dimostrazione, nell'animazione trovi la risoluzione dell'esercizio che segue.

Partendo dalla formula $a_n = a_1 \cdot q^{n-1}$, si può ricavare ciascuno dei valori a_n, a_1, q, n, noti gli altri tre.

ESEMPIO

1. Calcoliamo il primo termine della progressione geometrica di ragione 3, sapendo che il settimo termine vale 3645. Poiché $q = 3$, $n = 7$, $a_n = 3645$:

   $3645 = a_1 \cdot 3^6 \rightarrow 5 \cdot 3^6 = a_1 \cdot 3^6 \rightarrow a_1 = 5.$

   La progressione è: 5, 15, 45, 135, 405, 1215, 3645, …
2. Calcoliamo la ragione della progressione geometrica di primo termine 1 e quarto termine 64. I dati sono: $a_1 = 1$; $a_n = 64$; $n = 4$.

   $64 = 1 \cdot q^3 \rightarrow q = 4.$

   La progressione è: 1, 4, 16, 64, …
3. Consideriamo ora la progressione geometrica di primo termine 1 e quinto termine 16. Ricaviamo q: $16 = 1 \cdot q^4 \rightarrow q = \pm 2$.
   Scriviamo i primi cinque termini delle progressioni con $a_1 = 1$ e ragione $q = 2$ o $q = -2$: 1, 2, 4, 8, 16, … oppure 1, −2, 4, −8, 16, …

▶ Calcola:
- il quinto termine della progressione geometrica di ragione 3 e primo termine 4;
- il primo termine della progressione geometrica di ragione 2 e quarto termine 96;
- la ragione della progressione geometrica di ragione 2 e quarto termine 54.

Somma di termini consecutivi di una progressione geometrica

TEOREMA

La somma S_n dei primi n termini di una progressione geometrica di ragione q diversa da 1 è: $\boldsymbol{S_n = a_1 \cdot \frac{q^n - 1}{q - 1}}$.

DIMOSTRAZIONE

Scriviamo la somma S_n dei primi n termini della progressione:

$$S_n = a_1 + a_2 + a_3 + \ldots + a_n.$$

Poiché $a_n = a_1 \cdot q^{n-1}$, abbiamo: $S_n = a_1 + a_1 \cdot q + a_1 \cdot q^2 + \ldots + a_1 \cdot q^{n-1}$.

Moltiplichiamo S_n e il secondo membro per la ragione q:

$$S_n \cdot q = a_1 \cdot q + a_1 \cdot q^2 + a_1 \cdot q^3 + \ldots + a_1 \cdot q^n.$$

Eseguiamo la sottrazione membro a membro fra quest'ultima uguaglianza e la precedente:

$$S_n \cdot q - S_n = \cancel{a_1 \cdot q} + \cancel{a_1 \cdot q^2} + \ldots + \cancel{a_1 \cdot q^{n-1}} + a_1 \cdot q^n +$$
$$- a_1 - \cancel{a_1 \cdot q} - \cancel{a_1 \cdot q^2} - \ldots - \cancel{a_1 \cdot q^{n-1}}$$

Eliminando i termini opposti otteniamo:

$$S_n \cdot q - S_n = a_1 \cdot q^n - a_1 \rightarrow S_n \cdot (q - 1) = a_1 \cdot (q^n - 1).$$

Essendo $q \neq 1$ per ipotesi, dividiamo entrambi i membri per $(q - 1)$:

$$S_n = a_1 \cdot \frac{q^n - 1}{q - 1}.$$

Animazione

Oltre alla dimostrazione, nell'animazione c'è la risoluzione dell'esercizio che segue.

► Calcola la somma dei primi 5 termini della progressione geometrica di primo termine 4 e ragione 3.

ESEMPIO

Calcoliamo la somma dei primi 5 termini della progressione geometrica

$$2, \quad 8, \quad 32, \quad 128, \quad 512, \quad \ldots$$

Poiché $q = 4$, $a_1 = 2$, calcoliamo S_5: $S_5 = 2 \cdot \frac{4^5 - 1}{4 - 1} = 2 \cdot \frac{1024 - 1}{3} = 682$.

ESEMPIO La strada per Camogli

Una filastrocca recita:

«Per la strada che porta a Camogli / passava un uomo con sette mogli. / Ogni moglie aveva sette sacchi, / in ogni sacco sette gatti, / ogni gatto sette gattini. / Fra gatti, gattini, sacchi e mogli / in quanti andavano a Camogli?».

► Qual è la risposta all'indovinello?

Possiamo calcolare il risultato con un'addizione:

$$\underbrace{7^1}_{\text{mogli}} + \underbrace{7^2}_{\text{sacchi}} + \underbrace{7^3}_{\text{gatti}} + \underbrace{7^4}_{\text{gattini}} = 7 + 49 + 343 + 2401 = 2800.$$

Arriviamo allo stesso risultato se notiamo che 7^1, 7^2, 7^3 e 7^4 sono i primi 4 termini di una progressione geometrica che ha 7 sia come primo termine sia come ragione.

Quindi:

$$S_4 = 7 \cdot \frac{7^4 - 1}{7 - 1} = 7 \cdot \frac{2401 - 1}{6} = 7 \cdot \frac{2400}{6} = 7 \cdot 400 = 2800.$$

ESERCIZI

CAPITOLO 2
ESERCIZI

1 Funzioni e loro caratteristiche

Funzione da *A* a *B*:
a ogni elemento di *A* associa un solo elemento di *B*.

$y = f(x) = \frac{1}{4}x^2$ — espressione analitica

y: variabile dipendente; x: variabile indipendente

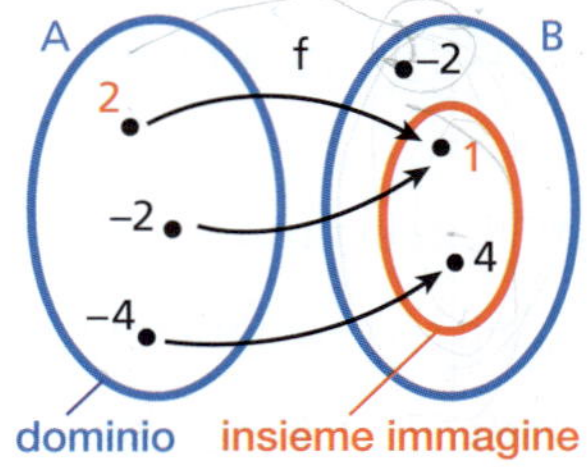

f(2) = 1
f(−2) = 1
f(−4) = 4

Che cosa sono le funzioni

▶ Teoria a p. 57

1 Indica per ogni figura se la relazione rappresentata è una funzione da *A* a *B*.

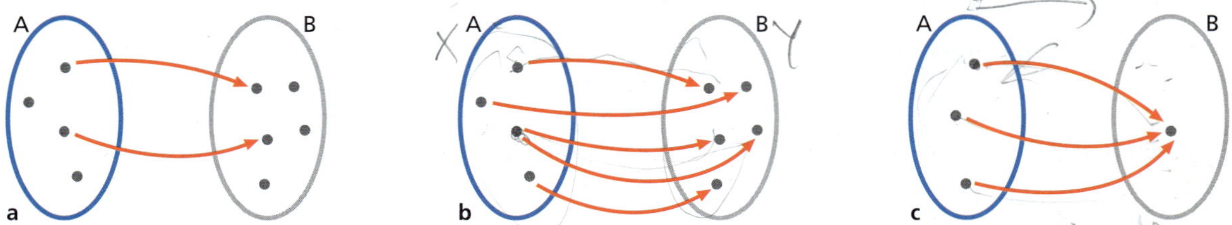

2 COMPLETA Utilizza la figura e completa dove richiesto.

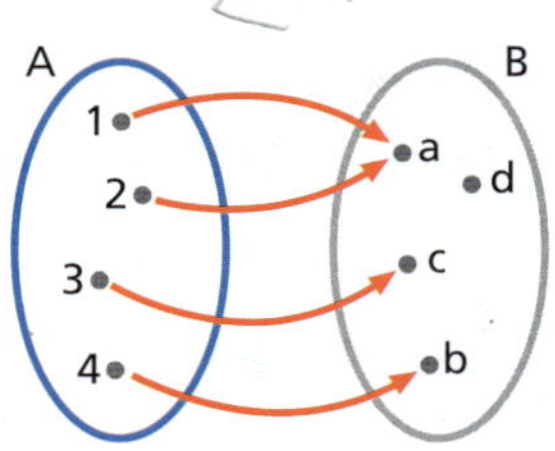

Dominio: ____; insieme immagine: ____.

$f(1) =$ ____, $f($____$) = b$, $f(3) =$ ____.

La controimmagine di b è ____.

L'elemento ____ non ha controimmagine.

Funzioni numeriche

LEGGI IL GRAFICO **Osserva i seguenti grafici e stabilisci quale di essi non può rappresentare una funzione.**

3

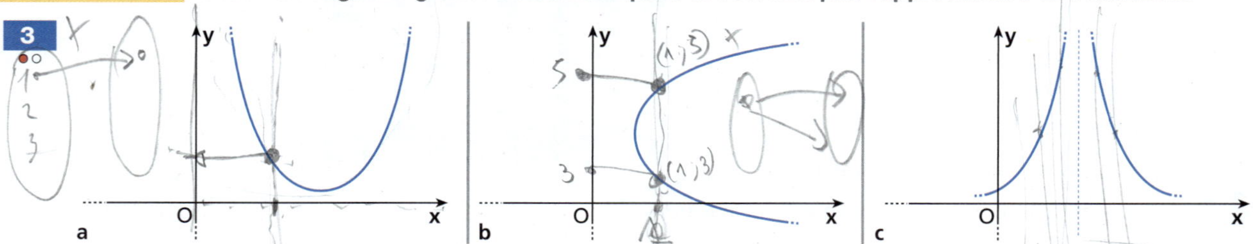

4

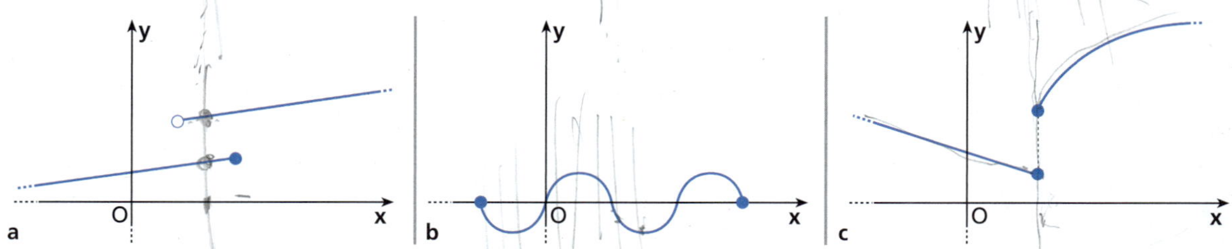

5 ●● RIFLETTI SULLA TEORIA Spiega perché l'equazione $x - y^2 = 1$ non definisce una funzione del tipo $y = f(x)$.

6 ●○ Quali di queste equazioni rappresentano delle funzioni di variabile indipendente x?

a. $4x - 2y = 3$ **b.** $x^2 - 4y = 0$ **c.** $x - y^2 = 1$ **d.** $y = \sqrt{x^2 - 1}$ [a, b, d]

7 ●○ LEGGI IL GRAFICO Determina dominio e insieme immagine delle funzioni osservando il loro grafico.

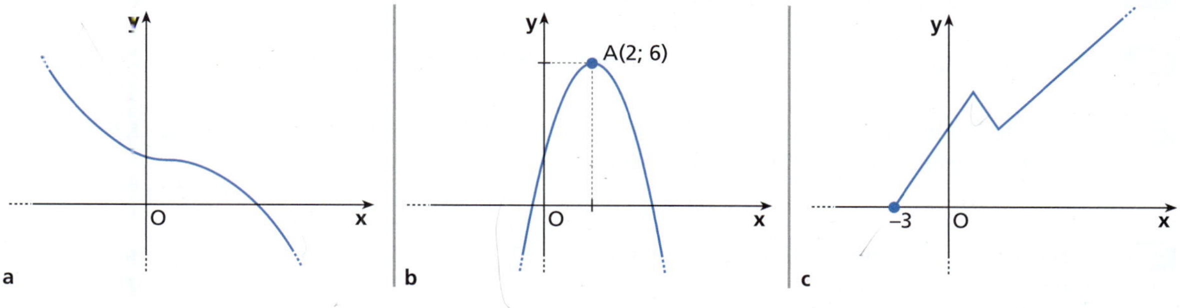

8 ESERCIZIO GUIDA Data la funzione $f: \mathbb{R} \to \mathbb{R}$ tale che $f(x) = 6x^2 - 1$, troviamo l'immagine di 2 e le controimmagini di 5 e −7.

Calcoliamo: $f(2) = 6(2)^2 - 1 = 24 - 1 = 23$.
sostituiamo 2 a x

Cerchiamo per quale valore di x si ha $f(x) = 5$ risolvendo l'equazione:

$$6x^2 - 1 = 5 \to 6x^2 = 6 \to x^2 = -1 \to x = \pm 1.$$

Risolviamo l'equazione $6x^2 - 1 = -7 \to 6x^2 = -6 \to x^2 = -1$. impossibile

Non esistono valori che, attribuiti a x, hanno come immagine −7.

COMPLETA **le uguaglianze per ogni funzione f: $\mathbb{R} \to \mathbb{R}$, inserendo il valore mancante (se esiste).**

9 ●○ $f(x) = 5x$, $f(3) = \square$; $f\left(-\frac{7}{2}\right) = \square$; $f(\square) = -20$; $f(\square) = \frac{1}{6}$.

10 ●○ $f(x) = 2x - 5$, $f\left(-\frac{2}{5}\right) = \square$; $f\left(-\frac{7}{4}\right) = \square$; $f(\square) = 5$; $f(\square) = \frac{9}{2}$.

11 ●○ $f(x) = -12x^2$, $f(\square) = -7$; $f(\square) = 3$; $f(\square) = -\frac{16}{9}$; $f(\square) = \frac{50}{9}$.

12 ●○ $f(x) = -\frac{2x}{3}$, $f(12) = \square$; $f\left(\frac{7}{5}\right) = \square$; $f(\square) = \frac{4}{3}$; $f(\square) = 8$.

13 ●○ $f(x)$ è una funzione da $\mathbb{R}$ a $\mathbb{R}$ tale che $f(x) = x^2 + 2x - 1$. Trova l'immagine di −1 e −3 e la controimmagine di −2. [−2, 2, −1]

14 ●○ Data la funzione f da $\mathbb{R}$ in $\mathbb{R}$ così definita: $f: x \mapsto 4x^2 - 2x$, trova $f(0)$, $f(1)$, $f(-1)$. [0, 2, 6]

15 ●○ Data la funzione $y = -x^2 + 4x + 1$, trova le immagini di −1 e 1 e le controimmagini di −4. [−4, 4; −1, 5]

16 ●○ Data la funzione da $\mathbb{R}$ in $\mathbb{R}$ di equazione $f(x) = x^2 - 9$, determina le controimmagini, se esistono, del numero 0.

Determina per quali valori di x l'immagine di x mediante le funzioni f e g, da $\mathbb{R}$ a $\mathbb{R}$, è la stessa.

17 $f(x) = -\frac{2}{5}x^2 - 2;\quad g(x) = 3x^2 + 1.$ [impossibile]

18 $f(x) = 1 - 2x^2 + x;\quad g(x) = x - 1.$ $[\pm 1]$

19 Se $f(x) = \frac{x - 3a}{x - 5}$ e $f(2) = -\frac{8}{3}$, qual è il valore di a? $[-2]$

20 Data $f(x) = 2ax + 3b$, trova i valori di a e b per cui $f(0) = -6$ e $f(1) = -2$. $[a = 2, b = -2]$

21 Sia f la funzione che a x associa l'opposto del quadrato della sua metà e sia $A = \{-1, 2, 3, 6\}$ il suo dominio. Determina l'espressione analitica di f e il suo insieme immagine. $\left[f(x) = -\frac{x^2}{4};\ I = \left\{-\frac{1}{4}, -1, -\frac{9}{4}, -9\right\}\right]$

22 Determina la funzione che associa a ogni numero reale x il doppio del suo quadrato aumentato di 3 e indica il suo insieme immagine. $[y = 2x^2 + 3;\ I = \{y \geq 3\}]$

REALTÀ E MODELLI

23 **Abbonamento in piscina** In vista della stagione estiva, un impianto sportivo con palestra e piscina ti propone due offerte: un abbonamento mensile al costo di € 80 (offerta 1) oppure biglietti d'ingresso al costo di € 8 l'uno (offerta 2).

a. Scegli quale dei quattro grafici proposti rappresenta meglio l'offerta 1 e quale l'offerta 2, sapendo che y è il costo mensile e x è il numero di ingressi.

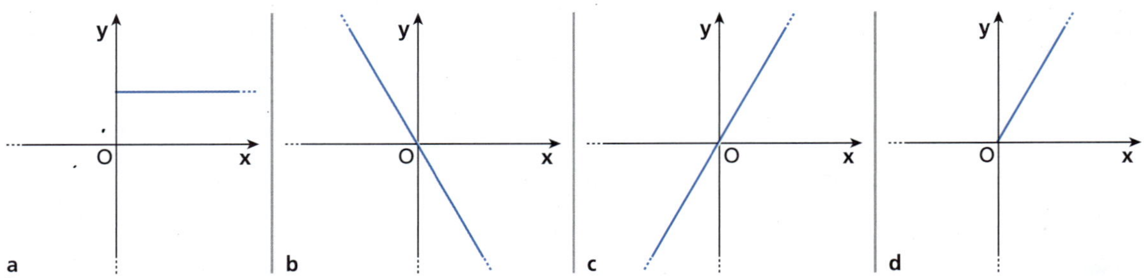

b. Determina il numero di ingressi per il quale le offerte hanno uguale costo.

c. Se pensi di accedere agli impianti 15 volte al mese, quale delle due offerte è la migliore? [b) 10; c) 1]

24 **Un pranzo con i fiocchi** Giorgio e Maria stanno organizzando il pranzo per il loro matrimonio.
Hanno ricevuto un preventivo da una ditta che prevede € 1500 per l'affitto del locale e € 85 per ogni invitato. Qual è la funzione che esprime il costo del pranzo? Qual è la spesa se gli invitati sono 150? $[y = 85x + 1500;\ € 14250]$

Data la funzione $f(x)$, calcola ciò che è indicato a fianco.

25 $f(x) = x^2 - 4;$ $f(-x), f(x)+1, -f(-x).$ $[x^2 - 4;\ x^2 - 3;\ -x^2 + 4]$

26 $f(x) = \sqrt[3]{x^2 - 3};$ $f(x-1), f(-x), -f(2x).$ $[\sqrt[3]{x^2 - 2x - 2};\ \sqrt[3]{x^2 - 3};\ -\sqrt[3]{4x^2 - 3}]$

27 $f(x) = \frac{x - 3}{x};$ $f(x^2 + 2), f(x) + 2, f(-x^2).$ $\left[\frac{x^2 - 1}{x^2 + 2};\ \frac{3x - 3}{x};\ \frac{x^2 + 3}{x^2}\right]$

COMPLETA

28 Completa a partire dal grafico di $y = f(x)$:

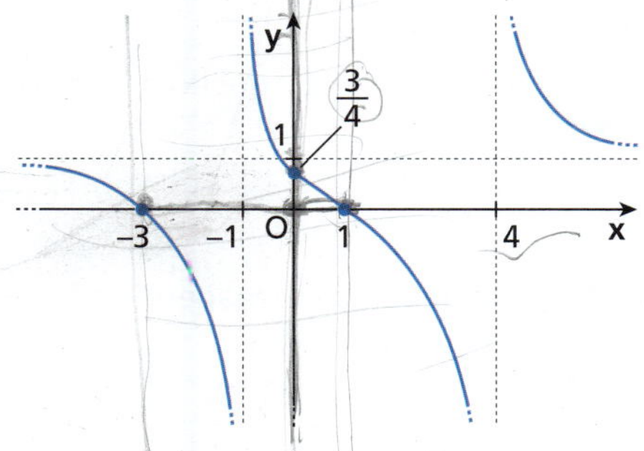

dominio D: $x \neq \square \wedge x \neq \square$;

insieme immagine I: $y \in \square$;

$f(0) = \square$, $f(-3) = \square$, $f(1) = \square$;

$f(\square) = \frac{3}{4}$.

29 Completa utilizzando il grafico della figura, che rappresenta una funzione f.

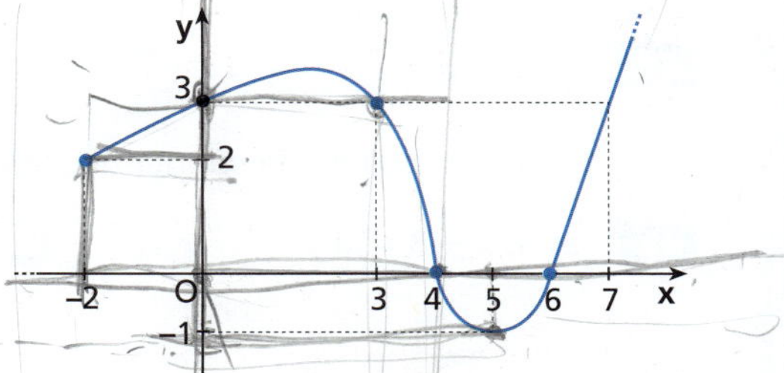

Insieme immagine $I = \square$; $f(4) = \square$, $f(0) = \square$;

$f(\square) = f(\square) = 0$, $f(\square) = -1$, $f(\square) = 3$;

$f(-2) = \square$; $f(3) = \square$.

Trova le coordinate dei punti blu nelle figure utilizzando le equazioni dei grafici relativi.

30

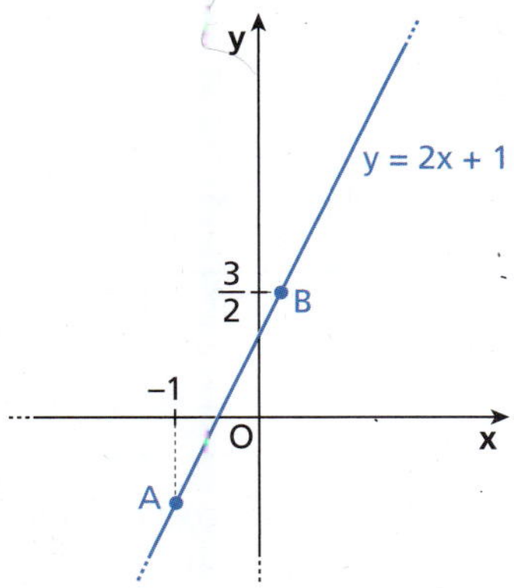

31

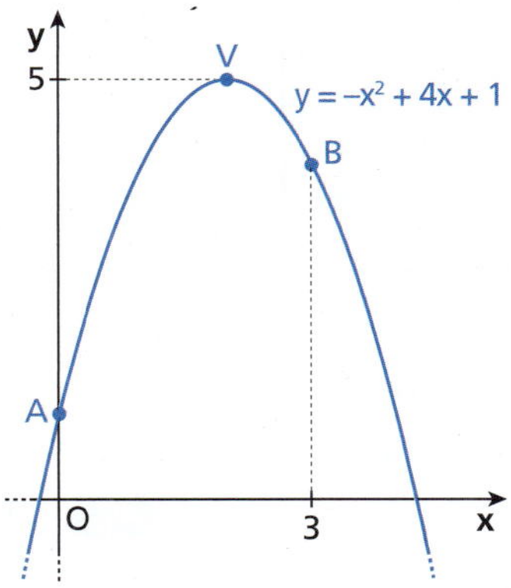

32

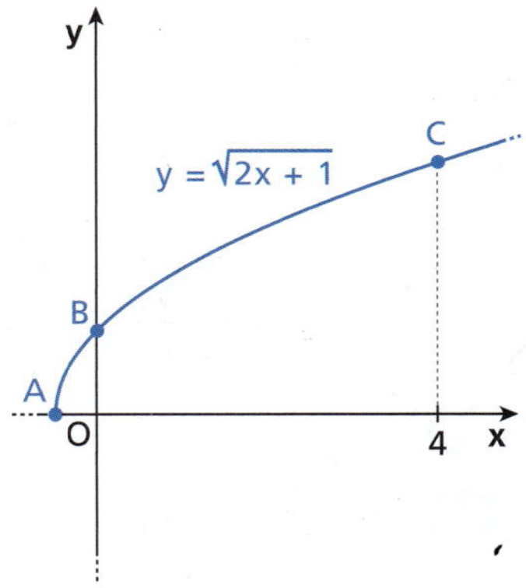

Traccia per punti i grafici delle seguenti funzioni.

33 $y = 2x$; $\quad y = -\frac{1}{3}x$.

34 $y = 3x + 1$; $\quad y = -x + 1$.

35 $y = -x^2 - 1$; $\quad y = x^2 - 2x$.

36 $y = 2x^2 + 2$; $\quad y = -\frac{2}{x}$.

37 **ESERCIZIO GUIDA** Stabiliamo se i punti $A(-1; -1)$ e $B(2; 4)$ appartengono al grafico della funzione:
$y = f(x) = 2x^3 - x$.

Un punto appartiene al grafico di una funzione se le sue coordinate soddisfano l'equazione della funzione.

Punto A: se sostituiamo a x il valore -1, $f(-1) = 2(-1)^3 - (-1) = -1$, che è l'ordinata di A. Le coordinate di A soddisfano l'equazione della funzione e A appartiene al suo grafico.

Punto B: $f(2) = 2(2)^3 - 2 = 14$. 14 *non* è l'ordinata del punto B, quindi B non appartiene al grafico della funzione.

38 Data la funzione $y = \frac{x-3}{x-2}$, stabilisci se i punti $A(1; 2)$ e $B(3; -2)$ appartengono al suo grafico.

39 Data il punto $P(6; 0)$, verifica che esso appartiene sia al grafico di $y = \frac{1}{3}x - 2$, sia a quello di $y = x^2 - 6x$.

Classificazione delle funzioni

Per ognuna delle seguenti funzioni indica se è razionale (intera o fratta) o irrazionale o trascendente.

40 $y = x^3 - x$; $\quad y = \frac{1}{x} - 1$; $\quad y = \frac{3^x + 2}{\sqrt{x}}$; $\quad y = x + 2^x$.

41 $y = \frac{x+9}{2}$; $\quad y = \frac{2-\sqrt{7}}{x}$; $\quad y = 2^{x-7}$; $\quad y = 2\pi x$.

Scrivi in forma esplicita le seguenti funzioni e classificale.

42 $2y + x - 3 = 0$

43 $xy + 2 = 0$

44 $4y - \sqrt{x} = 3y$

Funzioni definite a tratti

45 LEGGI IL GRAFICO Deduci da ciascun grafico se è rappresentata una funzione e trova il dominio e l'insieme immagine.

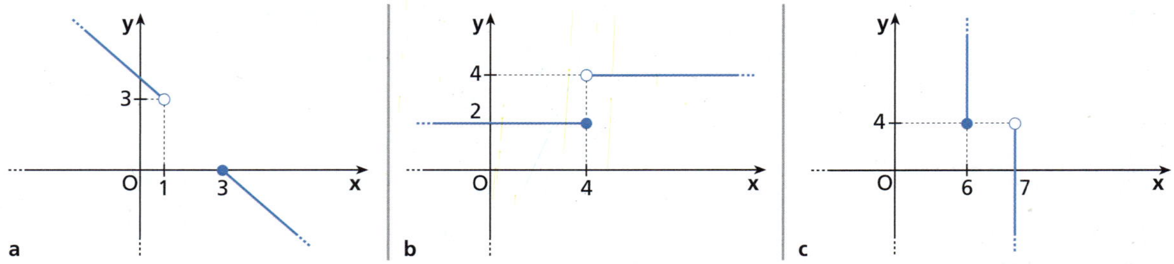

46 L'espressione

$$f(x) = \begin{cases} x & \text{se } x \leq 2 \\ \sqrt{x-1} & \text{se } x \geq 2 \end{cases}$$

non indica una funzione. Perché?

47 Data la funzione $f(x)$: $\mathbb{R} \to \mathbb{R}$ così definita:

$$f(x) = \begin{cases} -3 & \text{se } x < -1 \\ -2x + 1 & \text{se } x \geq -1 \end{cases},$$

trova $f(-5)$, $f(-1)$, $f(0)$, $f(1)$. $[-3; 3; 1; -1]$

48 TEST Considera la funzione $f(x) = \begin{cases} 1 - 3x & \text{se } x \leq 0 \\ 2x^2 - 5 & \text{se } x > 0 \end{cases}$ e indica quale dei seguenti punti appartiene al suo grafico.

A $(-1; -2)$

B $(0; 1)$

C $(1; -2)$

D $(2; -5)$

49 LEGGI IL GRAFICO Considera la funzione $y = f(x)$ rappresentata dal grafico a lato.

a. Indica il dominio e l'immagine di $f(x)$.

b. Trova $f(0)$, $f(1)$, $f(-1)$, $f(2)$ e completa:

$f(\square) = 1$, $f(\square) = 3$, $f(\square) = -1$.

[a) D: $\mathbb{R}$, I: $\{-1 \leq y \leq 1\} \cup \{y > 2\}$; b) 1, −1, 1, 3]

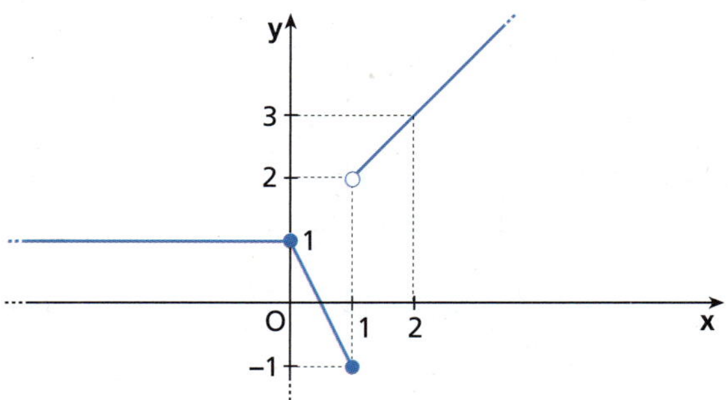

50 **ESERCIZIO GUIDA** Disegniamo il grafico della funzione così definita: $y = \begin{cases} x - 1 & \text{se } x < 3 \\ \frac{1}{3}x + 2 & \text{se } x \geq 3 \end{cases}$.

Per disegnare la funzione $y = x - 1$, in tabella scegliamo valori di x minori di 3. Calcoliamo anche il valore di y per $x = 3$, solo per verificare se il grafico è «attaccato» a quello di $y = \frac{1}{3}x + 2$ oppure se il grafico presenta un salto.

Per disegnare la funzione $y = \frac{1}{3}x + 2$, in tabella scegliamo valori di x maggiori o uguali a 3. Poiché dobbiamo calcolare $\frac{1}{3}x + 2$, per comodità scegliamo per x multipli di 3, in modo da ottenere valori interi.

x	y
3	2
2	1
1	0
0	−1
−1	−2

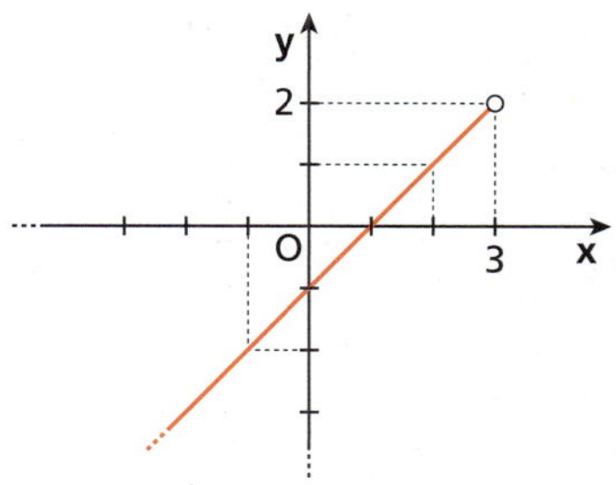

a

x	y
3	3
6	4
9	5
12	6

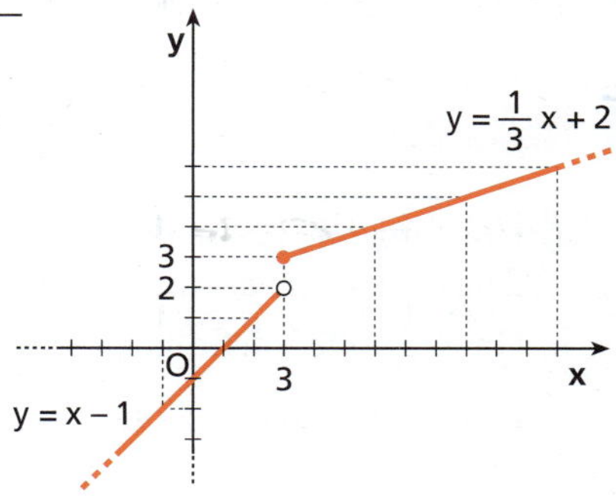

b

Disegna per punti il grafico delle seguenti funzioni e indica l'insieme immagine.

51 $y = \begin{cases} x & \text{se } x < 0 \\ 3x & \text{se } x \geq 0 \end{cases}$

52 $y = \begin{cases} -2x & \text{se } x < 2 \\ \frac{1}{2}x & \text{se } x \geq 2 \end{cases}$

53 $y = |2x - 1|$

54 $y = |5 - x|$

55 $y = \begin{cases} 3x & \text{se } x < 1 \\ -5x - 3 & \text{se } x \geq 1 \end{cases}$

56 $y = \begin{cases} -x - 2 & \text{se } x \leq 0 \\ x + 2 & \text{se } x > 0 \end{cases}$

57 $y = |x| + 3$

58 $y = |x + 3|$

---

59 **REALTÀ E MODELLI** **Se telefonando...** La tariffa di una società telefonica consiste nel costo fisso di € 10 fino a 600 minuti di chiamate e 12 centesimi per ogni minuto ulteriore. Determina la funzione del costo e rappresentala graficamente.

$\left[y = \begin{cases} 10 & \text{se } 0 \leq x \leq 600 \\ 0{,}12x - 62 & \text{se } x > 600 \end{cases} \right]$

Dominio di una funzione

▶ Teoria a p. 58

polinomiale: $y = x^3 - 2$ → D: $\mathbb{R}$

razionale fratta: $y = \frac{x-2}{x+5}$ → D: $x + 5 \neq 0 \rightarrow x \neq -5$

irrazionale intera:

- indice pari: $y = \sqrt[4]{x-1}$ → D: $x - 1 \geq 0 \rightarrow x \geq 1$
- indice dispari: $y = \sqrt[3]{x-9}$ → D: $\mathbb{R}$

Dominio di funzioni razionali

60 ESERCIZIO GUIDA Determiniamo il dominio di: **a.** $y = \frac{x^2}{9} + \frac{x}{3} + 1$; **b.** $y = \frac{5-x}{2x-9}$.

a. Una funzione razionale intera (polinomiale) è definita per ogni x reale, quindi il dominio della funzione data è l'insieme dei numeri reali.

b. Una frazione è definita quando il denominatore è diverso da 0: $2x - 9 \neq 0 \rightarrow x \neq \frac{9}{2}$.
Il dominio della funzione è D: $\mathbb{R} - \left\{\frac{9}{2}\right\}$.

Determina il dominio delle seguenti funzioni.

AL VOLO

61 $y = \frac{1}{3x} + 1$

62 $y = \frac{1}{3}x + 1$

63 $y = x^2 - 25$

64 $y = \frac{4x-1}{4x}$ $[x \neq 0]$

65 $y = \frac{x}{(x-2)^2}$ $[x \neq 2]$

66 $y = \frac{x}{x-9}$ $[x \neq 9]$

67 $y = \frac{1}{x^2-2}$ $[x = \pm\sqrt{2}]$

68 $y = \frac{3}{(7-x)x}$ $[x \neq 0 \wedge x \neq 7]$

69 $y = \frac{2x}{(x+1)^2}$ $[x \neq -1]$

70 $y = \frac{x-1}{x+3}$ $[x \neq -3]$

71 $y = -x^4 - 2x$ $[\mathbb{R}]$

72 $y = \frac{1}{x^2-x-6}$ $[x \neq -2 \wedge x \neq 3]$

73 $y = \frac{4}{x^3-2x^2}$ $[x \neq 0 \wedge x \neq 2]$

74 $y = \frac{3x-1}{9x}$ $[x \neq 0]$

75 $y = \frac{2x}{x^2+9}$ $[\mathbb{R}]$

76 $y = \frac{x-2}{x^2+x+2}$ $[\mathbb{R}]$

77 $y = \frac{2x}{x^2-4x+4}$ $[x \neq 2]$

78 $y = \frac{1}{x^3-9x}$ $[x \neq \pm 3 \wedge x \neq 0]$

79 $y = \frac{x+1}{-x^3-4x}$ $[x \neq 0]$

80 $y = \frac{x^4+1}{9+x}$ $[x \neq -9]$

81 $y = x^3 - 4x$ $[\mathbb{R}]$

82 $y = \frac{x-1}{x^2+3x}$ $[x \neq 0 \wedge x \neq -3]$

Dominio di funzioni irrazionali

83 ESERCIZIO GUIDA Determiniamo il dominio delle seguenti funzioni:

a. $y = 5\sqrt{x^2 - 16}$; **b.** $y = 12 - \sqrt[3]{x-1}$; **c.** $y = \dfrac{\sqrt{x+5}}{\sqrt{x-3}}$.

a. Una radice di indice pari è definita quando il radicando è positivo o nullo.

$$x^2 - 16 \geq 0 \rightarrow x^2 \geq 16 \rightarrow D\colon x \leq -4 \vee x \geq 4$$

b. Una radice di indice dispari è sempre definita: $D = \mathbb{R}$.

c. L'espressione è definita se sono definite *contemporaneamente* le due radici e se il denominatore non è 0.

$$\begin{cases} x + 5 \geq 0 \\ x - 3 > 0 \end{cases} \rightarrow \begin{cases} x \geq -5 \\ x > 3 \end{cases} \rightarrow D\colon x > 3$$

Determina il dominio delle seguenti funzioni.

84 $y = \sqrt{x-5}$ $[x \geq 5]$

85 $y = \sqrt{x^2 - 7x}$ $[x \leq 0 \vee x \geq 7]$

86 $y = \dfrac{2-x}{\sqrt{7+x^2}}$ $[\mathbb{R}]$

87 $y = \sqrt{x^3 - 3x^2}$ $[x = 0 \vee x \geq 3]$

88 $y = \sqrt{3x+2} + \sqrt{4x}$ $[x \geq 0]$

89 $y = \sqrt{2x-3} + 4\sqrt{1-x}$ $[\varnothing]$

90 $y = \dfrac{\sqrt{3x-1}}{\sqrt{x+2}}$ $\left[x \geq \dfrac{1}{3}\right]$

91 $y = \sqrt{x^2 - x} + \sqrt{-x}$ $[x \leq 0]$

92 $y = \dfrac{1}{\sqrt[3]{x^2 - 4}}$ $[x \neq \pm 2]$

93 $y = \sqrt{2x-1} + \sqrt{4-x}$ $\left[\dfrac{1}{2} \leq x \leq 4\right]$

94 $y = \sqrt{\dfrac{x-1}{x}}$ $[x < 0 \vee x \geq 1]$

95 $y = \sqrt{\dfrac{-2x}{x^2 + 4x + 4}}$ $[x \leq 0 \wedge x \neq -2]$

Dominio di funzioni con valori assoluti

Determina il dominio delle seguenti funzioni.

96 $y = \dfrac{1}{5 + |x|}$ $[\mathbb{R}]$

97 $y = \dfrac{x+17}{|x|}$ $[x \neq 0]$

98 $y = \dfrac{4}{|x| + 1}$ $[\mathbb{R}]$

99 $y = \dfrac{x+1}{8 - |x|}$ $[x \neq \pm 8]$

Riepilogo: Dominio di una funzione

100 COMPLETA

Funzione	Dominio
$y = 3(x-2)\left(x - \dfrac{1}{3}\right)$	∀x R
$y = \dfrac{x^2 - 3x}{x^2 - 1}$	$x \neq$ 1 $\wedge x \neq$ −1
$y = \dfrac{x}{x - 2}$	$x \neq 2$
$y = \dfrac{1}{5}x + \dfrac{x}{x+5}$	$x \neq$ −5
$y = \sqrt{x^2 - 2x}$	$x \leq$ 0 $\vee x \geq$ 2

X+5≠0

X≠−5

ESERCIZI

101 VERO O FALSO?

a. La funzione $y = 2x$ ha lo stesso dominio di $y = \frac{1}{x^2+4}$. V F

b. Le funzioni $y = \frac{\sqrt{x}}{\sqrt{x-4}}$ e $y = \sqrt{x} + \sqrt{x-4}$ hanno lo stesso dominio. V F

c. Il dominio di $y = \sqrt{-x^2} + \sqrt{2x}$ è l'insieme vuoto. V F

d. Il dominio di $y = \frac{1}{|x|+1}$ è l'insieme $\mathbb{R}$. V F

Determina il dominio delle seguenti funzioni.

102 $y = \sqrt[3]{7-3x}$ $[\mathbb{R}]$

103 $y = \sqrt{6x - x^2}$ $[0 \le x \le 6]$

104 $y = \sqrt[3]{\frac{x}{5x-3}}$ $\left[x \ne \frac{3}{5}\right]$

105 $y = \frac{4x}{x^2 - 5x + 6}$ $[x \ne 2 \wedge x \ne 3]$

106 $y = \sqrt[4]{9 - x^2}$ $[-3 \le x \le 3]$

107 $y = \frac{2x-7}{x^4 - x^3 + 3x^2}$ $[x \ne 0]$

108 $y = \sqrt[3]{x^2 - 3x - 4}$ $[\mathbb{R}]$

109 $y = \sqrt{x^2+4} + \frac{1}{x+3}$ $[x \ne -3]$

110 $y = \frac{1}{|x^3 - x^2 + x|}$ $[x \ne 0]$

111 $y = \frac{1}{\sqrt{x}} + \frac{1}{x^2 - 2x}$ $[x > 0 \wedge x \ne 2]$

112 $y = \sqrt{x+1} + \frac{1}{x^2 - x}$ $[x \ge -1 \wedge x \ne 0 \wedge x \ne 1]$

113 $y = \frac{\sqrt{x}}{\sqrt{36 - x^2}}$ $[0 \le x < 6]$

114 $y = \frac{1}{x^2 + 3x - 4}$ $[x \ne -4 \wedge x \ne 1]$

115 $y = \frac{1}{x^2 - 4x} + \frac{3}{\sqrt{x-2}}$ $[x > 2 \wedge x \ne 4]$

116 $y = \sqrt{\frac{x+3}{x^2 - 2x + 1}}$ $[x \ge -3 \wedge x \ne 1]$

117 $y = \frac{\sqrt{1-x}}{\sqrt{x+1}}$ $[-1 < x \le 1]$

118 $y = \frac{5x+2}{x^3 - x^2 + x - 1}$ $[x \ne 1]$

119 $y = \frac{x}{\sqrt{x^2 - 16}}$ $[x < -4 \vee x > 4]$

120 $y = \frac{8x}{\sqrt{3x-7}} + \sqrt{5x^2 - 5}$ $\left[x > \frac{7}{3}\right]$

121 $y = \sqrt{\frac{2-x}{x+6}}$ $[-6 < x \le 2]$

122 $y = \frac{\sqrt{3x-2}}{x^2 - 4}$ $\left[x \ge \frac{2}{3} \wedge x \ne 2\right]$

123 $y = \frac{3x-2}{x^3 - 3x^2 - 4x + 12}$ $[x \ne 3 \wedge x \ne \pm 2]$

124 $y = \sqrt{\frac{3x-1}{x+2}}$ $\left[x < -2 \vee x \ge \frac{1}{3}\right]$

125 $y = \frac{\sqrt{2x-1}}{3x^2 - 1}$ $\left[\frac{1}{2} \le x < \frac{\sqrt{3}}{3} \vee x > \frac{\sqrt{3}}{3}\right]$

126 $y = \begin{cases} \frac{1}{x} & \text{se } x < 1 \\ x + 4 & \text{se } x > 1 \end{cases}$ $[x \ne 0 \wedge x \ne 1]$

127 $y = \frac{2x}{\sqrt{x+5} - 4}$ $[-5 \le x < 11 \vee x > 11]$

128 $y = \frac{\sqrt{16 - x^2}}{x^2 - 6x + 9}$ $[-4 \le x < 3 \vee 3 < x \le 4]$

129 $y = \frac{1}{x^2 - 5x + 6} + \sqrt{x^2 - 9}$ $[x \le -3 \vee x > 3]$

LEGGI IL GRAFICO **Qual è il dominio della funzione? E l'insieme immagine? Determina le coordinate dei punti *A*, *B* e *C* indicati in rosso.**

130

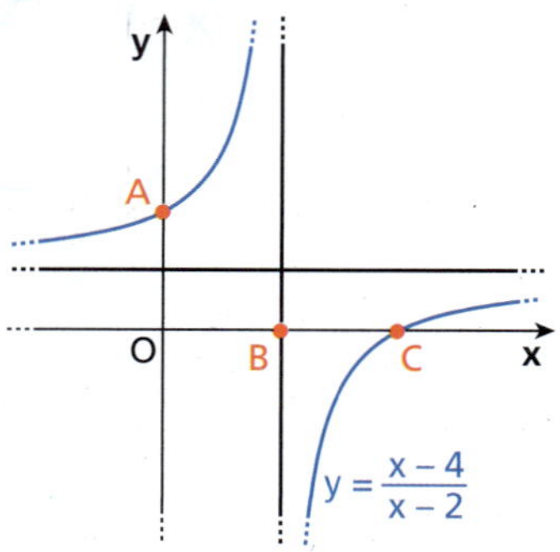

131

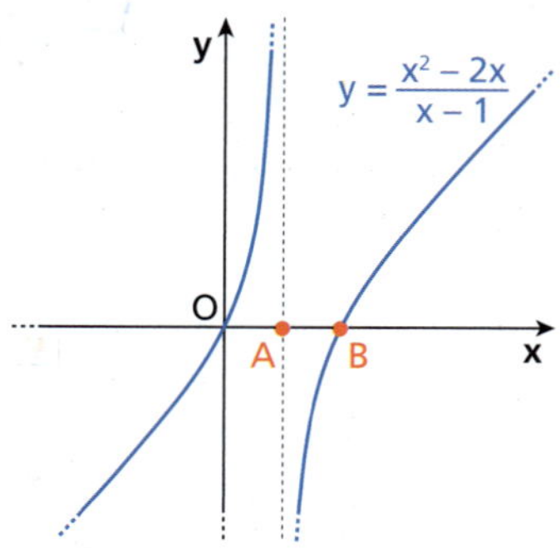

132

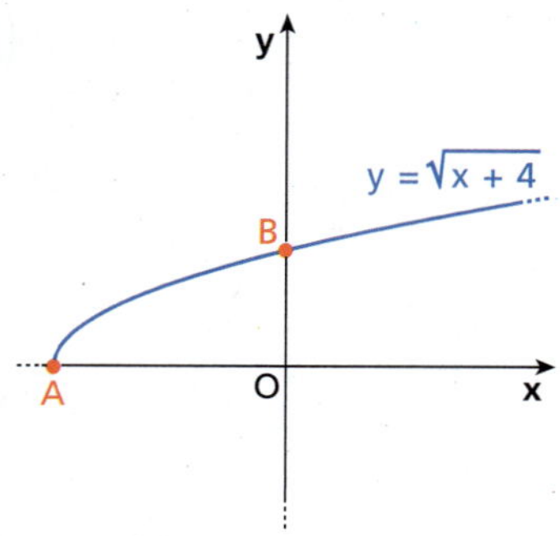

133 TEST Solo una di queste funzioni ha dominio $D = \mathbb{R}$. Quale?

A $y = \frac{3}{\sqrt[3]{x}}$

B $y = \sqrt{x^4 + 2}$

C $y = \sqrt{\frac{x-1}{x+1}}$

D $y = \frac{x^2 - 4}{x + 2}$

Funzioni uguali

134 ESERCIZIO GUIDA Le funzioni $y = \frac{x^2 - 4x}{x}$ e $y = x - 4$ sono uguali?

Due funzioni, $f(x)$ e $g(x)$, sono uguali se hanno lo stesso dominio D e se per ogni $x \in D$ risulta che $f(x) = g(x)$.

Consideriamo quindi $f(x) = \frac{x^2 - 4x}{x}$ e $y = g(x) = x - 4$.

$f(x)$ ha come dominio l'insieme dei numeri reali $x \neq 0$, mentre $g(x)$ ha come dominio tutto l'insieme $\mathbb{R}$: le funzioni *non* hanno lo stesso dominio.

Le funzioni non sono uguali perché $\frac{x^2 - 4x}{x} = x - 4$ solo se $x \neq 0$.

Determina se le due funzioni sono uguali e giustifica la risposta.

135 $y = \frac{x}{x^3}$; $y = \frac{1}{x^2}$. [sì]

136 $y = \frac{x + 1}{x^2 + x}$; $y = \frac{1}{x}$. [no]

137 $y = 3x$; $y = \frac{3x^3 + 6x}{x^2 + 2}$. [sì]

138 $y = \sqrt{x - 1} \cdot \sqrt{x - 2}$; $y = \sqrt{x^2 - 3x + 2}$. [no]

Zeri e segno di una funzione

Teoria a p. 59

LEGGI IL GRAFICO **Osservando il grafico, indica il dominio e l'immagine della funzione. Scrivi inoltre per quali valori di x la funzione è positiva e per quali è negativa. Indica gli zeri.**

139

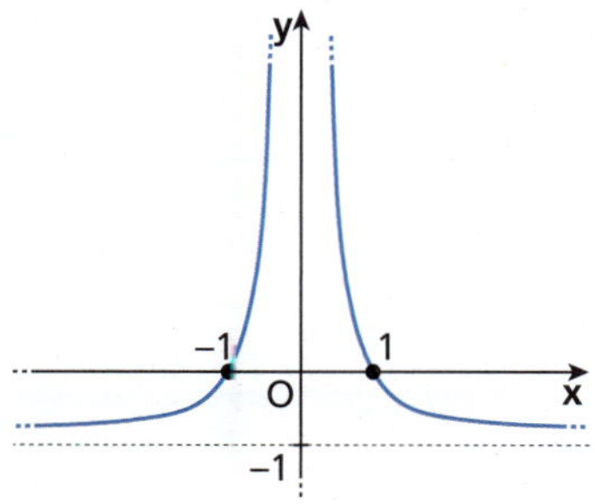

140

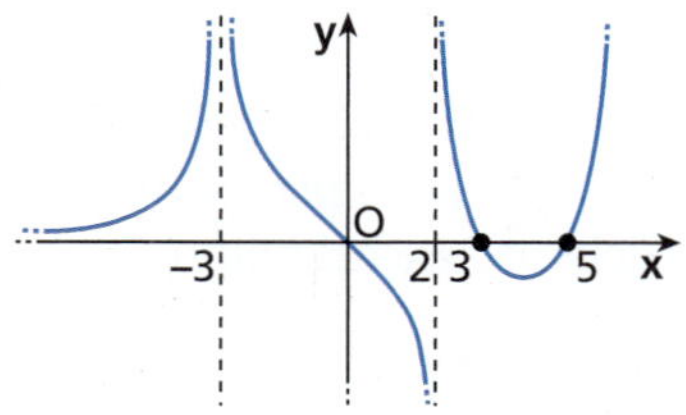

141

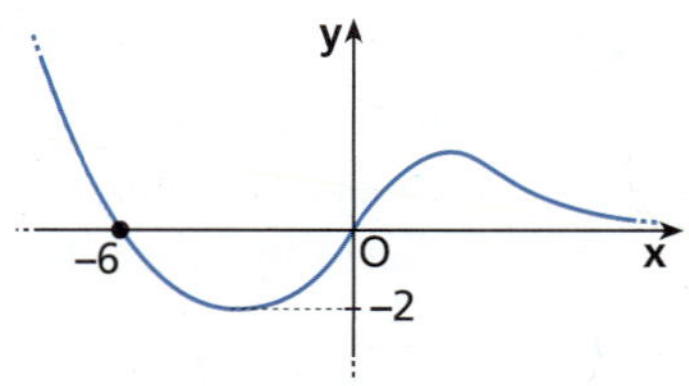

TEST **Una sola delle seguenti funzioni ha il grafico che appartiene alle zone colorate della figura. Quale?**

142

A $y = -2x^3 + 8x$

B $y = 2x^3 - 8x$

C $y = x^3 + 4x$

D $y = \frac{1}{x^2 - 4}$

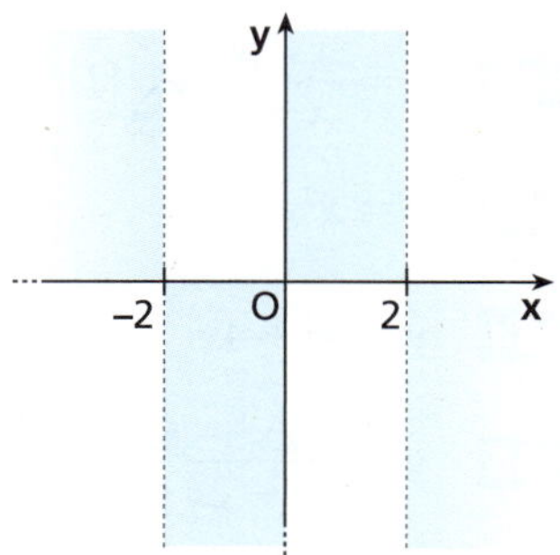

143

A $y = 1 - \frac{2}{x}$

B $y = \frac{x - 1}{x - 2}$

C $y = \frac{x}{x + 2}$

D $y = \frac{2}{x} - 1$

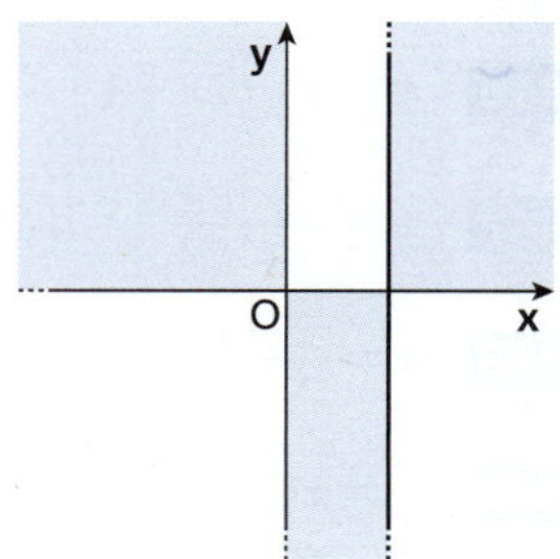

144 **ESERCIZIO GUIDA** Determiniamo il dominio, il segno e gli eventuali punti di intersezione del grafico con gli assi cartesiani per la funzione:

$$y = f(x) = \frac{\sqrt{x} - 1}{x\sqrt{x+1}}.$$

- Dominio:

$$\begin{cases} x \geq 0 & \text{esistenza di } \sqrt{x} \\ x \neq 0 & \\ x+1 \neq 0 & \text{esistenza della frazione} \\ x+1 \geq 0 & \text{esistenza di } \sqrt{x+1} \end{cases} \quad \rightarrow \quad D: x > 0.$$

- Segno della funzione: analizziamo separatamente numeratore e denominatore della frazione.

Numeratore: $\sqrt{x} - 1 > 0 \rightarrow \sqrt{x} > 1 \rightarrow x > 1$.

Denominatore: $x\sqrt{x+1} > 0 \rightarrow x > 0$ (essendo il radicale sempre positivo nel dominio di f).

Compiliamo il quadro dei segni.

$y = f(x)$ esiste soltanto per $x > 0$:

$f(x) > 0$ per $x > 1$;

$f(x) < 0$ per $0 < x < 1$;

$f(x) = 0$ per $x = 1$.

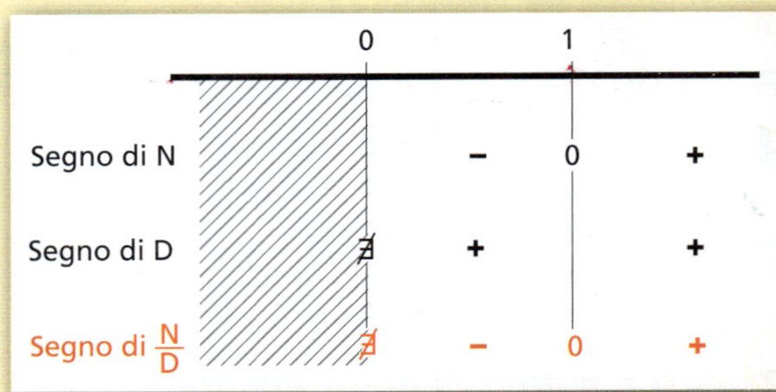

- Intersezioni con gli assi:

Per $x = 0$ la funzione non è definita, perciò il suo grafico non ha punti di intersezione con l'asse delle ordinate.

Per trovare le intersezioni con l'asse delle ascisse cerchiamo gli zeri della funzione. Abbiamo già trovato che $f(x) = 0$ per $x = 1$, quindi il grafico della funzione interseca l'asse delle ascisse nel punto $(1; 0)$.

Utilizzando le informazioni ricavate, determiniamo la regione del piano cartesiano in cui si trova il grafico.

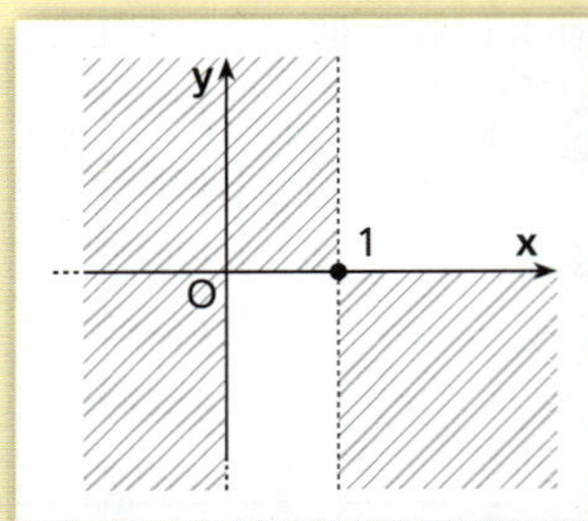

Studia il segno delle seguenti funzioni nel loro dominio e trova eventuali punti di intersezione del grafico con gli assi (nei risultati non li indichiamo). Rappresenta nel piano cartesiano le zone in cui si trova il grafico.

145 $y = \frac{1}{2}x(x-3)$ $[D: \mathbb{R}; y > 0: x < 0 \vee x > 3]$

146 $y = x^2 - 2x + 1$ $[D: \mathbb{R}; y > 0: x \neq 1]$

147 $y = -\frac{x+1}{x-2}$ $[D: x \neq 2; y > 0: -1 < x < 2]$

148 $y = \frac{2+x}{x-5}$ $[D: x \neq 5; y > 0: x < -2 \vee x > 5]$

149 $y = x(x-8)$ $[D: \mathbb{R}; y > 0: x < 0 \vee x > 8]$

150 $y = 3x^4 - x^3$ $\left[D: \mathbb{R}; y > 0: x < 0 \vee x > \frac{1}{3}\right]$

151 $y = x^7 - x^3$ $[D: \mathbb{R}; y > 0: -1 < x < 0 \vee x > 1]$

152 $y = \frac{1-x}{x+4}$ $[D: x \neq -4; y > 0: -4 < x < 1]$

153 $y = x^3 - 6x^2$ $[D: \mathbb{R}; y > 0: x \neq 0 \wedge x > 6]$

154 $y = x^3 + 4x$ $[D: \mathbb{R}; y > 0: x > 0]$

155 $y = \frac{2x^2 - 8x}{x^2 - 2x + 4}$ $[D: \mathbb{R}; y > 0: x < 0 \vee x > 4]$

156 $y = \sqrt{-x}$ $[D: x \leq 0; y > 0: x < 0]$

157 $y = \sqrt{x} + \sqrt{x-1}$ [D: $x \geq 1$; $y > 0$: $x \geq 1$]

158 $y = \sqrt{5-x}$ [D: $x \leq 5$; $y > 0$: $x < 5$]

159 $y = \dfrac{\sqrt{3x+4}}{x-1}$ [D: $x \geq -\frac{4}{3} \wedge x \neq 1$; $y > 0$: $x > 1$]

160 $y = \dfrac{2-|x|}{\sqrt{x-1}}$ [D: $x > 1$; $y > 0$: $1 < x < 2$]

161 REALTÀ E MODELLI **Temperature al passo** Nel grafico a fianco sono indicate le temperature in °C rilevate da una stazione meteorologica di un passo alpino nell'arco delle 24 ore di una giornata invernale di febbraio.

a. Quali sono gli zeri della funzione nell'intervallo di tempo rappresentato?

b. In percentuale, per quanto tempo nell'arco della giornata la temperatura è minore di 0 °C nella località considerata?

[a) 9; 18; b) 62,5%]

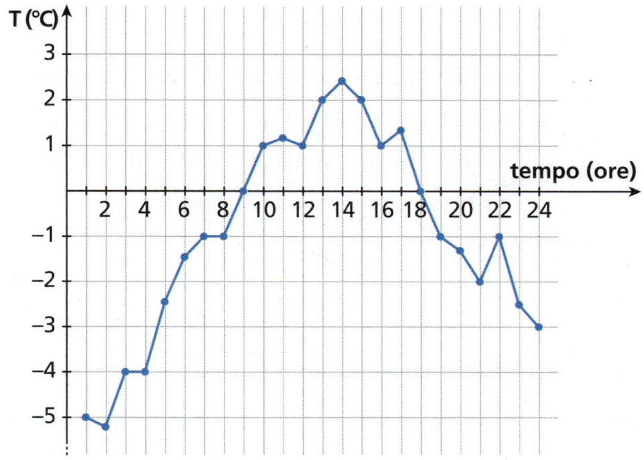

Grafici delle funzioni e trasformazioni geometriche

Teoria a p. 60

Traslazioni

162 ESERCIZIO GUIDA Data la funzione $y = f(x)$ di equazione $y = -3x + 1$, scriviamo l'equazione della funzione $y = f'(x)$ ottenuta traslando $y = f(x)$ secondo il vettore $\vec{v}(-2; 3)$ e disegniamo il grafico.

Dall'equazione di $y = f(x)$ passiamo all'equazione

$$y = f(x-a) + b,$$

dove $a = -2$ e $b = 3$, ovvero

$$y = f(x+2) + 3.$$

$$y = \underbrace{-3(x+2)+1}_{f(x+2)} + 3 \rightarrow y = -3x - 2$$

Disegniamo poi il grafico di $f(x)$ e di $f'(x)$.

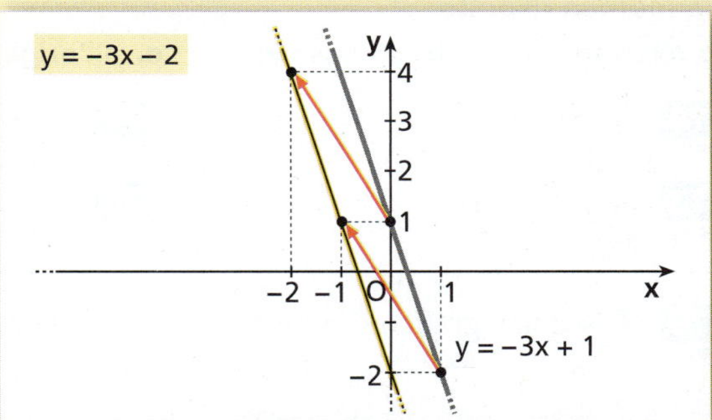

Scrivi l'equazione della funzione $f'(x)$ ottenuta traslando la funzione $f(x)$ assegnata secondo il vettore $\vec{v}$ e traccia i grafici di $f(x)$ e $f'(x)$.

163 $y = 2x - 3$; $\vec{v}(0; 3)$. [$y = 2x$]

164 $y = -x + 7$; $\vec{v}(-4; 1)$. [$y = -x + 4$]

165 $y = x^2 - 1$; $\vec{v}(1; -2)$. [$y = x^2 - 2x - 2$]

166 $y = -x^2 + 1$; $\vec{v}(2; 3)$. [$y = -x^2 + 4x$]

Disegna il grafico della funzione indicata per prima e utilizzalo per rappresentare, mediante traslazioni, le funzioni scritte a fianco.

167 $y = -2x$; $y = -2x + 3$; $y = -2(x-1)$.

168 $y = 3x$; $y = 3(x+2)$; $y = 3x + 2$.

169 $y = x^2$; $y = x^2 + 4$; $y = (x-1)^2$.

170 LEGGI IL GRAFICO A partire dal grafico della funzione $y = f(x)$, traccia i grafici di $y = f(x-1)$ e $y = f(x+1) - 2$.

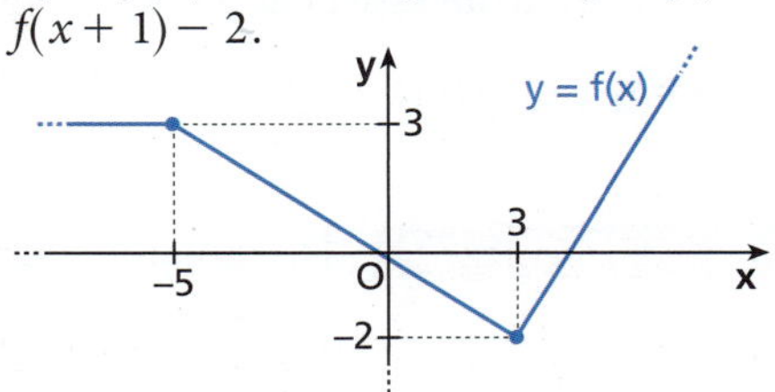

Simmetrie

171 ESERCIZIO GUIDA Consideriamo la funzione di equazione $y=(x-2)^2$. Determiniamo l'equazione e il grafico della funzione simmetrica rispetto:

a. all'asse x b. all'asse y c. all'origine.

a. La funzione simmetrica rispetto all'asse x ha equazione $y=-f(x)$, quindi $y=-(x-2)^2$.
b. La funzione simmetrica rispetto all'asse y ha equazione $y=f(-x)$, quindi $y=(-x-2)^2$.
c. La funzione simmetrica rispetto all'origine ha equazione $y=-f(-x)$, quindi $y=-(-x-2)^2$.

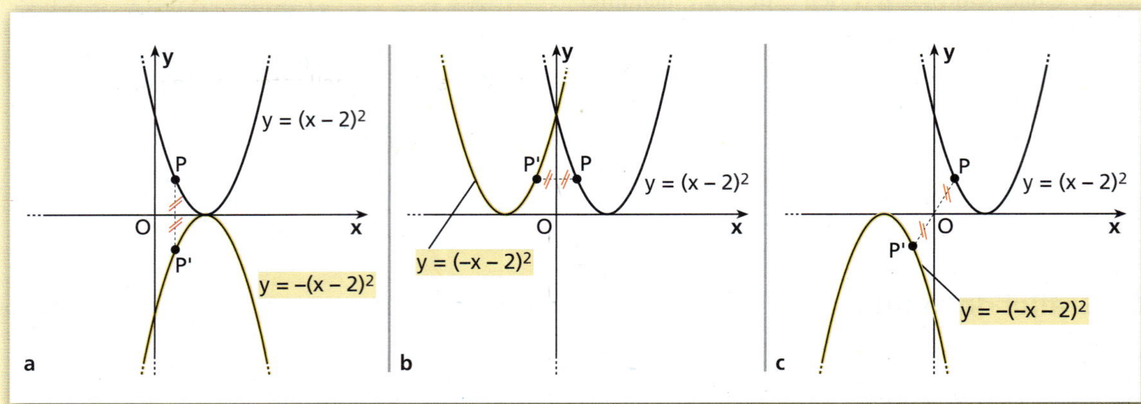

Disegna i grafici delle seguenti funzioni e, dopo aver determinato l'equazione, disegna il grafico della funzione simmetrica rispetto:

a. **all'asse *x*;** **b.** **all'asse *y*;** **c.** **all'origine.**

172 $y=(x+1)^2$

173 $y=3x+1$

174 $x+y-4=0$

175 $y=-x^2$

176 $y=\sqrt{x}$

177 $y=-x^2+1$

---

178 Disegna il grafico simmetrico rispetto all'origine del grafico della funzione assegnata.

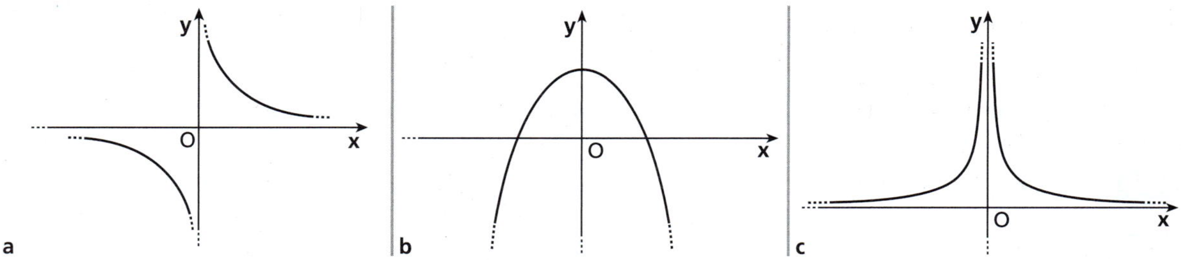

179 Determina la funzione che ha, rispetto al grafico della funzione $y=-2x-1$, il grafico simmetrico:

a. rispetto all'origine;
b. rispetto all'asse delle ascisse. [a) $y=-2x+1$; b) $y=2x+1$]

Il grafico di $y=|f(x)|$

180 ESERCIZIO GUIDA Disegniamo il grafico della funzione $y=\left|\frac{x}{2}-1\right|$.

In base alla definizione di valore assoluto, scriviamo:

$$y = \begin{cases} -\frac{x}{2} + 1 & \text{se } x < 2 \\ \frac{x}{2} - 1 & \text{se } x \geq 2 \end{cases}.$$

Osserviamo che il grafico di $y = -\frac{x}{2} + 1$ è il simmetrico rispetto all'asse x del grafico di $y = \frac{x}{2} - 1$.

Per ottenere il grafico della funzione data:

- disegniamo il grafico di $y = \frac{x}{2} - 1$ (figura **a**);
- confermiamo il grafico precedente nell'intervallo in cui le ordinate dei punti sono positive o nulle, ossia per $x \geq 2$ (figura **b**);
- consideriamo il simmetrico rispetto all'asse x del grafico precedente nell'intervallo in cui le ordinate sono negative, ossia per $x < 2$ (figura **c**).

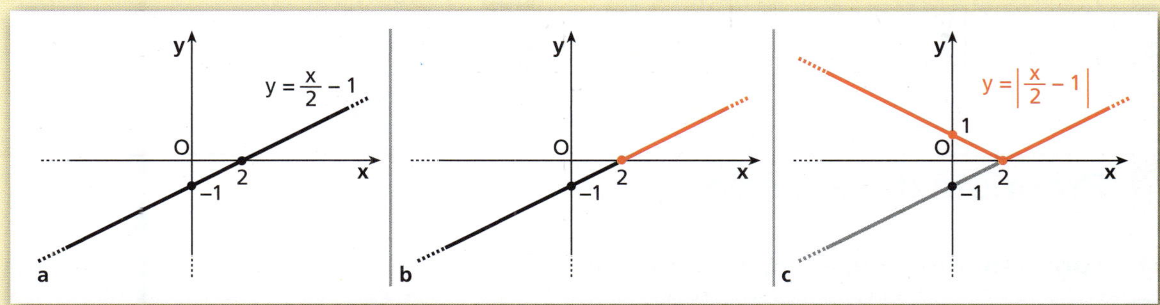

Disegna il grafico delle seguenti funzioni.

181 $y = |3x + 5|$; $\quad y = |-x - 2|$.

182 $y = |x + 1|$; $\quad y = \left|-\frac{x}{5} + \frac{7}{4}\right|$.

183 $y = |x^2 - 2x|$; $\quad y = |x^2 - 9|$.

184 $y = -|2x - 6|$; $\quad y = |-x^2 + 25|$.

Il grafico di funzioni del tipo $y = f(|x|)$

185 ESERCIZIO GUIDA Disegniamo il grafico della funzione $y = \frac{|x|}{2} - 1$.

In base alla definizione di valore assoluto, scriviamo:

$$y = \begin{cases} \frac{-x}{2} - 1 & \text{se } x < 0 \\ \frac{x}{2} - 1 & \text{se } x \geq 0 \end{cases}.$$

Osserviamo che $y = \frac{-x}{2} - 1$ è la funzione simmetrica rispetto all'asse y di

$$y = \frac{x}{2} - 1.$$

Per ottenere il grafico della funzione data:

- disegniamo il grafico di $y = \frac{x}{2} - 1$ (figura **a**);
- confermiamo il grafico precedente nell'intervallo in cui le ascisse dei punti sono positive o nulle, ossia per $x \geq 0$ (figura **b**);

- consideriamo il simmetrico rispetto all'asse y del grafico precedente nell'intervallo in cui le ascisse sono negative, ossia per $x < 0$ (figura **c**).

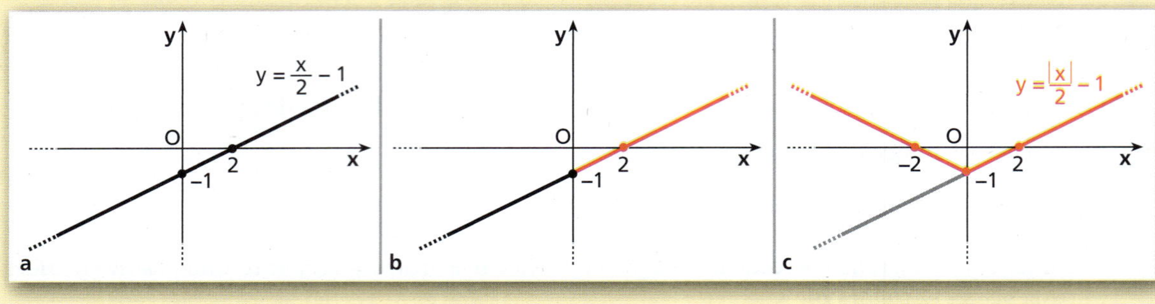

Disegna il grafico delle seguenti funzioni.

186 $y = |x| - 3;$ $\quad y = -3|x| + 1.$

187 $y = -x^2 + 6|x|;$ $\quad y = \dfrac{|x| - 1}{2}.$

188 $y = 2|x| - 4;$ $\quad y = 2x^2 - 4|x| + 2.$

189 $y = x^2 - 3|x| + 2;$ $\quad y = x^2 - 2|x|.$

2 Proprietà delle funzioni

Funzioni iniettive, suriettive e biunivoche

▶ Teoria a p. 61

190 Stabilisci se le funzioni rappresentate sono iniettive, suriettive o biunivoche.

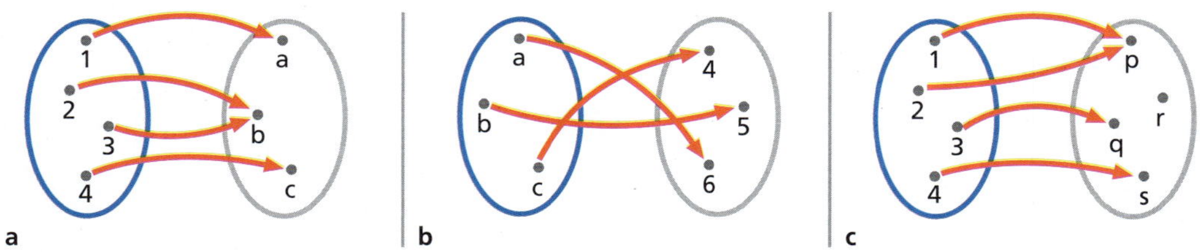

LEGGI IL GRAFICO Ogni grafico rappresenta una funzione $f: \mathbb{R} \rightarrow \mathbb{R}$. Indica per ognuno se si tratta di una funzione iniettiva, suriettiva, biunivoca.

191

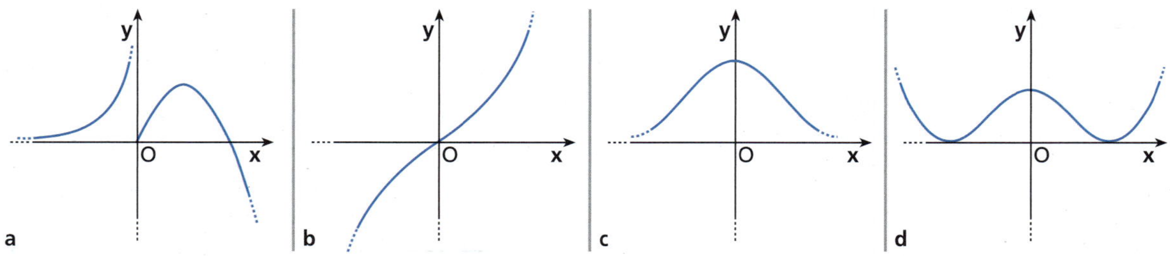

192

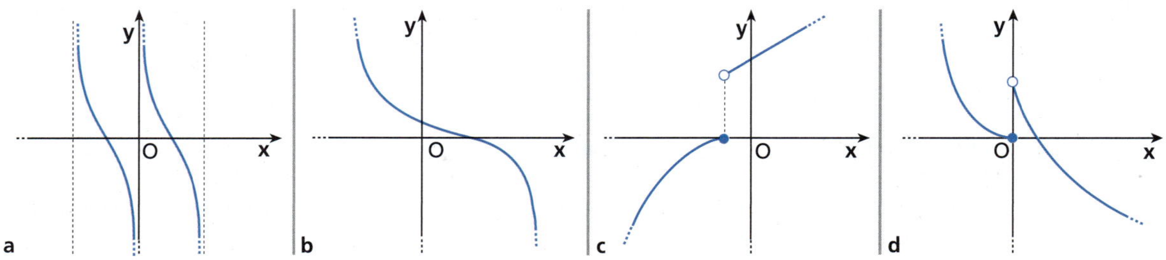

Funzioni crescenti, decrescenti, monotòne

▶ Teoria a p. 62

193 COMPLETA utilizzando i dati dal grafico:

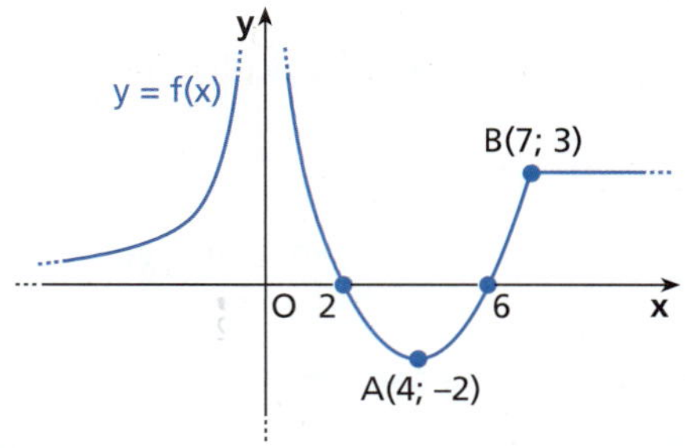

a. dominio: $x \neq$ ____;

b. insieme immagine: $y \geq$ ____;

c. $f(7) =$ ____; $f(2) =$ ____; $f(6) =$ ____;

d. $f($____$) = -2$;

e. f è crescente in $]-\infty;$ ____$[$ e $[$____$; 7]$;

f. f è decrescente in $]0;$ ____$[$.

194 Indica quali tra i seguenti grafici rappresentano funzioni crescenti o decrescenti nel loro dominio, precisando se lo sono in senso stretto o in senso lato.

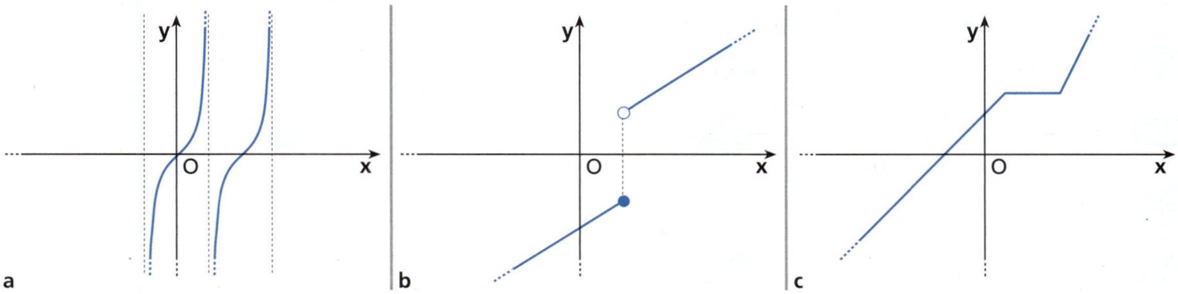

Funzioni periodiche

▶ Teoria a p. 63

Indica il periodo delle seguenti funzioni periodiche.

195

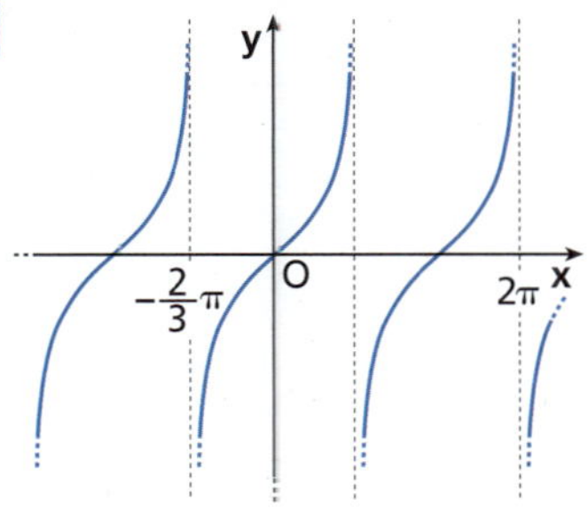

196

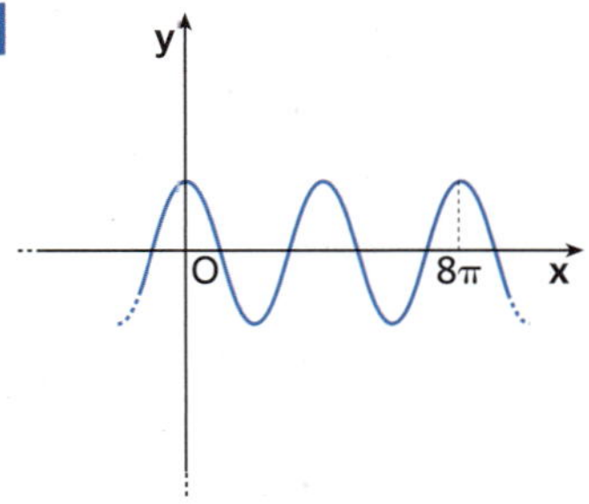

197

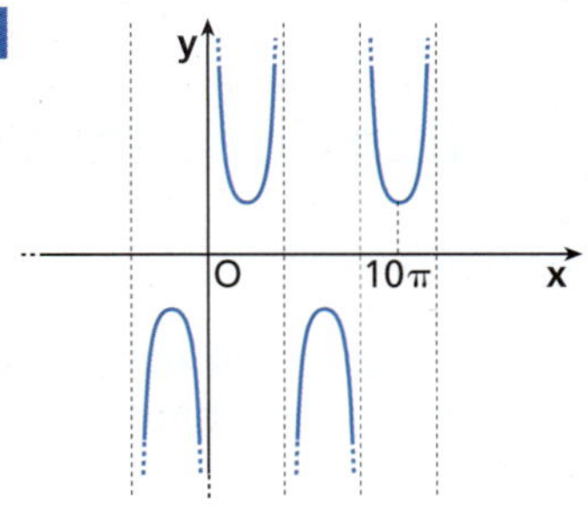

Funzioni pari, funzioni dispari

▶ Teoria a p. 64

198 LEGGI IL GRAFICO Osserva i grafici e stabilisci se le funzioni che rappresentano sono pari, dispari o né pari né dispari.

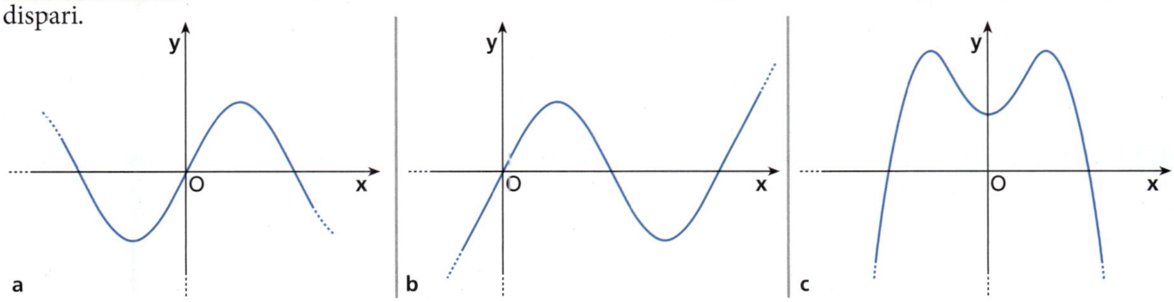

199 ESERCIZIO GUIDA Stabiliamo se le seguenti funzioni sono pari o dispari:

a. $f(x) = \dfrac{|x|}{1-x^2}$; b. $g(x) = x^3 - x$.

a. $D: x \neq \pm 1$

Per $x \neq \pm 1$, calcoliamo $f(-x)$: $f(-x) = \dfrac{|-x|}{1-(-x)^2} = \dfrac{|x|}{1-x^2} = f(x) \rightarrow f$ è pari.

b. $D: \mathbb{R}$

Per $x \in \mathbb{R}$, abbiamo: $g(-x) = (-x)^3 - (-x) = -x^3 + x = -(x^3 - x) = -g(x) \rightarrow g$ è dispari.

Stabilisci se le seguenti funzioni sono pari, dispari o né pari né dispari.

$\forall x \in D$ — dominio di $f(x)$

se

$f(-x) = f(x)$	$f(-x) = -f(x)$
$f(x)$ funzione pari	$f(x)$ funzione dispari

200 $y = x^2$

201 $y = 2x^4 + 4x^2$

202 $y = x^3$

203 $y = x^2 + 3x$

204 $y = x + \dfrac{4}{x}$

205 $y = -3x^2 + |x|$

206 $y = \dfrac{x^4 + 2x^2}{|x|}$

207 $y = x^2 - x^3$

208 $y = \dfrac{x + x^3}{x^2}$

209 $y = x\sqrt[3]{x}$

210 $y = \sqrt{x^2 + 2}$

211 $y = 2x|x|$

212 $y = -2x^3 + 1$

213 $y = \dfrac{\sqrt{1 - x^2}}{x}$

214 $y = |x + 2|$

3 Funzione inversa

▶ Teoria a p. 65

LEGGI IL GRAFICO

215 Spiega perché ognuna delle seguenti funzioni è invertibile. Indica dominio e insieme immagine e traccia il grafico della funzione inversa.

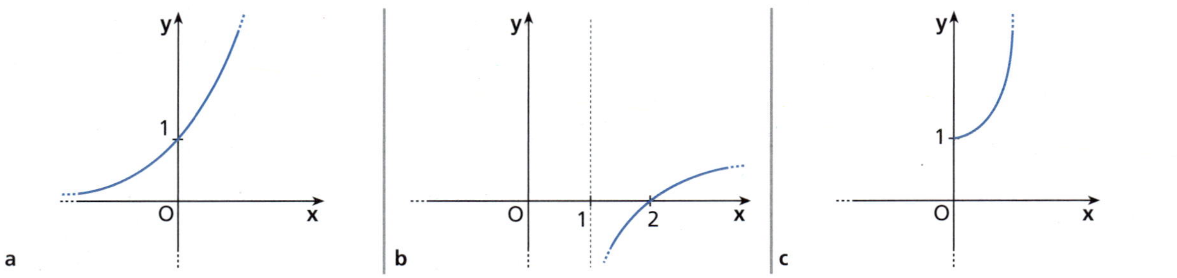

216 Stabilisci se le seguenti funzioni ammettono la funzione inversa e in caso affermativo disegna il grafico.

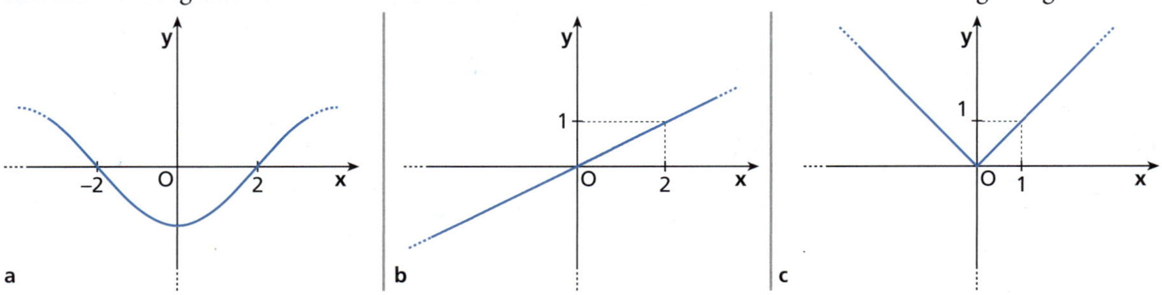

217 ●○ AL VOLO Come sono la funzione $y = \frac{6}{x}$ e la sua inversa?

218 ESERCIZIO GUIDA Determiniamo l'espressione analitica della funzione inversa di $y = 4x - 4$ e disegniamo il suo grafico.

Per ottenere la funzione inversa:

- ricaviamo x in funzione di y:

$$y = 4x - 4 \rightarrow x = \frac{y+4}{4};$$

- scambiamo x con y:

$$y = \frac{x+4}{4}.$$

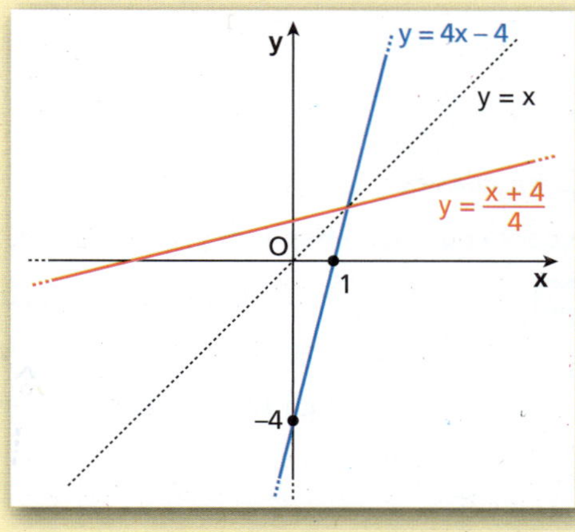

Rappresentiamo la funzione data, il cui grafico è una retta che interseca gli assi in (1; 0) e (0; − 4).
Il grafico della funzione inversa è una retta simmetrica rispetto alla bisettrice del primo e terzo quadrante.

Scrivi l'espressione analitica di ognuna delle seguenti funzioni e rappresentala graficamente.

219 ●○ $y = -2x + 4$

220 ●○ $y = -x^2 + 4, x \leq 0$

221 ●○ $y = \frac{1}{3}x$

222 ●○ $y = -2x^2, x \geq 0$

4 Funzione composta

▶ Teoria a p. 66

223 ●○ Date $f(x) = -x + 2$ e $g(x) = 3x - 1$, calcola $f(g(1))$ e $g(f(-2))$. [0; 11]

224 ●○ Date $f(x) = -x^2 + 5$ e $g(x) = \sqrt{x} + 1$, calcola $f(g(4))$ e $g(f(-1))$. [− 4; 3]

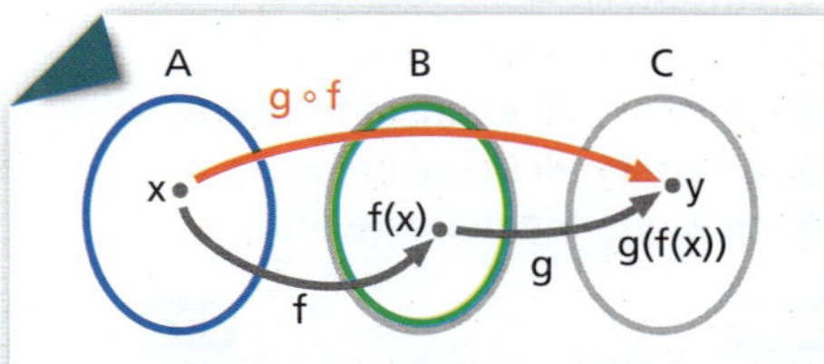

225 ESERCIZIO GUIDA Se $f(x) = \frac{1}{2x}$ e $g(x) = 3x^2$, determiniamo $f \circ g$ e $g \circ f$ negli opportuni domini.

- $(f \circ g)(x) = f(g(x)) = f(3x^2) = \frac{1}{2(3x^2)} = \frac{1}{6x^2} \rightarrow D: x \neq 0.$
- $(g \circ f)(x) = g(f(x)) = g\left(\frac{1}{2x}\right) = 3\left(\frac{1}{2x}\right)^2 = \frac{3}{4x^2} \rightarrow D: x \neq 0.$

Date le seguenti funzioni *f* e *g*, determina *f* ∘ *g* e *g* ∘ *f*, specificando il loro dominio.

226 ●○ $f(x) = 2 - x;$ $g(x) = 3x + 2.$ $[(f \circ g)(x) = -3x; (g \circ f)(x) = 8 - 3x]$

227 ●○ $f(x) = 3x^2 - 2x;$ $g(x) = x - 3.$ $[(f \circ g)(x) = 3x^2 - 20x + 33; (g \circ f)(x) = 3x^2 - 2x - 3]$

228 ●● $f(x) = \frac{1}{x};$ $g(x) = x^2 + 1.$ $\left[(f \circ g)(x) = \frac{1}{x^2+1}; (g \circ f)(x) = \frac{1}{x^2} + 1\right]$

ESERCIZI

Riepilogo: Funzioni

229 ●○ **VERO O FALSO?** Rispondi osservando il grafico di $f(x)$. La funzione:

a. ha dominio $\mathbb{R}$ e insieme immagine $\mathbb{R}$. V F

b. ha tre zeri. V F

c. è pari. V F

d. è iniettiva. V F

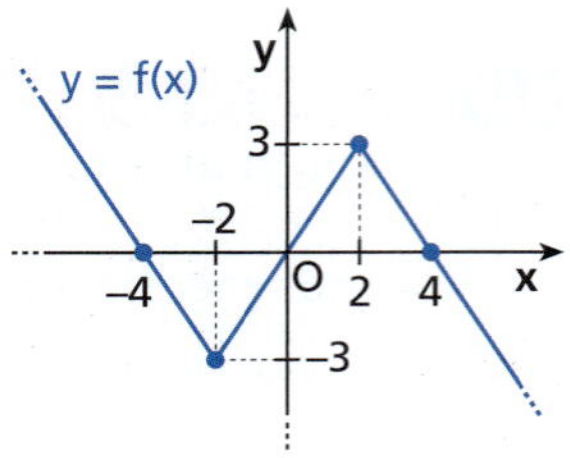

LEGGI IL GRAFICO

Osserva i grafici e rispondi alle domande.

230 ●○ a. Determina il dominio e l'immagine di $f(x)$.

b. Individua gli intervalli in cui è crescente.

c. Individua gli zeri di $f(x)$ e gli intervalli in cui è positiva.

d. Stabilisci se è iniettiva.

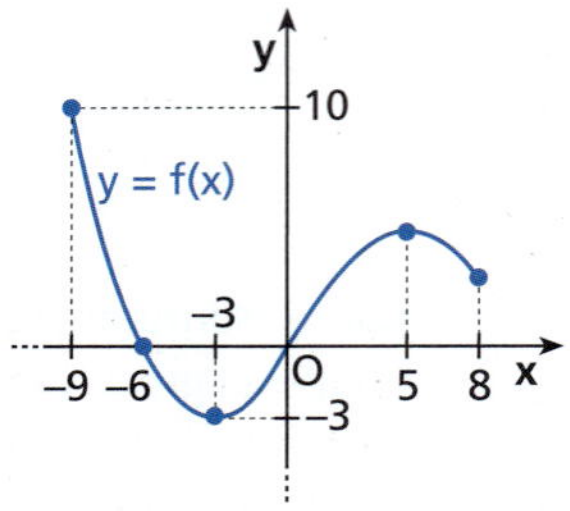

231 ●○ a. Determina il dominio e l'immagine di $f(x)$.

b. Indica il segno e le intersezioni del grafico con gli assi cartesiani.

c. Spiega perché $f(x)$ è invertibile e disegna il grafico della funzione inversa.

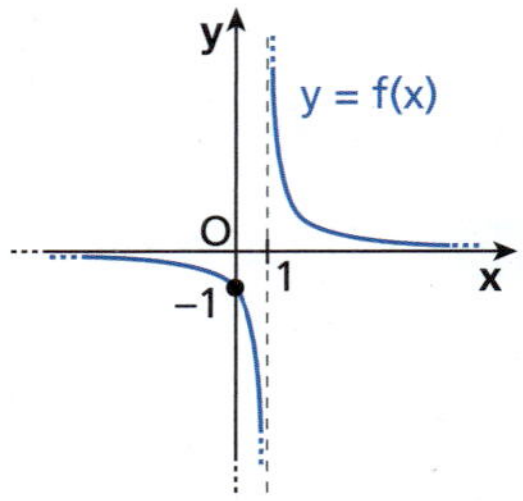

Dal grafico della funzione $y = f(x)$ assegnato deduci:

1. **il dominio della funzione;**
2. **le intersezioni con gli assi;**
3. **gli intervalli in cui la funzione è crescente e quelli in cui è decrescente;**
4. **gli intervalli in cui la funzione è positiva;**
5. **se è una funzione invertibile.**

232 ●○

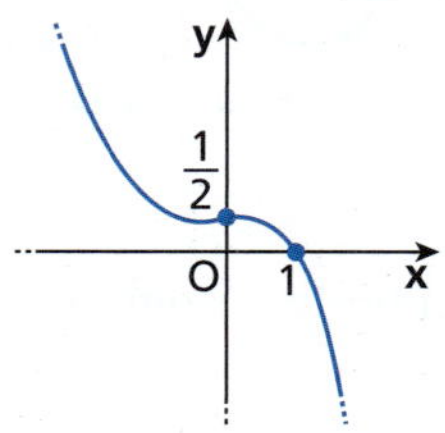

233 ●○

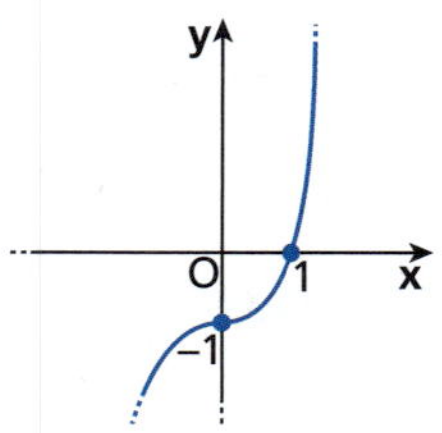

234 ●○

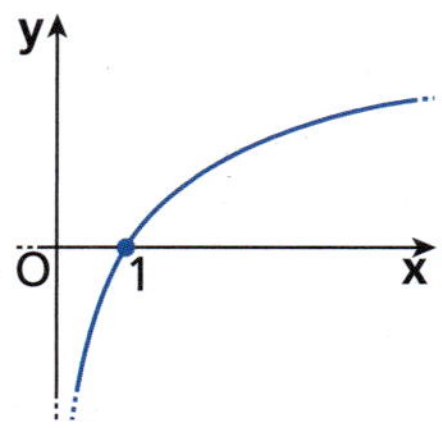

235 ●○

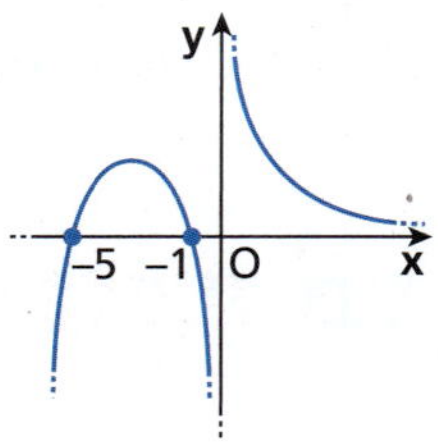

236 ●○ Considera la funzione $f(x) = 3x - 3$.

a. Disegna il suo grafico e quello della sua inversa.

b. Scrivi l'equazione di $f^{-1}(x)$ e calcola $f^{-1}(-6)$ e $f^{-1}(1)$. $\left[\text{b) } f^{-1}(x) = \frac{x+3}{3}, -1, \frac{4}{3}\right]$

237 ●○ Considera la funzione $f(x) = \frac{4-x}{4}$.

a. Classifica la funzione e determina il suo dominio.

b. Studia il segno e rappresenta nel piano cartesiano le regioni in cui si trova il grafico.

c. Verifica che è una funzione invertibile e determina la funzione inversa.

d. Disegna per punti il grafico di $f(x)$ e quello di $f^{-1}(x)$.

$[\text{a) } D = \mathbb{R}; \text{ b) } f(x) > 0: x < 4; \text{ c) } f^{-1}(x) = 4 - 4x]$

238 Considera la funzione $f(x) = \dfrac{x^2+1}{x}$.

a. Determina il dominio e verifica che è una funzione dispari.

b. Calcola $f(1)$, $f(-2)$ e $f\left(\dfrac{1}{2}\right)$.

c. Studia il segno della funzione e rappresenta nel piano cartesiano le regioni in cui si trova il suo grafico.

$\left[\text{a) } D\text{: } x \neq 0;\ \text{b) } 2, -\dfrac{5}{2}, \dfrac{5}{2};\ \text{c) } f(x) > 0\text{: } x > 0\right]$

239 È data la funzione $f(x) = x(x-4)(x+3)^2$.

a. Classificala e determina il suo dominio.

b. Determina gli zeri e studia il segno, rappresentando nel piano cartesiano le regioni in cui si trova il suo grafico.

c. Spiega perché non è invertibile.

$[\text{a) } D = \mathbb{R};\ \text{b) } f(x) > 0\text{: } x < 0 \vee x > 4,\ f(x) = 0\text{: } x = -3 \vee x = 0 \vee x = 4]$

240 Considera la funzione $f(x) = \dfrac{5-x}{x+2}$.

a. Classificala e determina il suo dominio.

b. Determina gli zeri e studia il segno, rappresentando nel piano cartesiano le regioni in cui si trova il suo grafico.

c. Calcola $f(0)$ e $f(-3)$.

d. Determina l'espressione analitica di $f \circ f$ e calcola $(f \circ f)(-1)$.

$\left[\text{a) } D\text{: } x \neq -2;\ \text{b) } f(x) > 0\text{: } -2 < x < 5,\ f(x) = 0\text{: } x = 5;\ \text{c) } \dfrac{5}{2}, -8;\ \text{d) } (f \circ f)(x) = \dfrac{6x+5}{x+9}, (f \circ f)(-1) = -\dfrac{1}{8}\right]$

Problemi REALTÀ E MODELLI

RISOLVIAMO UN PROBLEMA

Macchine e ciambelle

In una ditta dolciaria che produce ciambelle, nelle fasi finali della produzione le ciambelle entrano in una macchina A che le confeziona e poi entrano in una macchina B che le inscatola. Mediamente, nella macchina A si perde il 2% delle ciambelle in ingresso, oltre a un numero fisso di 7 pezzi ogni ora, inviati a un controllo di qualità; la macchina B confeziona scatole da 14 pezzi l'una.

- Detto x il numero di ciambelle che entrano in un'ora nella macchina A, esprimi in funzione di x il numero y di ciambelle che entrano nella macchina B, e in funzione di y il numero z di scatole che escono in un'ora dalla macchina B.
- Esprimi direttamente in funzione di x il numero z di scatole prodotte in un'ora, e in particolare ricava il valore di z corrispondente a $x = 350$.
- Scrivi la funzione inversa di quella ricavata al secondo punto e trova quante ciambelle sono state prodotte ogni ora se dopo 8 ore di lavoro sono pronte 136 scatole.

► **Esprimiamo *y* in funzione di *x* e *z* in funzione di *y*.**

Dalla macchina A esce il 98% delle ciambelle che sono entrate, a cui vanno sottratte 7 ciambelle ogni ora. La funzione $y = f(x)$, che esprime il numero di ciambelle che entrano nella macchina B, è $y = \dfrac{49}{50}x - 7$.

Per esprimere il numero $z = g(y)$ di scatole che escono in un'ora dalla macchina B dobbiamo dividere y per il numero di ciambelle in ciascuna scatola: $z = \dfrac{y}{14}$.

▶ **Esprimiamo z in funzione di x.**

Per esprimere z in funzione di x dobbiamo trovare la funzione composta $g \circ f$:

$$z = g(f(x)) = g\left(\frac{49}{50}x - 7\right) = \frac{7}{100}x - \frac{1}{2}.$$

In particolare:

$$x = 350 \to z = \frac{7}{100} \cdot 350 - \frac{1}{2} = 24.$$

▶ **Scriviamo la funzione inversa.**

La funzione $z = \frac{7}{100}x - \frac{1}{2}$ è biunivoca. Per trovare la funzione inversa dobbiamo esplicitare la x:

$$z = \frac{7}{100}x - \frac{1}{2} \to x = \frac{100}{7}\left(z + \frac{1}{2}\right).$$

Se dopo 8 ore sono pronte 136 scatole, in un'ora ne sono state prodotte 17.

$$z = 17 \to x = \frac{100}{7}\left(17 + \frac{1}{2}\right) = 250.$$

▶ **Ora prova tu!**

Bagaglio a mano Le regole per il bagaglio a mano di diverse compagnie aeree stabiliscono che la valigia (o borsa) deve avere un peso massimo di 5 kg e che la somma dei lati non deve superare i 115 cm. Molti modelli di borse per il bagaglio a mano hanno una larghezza che supera di 15 cm la profondità.
Approssimando la forma della valigia a un parallelepipedo, esprimi il volume in funzione della profondità e studia il segno della funzione volume. [$f(x) = -2x^3 + 70x^2 + 1500x$, D: $x \geq 0$; $f(x) > 0$: $0 < x < 50$]

241 ●○ **Borsette e funzioni** Teresa realizza e vende borsette artigianali. Per i primi tre mesi la sua attività era in perdita, nei sei mesi successivi il guadagno è cresciuto notevolmente, poi per tre mesi c'è stato un calo. Con il secondo anno di attività il guadagno è di nuovo aumentato e al termine del secondo anno si è stabilizzato intorno a € 300 mensili.

a. Tra i grafici seguenti scegli quello che rappresenta meglio l'andamento dei guadagni di Teresa.

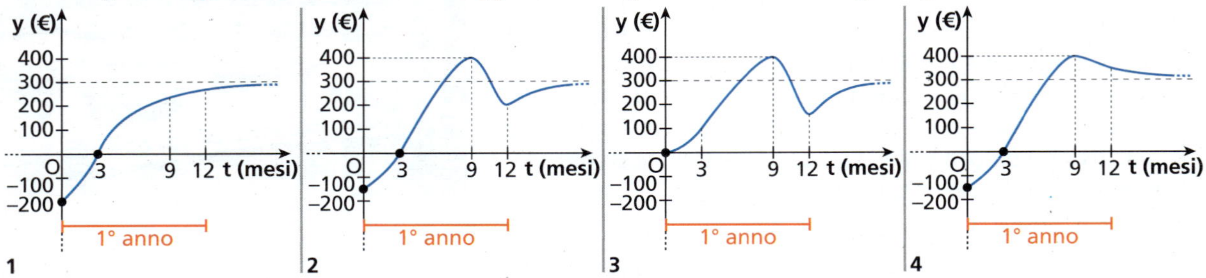

b. Per ogni grafico scrivi il dominio e l'immagine della funzione rappresentata e stabilisci se la funzione è iniettiva.

c. Indica in quale mese Teresa ha avuto guadagno nullo e in quale guadagno massimo.

242 ●○ **Il lago ghiacciato** Un lago vicino a un paese nel nord della Finlandia, durante l'inverno, è coperto da uno strato di ghiaccio spesso 1,5 m. Quando arriva la primavera, la temperatura più elevata, durante il giorno, scioglie il ghiaccio a velocità costante. Dopo 4 settimane lo spessore del ghiaccio è di 0,80 m. Indica con x il tempo misurato in settimane e con $y = f(x)$ la funzione che rappresenta lo spessore del ghiaccio, misurato in cm, al variare del tempo.

a. Scrivi l'espressione analitica della funzione $y = f(x)$ nel suo dominio.

b. Dopo quante settimane x il ghiaccio è scomparso? [a) $y = -\frac{35}{2}x + 150$; b) 8,6 settimane]

243 ●○ **Un robot giardiniere** Un piccolo robot tagliaerba è in grado di tagliare 8 m^2 di prato in un giardino ogni 5 minuti. L'area del giardino è tale che, dopo un'ora di lavoro, al robot rimangono 20 m^2 di prato da tagliare.

a. Scrivi l'espressione analitica della funzione $y = f(x)$, che rappresenta l'area di prato da tagliare (misurata in m^2) in funzione del tempo x (misurato in minuti).

b. Quanto tempo occorre al piccolo robot per tagliare l'erba di tutto il prato?

[a) $y = -\frac{8}{5}x + 116$; b) 72,5 minuti]

5 Successioni numeriche

Rappresentazioni delle successioni

▶ Teoria a p. 67

$f: \mathbb{N} \to \mathbb{R}$ funzione definita
$n \to a_n$

- per elencazione $2, 1, \frac{2}{3}, \frac{1}{2}, \frac{2}{5}, \frac{1}{3}, \ldots$
- con espressione analitica $a_n = \frac{n}{n+1}$, $n \in \mathbb{N}$
- per ricorsione $a_0 = 1 \quad a_1 = 1$
  $a_n = a_{n-1} + a_{n-2}$ se $n > 1$

Rappresentazione per elencazione

Rappresenta per elencazione le seguenti successioni.

244 ●○ La successione costituita dai multipli di 4.

245 ●○ La successione costituita dai quadrati dei numeri dispari.

246 ●○ La successione costituita dai reciproci dei numeri pari.

247 ●○ La successione costituita dalle potenze di 2 con esponente intero positivo.

248 ●○ La successione costituita dai quadrati dei numeri interi negativi.

249 ●○ La successione costituita dagli opposti dei cubi dei numeri interi negativi.

250 ●○ COMPLETA le seguenti successioni.

a. 0, ☐, 8, 12, 16, ☐, ...

b. 2, $\frac{5}{2}$, 3, $\frac{7}{2}$, 4, ☐, ☐, ...

c. 1, 4, 7, 10, 13, ☐, ...

d. 1, $\frac{2}{3}$, $\frac{3}{5}$, $\frac{4}{7}$, ☐, ☐, ...

Rappresentazione mediante espressione analitica

Scrivi i primi cinque termini delle seguenti successioni.

251 ●○ $a_n = 3^n, n \in \mathbb{N}$; $\quad a_n = (-1)^n, n \in \mathbb{N}$; $\quad a_n = 2n(-1)^n, n \in \mathbb{N}$.

252 ●○ $a_n = \frac{2}{n}, n \in \mathbb{N} - \{0\}$; $\quad a_n = \frac{1}{2n+1}, n \in \mathbb{N}$; $\quad a_n = \frac{n+2}{n+1}, n \in \mathbb{N}$.

253 ●○ $a_n = 2n - 4, n \in \mathbb{N}$; $\quad a_n = \frac{1}{2}n + 2, n \in \mathbb{N}$; $\quad a_n = \frac{n^2}{2} + 1, n \in \mathbb{N}$.

ESERCIZI

254 ESERCIZIO GUIDA Rappresentiamo mediante una possibile espressione analitica la seguente successione:

$$\frac{1}{2}, \frac{2}{3}, \frac{5}{4}, \frac{10}{5}, \frac{17}{6}, \frac{26}{7}, \ldots$$

Possiamo notare che in ogni frazione il numeratore si ottiene aggiungendo 1 al quadrato di ogni numero naturale, cioè $n^2 + 1$, infatti:

$$1 = 0^2 + 1, \quad 2 = 1^2 + 1, \quad 5 = 2^2 + 1, \quad 10 = 3^2 + 1, \quad 17 = 4^2 + 1, \quad 26 = 5^2 + 1, \quad \ldots$$

I denominatori invece rappresentano tutti i numeri naturali a partire da 2, cioè $n + 2$.
Possiamo allora scrivere il termine generico della successione:

$$a_n = \frac{n^2 + 1}{n + 2}, n \in \mathbb{N}.$$

255 TEST Di seguito sono elencati i primi termini di una successione:

$$\frac{1}{2}, \frac{2}{3}, \frac{3}{4}, \frac{4}{5}, \frac{5}{6}, \ldots$$

Il termine generico a_n della successione è:

A $a_n = \frac{n-1}{n+2}$ B $a_n = \frac{n+2}{n+1}$ C $a_n = \frac{n+1}{n+2}$ D $a_n = \frac{n}{n+2}$

Rappresenta mediante espressione analitica le seguenti successioni.

256 $0, 3, 6, 9, 12, 15, 18, 21, 24, \ldots$

257 $1, \frac{1}{2}, \frac{1}{3}, \frac{1}{4}, \frac{1}{5}, \frac{1}{6}, \frac{1}{7}, \frac{1}{8}, \ldots$

258 $1, -3, 9, -27, 81, -243, \ldots$

259 $2, \frac{3}{2}, \frac{4}{3}, \frac{5}{4}, \frac{6}{5}, \frac{7}{6}, \ldots$

260 $\frac{1}{2}, \frac{4}{3}, \frac{9}{4}, \frac{16}{5}, \frac{25}{6}, \frac{36}{7}, \ldots$

261 $3, \frac{4}{2}, \frac{5}{3}, \frac{6}{4}, \frac{7}{5}, \frac{8}{6}, \ldots$

262 $2, 5, 8, 11, 14, 17, \ldots$

263 $1, 6, 11, 16, 21, 26, \ldots$

Rappresentazione ricorsiva o per ricorsione

Scrivi i primi cinque termini delle seguenti successioni definite ricorsivamente.

264 $\begin{cases} a_0 = -1 \\ a_{n+1} = \frac{a_n - 1}{3} \end{cases}$

265 $\begin{cases} a_0 = 1 \\ a_{n+1} + a_n = 6 \end{cases}$

266 $\begin{cases} a_0 = 1 \\ a_n = a_{n-1} + 6 \end{cases}$

267 $\begin{cases} a_0 = 5, a_1 = -1 \\ a_{n+1} = a_n + a_{n-1} \end{cases}$

REALTÀ E MODELLI

268 **Money for London** Elisa vuole mettere da parte dei soldi per andare in vacanza a Londra. A gennaio ha € 50 e da quel momento decide di aggiungere ogni mese € 12.

a. Scrivi in forma analitica la successione che descrive i risparmi di Elisa al passare dei mesi.

b. Se il biglietto dell'aereo costa € 140, in che mese potrà acquistarlo? [a) $a_n = 50 + 12n$; b) agosto]

269 **Ricorsione in banca** Claudia deposita in banca € 15 000 al tasso di interesse annuo del 2%.

a. Scrivi per ricorsione la successione che descrive l'andamento del deposito, sapendo che ogni anno gli interessi vengono calcolati sulla somma incrementata degli interessi dell'anno precedente.

b. Calcola quanto vale il deposito dopo 5 anni.

$\left[\text{a)} \begin{cases} a_0 = 15000 \\ a_{n+1} = 1{,}02 \cdot a_n \end{cases}; \text{b) € } 16561\right]$

Successioni monotòne

▶ Teoria a p. 69

Per ogni successione scrivi i primi dieci termini, rappresentali su una retta orientata e stabilisci se si tratta di una successione crescente, decrescente o costante, oppure crescente in senso lato o decrescente in senso lato.

270 $a_n = 2n$; $a_n = -2n$; $a_n = 2n - 1$; $a_n = 2n + 1$; $a_n = 1 - 2n$.

271 $a_n = (+1)^n$; $a_n = \frac{2}{3n}, n > 0$; $a_n = -\frac{1}{n}, n > 0$; $a_n = (-1)^{2n}$.

6 Progressioni aritmetiche

▶ Teoria a p. 70

Determina se le seguenti successioni numeriche sono o non sono progressioni aritmetiche e, nel caso lo siano, determina la ragione e indica se si tratta di una progressione crescente, decrescente o costante.

Progressione aritmetica di ragione *d*

$-d$ $-d$ $-d$ $-d$

a_1, a_2, a_3, a_4, …

$+d$ $+d$ $+d$ $+d$

272 11, 14, 17, 20, 23, 26, …

273 $3, \frac{5}{2}, 2, \frac{3}{2}, 1, \frac{1}{2}, \ldots$

274 4, 7, 10, 14, 18, 22, …

275 $\frac{1}{2}, \frac{3}{4}, 1, \frac{5}{4}, \frac{3}{2}, \frac{7}{4}, \ldots$

276 20, 18, 16, 14, 12, 10, …

277 $-6, -2, -2, 2, 2, 6, \ldots$

278 RIFLETTI SULLA TEORIA Una progressione aritmetica è sempre crescente?

279 AL VOLO Quali tra le seguenti rappresentano una progressione aritmetica?

a. Le altezze dal suolo dei gradini di una scala.

b. I rintocchi di un orologio che batte solo le ore.

c. La statura di un individuo di anno in anno.

Calcolo dei termini di una progressione aritmetica

280 ESERCIZIO GUIDA

a. Calcoliamo il sesto termine a_6 di una progressione aritmetica di ragione $d = 4$ il cui primo termine è $a_1 = 5$.

b. Calcoliamo la ragione d di una progressione aritmetica il cui primo termine è $a_1 = 32$ e il cui sesto termine è $a_6 = 42$.

a. Utilizziamo il seguente teorema.

$$a_n = a_1 + (n-1) \cdot d$$

Essendo $n = 6$, $a_1 = 5$ e $d = 4$, otteniamo:

$$a_6 = 5 + (6-1) \cdot 4 = 25.$$

b. Sostituendo in $a_n = a_1 + (n-1) \cdot d$, abbiamo:

$$42 = 32 + (6-1) \cdot d \rightarrow 10 = 5 \cdot d \rightarrow d = 2.$$

La progressione è la seguente:

32, 34, 36, 38, 40, 42, …

Date le seguenti informazioni relative a una progressione aritmetica, determina ciò che è richiesto.

281 $a_1 = 3$ e $d = 7$, calcola a_8. [52]

282 $a_1 = \frac{15}{2}$ e $d = -\frac{3}{2}$, calcola a_5. $\left[\frac{3}{2}\right]$

283 $a_4 = 5$ e $d = 3$, calcola a_1. [-4]

284 $a_4 = 50$ e $a_1 = 32$, calcola d. [6]

285 $a_6 = 69$ e $d = 3$, calcola a_1. [54]

286 $a_4 = -5$ e $d = -3$, calcola a_1. [4]

ESERCIZI

287 $a_8 = \frac{37}{6}$ e $a_1 = \frac{1}{3}$, calcola d. $\left[\frac{5}{6}\right]$

288 $a_9 = \frac{31}{3}$ e $d = \frac{1}{6}$, calcola a_1. [9]

289 $a_1 = 4$, $a_n = 39$ e $d = 5$, calcola n. [8]

290 $a_n = 59$, $a_1 = 3$ e $d = 7$, calcola n. [9]

TEST

291 Considera la progressione aritmetica 10, 7, 4, 1, … di primo termine $a_1 = 10$.
Il ventesimo termine della successione è:

A $a_{20} = 67$.
B $a_{20} = -47$.
C $a_{20} = -73$.
D $a_{20} = -53$.

292 Nella progressione aritmetica 3, 8, 13, 18, … il numero 48 è il termine:

A a_9.
B a_8.
C a_{10}.
D a_{48}.

Somma dei termini consecutivi di una progressione aritmetica

293 ESERCIZIO GUIDA Calcoliamo la somma dei primi sei multipli di 5 diversi da 0.

I numeri di cui vogliamo conoscere la somma sono i primi sei termini della progressione aritmetica di primo termine 5 e ragione 5:

5, 10, 15, 20, 25, 30.

$$S_n = n \cdot \frac{a_1 + a_n}{2}$$

Applichiamo la formula della somma.

Sostituendo i nostri dati, $n = 6$, $a_1 = 5$, $a_6 = 30$, otteniamo: $S_6 = 6 \cdot \frac{5+30}{2} = 105$.

294 Calcola la somma dei primi dieci termini di una progressione aritmetica di ragione $d = 3$, il cui primo estremo è $a_1 = 5$. [185]

295 Calcola la somma dei primi otto multipli di 4 diversi da 0. [144]

296 Calcola la somma dei primi cento numeri naturali diversi da 0. Quanto vale la somma dei primi n numeri naturali diversi da 0? $\left[5050; \frac{n \cdot (n+1)}{2}\right]$

297 Calcola la somma dei primi dieci numeri pari diversi da 0. Quanto vale la somma dei primi n numeri pari diversi da 0? $[110; n \cdot (n+1)]$

298 Calcola la somma dei primi dieci numeri dispari. Trova la somma dei primi n numeri dispari. $[100; n^2]$

Date le seguenti informazioni relative a una progressione aritmetica, determina ciò che è richiesto.

299 $a_6 = 40$ e $d = -\frac{1}{2}$, calcola S_6. $\left[\frac{495}{2}\right]$

300 $a_1 = \frac{1}{2}$ e $a_6 = 9$, calcola S_6. $\left[\frac{57}{2}\right]$

301 $a_7 = 42$ e $S_7 = \frac{149}{2}$, calcola a_1. $\left[-\frac{145}{7}\right]$

302 $a_1 = 9$ e $S_8 = 200$, calcola d. $\left[\frac{32}{7}\right]$

303 $a_3 = -8$ e $a_8 = 27$, calcola S_8. [20]

304 $a_2 = -2$ e $a_{10} = 18$, calcola S_{10}. $\left[\frac{135}{2}\right]$

305 $a_3 = 1$ e $a_{12} = 4$, calcola S_{15}. [40]

306 $a_5 = \frac{1}{2}$ e $a_{13} = 10$, calcola S_{20}. $\left[\frac{1125}{8}\right]$

307 Data la progressione aritmetica 9, 17, 25, 33, …, calcola il valore del decimo termine della progressione e la somma dei primi 10 termini. $[a_{10} = 81; S_{10} = 450]$

REALTÀ E MODELLI

308 Le età di 5 fratelli sono una progressione aritmetica di ragione 4. Il minore ha 3 anni. La somma degli anni dei 5 fratelli è l'età del loro papà. Quanti anni ha il papà? [55 anni]

309 **Penale** Un'impresa edile firma un contratto per la costruzione di un edificio entro una certa data. In caso di ritardo della fine dei lavori si impegna a pagare una penale con rate mensili progressive: € 500 la prima, € 700 la seconda, € 900 la terza e così via. Quanto dovrebbe pagare complessivamente l'impresa per 8 mesi di ritardo? [€ 9600]

7 Progressioni geometriche

▶ Teoria a p. 73

Progressione geometrica di ragione q

$a_1, \quad a_2, \quad a_3, \quad a_4, \ldots$

(da un termine al successivo: $\cdot q$; dal successivo al precedente: $:q$)

Determina se le seguenti successioni sono o non sono progressioni geometriche e, nel caso lo siano, determina la ragione e indica se si tratta di una progressione crescente, decrescente o costante.

310 $-2, \quad -6, \quad -18, \quad -54, \quad -162, \quad \ldots$ [progressione decrescente, $q = 3$]

311 $4, \quad 6, \quad 9, \quad \frac{27}{2}, \quad \frac{81}{4}, \quad \ldots$ [progressione crescente, $q = \frac{3}{2}$]

312 $4, \quad 16, \quad 64, \quad 320, \quad 1280, \quad \ldots$ [non è una progressione]

313 $9, \quad 3, \quad 1, \quad \frac{1}{3}, \quad \frac{1}{9}, \quad \ldots$ [progressione decrescente, $q = \frac{1}{3}$]

314 $\frac{2}{3}, \quad \frac{1}{2}, \quad \frac{3}{8}, \quad \frac{9}{32}, \quad \frac{27}{128}, \quad \ldots$ [progressione decrescente, $q = \frac{3}{4}$]

315 **FAI UN ESEMPIO** di una progressione geometrica a termini negativi decrescente.

Calcolo dei termini di una progressione geometrica

316 **ESERCIZIO GUIDA**

a. Calcoliamo la ragione di una progressione geometrica di 6 termini i cui estremi sono, nell'ordine, 5 e 160.

b. Calcoliamo il numero n dei primi termini di una progressione geometrica di ragione 6 avente per estremi 5 e 38 880.

a. Utilizziamo $a_n = a_1 \cdot q^{n-1}$.

Sostituiamo $n = 6$, $a_1 = 5$ e $a_6 = 160$:

$$160 = 5 \cdot q^5 \quad \rightarrow \quad q^5 = 32 \quad \rightarrow \quad q = 2.$$

La progressione è: 5, 10, 20, 40, 80, 160, …

$a_n = a_1 \cdot q^{n-1}$

▶

b. I dati del problema sono: $q = 6$, $a_1 = 5$, $a_n = 38\,880$. Calcoliamo n sostituendo i dati nella formula:

$$38\,880 = 5 \cdot 6^{n-1} \;\rightarrow\; 7776 = 6^{n-1} \;\rightarrow\; 6^5 = 6^{n-1} \;\rightarrow\; n = 6.$$

dividiamo per 5 — uguagliamo gli esponenti

Date le seguenti informazioni relative a una progressione geometrica, determina ciò che è richiesto.

317 $a_1 = -6$ e $q = -\frac{1}{4}$, calcola a_5. $\left[-\frac{3}{128}\right]$

318 $a_1 = 256$ e $q = \frac{1}{2}$, calcola a_8. [2]

319 $a_1 = 32$ e $q = 1$, calcola a_{15}. [32]

320 $a_5 = 1701$ e $q = 3$, calcola a_1. [21]

321 $a_5 = -8$ e $a_1 = -\frac{1}{2}$, calcola q. [2 oppure −2]

322 $a_1 = 16$, $a_n = 2$ e $q = \frac{1}{2}$, calcola n. [4]

323 $a_4 = -216$ e $a_1 = 8$, calcola q. [−3]

324 $a_1 = -1$, $a_n = -1000$ e $q = 10$, calcola n. [4]

Somma dei termini consecutivi di una progressione geometrica

325 ESERCIZIO GUIDA Calcoliamo la somma delle prime sei potenze di 3 con esponente diverso da 0.

I numeri da sommare sono i primi sei termini della progressione geometrica di ragione 3 e primo termine 3: 3, 9, 27, 81, 243, 729.
Sostituiamo $n = 6$, $a_1 = 3$, $q = 3$:

$$S_6 = 3 \cdot \frac{3^6 - 1}{3 - 1} = 3 \cdot \frac{729 - 1}{2} = 3 \cdot \frac{728}{2} = 1092.$$

$$S_n = a_1 \frac{q^n - 1}{q - 1}$$

326 Calcola la somma delle prime dieci potenze di 2 con esponente diverso da 0. [2046]

327 Calcola quanti sono i termini di una progressione geometrica di ragione $q = 2$, sapendo che la loro somma è 51 e che il primo termine è $\frac{1}{5}$. [8]

328 Calcola la somma dei primi cinque termini di una progressione geometrica, di ragione $q = 3$, il cui primo termine è $a_1 = -1$. [− 121]

329 Determina il primo termine di una progressione geometrica di ragione $q = 3$, sapendo che la somma dei primi sei termini è 91. $\left[\frac{1}{4}\right]$

Calcola le seguenti somme.

330 $1 + 4 + 4^2 + \ldots + 4^7$ [21 845]

331 $1 + \frac{2}{3} + \left(\frac{2}{3}\right)^2 + \ldots + \left(\frac{2}{3}\right)^7$ $\left[\frac{6305}{2187}\right]$

Date le seguenti informazioni relative a una progressione geometrica, determina ciò che è richiesto.

332 $a_2 = 12$ e $q = \frac{1}{2}$, calcola S_4. [45]

333 $a_2 = 12$ e $q = 3$, calcola S_5. [484]

334 $a_2 = 24$ e $q = 2$, calcola S_3. [84]

335 $a_1 = -3$, $q = 2$ e $S_n = -93$, calcola n. [5]

336 $S_6 = \frac{126}{5}$ e $q = 2$, calcola a_1. $\left[\frac{2}{5}\right]$

337 $a_3 = 72$ e $q = \frac{1}{2}$, calcola S_4. [540]

338 $a_2 = 6$ e $a_3 = 3$, calcola S_5. $\left[\frac{93}{4}\right]$

339 $a_3 = \frac{1}{5}$ e $q = 3$, calcola S_5. $\left[\frac{121}{45}\right]$

VERIFICA DELLE COMPETENZE ALLENAMENTO

UTILIZZARE TECNICHE E PROCEDURE DI CALCOLO

TEST

1 Solo una delle seguenti funzioni ha il grafico simmetrico rispetto all'asse y. Quale?

A $y=\frac{x}{x^2-2}$ B $y=x^4-x^2$ C $y=x^4-x$ D $y=\frac{x^2}{x-4}$

2 Soltanto una delle seguenti funzioni è dispari. Quale?

A $y=-x^2+x$ B $y=\sqrt[3]{x}$ C x^3+1 D $3x^2-3$

3 **VERO O FALSO?**

a. La funzione $y=x^3-\frac{2}{x}+1$ è dispari. V F

b. La funzione $y=\frac{1}{(x-1)(x^2+4)}$ ha dominio $x>1$. V F

c. Se $f(x)=x^2-1$ e $g(x)=\sqrt{x^2-1}$, allora $(f\circ g)(x)=x^2-2$. V F

d. La funzione $y=\frac{3x-3}{x-1}$ è uguale alla funzione $y=3$. V F

Determina il dominio delle seguenti funzioni.

4 $y=\frac{1}{x^2-2x}$ $[x\neq 0\wedge x\neq 2]$

5 $y=\frac{1}{4x}-\frac{1}{8}$ $[x\neq 0]$

6 $y=\frac{1}{x^3-4x^2+3x}$ $[x\neq 0\wedge x\neq 1\wedge x\neq 3]$

7 $y=\frac{4x^2-1}{4x^2}$ $[x\neq 0]$

8 $y=\frac{1}{3x^2-x-2}$ $\left[x\neq -\frac{2}{3}\wedge x\neq 1\right]$

9 $y=\frac{x}{x^2+16}$ $[\mathbb{R}]$

10 $y=\frac{x+1}{x^3-2x^2}$ $[x\neq 0\ \wedge\ x\neq 2]$

11 $y=\frac{4}{\sqrt{x^2-2x}}$ $[x<0\vee x>2]$

12 $y=\sqrt{x+7}-\sqrt{4x-3}$ $\left[x\geq \frac{3}{4}\right]$

13 $y=\sqrt{\frac{x}{1-x}}$ $[0\leq x<1]$

14 $y=\frac{x+1}{x+5}$ $[x\neq -5]$

15 $y=\frac{\sqrt{x}}{x-2}$ $[x\geq 0\wedge x\neq 2]$

16 $y=\frac{1}{x^2+4x+15}$ $[\forall x\in\mathbb{R}]$

17 $y=\sqrt{x^2-7x+12}$ $[x\leq 3\vee x\geq 4]$

18 $y=\frac{9x^2}{\sqrt{2x-3}}+\frac{3x}{\sqrt{4-x}}$ $\left[\frac{3}{2}<x<4\right]$

19 $y=\sqrt{\frac{x-x^2}{3}}$ $[0\leq x\leq 1]$

Stabilisci se le seguenti successioni sono progressioni, in caso affermativo specifica di che tipo e determina la ragione.

20 $5,\ 5\sqrt{2},\ 10,\ 10\sqrt{2},\ 20,\ \dots$

21 $\frac{25}{4},\ \frac{5}{2},\ 1,\ \frac{2}{5},\ \frac{4}{25},\ \dots$

22 $\frac{5}{3},\ 5,\ 15,\ 18,\ 21,\ \dots$

23 $2,\ 8,\ 18,\ 32,\ 50,\ \dots$

Date le seguenti informazioni, determina ciò che è richiesto.

24 a_n progressione geometrica: $a_{20}=300$, $q=-1$; calcola a_1. $[-300]$

VERIFICA DELLE COMPETENZE

25 a_n progressione aritmetica: $S_9 = 135$, $d = 3$; calcola a_9. [27]

ANALIZZARE E INTERPRETARE DATI E GRAFICI

26 Osservando il grafico di $f(x)$, determina:

a. dominio e insieme immagine;
b. gli eventuali zeri;
c. se la funzione è pari o dispari;
d. gli intervalli in cui la funzione è crescente.

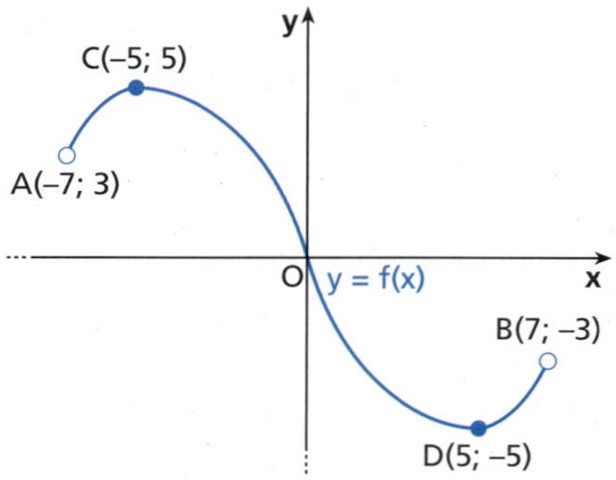

27 Osservando il grafico di $f(x)$:

a. determina dominio e insieme immagine;
b. studia il segno;
c. determina l'immagine di -2 e 3 e la controimmagine di 6;
d. spiega perché la funzione non è biunivoca.

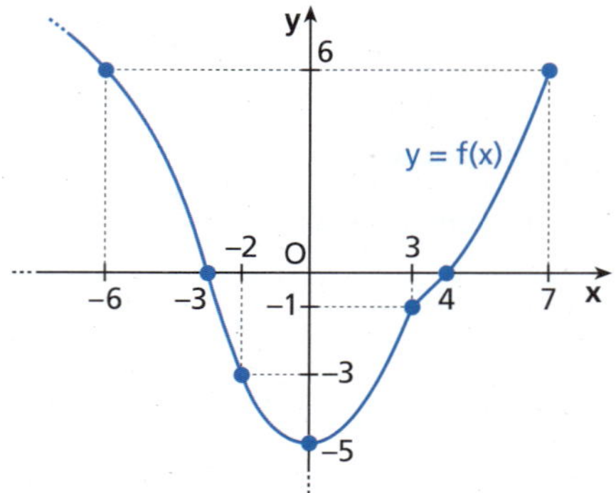

LEGGI IL GRAFICO Per ognuna delle funzioni rappresentate nelle figure seguenti indica:

a. il dominio; **b.** l'immagine; **c.** se è pari o dispari; **d.** se è monotòna; **e.** se è invertibile.

28

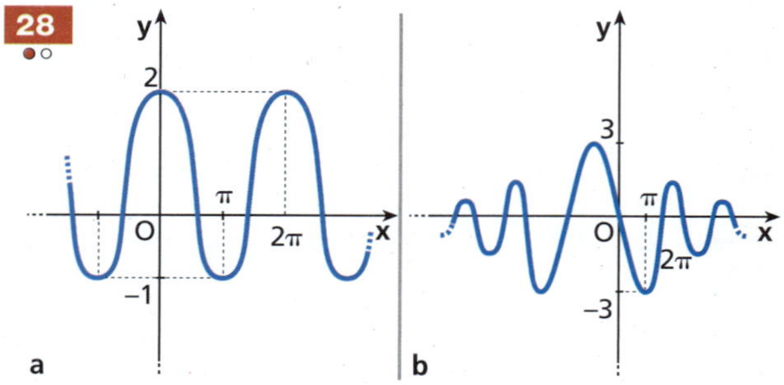

29

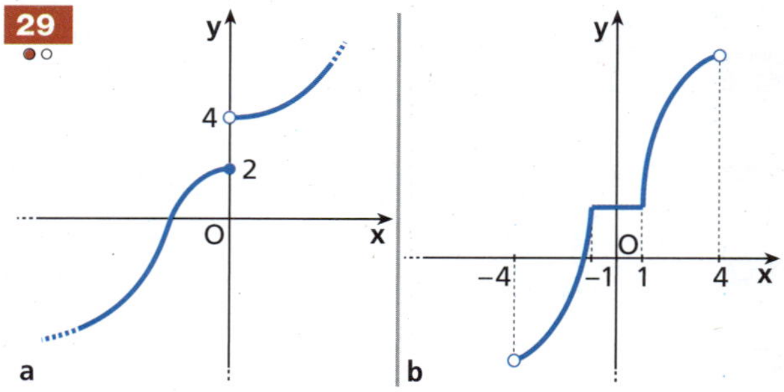

RISOLVERE PROBLEMI

30 Data la funzione $y = 6x - 1$, determina la sua immagine se il dominio è $D = \{-3, -4, 1, 5, 8\}$. [$I = \{-19, -25, 5, 29, 47\}$]

31 Dimostra che $y = \dfrac{x^3}{|x| + 4}$ è dispari.

32 Stabilisci se la funzione $y = \dfrac{2x}{x-1}$ è iniettiva, suriettiva, biunivoca.

33 Disegna il grafico della seguente funzione.

$$\begin{cases} y = \dfrac{3}{2}x & \text{se } x < 0 \\ y = -x + 2 & \text{se } x \geq 0 \end{cases}$$

Indica in quale intervallo è crescente e in quale decrescente. [cresc.: $x < 0$; decr.: $x > 0$]

Per ciascuna delle seguenti funzioni: determina il dominio; trova gli eventuali punti di intersezione del grafico con gli assi cartesiani; studia il segno; rappresenta nel piano cartesiano le regioni in cui si trova il grafico. (Nei risultati indichiamo solo il dominio e gli intervalli in cui $f(x) \geq 0$.)

34 $f(x) = \frac{x-4}{x+3}$ [D: $x \neq -3$; $f(x) \geq 0$: $x < -3 \vee x \geq 4$]

35 $f(x) = x^3 + 3x^2 - x - 3$ [D: $\mathbb{R}$; $f(x) \geq 0$: $-3 \leq x \leq -1$; $x \geq 1$]

36 $f(x) = \frac{x^2-4}{x^2-6x}$ [D: $x \neq 0 \wedge x \neq 6$; $f(x) \geq 0$: $x \leq -2$; $0 < x \leq 2$; $x > 6$]

37 $f(x) = \frac{4-x^2}{\sqrt{x}}$ [D: $x > 0$; $f(x) > 0$: $0 < x < 2$]

38 Data la funzione $f(x) = \begin{cases} \frac{1}{x-3} & \text{se } x \leq 2 \\ 3x+1 & \text{se } x > 2 \end{cases}$:

a. determina il suo dominio;

b. calcola $f(0)$, $f(2)$, $f(3)$, $f(4)$;

c. qual è l'ordinata del punto di ascissa 5?

[a) D: $\mathbb{R}$; b) $-\frac{1}{3}$; -1; 10; 13; c) 16]

39 Considera le seguenti funzioni: $f(x) = x^3 - 3$ e $g(x) = 3x - 1$. Trova $f \circ g$, $g \circ f$.

[$(f \circ g)(x) = 27x^3 - 27x^2 + 9x - 4$; $(g \circ f)(x) = 3x^3 - 10$]

Determina l'equazione della funzione ottenuta applicando a $y = f(x)$ la trasformazione indicata.

40 $y = 3x - 4$; traslazione di vettore $\vec{v}(-2; 2)$. [$y = 3x + 4$]

41 $y = \frac{1}{x+1}$; simmetria rispetto all'asse delle ordinate. [$y = \frac{1}{1-x}$]

42 $y = 3 - x^3$; simmetria rispetto all'origine. [$y = -3 - x^3$]

43 Data la funzione $y = f(x)$ di equazione $x - 3y + 1 = 0$, determina $y = f'(x)$ che ha grafico simmetrico rispetto alla bisettrice del primo e terzo quadrante. Dove si incontrano i due grafici? [$y = 3x - 1$; $P\left(\frac{1}{2}; \frac{1}{2}\right)$]

Disegna i grafici delle seguenti funzioni, con l'aiuto di opportune trasformazioni geometriche, a partire dalle funzioni indicate a fianco.

44 $y = (x+2)^2 + 3$; a partire da $y = x^2$.

45 $y = |x^2 - 4|$; a partire da $y = x^2 - 4$.

---

46 Disegna il grafico della funzione $y = x^2 - 6x$. Traccia poi i grafici delle seguenti funzioni, dopo averne scritto l'espressione analitica: **a.** $y = -f(x)$; **b.** $y = f(-x)$; **c.** $y = |f(x)|$.

47 Calcola le lunghezze dei lati di un triangolo rettangolo di perimetro 96 cm, sapendo che le misure sono in progressione aritmetica. [24 cm; 32 cm; 40 cm]

48 Determina tre numeri positivi in progressione geometrica tali che la loro somma sia 86 e che la differenza tra il terzo e il primo sia 70. [2; 12; 72]

COSTRUIRE E UTILIZZARE MODELLI

49 Su un foglio rettangolare, che ha dimensioni 26 cm e 42 cm, viene stampato un testo lasciando in ognuno dei lati un bordo bianco di x cm. Scrivi una formula che fornisca la misura A dell'area della parte stampata al variare della misura x del bordo. Indica il dominio della funzione e quale valore essa assume per $x = 2$. Se si vuole che l'area sia 897 cm^2, quanto deve misurare x? [$A = 1092 - 136x + 4x^2$; D: $[0; 13]$; 836; $x = 1,5$]

50 La finestra di un'antica chiesa ha la forma rappresentata nella figura; il suo perimetro è lungo 324 cm.

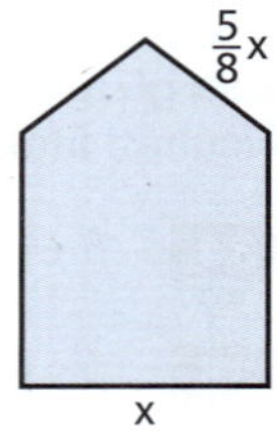

a. Scrivi la misura dell'area A in funzione della base x della finestra.

b. Scrivi il dominio della funzione A.

c. Se la base è lunga 1 m, quanto misura l'area?

[a) $A(x) = 162x - \frac{15}{16}x^2$; b) D: $]0; 144[$; c) 6825 cm^2]

51 **Giocoleria** Se Filippo lancia verticalmente verso l'alto un diablo con una certa velocità, al variare del tempo t, la sua altezza h è espressa dalla funzione $h(t) = -5t^2 + 15t$.

a. Rappresenta per punti il grafico di $h(t)$.

b. È una funzione iniettiva?

c. Qual è la massima altezza raggiunta dal diablo?

d. Dove si trova dopo 3 secondi dal lancio?

[c) 11,25 m]

52 **Dolomiti e Toscana** Il grafico a lato rappresenta l'andamento della temperatura a Cortina, località sulle Dolomiti, durante una giornata estiva.

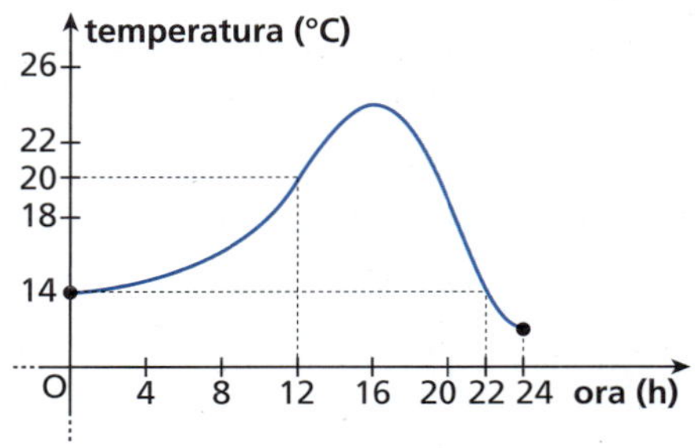

a. Individua dominio e immagine della funzione f corrispondente al grafico. La funzione è iniettiva? Suriettiva? Biunivoca?

b. A Firenze le temperature registrate durante lo stesso giorno sono di 6 °C più alte. Rappresenta graficamente la funzione g che descrive l'andamento nel tempo della temperatura a Firenze, e scrivi le equazioni della trasformazione geometrica che manda il grafico di f in quello di g. Quali sono dominio e immagine di g?

c. A che ora la temperatura a Firenze è la stessa che a Cortina a mezzogiorno?

[a) $D = [0; 24]$, $I = [12; 24]$, suriet. ma non biuniv.; b) $\begin{cases} x' = x \\ y' = y + 6 \end{cases}$, $D_g = [0; 24]$, $I_g = [18; 30]$; c) $x = 0 \vee x = 22$]

53 Un'azienda vinicola produttrice di lambrusco vende ogni litro x di vino prodotto a € 5,5. L'azienda per la sua attività ogni giorno ha spese fisse di € 50, a cui si devono aggiungere le spese unitarie per ogni litro x di vino, che sono pari a una parte fissa di € 2 e una parte variabile di 0,02x, la quale dipende dai litri di vino prodotti in un giorno.

a. Scrivi la funzione del guadagno giornaliera, $y = f(x)$, per la produzione e la vendita di x litri di lambrusco.

b. Quanti litri x_{max} di lambrusco deve produrre giornalmente l'azienda per avere il massimo guadagno?

[a) $y = -0,02x^2 + 3,5x - 50$; b) 87,5 L]

54 **Ninfee** La superficie di un lago è di 25 600 m^2. Le ninfee che si trovano nel lago impiegano un giorno per raddoppiare la loro superficie. Sapendo che le ninfee dopo 7 giorni occupano metà della superficie del lago:

a. determina quanti giorni occorrono per ricoprire tutta la superficie del lago;

b. esprimi la legge che descrive l'accrescimento dimostrando che si tratta di una progressione geometrica crescente;

c. trova la superficie iniziale occupata dalle ninfee.

[a) 8 giorni; b) $a_n = 100 \cdot 2^n, n \in \mathbb{N}$; c) $a_0 = 100$]

55 ●○

Paola in scooter Paola acquista uno scooter a rate con la formula «interesse zero». Il pagamento avviene in questa forma: € 150 il primo mese, € 158 il secondo e così via: ogni mese i pagamenti crescono di € 8 finché il debito è estinto. Sapendo che l'ultimo pagamento è di € 318:

a. dimostra che per estinguere il debito occorrono 22 mesi;

b. trova quanto è costato lo scooter;

c. determina in quale mese vengono pagati € 230. [b) € 5148; c) 11°]

56 ●○

Pesca o melograno? Marco ha destinato € 60 all'acquisto di due tipi di succo, uno alla pesca e uno al melograno. Ogni bottiglia di succo al melograno costa € 3 e ogni bottiglia di succo alla pesca € 2.

a. Se x è il numero di bottiglie di succo al melograno che Marco decide di comprare, scrivi la funzione che esprime il numero $y = f(x)$ di bottiglie di succo alla pesca che può acquistare con i soldi rimanenti.

b. Rappresenta graficamente $f(x)$ nel suo dominio e spiega che cosa esprimono i punti di intersezione del grafico $f(x)$ con gli assi cartesiani.

c. Se Marco vuole prendere lo stesso numero di bottiglie di succo al melograno e di succo alla pesca, quante ne può acquistare?

$\left[\text{a) } y = 30 - \frac{3}{2}x\text{; c) } 12\right]$

57 ●●

Acqua alta Il grafico rappresenta la previsione dell'andamento della marea nell'alto Adriatico nell'arco di una giornata. Il Centro maree della città di Venezia deve aggiornare il grafico sapendo che per quel giorno è previsto un forte vento che causerà un innalzamento del livello del mare di ulteriori 50 cm. Inoltre la variazione del livello dell'acqua all'interno della laguna veneziana subisce un ritardo di 1 ora rispetto al mare aperto.

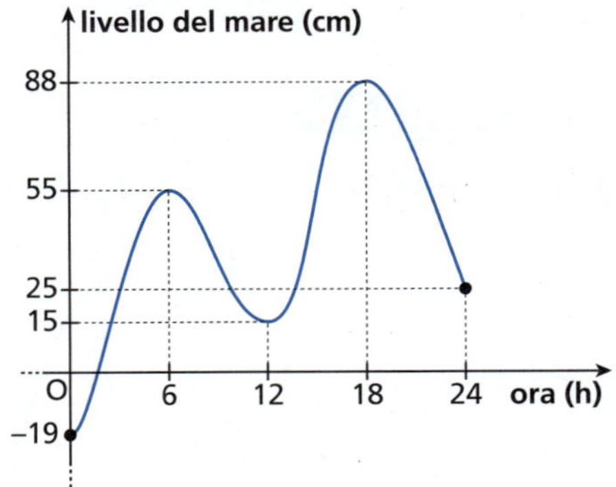

a. Scrivi le equazioni della trasformazione che permette di ottenere la previsione della marea in laguna.

b. A Venezia, piazza San Marco si trova 90 cm al di sopra del livello 0 del mare. Alle ore 8 la piazza sarà sommersa dall'acqua? Dai una spiegazione qualitativa.

c. A che ora si registrerà a Venezia la punta più alta della marea?

$\left[\text{a) } \begin{cases} x' = x + 1 \\ y' = y + 50 \end{cases}\text{; c) } 19\right]$

58 ●●

Pacchi in viaggio Le tariffe di spedizione di un'azienda nazionale di trasporti sono differenziate a seconda del peso x, in kg, del pacco da spedire. La spedizione ha un costo fisso di € 4. Se il peso del pacco è inferiore o uguale a 10 kg, ogni kg costa € 1,5. Se il pacco supera i 10 kg, l'azienda applica una tariffa di € 2,0 al kg ai kilogrammi eccedenti.

a. Determina la funzione che descrive la tariffa per la spedizione di un pacco e traccia il suo grafico.

b. Se devi spedire a un amico un pacco di libri di 25 kg, quanto spenderesti?

$\left[\text{a) } y = \begin{cases} 1,5x + 4 & \text{se } 0 < x \le 10 \\ 2x - 1 & \text{se } x > 10 \end{cases}\text{; b) € } 49\right]$

VERIFICA DELLE COMPETENZE PROVE

1 ora

PROVA A

1 ..../15 Determina il dominio delle seguenti funzioni.

a. $y = \dfrac{2}{x^3 - 6x^2 + 9x}$ **b.** $y = \dfrac{\sqrt{25 - x^2}}{x}$ **c.** $y = \dfrac{x}{18 - 2x^2}$

2 ..../15 Data la funzione $f(x) = \dfrac{x^2 + 6x}{1 - x}$, classificala, determina il suo dominio e i punti di intersezione del grafico con gli assi, studia il segno e rappresenta nel piano cartesiano le regioni in cui si trova il suo grafico.

3 ..../25 Considera le funzioni $f(x) = 3x$ e $g(x) = \dfrac{x}{2} - 5$ e scrivi l'espressione analitica di f^{-1}, g^{-1}, $f \circ g$ e $(f \circ g)^{-1}$.

4 ..../15 Se a_n è una progressione geometrica con $S_5 = \dfrac{605}{9}$ e $q = 3$, calcola a_3.

5 ..../30 **REALTÀ E MODELLI** Un calzaturificio artigianale produce un particolare modello di stivali che vende al pubblico al prezzo di € 220 al paio. La spesa fissa mensile per la produzione di questa scarpa è di € 4300, a cui va aggiunta una spesa variabile unitaria pari a € $(0{,}50 \cdot x)$, che dipende dal numero x di paia di stivali prodotte.

a. Quante paia x di stivali è necessario che l'azienda produca al mese per ottenere il massimo guadagno?

b. A quanto ammonta il massimo guadagno mensile raggiungibile per la vendita di questo modello di stivale?

Punti totali ..../100

Controlla i risultati sul sito del libro.

PROVA B

1 ..../10 **COMPLETA** osservando il grafico di $y = f(x)$.

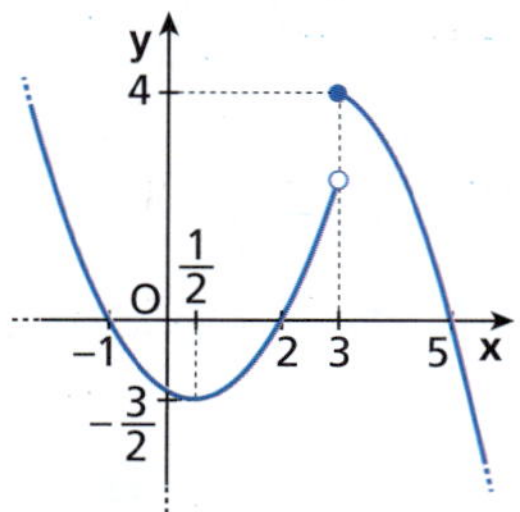

a. Dominio: ___; immagine: ___.

b. $f\left(\frac{1}{2}\right) =$ ___; $f(3) =$ ___; $f(5) =$ ___.

c. f è crescente per ___ $< x <$ ___.

d. Determina l'intervallo di valori x per i quali $f(x) > 0$.

2 ..../30 Rappresenta con le trasformazioni geometriche:

a. $y = -|x - 3|$, a partire da $y = x - 3$;

b. $y = -x^2 + 2$, a partire da $y = x^2$.

3 ..../10 Data la funzione $y = \dfrac{x}{x^2 - 16}$, trova il dominio, gli zeri, studia il segno e indica se è pari o dispari.

4 ..../10 Se a_n è una progressione aritmetica con $a_1 = 4$ e $a_5 = 16$, calcola S_7.

5 ..../20 Il grafico nella figura è quello di una funzione la cui espressione analitica è $y = \dfrac{a}{2 + bx^2}$. Determina il valore di a e b.

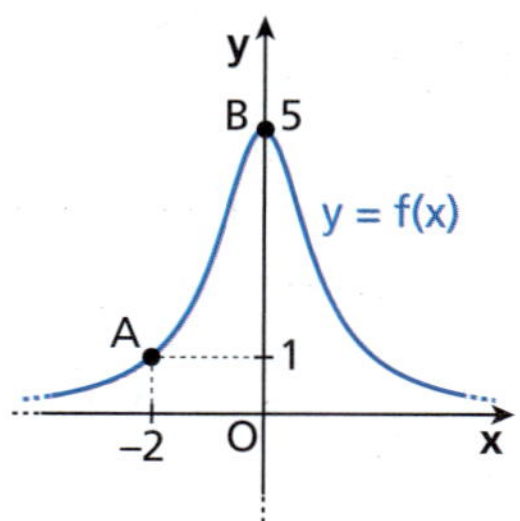

6 ..../20 Determina la funzione inversa di $y = -\dfrac{2}{x} + 1$ e disegna i grafici di entrambe le funzioni.

Punti totali ..../100

Controlla i risultati sul sito del libro.

CAPITOLO 3

ESPONENZIALI, LOGARITMI, FUNZIONI GONIOMETRICHE

Crescere nell'esponente

«In uno stagno c'è una ninfea che ogni giorno raddoppia la sua superficie. In 28 giorni ricopre tutto lo stagno. In quanti giorni ha ricoperto metà stagno?»
Questo indovinello cerca di ingannarti: infatti è difficile rendersi ben conto della rapidità della crescita esponenziale. Immagina questo esperimento ideale. Un foglio di carta dello spessore di 0,1 mm viene piegato in due, poi di nuovo in due e così via. Dopo 50 piegature, che spessore si raggiunge? $2^{50} \cdot 0{,}1$ mm, cioè circa 100 milioni di km, $\frac{2}{3}$ della distanza Terra-Sole! Anche le popolazioni, in certe condizioni, crescono in modo esponenziale.

Come cresce una popolazione di batteri?

▶ La risposta a pag. 113

1 Esponenziali

Potenze con esponente intero o razionale ▶ Esercizi a p. 133

Le potenze con esponente intero

a^x se...	...è definita per...	Esempio
$x > 0$	$\forall a$	$(-\sqrt{2})^3 = -2\sqrt{2}$; $0^3 = 0$.
$x = 0$	$a \neq 0$	$a^0 = 1$; 0^0 non si definisce.
$x < 0$	$a \neq 0$	$\left(-\frac{2}{3}\right)^{-2} = \left(-\frac{3}{2}\right)^2 = \frac{9}{4}$.

Le potenze con esponente razionale

a^x se...	...è definita per...	Esempio
$x > 0$	$a \geq 0$	$5^{\frac{3}{4}} = \sqrt[4]{5^3}$; $0^{\frac{1}{2}} = 0$.
$x = 0$	$a \neq 0$	$a^0 = 1$; 0^0 non si definisce.
$x < 0$	$a > 0$	$(\sqrt{3})^{-\frac{1}{2}} = \frac{1}{(\sqrt{3})^{\frac{1}{2}}} = \frac{1}{\sqrt[4]{3}}$.

TEORIA

Nelle tabelle precedenti abbiamo riassunto per quali valori sono definite le potenze di un numero reale con esponente intero o razionale.

Osserviamo che l'introduzione degli esponenti razionali richiede che **la base delle potenze non possa essere negativa**. In caso contrario si avrebbero situazioni non accettabili come quella del seguente esempio.

ESEMPIO

Supponiamo che la base di una potenza con esponente razionale possa essere negativa. Allora potremmo scrivere:

$$-125 = (-5)^3 = \{[(-5)^3]^{\frac{1}{2}}\}^2 = \{[(-5)^3]^2\}^{\frac{1}{2}} = \sqrt{(-5)^6} = \sqrt{5^6} = 125.$$

Ma -125 non è uguale a 125!

Potenze con esponente reale

▶ Esercizi a p. 133

È possibile definire una potenza con esponente reale ma non razionale?
Una scrittura come $3^{\sqrt{2}}$ ha significato?

Sappiamo che $\sqrt{2}$ è un numero irrazionale, cioè un numero decimale illimitato non periodico. Può essere approssimato per eccesso o per difetto da due successioni di numeri decimali finiti:

$$1,4 \quad 1,41 \quad 1,414 \quad 1,4142 \quad \dots \quad \text{e} \quad 1,5 \quad 1,42 \quad 1,415 \quad 1,4143 \quad \dots$$

Consideriamo ora le due seguenti successioni di potenze che hanno come base 3 e come esponenti razionali i termini delle due precedenti successioni:

$$3^{1,4} \quad 3^{1,41} \quad 3^{1,414} \quad 3^{1,4142} \quad \dots \quad \text{e} \quad 3^{1,5} \quad 3^{1,42} \quad 3^{1,415} \quad 3^{1,4143} \quad \dots$$

Si può dimostrare che esiste un unico numero reale più grande di tutti gli elementi della prima successione e, contemporaneamente, più piccolo di tutti quelli della seconda. Indichiamo con $3^{\sqrt{2}}$ questo numero:

$$3^{1,4} < 3^{1,41} < 3^{1,414} < 3^{1,4142} < \dots < \mathbf{3^{\sqrt{2}}} < \dots < 3^{1,4143} < 3^{1,415} < 3^{1,42} < 3^{1,5}.$$

In generale, definiamo la **potenza a^x di un numero reale $a > 1$**, che abbia **esponente reale $x > 0$**, come quell'*unico* numero reale maggiore di tutte le potenze di a con esponenti razionali che approssimano x per difetto e minore di tutte le potenze di a con esponenti razionali che approssimano x per eccesso.

In modo analogo si ragiona quando $0 < a < 1$, ma tenendo conto che in questo caso al crescere degli esponenti che approssimano x le potenze decrescono, mentre al decrescere degli esponenti le potenze crescono.

▶ Considera le successioni che approssimano $(0,2)^{\sqrt{2}}$. Che differenza noti tra queste e quelle che approssimano $3^{\sqrt{2}}$?

Quindi definiamo la **potenza a^x di un numero reale a, con $0 < a < 1$**, che abbia **esponente reale $x > 0$**, come quell'*unico* numero reale maggiore di tutte le potenze di a con esponenti razionali che approssimano x per eccesso e minore di tutte le potenze di a con esponenti razionali che approssimano x per difetto.

Si definiscono poi:

- $\mathbf{1^x = 1}$ per qualunque numero reale x;
- $\mathbf{0^x = 0}$ per qualunque numero reale x positivo;
- $\boldsymbol{a^0 = 1}$ per qualunque numero reale a positivo;
- $a^{-r} = \left(\frac{1}{a}\right)^r = \frac{1}{a^r}$ per qualunque coppia di numeri reali positivi a e r.

Dall'ultimo caso notiamo che, se $a > 0$, possiamo considerare potenze a^x con esponente negativo.

Non si definiscono invece:

- le potenze con base zero ed esponente nullo o negativo;
- le potenze con base un numero reale negativo.

Ci limiteremo a studiare le potenze a^x con base reale $a > 0$, che sono le uniche a essere definite con esponente x reale qualsiasi. Poiché la base a è positiva, il valore della potenza a^x è sempre positivo:

$$\boldsymbol{a > 0 \quad \rightarrow \quad a^x > 0, \quad \forall x \in \mathbb{R}.}$$

Proprietà delle potenze con esponente reale

Si può dimostrare che anche per le potenze con esponente reale valgono le proprietà già viste per le potenze con esponente razionale.
Inoltre, vale il seguente teorema.

TEOREMA
All'aumentare dell'esponente reale x, la potenza a^x:

- aumenta se $a > 1$: $\boldsymbol{a > 1 \rightarrow x_1 < x_2 \leftrightarrow a^{x_1} < a^{x_2}}$;
- diminuisce se $0 < a < 1$: $\boldsymbol{0 < a < 1 \rightarrow x_1 < x_2 \leftrightarrow a^{x_1} > a^{x_2}}$.

ESEMPIO
Consideriamo i due esponenti 5 e $\sqrt{3}$, poiché $5 > \sqrt{3}$ risulta:

- $2^5 > 2^{\sqrt{3}}$, perché la base 2 è maggiore di 1;
- $\left(\frac{1}{2}\right)^5 < \left(\frac{1}{2}\right)^{\sqrt{3}}$, perché la base $\frac{1}{2}$ è minore di 1.

Funzione esponenziale

▶ Esercizi a p. 134

Se consideriamo potenze a esponente reale, possiamo associare in modo univoco a un qualunque numero $x \in \mathbb{R}$ il numero reale positivo a^x, fissato $a \in \mathbb{R}^+$.

DEFINIZIONE
Si chiama **funzione esponenziale** ogni funzione del tipo:

$y = a^x$, con $a \in \mathbb{R}^+$.

Listen to it
An **exponential function** is a function that can be written as $y = a^x$, with $a \in \mathbb{R}^+$.

Abbiamo una diversa funzione esponenziale per ogni valore $a > 0$ che scegliamo.

Se $a = 1$, la funzione è la funzione costante $y = 1$, perché $1^x = 1$ per qualunque valore di x. Il suo grafico è quindi una retta parallela all'asse x, passante per $(0; 1)$.

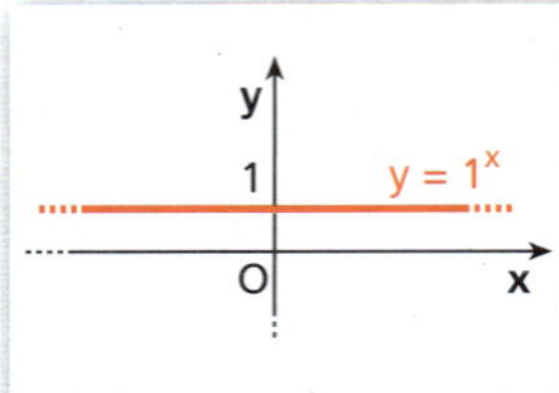

Se $a \neq 1$, distinguiamo i due casi $a > 1$ e $0 < a < 1$, per i quali i grafici hanno andamenti diversi, che esaminiamo con due esempi.

Video

Invenzione degli scacchi
Secondo un'antica leggenda, un bramino insegnò il gioco degli scacchi a un re indiano. Il re ne fu entusiasta e promise in cambio la realizzazione di qualsiasi desiderio. Il bramino chiese dei chicchi di riso: uno per la prima casella della scacchiera, due per la seconda, quattro per la terza e così via.

- Quanto riso dovrà dare il re al bramino?
- Riuscirà a mantenere la promessa?

ESEMPIO

1. **$a > 1$.** Scegliamo, per esempio, $a = 2$: la funzione esponenziale è $y = 2^x$. Il suo grafico è rappresentato in figura **a**.
2. **$0 < a < 1$.** Scegliamo, per esempio, $a = \frac{1}{2}$: la funzione esponenziale è
$$y = \left(\frac{1}{2}\right)^x.$$
Il suo grafico è rappresentato in figura **b**.

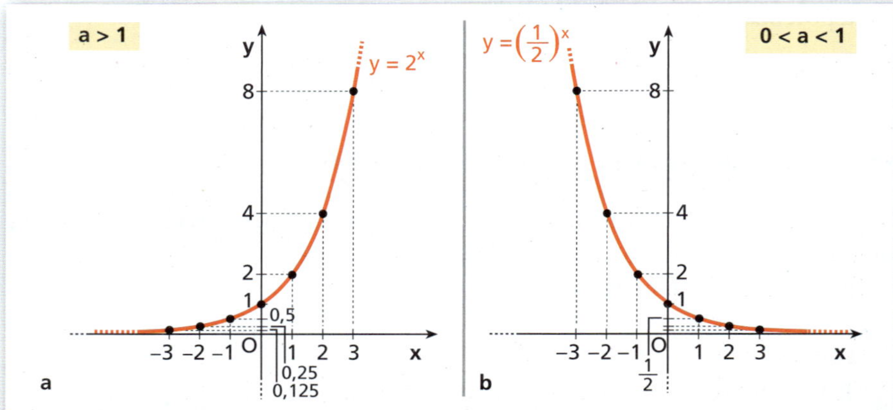

Dai grafici notiamo **proprietà comuni nei due casi**:

- il dominio è $\mathbb{R}$;
- il grafico non interseca l'asse x e si trova interamente nei quadranti con ordinata positiva, cioè l'insieme immagine è $\mathbb{R}^+$;
- il grafico interseca l'asse y in $(0; 1)$;
- la funzione è biunivoca.

Se $a > 1$:

- la funzione è crescente;
- per esponenti negativi decrescenti, le potenze si avvicinano sempre più a 0.

Se $0 < a < 1$:

- la funzione è decrescente;
- per esponenti positivi crescenti, le potenze si avvicinano sempre più a 0.

Funzione esponenziale con base e

In matematica è spesso utilizzata, per le sue particolari proprietà che studieremo in seguito, la funzione esponenziale

$$y = e^x,$$

dove e è un particolare numero irrazionale, il numero di Nepero:

$$e = 2{,}71828182845\ldots$$

Nelle calcolatrici scientifiche trovi spesso un tasto che fornisce il valore di e o anche un tasto che, dato x, fornisce il valore di e^x.

Crescita esponenziale di una popolazione

I modelli matematici mostrano che una popolazione, in presenza di risorse abbondanti, cresce secondo una curva esponenziale.

ESEMPIO Batteri e modelli

Durante una ricerca su un tipo particolare di batterio, è stato osservato che i 10 batteri presenti nella coltura preparata inizialmente dopo un'ora sono cresciuti in numero del 120%. Indichiamo con $y = f(x)$ la funzione che determina il numero y di batteri presenti nella coltura dopo x ore.

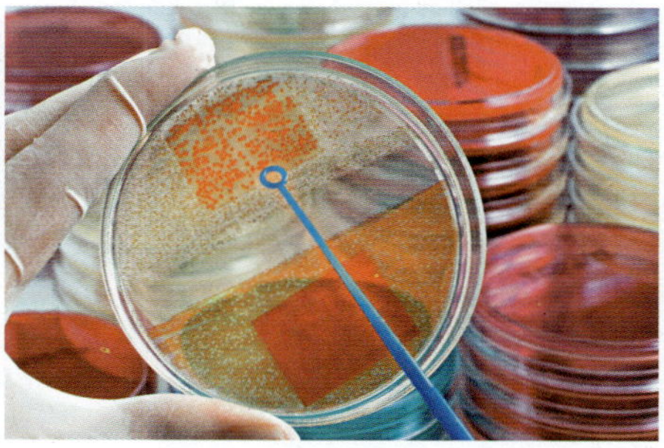

- ▶ Qual è l'espressione analitica della funzione $y = f(x)$?
- ▶ Quanti batteri sono presenti nella coltura dopo 8 ore?

Dopo un'ora dall'inizio dell'esperimento i batteri nella coltura sono

$$10 + \frac{120}{100} \cdot 10 = 10 \cdot (1 + 1{,}2);$$

dopo 2 ore i batteri sono

$$10 \cdot (1 + 1{,}2) + 1{,}2 \cdot 10 \cdot (1 + 1{,}2) = 10 \cdot (1 + 1{,}2) \cdot (1 + 1{,}2) = 10 \cdot (1 + 1{,}2)^2$$

e così via. Il numero di batteri nella coltura dopo x ore è dato dalla funzione:

$$y = f(x) = 10 \cdot (1 + 1{,}2)^x,$$

che è una funzione di tipo esponenziale.
Per calcolare quanti batteri sono presenti nella coltura dopo 8 ore, sostituiamo $x = 8$: $f(8) = 10 \cdot (1 + 1{,}2)^8 \simeq 5488$.

Dopo 8 ore i batteri sono circa 5488.

Equazioni esponenziali

▶ Esercizi a p. 138

DEFINIZIONE

Un'**equazione esponenziale** contiene almeno una potenza con l'incognita nell'esponente.

Per esempio, $2^x = 5$ è un'equazione esponenziale, mentre $x^{\sqrt{5}} = 2$ non lo è.

Consideriamo l'equazione esponenziale: $\boldsymbol{a^x = b}$, con $\boldsymbol{a > 0}$.

Per risolvere $a^x = b$, distinguiamo due casi.

- **Se $b \leq 0$**, l'equazione $a^x = b$ è *impossibile*, perché a^x non è mai negativo o nullo.

Per esempio, l'equazione $2^x = -4$ non è verificata per alcun valore di x.

- **Se $a \neq 1$ e $b > 0$**, l'equazione $a^x = b$ ha sempre *una e una sola soluzione*. Infatti, se interpretiamo graficamente l'equazione, considerando il grafico di $y = a^x$ e quello di $y = b$, la soluzione $\overline{x}$ è l'ascissa del punto di intersezione dei due grafici, che è una e una sola, perché la funzione $y = a^x$ è biunivoca.

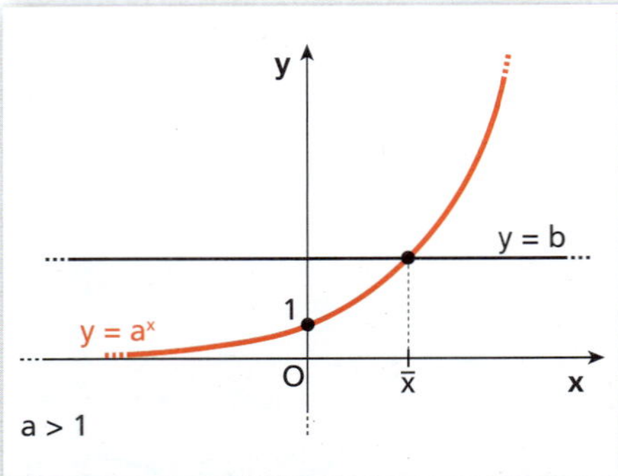

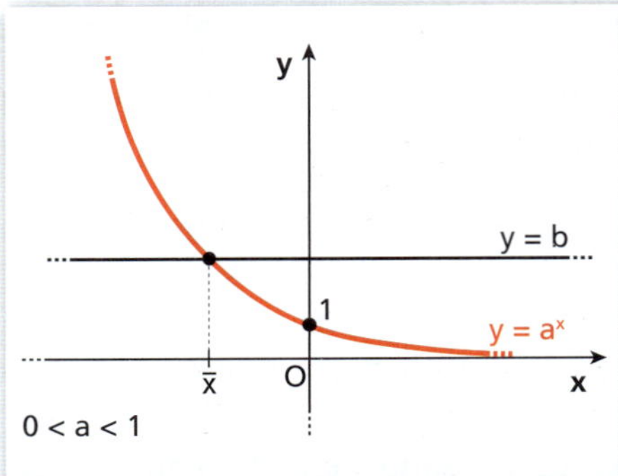

- **Se $a = 1$ e $b \neq 1$**, l'equazione è *impossibile*, poiché 1^x vale 1 per ogni $x \in \mathbb{R}$.
- **Se $a = 1$ e $b = 1$**, l'equazione è *indeterminata*, perché 1^x vale 1 per ogni $x \in \mathbb{R}$.

Riassumiamo i casi che si possono presentare per l'equazione $a^x = b$.

b \ a	$0 < a < 1$	$a = 1$	$a > 1$
$b \leq 0$	impossibile	impossibile	impossibile
$b > 0, b \neq 1$	una soluzione	impossibile	una soluzione
$b = 1$	una soluzione	indeterminata	una soluzione

► Risolvi le seguenti equazioni.
a. $3^x = -125$;
b. $1^{2x} = 1^{x-2}$;
c. $6 = 1^{6x}$;
d. $64\sqrt{2} = 4^{2x}$;
e. $-8 = \left(\frac{1}{2}\right)^x$.
Con l'animazione verifica i tuoi risultati.

Animazione

Non esiste un metodo generale per risolvere le equazioni esponenziali. Negli esercizi abbiamo scelto di considerare solo alcuni casi.

È possibile risolvere l'equazione **in modo immediato**, se si riescono a scrivere a e b come potenze aventi la stessa base.

ESEMPIO

Risolviamo $25^x = 125$.

Scriviamo l'equazione utilizzando potenze di 5:

$$(5^2)^x = 5^3 \rightarrow 5^{2x} = 5^3.$$

Due potenze con la stessa base sono uguali se e solo se sono uguali anche gli esponenti, quindi:

$$5^{2x} = 5^3 \quad \rightarrow \quad 2x = 3 \quad \rightarrow \quad x = \frac{3}{2}.$$

Disequazioni esponenziali

▶ Esercizi a p. 141

DEFINIZIONE

Una **disequazione esponenziale** contiene almeno una potenza con l'incognita nell'esponente.

Per le disequazioni esponenziali valgono osservazioni analoghe a quelle fatte sulle equazioni esponenziali. Dobbiamo anche ricordare che:

se $a > 1$:

$$a^t > a^z \quad \leftrightarrow \quad t > z.$$

se $0 < a < 1$:

$$a^t > a^z \quad \leftrightarrow \quad t < z.$$

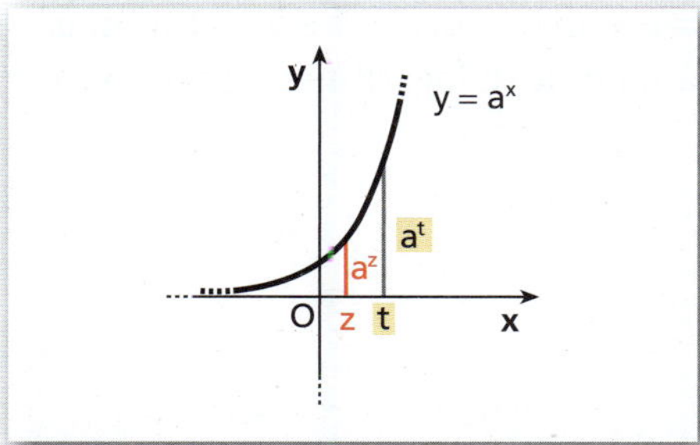

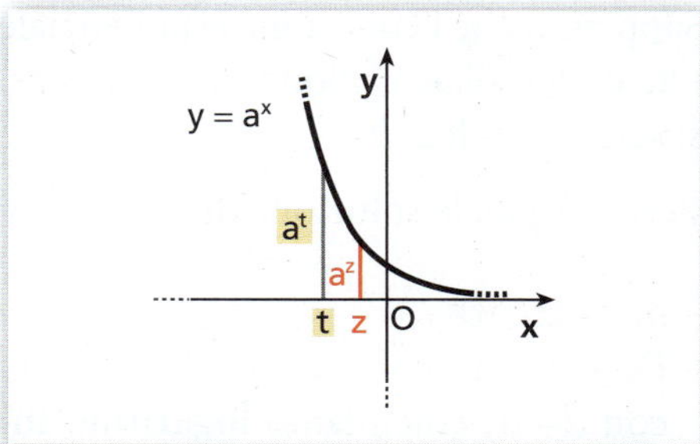

ESEMPIO Animazione

1. Risolviamo $32^x > 128$.
   Scriviamo la disequazione utilizzando potenze di 2:

   $$(2^5)^x > 2^7 \quad \rightarrow \quad 2^{5x} > 2^7.$$

   Poiché le potenze hanno **base maggiore di 1**, dalla disuguaglianza precedente otteniamo una disuguaglianza fra gli esponenti **di ugual verso**:

   $$2^{5x} > 2^7 \quad \rightarrow \quad 5x > 7 \quad \rightarrow \quad x > \frac{7}{5}.$$

2. Risolviamo $\left(\frac{1}{8}\right)^x > \frac{1}{4}$.

   Scriviamo la disequazione utilizzando potenze di $\frac{1}{2}$:

   $$\left(\frac{1}{2}\right)^{3x} > \left(\frac{1}{2}\right)^2.$$

   Poiché le potenze hanno **base minore di 1**, dalla disuguaglianza precedente otteniamo una disuguaglianza fra gli esponenti **di verso contrario**:

   $$\left(\frac{1}{2}\right)^{3x} > \left(\frac{1}{2}\right)^2 \quad \rightarrow \quad 3x < 2 \quad \rightarrow \quad x < \frac{2}{3}.$$

► Risolvi

$$4 \cdot 2^x - \frac{2}{2^x} + 2 > 0,$$

utilizzando come incognita ausiliaria $t = 2^x$, come proponiamo nell'animazione.

Animazione

Vediamo ora un esempio tratto da un contesto reale.

ESEMPIO Quanti rami?

Per stimare come aumenta nel tempo il numero y dei rami di un albero, supponiamo che cresca con la legge $y = 15 \cdot 2^x$, dove x è il numero degli anni.

► Dopo quanti anni ci sono più di 60 rami?

Risolviamo la disequazione:

$$15 \cdot 2^x > 60 \rightarrow 2^x > 4 \rightarrow 2^x > 2^2 \rightarrow x > 2.$$

Dopo 2 anni i rami sono più di 60.

2 Logaritmi

Definizione di logaritmo

▶ Esercizi a p. 144

Sappiamo che l'equazione esponenziale $a^x = b$, con $a > 0$, $a \neq 1$ e $b > 0$, ammette una e una sola soluzione. A tale valore si dà il nome di logaritmo in base a di b e si scrive: $x = \log_a b$.

Per esempio, la soluzione di $2^x = 7$ è $x = \log_2 7$.

Listen to it

The **logarithm** of a number to a given base is the exponent to which the base must be raised to get that number.

DEFINIZIONE

Dati due numeri reali positivi a e b, con $a \neq 1$, chiamiamo **logaritmo in base *a* di *b*** l'esponente x da assegnare alla base a per ottenere il numero b.

$\log_a b = x \leftrightarrow a^x = b$

$a > 0,\ a \neq 1,\ b > 0$

ESEMPIO

$\log_3 81 = 4$ perché $3^4 = 81$.

▶ Applica la definizione per calcolare:

$\log_2 512$; $\log_5 1$;

$\log_2 \frac{1}{256}$; $\log_3 \sqrt{27}$.

Il numero b viene detto **argomento** del logaritmo.
Dalla definizione possiamo osservare che il logaritmo permette di scrivere in modo diverso la relazione che esiste in una potenza fra base, esponente e risultato. Per esempio, le due scritture $5^2 = 25$ e $2 = \log_5 25$ sono equivalenti.
Dalla definizione, supponendo $a, b > 0$ e $a \neq 1$, otteniamo:

$\boldsymbol{\log_a 1 = 0}$, perché $a^0 = 1$; $\boldsymbol{\log_a a = 1}$, perché $a^1 = a$;

$\boldsymbol{a^{\log_a b} = b}$, perché $\log_a b$ è l'esponente a cui elevare a per ottenere b.

Osserviamo poi che se due numeri positivi sono uguali, anche i loro logaritmi, rispetto a una stessa base, sono uguali e viceversa:

$$\boldsymbol{x = y \leftrightarrow \log_a x = \log_a y}.$$

Vale il seguente teorema.

TEOREMA

All'aumentare dell'argomento b (reale positivo), il logaritmo $\log_a b$:

- aumenta, se $a > 1$;
- diminuisce, se $0 < a < 1$.

ESEMPIO

Fissati i due argomenti 5 e 2, poiché $5 > 2$, risulta:

$\log_{10} 5 > \log_{10} 2$, perché la base 10 è maggiore di 1;

$\log_{\frac{1}{2}} 5 < \log_{\frac{1}{2}} 2$, perché la base $\frac{1}{2}$ è minore di 1.

Di solito, la base 10 si sottintende. Per esempio, $\log_{10} 5$ si scrive $\log 5$.

Proprietà dei logaritmi

▶ Esercizi a p. 146

Le proprietà fondamentali dei logaritmi sono tre, valide qualunque sia la base, purché positiva e diversa da 1, e si deducono dalle proprietà delle potenze.

Nei loro enunciati sottintendiamo che i logaritmi sono riferiti a una stessa base.

Logaritmo di un prodotto
Il logaritmo del prodotto di due numeri positivi è uguale alla *somma* dei logaritmi dei due fattori:

$$\log_a (b \cdot c) = \log_a b + \log_a c, \quad \text{con } b > 0, c > 0.$$

ESEMPIO
Verifichiamo l'uguaglianza: $\log_2 (8 \cdot 16) = \log_2 8 + \log_2 16$.

Primo membro: $\log_2 (8 \cdot 16) = \log_2 128 = \log_2 2^7 = 7$.

Secondo membro: $\log_2 8 + \log_2 16 = \log_2 2^3 + \log_2 2^4 = 3 + 4 = 7$.

Logaritmo di un quoziente
Il logaritmo del quoziente di due numeri positivi è uguale alla *differenza* fra il logaritmo del dividendo e il logaritmo del divisore:

$$\log_a \frac{b}{c} = \log_a b - \log_a c, \quad \text{con } b > 0, c > 0.$$

ESEMPIO
Verifichiamo l'uguaglianza: $\log_3 \frac{729}{9} = \log_3 729 - \log_3 9$.

Primo membro: $\log_3 \frac{729}{9} = \log_3 81 = \log_3 3^4 = 4$.

Secondo membro: $\log_3 729 - \log_3 9 = \log_3 3^6 - \log_3 3^2 = 6 - 2 = 4$.

Logaritmo di una potenza
Il logaritmo della potenza di un numero positivo elevato a un esponente reale è uguale al prodotto di quell'esponente per il logaritmo del numero positivo:

$$\log_a b^n = n \cdot \log_a b, \quad \text{con } b > 0, n \in \mathbb{R}.$$

ESEMPIO
Verifichiamo l'uguaglianza: $\log_3 9^4 = 4 \cdot \log_3 9$.

Primo membro: $\log_3 9^4 = \log_3 (3^2)^4 = \log_3 3^8 = 8$.

Secondo membro: $4 \cdot \log_3 9 = 4 \log_3 3^2 = 4 \cdot 2 = 8$.

Un caso particolare

Poiché $\sqrt[n]{b} = b^{\frac{1}{n}}$, applichiamo la terza proprietà dei logaritmi anche per il logaritmo di una radice:

$$\log_a \sqrt[n]{b} = \frac{1}{n} \log_a b, \quad \text{con } b > 0.$$

Animazione
In questa animazione e nelle due successive trovi sia la dimostrazione sia l'esempio commentati passo passo.

▶ Trasforma in un unico logaritmo:
$\log 18 + \log \frac{1}{3} + \log \frac{3}{2}$.

Animazione

▶ Trasforma in un unico logaritmo
$\log 128 - \log 32$.

Animazione

▶ Applica la proprietà del logaritmo di una potenza per trasformare
$\log 1296$; $\log(7^4 \cdot 16)$.

ESEMPIO

$\log\sqrt{6} = \frac{1}{2}\log 6$, perché $\sqrt{6} = 6^{\frac{1}{2}}$.

Formula del cambiamento di base

▶ Esercizi a p. 148

Le calcolatrici sono spesso costruite per calcolare i logaritmi in due sole basi: la base 10 e la base $e = 2{,}71828\ldots$, cioè il numero di Nepero.

Per distinguere i logaritmi nelle due basi si usano le seguenti notazioni:

- **log** x indica il $\log_{10} x$, **logaritmo decimale**;
- **ln** x indica il $\log_e x$, **logaritmo naturale** o **neperiano**.

Per calcolare il logaritmo in una base diversa dalle precedenti, è utile la seguente proprietà.

Cambiamento di base nei logaritmi

$$\log_a b = \frac{\log_c b}{\log_c a}, \quad \text{con } a > 0, b > 0, c > 0, a \neq 1, c \neq 1.$$

ESEMPIO

$$\log_3 12 = \frac{\ln 12}{\ln 3}$$

Video

Calcolo approssimato dei logaritmi

▶ Come possiamo calcolare log 2 senza calcolatrice?

▶ E log 2000?

▶ Trasforma i seguenti logaritmi in base 10:

$\log_3 10$; $\log_5 7$; $\log_6 24$.

Funzione logaritmica

▶ Esercizi a p. 148

DEFINIZIONE

Una **funzione logaritmica** è del tipo:

$y = \log_a x, \quad$ con $a > 0$ e $a \neq 1$.

L'argomento x del logaritmo deve essere positivo, quindi il dominio della funzione è $\mathbb{R}^+$.

Grafico della funzione logaritmica

L'andamento del grafico è diverso se $a > 1$ o se $0 < a < 1$.
Esaminiamo i due casi con due esempi.

ESEMPIO

1. $a > 1$. Studiamo $y = \log_2 x$.
2. $0 < a < 1$. Studiamo $y = \log_{\frac{1}{2}} x$.

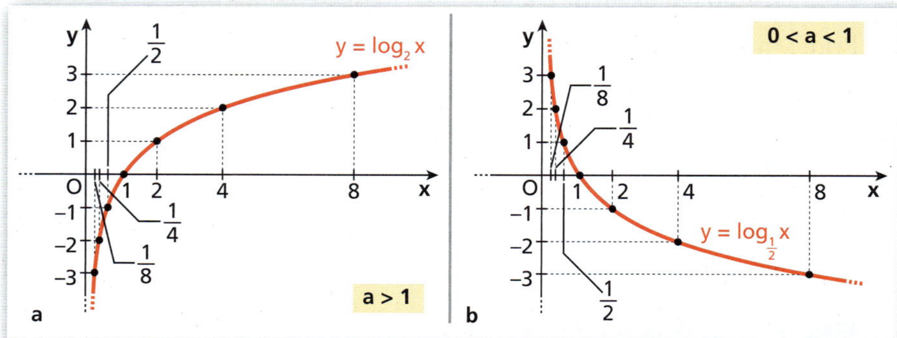

Nei grafici degli esempi precedenti puoi osservare le proprietà della funzione logaritmica.

La funzione ha sempre dominio $\mathbb{R}^+$, insieme immagine $\mathbb{R}$ ed è biunivoca.

Se $a > 1$, è una funzione crescente in $\mathbb{R}^+$. Tende a $-\infty$ se x tende a 0 e tende a $+\infty$ se x tende a $+\infty$.

Se $0 < a < 1$, è una funzione decrescente in $\mathbb{R}^+$. Tende a $+\infty$ se x tende a 0 e tende a $-\infty$ se x tende a $+\infty$.

Equazioni logaritmiche

▶ Esercizi a p. 150

DEFINIZIONE

Un'**equazione logaritmica** ha l'incognita che compare nell'argomento di almeno un logaritmo.

Listen to it

A **logarithmic equation** contains at least one logarithm whose argument is unknown.

Tra le equazioni logaritmiche, consideriamo quelle che possiamo scrivere nella forma:

$\mathbf{\log_a A(x) = \log_a B(x)}$, con $A(x)$ e $B(x)$ funzioni dell'incognita x.

Per le condizioni di esistenza dei logaritmi deve essere: $A(x) > 0$ e $B(x) > 0$.
Inoltre è vero che

se $A(x) = B(x)$, allora $\log_a A(x) = \log_a B(x)$ e viceversa.

Quindi per risolvere l'equazione è sufficiente cercare le soluzioni di $A(x) = B(x)$ e controllare successivamente se queste soddisfano le condizioni di esistenza.

ESEMPIO

Risolviamo l'equazione $\log x + \log(x+3) = \log 2 + \log(2x+3)$.
Scriviamo le condizioni di esistenza imponendo che ciascun logaritmo presente nell'equazione abbia argomento maggiore di 0. Otteniamo il sistema:

$$\begin{cases} x > 0 \\ x+3 > 0 \\ 2x+3 > 0 \end{cases} \rightarrow \begin{cases} x > 0 \\ x > -3 \\ x > -\dfrac{3}{2} \end{cases} \rightarrow \quad x > 0, \text{ cioè C.E.: } x > 0.$$

Applichiamo la proprietà del logaritmo di un prodotto:

$$\log[x(x+3)] = \log[2(2x+3)].$$

Passiamo all'uguaglianza degli argomenti:

$$x(x+3) = 2(2x+3) \rightarrow x^2 + 3x = 4x + 6 \rightarrow x^2 - x - 6 = 0 \rightarrow$$

$$x_1 = -2,\ x_2 = 3.$$

Il valore -2 non soddisfa la condizione di esistenza posta $(x > 0)$, soddisfatta invece da 3, che quindi è l'unica soluzione dell'equazione logaritmica.

Animazione

Nella stessa animazione trovi lo svolgimento commentato di questo esempio e del successivo.

▶ Risolvi l'equazione:
$\log(x-2) - \log(2x-5) = 0$.
[$x = 3$]

Disequazioni logaritmiche

▶ Esercizi a p. 153

Consideriamo le disequazioni logaritmiche che possiamo scrivere nella forma

$\mathbf{\log_a A(x) < \log_a B(x)}$,

TEORIA

o nelle forme analoghe con gli altri segni di disuguaglianza.

Per passare da una disequazione di questo tipo a una riguardante gli argomenti $A(x)$ e $B(x)$, dobbiamo ricordare il comportamento della funzione logaritmica:

- per $a > 1$, $\quad \log_a b < \log_a c \leftrightarrow b < c$;
- per $0 < a < 1$, $\quad \log_a b < \log_a c \leftrightarrow b > c$;

con $b, c > 0$.

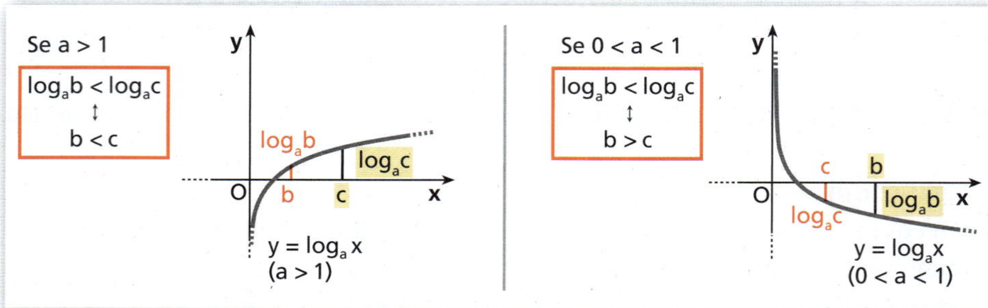

Le soluzioni di una disequazione logaritmica del tipo considerato si ottengono risolvendo il sistema formato da:

- le condizioni di esistenza della disequazione;
- la disequazione che si ottiene dalla disuguaglianza degli argomenti.

ESEMPIO

1. Risolviamo la disequazione $\log_5 (x-1) < 2$.
Per la definizione di logaritmo, scriviamo: $2 = \log_5 25$, perché $5^2 = 25$.
La disequazione può essere scritta:

$$\log_5 (x-1) < \log_5 25.$$

Risolviamo il sistema.

$$\begin{cases} x-1>0 & \text{condizione di esistenza} \\ x-1<25 & \text{disuguaglianza fra gli argomenti, con lo stesso verso di quella fra i logaritmi (base maggiore di 1)} \end{cases}$$

$$\begin{cases} x>1 \\ x<26 \end{cases}$$

Le soluzioni della disequazione logaritmica sono: $1 < x < 26$.

2. Risolviamo la disequazione $\log_{\frac{1}{3}} (x-4) > \log_{\frac{1}{3}} 5x$.
È equivalente al seguente sistema.

$$\begin{cases} x-4>0 & \text{condizione di esistenza del primo logaritmo} \\ 5x>0 & \text{condizione di esistenza del secondo logaritmo} \\ x-4<5x & \text{disuguaglianza fra gli argomenti, di verso contrario a quella fra i logaritmi (base compresa fra 0 e 1)} \end{cases}$$

$$\begin{cases} x>4 \\ x>0 \\ -4x<4 \end{cases} \rightarrow \begin{cases} x>4 \\ x>0 \\ x>-1 \end{cases} \rightarrow \quad x>4$$

Le soluzioni della disequazione logaritmica sono: $x > 4$.

Animazione

Nell'animazione osserva, mediante i grafici, il collegamento con il comportamento della funzione logaritmica.

▶ Trova i valori per cui $\log_3(x+2) \geq 0$. $[x \geq -1]$

▶ Risolvi la disequazione:
$\frac{3}{\log_2 x} \geq \log_2 x + 2$,
utilizzando un'incognita ausiliaria.

Animazione

Equazioni esponenziali risolubili con i logaritmi

▶ Esercizi a p. 156

I logaritmi sono utili per risolvere equazioni esponenziali nelle quali non è possibile ridurre tutte le potenze presenti alla stessa base.

ESEMPIO

Risolviamo $7 \cdot 5^{2x} = 3^{x+1}$.

Poiché i due membri dell'equazione sono positivi, applichiamo il logaritmo in base 10 e otteniamo un'equazione equivalente:

$$\log(7 \cdot 5^{2x}) = \log 3^{x+1} \rightarrow \log 7 + 2x \log 5 = (x+1)\log 3.$$

L'equazione ottenuta è di primo grado nell'incognita x.

$$2x\log 5 - x\log 3 = \log 3 - \log 7 \rightarrow x(2\log 5 - \log 3) = \log 3 - \log 7 \rightarrow$$

$$x = \frac{\log 3 - \log 7}{2\log 5 - \log 3}$$

Animazione

Nell'animazione, oltre a quella dell'esempio, ti proponiamo di risolvere questa equazione:

$2^x + 2^{x+1} + 2^{x-1} = 15$.

Disequazioni esponenziali risolubili con i logaritmi

▶ Esercizi a p. 158

I logaritmi sono utili anche per risolvere disequazioni esponenziali.

ESEMPIO **Animazione**

Risolviamo la disequazione:

$$3 \cdot 2^x > 4 \cdot 3^{x+1}.$$

Applichiamo una proprietà delle potenze e semplifichiamo:

$$3 \cdot 2^x > 4 \cdot 3^{x+1} \rightarrow 3 \cdot 2^x > 4 \cdot 3^x \cdot 3 \rightarrow 2^x > 4 \cdot 3^x.$$

Applichiamo i logaritmi ai due membri,

$$2^x > 4 \cdot 3^x \rightarrow \log 2^x > \log(4 \cdot 3^x),$$

tenendo presente che la disuguaglianza fra i logaritmi ha lo stesso verso di quella fra gli argomenti, perché la base 10 è maggiore di 1. Utilizziamo le proprietà dei logaritmi:

$$\log 2^x > \log(4 \cdot 3^x) \rightarrow x\log 2 > \log 4 + x\log 3 \rightarrow x(\log 2 - \log 3) > \log 4.$$

Dividiamo per $\log 2 - \log 3$; poiché è un numero negativo, cambiamo il verso:

$$x < \frac{\log 4}{\log 2 - \log 3}.$$

▶ Risolvi la disequazione: $\frac{6^{x-3}}{4} < 2 \cdot 5^{3x}$.

Video

Logaritmi e decibel

L'intensità di un suono si misura in decibel, una scala di misura logaritmica.

▶ Come funziona?

▶ Perché si usa questa scala?

TEORIA

3 Funzioni goniometriche

Misura in radianti degli angoli

▶ Esercizi a p. 159

Listen to it

A **radian** is the measure of the angle at the centre of a circle that intercepts an arc whose length is equal to the radius of the circle.

DEFINIZIONE

Data una circonferenza, chiamiamo **radiante** l'angolo al centro che insiste su un arco di lunghezza uguale al raggio.

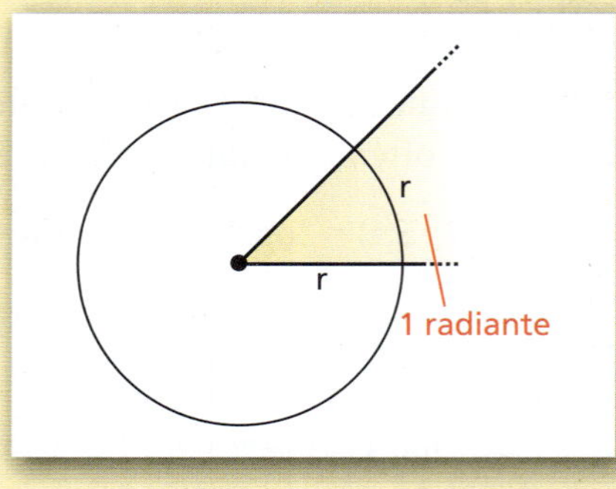

L'unità di misura viene indicata con rad, ma generalmente, se si esprime un angolo in radianti, si è soliti trascurare l'indicazione dell'unità di misura.

Poiché corrisponde all'intera circonferenza, l'angolo giro misura $\frac{2\pi r}{r} = 2\pi$.

L'angolo piatto, che corrisponde a metà circonferenza, misura π, l'angolo retto misura $\frac{\pi}{2}$ ecc.

Dai gradi ai radianti e viceversa

Date le misure di un angolo α in gradi e in radianti, vale la proporzione $\alpha^\circ : \alpha_{rad} = 360^\circ : 2\pi$, da cui:

$$\alpha^\circ = \alpha_{rad} \cdot \frac{180^\circ}{\pi}, \qquad \alpha_{rad} = \alpha^\circ \cdot \frac{\pi}{180^\circ}.$$

ESEMPIO

1. A quanti gradi corrisponde 1 radiante?
Applichiamo la prima formula:

$$\alpha^\circ = 1 \cdot \frac{180^\circ}{\pi} = \frac{180^\circ}{\pi} \simeq 57^\circ.$$

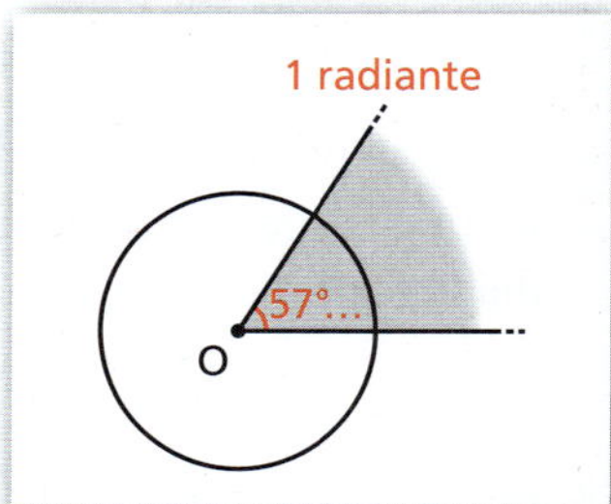

2. A quanti radianti corrispondono 60°?
Applichiamo la seconda formula:

$$\alpha_{rad} = \cancel{60}^{1}{}^\circ \cdot \frac{\pi}{\cancel{180^\circ}_3} = \frac{\pi}{3}.$$

▶ Trasforma:
a. in radianti le misure di 10°, 18°, 270°;
b. in gradi sessagesimali le misure di $\frac{\pi}{9}$, 2, $\frac{3}{4}\pi$.

Animazione

Riportiamo in una tabella le misure in radianti e in gradi di alcuni angoli.

Misure degli angoli

Gradi	0°	30°	45°	60°	90°	120°	135°	150°	180°
Radianti	0	$\frac{\pi}{6}$	$\frac{\pi}{4}$	$\frac{\pi}{3}$	$\frac{\pi}{2}$	$\frac{2}{3}\pi$	$\frac{3}{4}\pi$	$\frac{5}{6}\pi$	π

Angoli orientati

▶ Esercizi a p. 160

La definizione di angolo che abbiamo dato non è adatta per descrivere tutte le situazioni. Per esempio, nell'avvitare o svitare una vite si descrive un angolo che può essere maggiore di un angolo giro.
È più utile quindi collegare il concetto di angolo a quello di *rotazione*, cioè al movimento che porta uno dei lati dell'angolo a sovrapporsi all'altro.

La rotazione è univoca quando ne specifichiamo il **verso**, **orario** o **antiorario**.

Consideriamo la semiretta OA che ruota in senso antiorario intorno al vertice O, fino a sovrapporsi alla semiretta OB, generando l'angolo $\alpha = A\widehat{O}B$. La semiretta OA si chiama **lato origine** dell'angolo α, la semiretta OB si chiama **lato termine**.

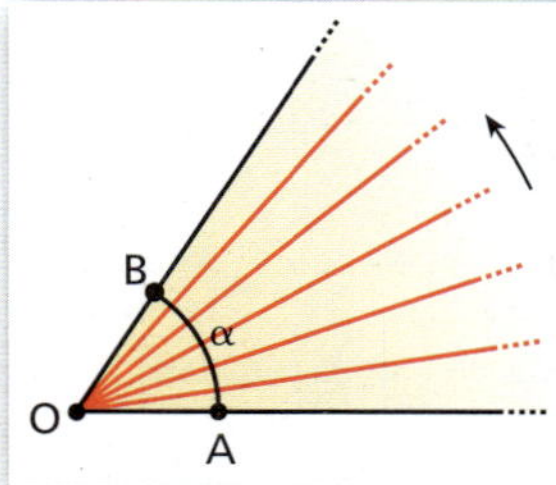

DEFINIZIONE

Un **angolo** è **orientato** quando sono stati scelti uno dei due lati come lato origine e un senso di rotazione.
Un angolo orientato è **positivo** quando è descritto mediante una rotazione in senso antiorario; è **negativo** quando la rotazione è in senso orario.

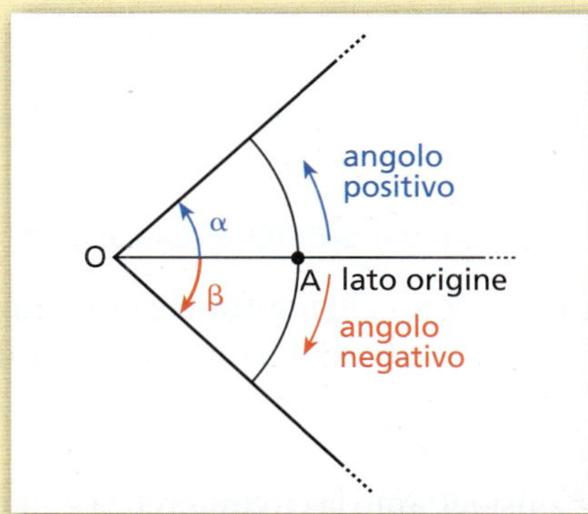

Un angolo orientato può anche essere maggiore di un angolo giro.

ESEMPIO

Poiché $750° = 30° + 2 \cdot 360°$, l'angolo di 750° si ottiene con la rotazione della semiretta OA di due giri completi e di altri 30°.

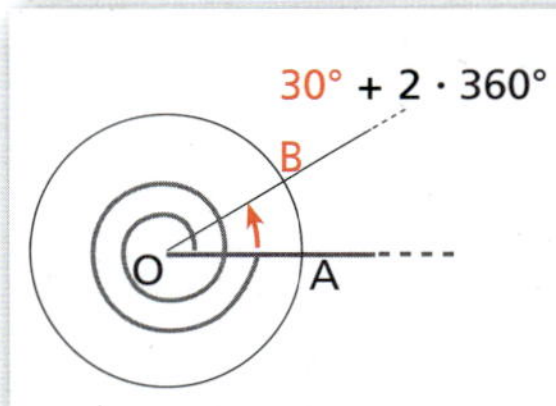

È possibile scrivere in forma sintetica un qualunque angolo α, minore di un angolo giro, e tutti gli infiniti angoli orientati che da α differiscono di un multiplo dell'angolo giro nel seguente modo:

in gradi: $\alpha + k360°$, con $k \in \mathbb{Z}$; in radianti: $\alpha + 2k\pi$, con $k \in \mathbb{Z}$.

Quando $k = 0$, otteniamo l'angolo α. Nel seguito, in espressioni del tipo $\alpha + 2k\pi$, sottintenderemo che k è un numero intero, senza scrivere esplicitamente $k \in \mathbb{Z}$.

ESEMPIO

La scrittura $\frac{\pi}{4} + 2k\pi$ indica gli angoli:

$$\frac{\pi}{4}, \frac{\pi}{4} \pm 2\pi, \frac{\pi}{4} \pm 4\pi, \frac{\pi}{4} \pm 6\pi, \ldots$$

▶ Scrivi in gradi la misura di almeno 4 angoli che si possono ottenere dall'espressione $\frac{\pi}{2} + 2k\pi$, con $k \in \mathbb{Z}$, per particolari valori di k.

Circonferenza goniometrica

Nel piano cartesiano, per **circonferenza goniometrica** intendiamo la circonferenza che ha come centro l'origine O degli assi e raggio di lunghezza 1, ossia la circonferenza di equazione $x^2 + y^2 = 1$.
Il punto $E(1; 0)$ si dice **origine degli archi**.

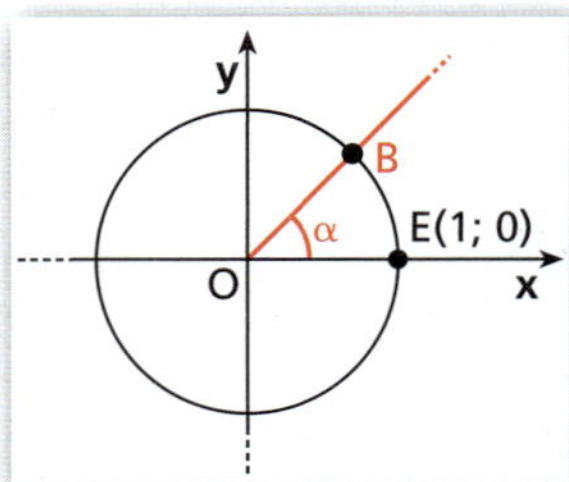

Utilizzando la circonferenza goniometrica, si possono rappresentare gli angoli orientati, prendendo come lato origine l'asse x. In questo modo, a ogni angolo corrisponde un punto di intersezione B fra la circonferenza e il lato termine.

ESEMPIO

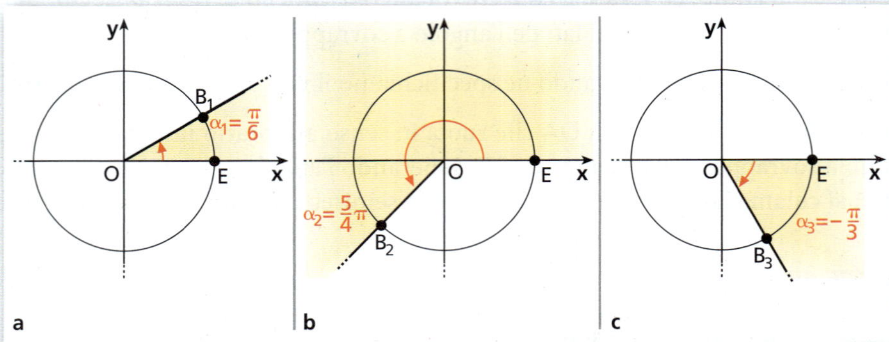

Funzioni seno e coseno

▶ Esercizi a p. 160

Introduciamo alcune **funzioni goniometriche** che alla misura dell'ampiezza di ogni angolo associano un numero reale.

Listen to it

Let α be an oriented angle and E its associated point on the unit circle. The trigonometric functions **cosine** and **sine** are defined as follows:

$\cos\alpha = x_B$, $\sin\alpha = y_B$.

DEFINIZIONE

Consideriamo la circonferenza goniometrica e un angolo orientato α, e sia B il punto della circonferenza associato ad α.

Definiamo **coseno** e **seno** dell'angolo α, e indichiamo con $\cos\alpha$ e $\sin\alpha$, le funzioni che ad α associano, rispettivamente, il valore dell'ascissa e quello dell'ordinata del punto B:

$$\cos\alpha = x_B, \qquad \sin\alpha = y_B.$$

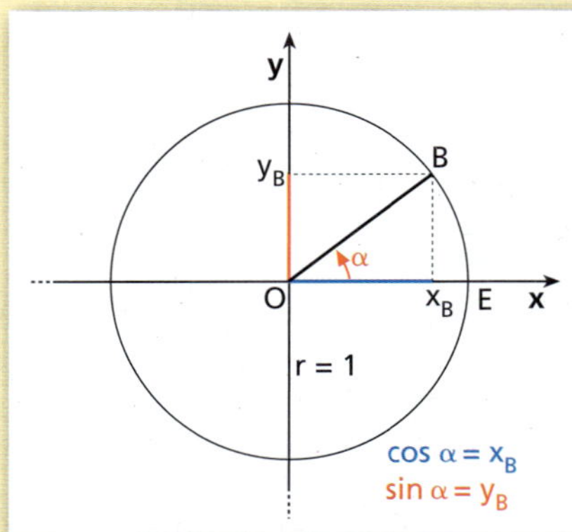

Consideriamo un triangolo rettangolo OAB. Si può dimostrare che il seno di α è uguale al rapporto fra il cateto opposto all'angolo α e l'ipotenusa, il coseno di α è uguale al rapporto fra il cateto adiacente ad α e l'ipotenusa.

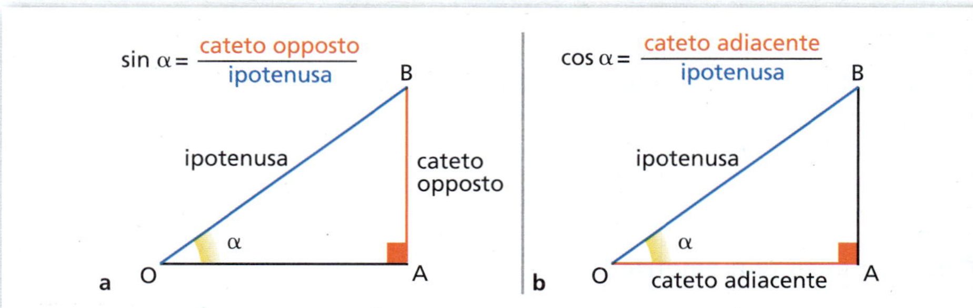

Seno e coseno di un angolo α sono funzioni che hanno come **dominio** $\mathbb{R}$, perché per ogni valore dell'angolo $\alpha \in \mathbb{R}$ esiste uno e un solo punto B sulla circonferenza goniometrica.

Qualunque sia la posizione di B sulla circonferenza, la sua ordinata e la sua ascissa assumono sempre valori compresi fra -1 e 1, quindi:

$$-1 \leq \sin\alpha \leq 1 \quad \text{e} \quad -1 \leq \cos\alpha \leq 1.$$

L'insieme immagine delle funzioni seno e coseno è quindi $[-1; 1]$.
Poiché $\cos\alpha = \cos(-\alpha)$, allora il coseno è una funzione **pari**, mentre, essendo $\sin(-\alpha) = -\sin\alpha$, il seno è una funzione **dispari**.

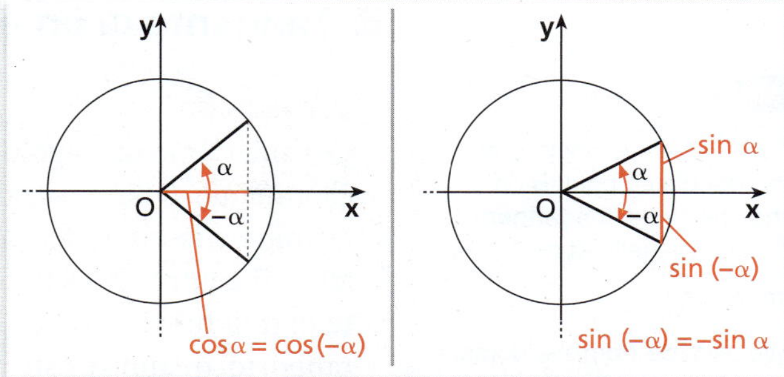

Sinusoide e cosinusoide

Il grafico della funzione seno si chiama **sinusoide**, quello della funzione coseno **cosinusoide**. Le funzioni sono periodiche di periodo 2π, quindi i grafici si ottengono ripetendo ogni 2π i grafici relativi all'intervallo $[0; 2\pi]$.

Animazione **Animazione**

Funzione seno **Funzione coseno**

Nelle due animazioni trovi figure dinamiche per studiare:
- i grafici delle due funzioni;
- i loro domini e codomini;
- la periodicità;
- seno e coseno nei triangoli rettangoli.

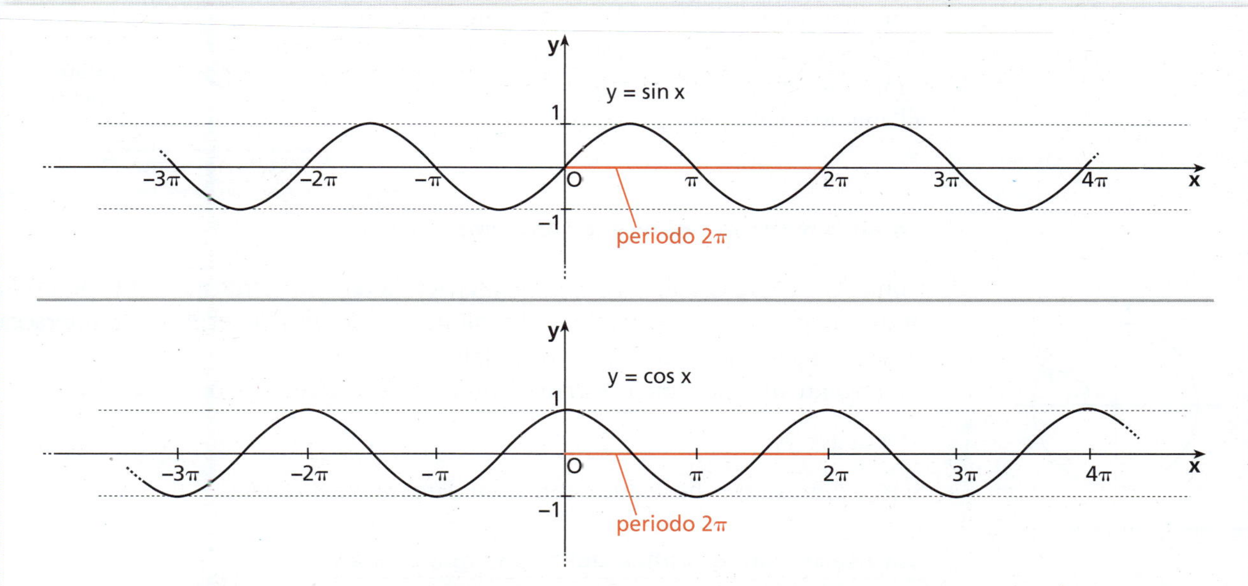

Prima relazione fondamentale

Poiché il punto $B(\cos\alpha; \sin\alpha)$ appartiene alla circonferenza goniometrica, le sue coordinate soddisfano l'equazione $x^2 + y^2 = 1$:

$$\cos^2\alpha + \sin^2\alpha = 1.$$ — prima relazione fondamentale della goniometria

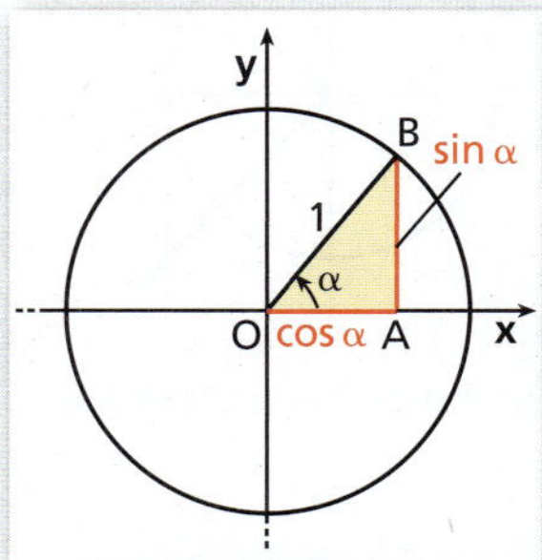

La relazione esprime il teorema di Pitagora applicato al triangolo rettangolo OAB.

Da questa relazione è possibile ricavare $\sin\alpha$ conoscendo $\cos\alpha$ e viceversa. Infatti, se è noto $\cos\alpha$, si ha $\sin\alpha = \pm\sqrt{1 - \cos^2\alpha}$. Viceversa, se si conosce $\sin\alpha$, si ha $\cos\alpha = \pm\sqrt{1 - \sin^2\alpha}$.

Tangente di un angolo

▶ Esercizi a p. 163

Listen to it

For an oriented angle α and its associated point B on the unit circle, the **tangent** function is defined as

$\tan\alpha = \frac{y_B}{x_B}$.

We exclude from the domain $\alpha = \frac{\pi}{2} + k\pi, k \in \mathbb{Z}$.

DEFINIZIONE

Consideriamo un angolo orientato α e chiamiamo B l'intersezione fra il lato termine e la circonferenza goniometrica di centro O. Definiamo **tangente** di α la funzione che ad α associa il rapporto, quando esiste, fra l'ordinata e l'ascissa dal punto B:

$$\tan\alpha = \frac{y_B}{x_B}.$$

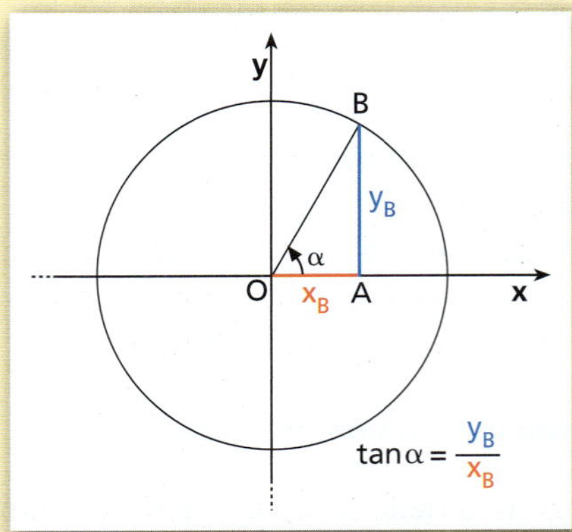

Il rapporto $\frac{y_B}{x_B}$ *non esiste* quando $x_B = 0$, ossia quando B si trova sull'asse y e l'angolo è uguale a $\frac{\pi}{2}$ o a $\frac{3}{2}\pi$ o a un altro valore che ottieni da $\frac{\pi}{2}$ aggiungendo multipli interi dell'angolo piatto. Quindi la tangente esiste solo se:

$$\alpha \neq \frac{\pi}{2} + k\pi, \quad \text{con } k \in \mathbb{Z}.$$

Consideriamo il triangolo rettangolo OAB. Si dimostra che la tangente di α è uguale al rapporto fra il cateto opposto all'angolo α e il cateto adiacente.

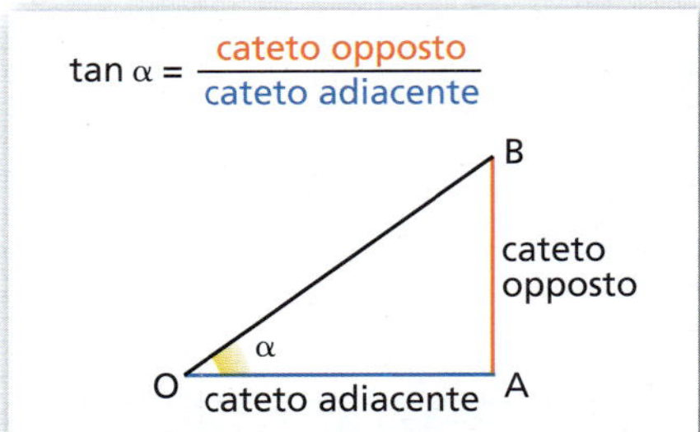

Un altro modo di definire la tangente

Consideriamo la circonferenza goniometrica, la retta tangente a essa nel punto E, origine degli archi, e un angolo α. Il prolungamento del lato termine OB interseca la retta tangente nel punto T (figura a lato).
La tangente di α può anche essere definita come il valore dell'ordinata di T:

$$\tan\alpha = y_T.$$

Si può dimostrare che le due definizioni date sono equivalenti.

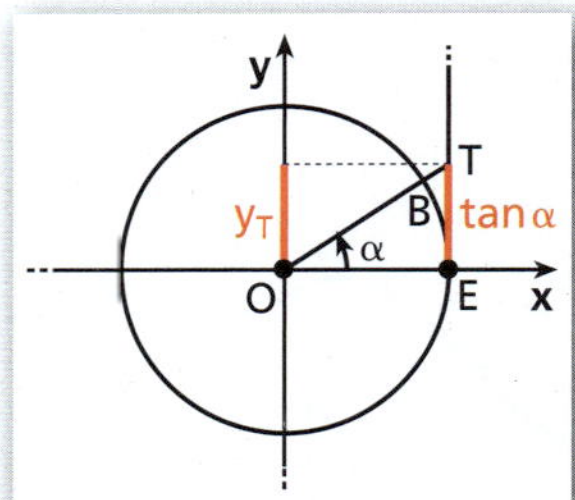

Caratteristiche e grafico della funzione tangente

A differenza delle funzioni seno e coseno, la funzione tangente può assumere qualunque valore reale. Il suo insieme immagine è quindi $\mathbb{R}$, mentre, come abbiamo visto, il suo dominio è:

$$\alpha \neq \frac{\pi}{2} + k\pi, \text{ con } k \in \mathbb{Z}.$$

Essendo $\tan(-\alpha) = -\tan\alpha$, la tangente è una funzione dispari.
La tangente è una funzione periodica di periodo π:

$$\tan\alpha = \tan(\alpha + k\pi), \quad \text{con } k \in \mathbb{Z}.$$

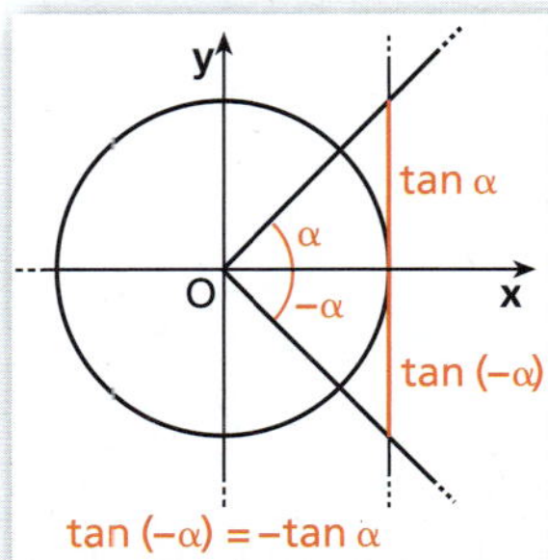

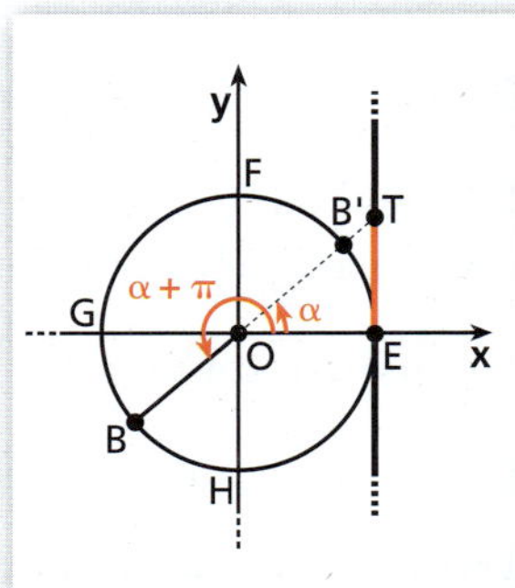

Il grafico completo della tangente si chiama **tangentoide**.

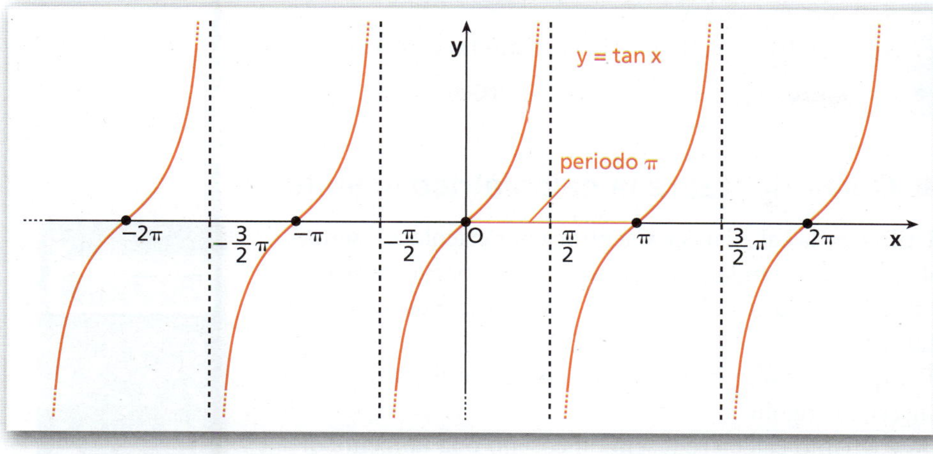

Animazione

L'animazione studia i due modi di definire la tangente e, con una figura dinamica, permette di vedere il suo grafico al variare dell'angolo fra 0 e 2π.

Seconda relazione fondamentale

Consideriamo la circonferenza goniometrica. Per definizione:

$$\tan\alpha = \frac{y_B}{x_B},\quad y_B = \sin\alpha \quad \text{e} \quad x_B = \cos\alpha.$$

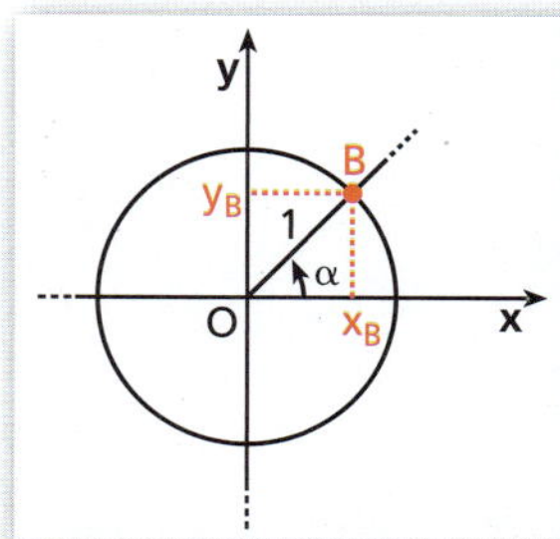

Sostituiamo sin α e cos α nell'espressione della tangente e otteniamo che, quando esiste, la tangente è il rapporto tra il seno e il coseno:

$$\tan\alpha = \frac{\sin\alpha}{\cos\alpha}.$$ — seconda relazione fondamentale della goniometria

Significato goniometrico del coefficiente angolare di una retta

▶ Esercizi a p. 166

Tracciamo la circonferenza goniometrica e la retta di equazione $y = mx$, da cui:

$$m = \frac{y}{x}.$$

In particolare, se $x = 1$, $y = \tan\alpha$ e

$$m = \frac{\tan\alpha}{1} = \tan\alpha.$$

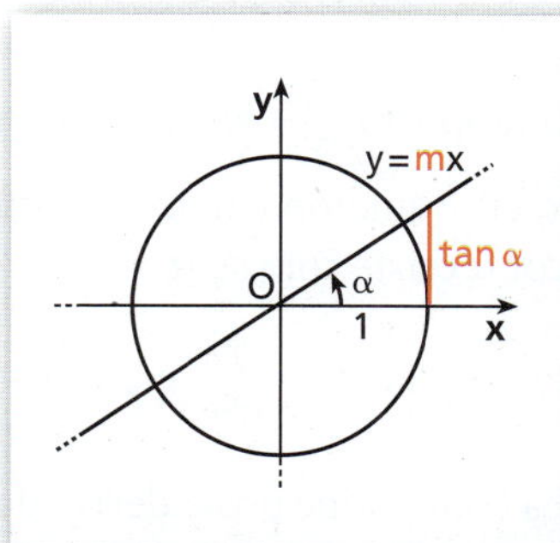

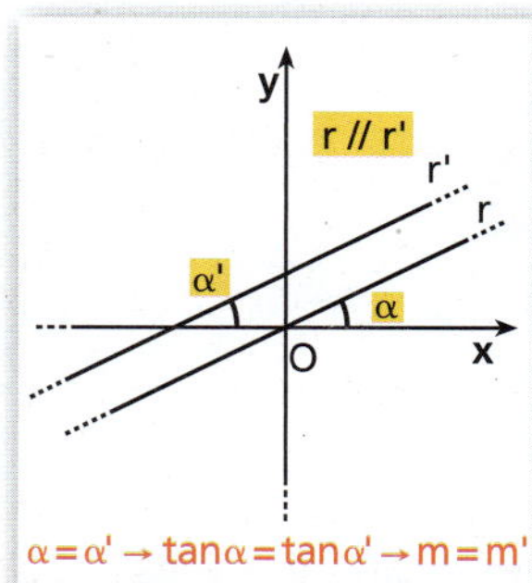

Il coefficiente angolare della retta è uguale alla tangente dell'angolo fra la retta e l'asse x. Dalla geometria analitica sappiamo che due rette sono parallele quando hanno lo stesso coefficiente angolare e che esse formano angoli congruenti con l'asse x. Ciò permette di estendere il risultato ottenuto anche a rette che non passano per l'origine.

ESEMPIO Nel decollo

Un aereo in fase di decollo forma un angolo di 10° con il suolo.

▶ Qual è l'equazione della semiretta che approssima la traiettoria dell'aereo in fase di decollo?

Immaginiamo che il piano cartesiano sia disposto come in figura.

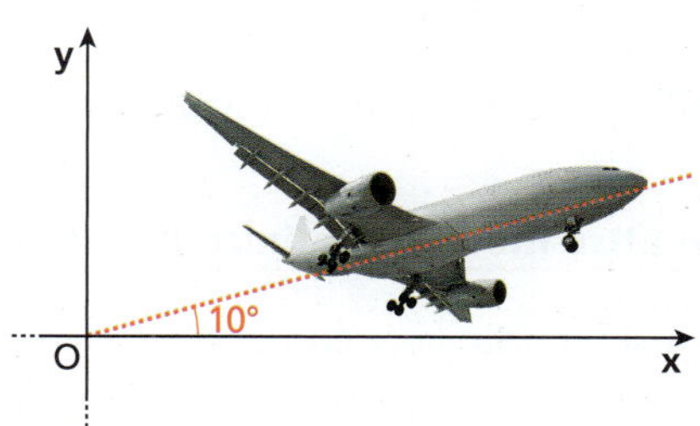

La semiretta che descrive il decollo passa per l'origine, quindi ha equazione del tipo $y = mx$, con $x \geq 0$.
$m = \tan 10° \simeq 0,18$, perciò la semiretta cercata è:

$$y = 0,18x, \quad \text{con } x \geq 0.$$

Come utilizzare la calcolatrice scientifica

Utilizzare la calcolatrice scientifica per calcolare il seno, il coseno o la tangente di un angolo può portare a risultati errati se la calcolatrice non è stata impostata correttamente.
È importante scegliere con quale unità di misura si vuole inserire l'angolo.
Se vogliamo calcolare il seno, il coseno o la tangente di un angolo espresso in gradi sessadecimali, sullo schermo della calcolatrice deve essere presente la scritta **DEG**.
Se invece l'angolo è espresso in radianti, la calcolatrice deve essere impostata su **RAD**.

Cotangente di un angolo

▶ Esercizi a p. 167

DEFINIZIONE

Consideriamo un angolo orientato α e chiamiamo B l'intersezione fra il lato termine e la circonferenza goniometrica. Definiamo **cotangente** di α la funzione che associa ad α il rapporto, quando esiste, fra l'ascissa e l'ordinata del punto B:

$$\cot \alpha = \frac{x_B}{y_B}.$$

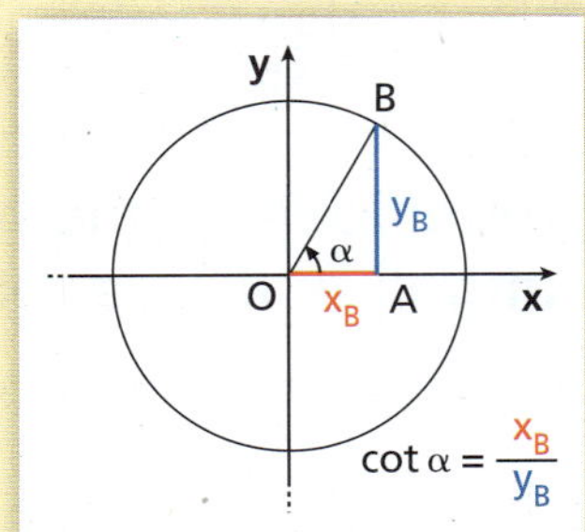

Il rapporto $\frac{x_B}{y_B}$ *non esiste* quando $y_B = 0$, ossia quando il punto B si trova sull'asse x, cioè quando l'angolo misura 0, π e tutti i multipli interi di π.
$\cot \alpha$ esiste solo se $\alpha \neq k\pi$.

Poiché $\tan \alpha = \frac{y_B}{x_B}$ e $\cot \alpha = \frac{x_B}{y_B}$, risulta $\boldsymbol{\cot \alpha = \frac{1}{\tan \alpha}}$, con $\alpha \neq k\frac{\pi}{2}$.

La condizione posta deriva dal fatto che consideriamo $\frac{1}{\tan \alpha}$, quindi occorre scartare gli angoli in cui non esiste $\tan \alpha$, cioè $\alpha = \frac{\pi}{2} + k\pi$, e quelli in cui $\tan \alpha = 0$, cioè $\alpha = 0 + k\pi$, perciò: $\alpha \neq k\frac{\pi}{2}$.

Dalla definizione di cotangente deriva che: $\boldsymbol{\cot \alpha = \frac{\cos \alpha}{\sin \alpha}}$, con $\alpha \neq k\pi$.

Un altro modo di definire la cotangente

Consideriamo la circonferenza goniometrica e la retta tangente a essa nel punto F.
Il prolungamento del lato termine OB interseca la retta tangente nel punto Q.

La cotangente dell'angolo α può anche essere definita come il valore dell'ascissa del punto Q:

$$\cot \alpha = x_Q.$$

Si può dimostrare che le due definizioni date sono equivalenti in modo analogo a quello visto per le due definizioni di tangente.

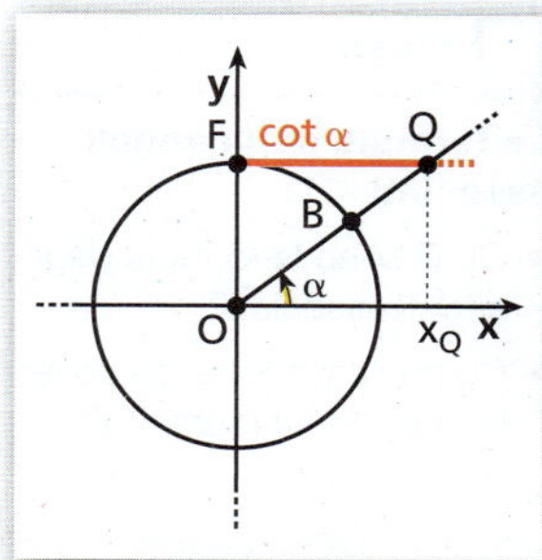

Caratteristiche e grafico della funzione cotangente

Come la tangente, anche la funzione cotangente può assumere qualunque valore reale. L'insieme immagine della cotangente è quindi $\mathbb{R}$, mentre il suo dominio è:

$$x \neq k \cdot \pi.$$

In analogia con la tangente, la funzione cotangente risulta periodica di periodo π:

$$\cot(\alpha + k\pi) = \cot \alpha, \quad \text{con } k \in \mathbb{Z}.$$

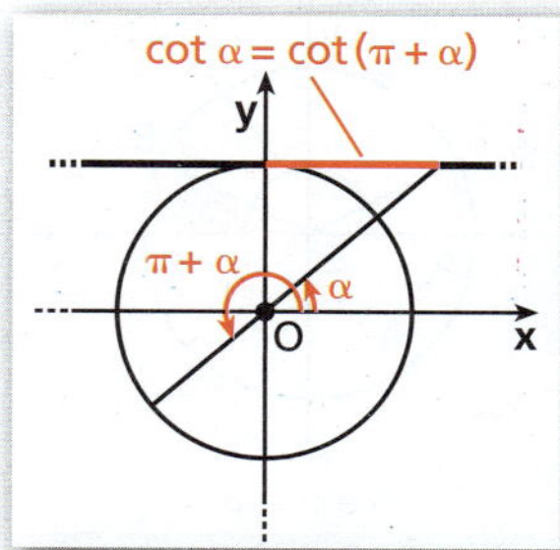

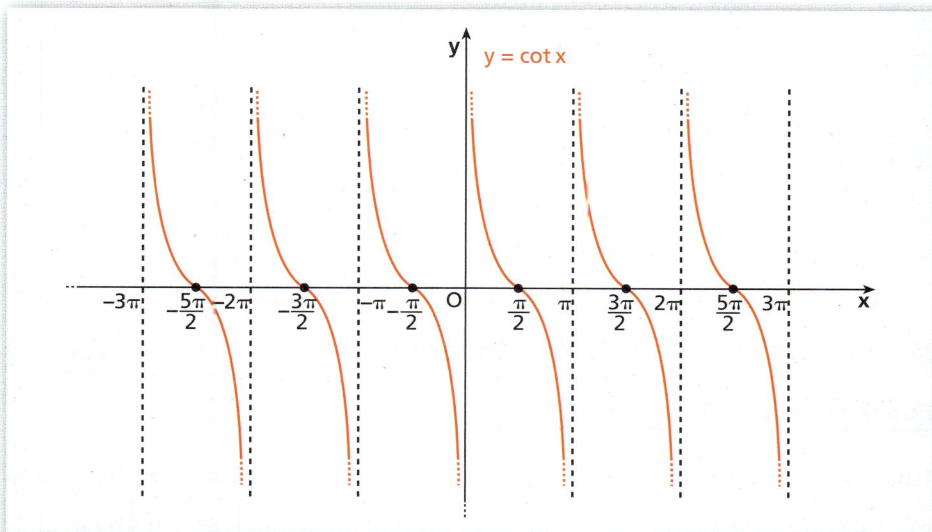

Animazione

Nell'animazione ci sono le due definizioni e una figura dinamica per osservare il grafico della cotangente fra 0 e 2π.

Funzioni goniometriche di angoli particolari

▶ Esercizi a p. 167

Riportiamo in tabella il seno, il coseno, la tangente e la cotangente di alcuni angoli particolari.

α	**0**	$\frac{\pi}{6}$	$\frac{\pi}{4}$	$\frac{\pi}{3}$	$\frac{\pi}{2}$	π	$\frac{3}{2}\pi$
sin α	0	$\frac{1}{2}$	$\frac{\sqrt{2}}{2}$	$\frac{\sqrt{3}}{2}$	1	0	-1
cos α	1	$\frac{\sqrt{3}}{2}$	$\frac{\sqrt{2}}{2}$	$\frac{1}{2}$	0	-1	0
tan α	0	$\frac{\sqrt{3}}{3}$	1	$\sqrt{3}$	$\nexists$	0	$\nexists$
cot α	$\nexists$	$\sqrt{3}$	1	$\frac{\sqrt{3}}{3}$	0	$\nexists$	0

TEORIA

Video

Le formule degli angoli associati

- Quali sono le formule degli angoli associati?
- Come ricavarle senza doverle imparare a memoria?

Funzioni goniometriche di angoli associati

▶ Esercizi a p. 168

Consideriamo un angolo α. Chiamiamo **angoli associati** (o **archi associati**) ad α i seguenti angoli:

$$-\alpha,\ \frac{\pi}{2}-\alpha,\ \frac{\pi}{2}+\alpha,\ \pi-\alpha,\ \pi+\alpha,\ \frac{3}{2}\pi-\alpha,\ \frac{3}{2}\pi+\alpha,\ 2\pi-\alpha.$$

Le funzioni goniometriche di angoli associati si ricavano disegnando la circonferenza goniometrica e gli angoli associati e osservando le relazioni fra le coordinate dei punti di intersezione fra circonferenza goniometrica e lati termine.

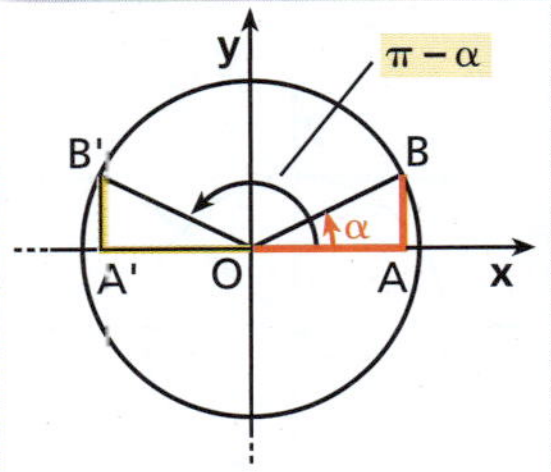

α e $\pi-\alpha$

ESEMPIO

Determiniamo seno, coseno, tangente e cotangente di $\pi-\alpha$. $\pi-\alpha$ è un angolo supplementare rispetto ad α. Disegniamoli sulla circonferenza goniometrica. I triangoli rettangoli OAB e $OA'B'$ sono congruenti perché hanno congruenti l'ipotenusa e l'angolo acuto α, quindi:

$$\sin(\pi-\alpha) = y_{B'} = y_B = \sin\alpha,$$

$$\cos(\pi-\alpha) = x_{B'} = -x_B = -\cos\alpha.$$

Pertanto:

$\sin(\pi-\alpha) = \sin\alpha$; $\tan(\pi-\alpha) = -\tan\alpha$;

$\cos(\pi-\alpha) = -\cos\alpha$; $\cot(\pi-\alpha) = -\cot\alpha$.

Funzioni goniometriche inverse

▶ Esercizi a p. 172

Funzione inversa di $y = \sin x$

Una funzione è invertibile, ossia ammette la funzione inversa, solo se è biunivoca.

Se restringiamo il dominio della funzione seno all'intervallo $\left[-\frac{\pi}{2};\frac{\pi}{2}\right]$, la funzione $y = \sin x$ risulta biunivoca e dunque invertibile.
La funzione inversa del seno si chiama *arcoseno*.

Listen to it

To define the inverse of the sine function, we need to restrict the domain; we can define the function $\arcsin(x)$ from $[-1;1]$ to $\left[-\frac{\pi}{2};\frac{\pi}{2}\right]$ as the inverse of the sine function in $\left[-\frac{\pi}{2};\frac{\pi}{2}\right]$. This method can be used to define the inverse function of all the trigonometric functions.

DEFINIZIONE

Dati i numeri reali x e y, con $-1 \le x \le 1$ e $-\frac{\pi}{2} \le y \le \frac{\pi}{2}$, diciamo che y è l'**arcoseno** di x se x è il seno di y.
Scriviamo: $y = \arcsin x$.

ESEMPIO

$$\arcsin 1 = \frac{\pi}{2} \quad \leftrightarrow \quad \sin\frac{\pi}{2} = 1;$$

$$\arcsin\frac{1}{2} = \frac{\pi}{6} \quad \leftrightarrow \quad \sin\frac{\pi}{6} = \frac{1}{2}.$$

▶ Qual è l'arcoseno di $\frac{\sqrt{3}}{2}$?

Per ottenere il grafico della funzione $y = \arcsin x$, basta costruire il simmetrico rispetto alla bisettrice del primo e terzo quadrante del grafico della funzione $y = \sin x$, considerata nell'intervallo $\left[-\frac{\pi}{2};\frac{\pi}{2}\right]$.

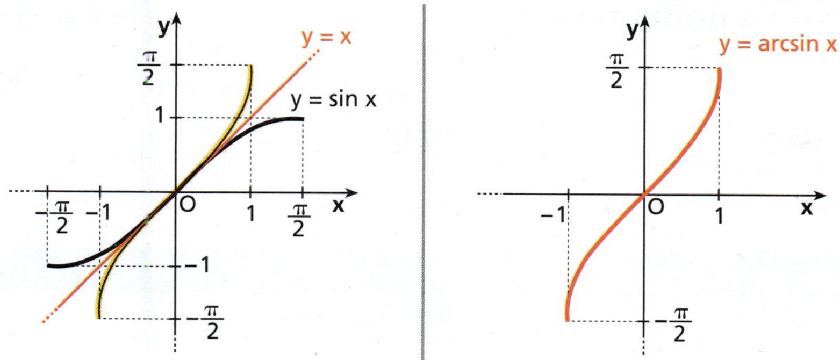

a. Grafico di $y = \sin x$ in $\left[-\frac{\pi}{2}; \frac{\pi}{2}\right]$ e suo simmetrico rispetto alla bisettrice del primo e terzo quadrante.

b. Grafico di $y = \arcsin x$.

Animazione

Nell'animazione vediamo, in pochi passi, come disegnare i grafici di:

- $y = \arcsin x$;
- $y = \arccos x$;
- $y = \arctan x$;
- $y = \text{arccot}\, x$.

Funzione inversa di $y = \cos x$

Se consideriamo $[0; \pi]$ come dominio, la funzione coseno è biunivoca e quindi invertibile. La funzione inversa del coseno si chiama *arcocoseno*.

DEFINIZIONE

Dati i numeri reali x e y, con $-1 \leq x \leq 1$ e $0 \leq y \leq \pi$, diciamo che y è l'**arcocoseno** di x se x è il coseno di y.
Scriviamo: $y = \arccos x$.

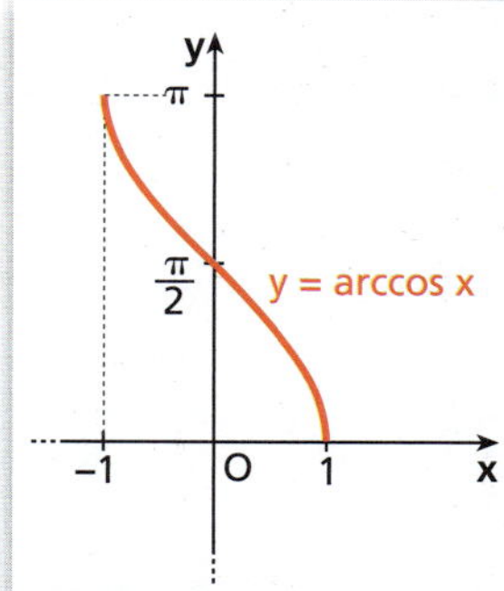

ESEMPIO

$$\arccos(-1) = \pi \leftrightarrow \cos\pi = -1; \quad \arccos\frac{\sqrt{3}}{2} = \frac{\pi}{6} \leftrightarrow \cos\frac{\pi}{6} = \frac{\sqrt{3}}{2}.$$

Nella figura a lato c'è il grafico di $y = \arccos x$, che si ottiene con un procedimento analogo a quello usato per ottenere il grafico dell'arcoseno.

Funzioni inverse di $y = \tan x$ e di $y = \cot x$

Le funzioni **arcotangente**, inversa della tangente, e **arcocotangente**, inversa della cotangente, si definiscono in modo analogo all'arcoseno e all'arcocoseno.
Nella figura seguente riportiamo i loro grafici.

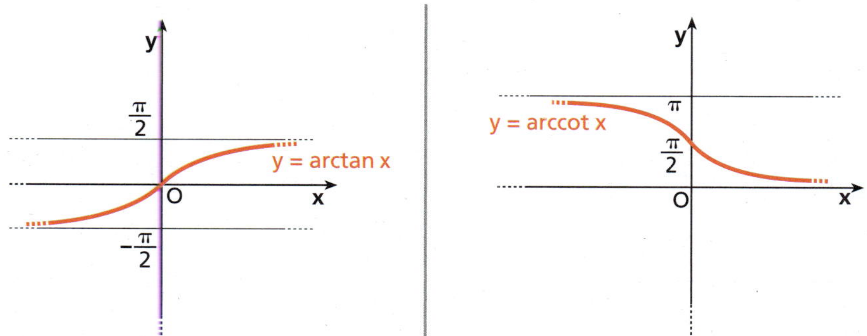

a. Grafico di $y = \arctan x$.

b. Grafico di $y = \text{arccot}\, x$.

TEORIA

Formule goniometriche

▶ Esercizi a p. 177

Dati gli angoli α e β, come possiamo esprimere la funzione $\sin(\alpha+\beta)$ mediante le funzioni goniometriche seno e coseno? E la funzione $\cos 2\alpha$?
A problemi come questi danno risposta le formule goniometriche.
La seguente tabella fornisce le principali.

Formule gonionetriche

Formule di duplicazione

$$\sin 2\alpha = 2\sin\alpha\cos\alpha$$

$$\cos 2\alpha = \cos^2\alpha - \sin^2\alpha$$

$$\tan 2\alpha = \frac{2\tan\alpha}{1-\tan^2\alpha}$$

Formule di addizione

$$\sin(\alpha+\beta) = \sin\alpha\cos\beta + \cos\alpha\sin\beta$$

$$\cos(\alpha+\beta) = \cos\alpha\cos\beta - \sin\alpha\sin\beta$$

$$\tan(\alpha+\beta) = \frac{\tan\alpha+\tan\beta}{1-\tan\alpha\tan\beta}$$

La formula della tangente è valida solo se α, β e $\alpha+\beta$ sono diversi da $\frac{\pi}{2}+k\pi$, valori per i quali la tangente è priva di significato.

Formule di sottrazione

$$\sin(\alpha-\beta) = \sin\alpha\cos\beta - \cos\alpha\sin\beta$$

$$\cos(\alpha-\beta) = \cos\alpha\cos\beta + \sin\alpha\sin\beta$$

$$\tan(\alpha-\beta) = \frac{\tan\alpha-\tan\beta}{1+\tan\alpha\tan\beta}$$

La formula della tangente è valida solo se α, β e $\alpha-\beta$ sono diversi da $\frac{\pi}{2}+k\pi$.

Formule di bisezione

$$\sin\frac{\alpha}{2} = \pm\sqrt{\frac{1-\cos\alpha}{2}}$$

$$\cos\frac{\alpha}{2} = \pm\sqrt{\frac{1+\cos\alpha}{2}}$$

$$\tan\frac{\alpha}{2} = \pm\sqrt{\frac{1-\cos\alpha}{1+\cos\alpha}}$$

ESERCIZI

CAPITOLO 3
ESERCIZI

1 Esponenziali

Potenze con esponente intero o razionale

▶ Teoria a p. 109

1 ●○ Fra le seguenti potenze con esponente razionale elimina quelle prive di significato e spiega il motivo della tua scelta.

$(2\pi)^{-44}$; $(-2)^{\frac{1}{8}}$; $(-3)^{-2}$; $(9-3^2)^0$; $(\sqrt[4]{5})^{-\frac{2}{7}}$; 0^{-2}.

2 ●○ Ricordando che $x^{\frac{m}{n}} = \sqrt[n]{x^m}$, scrivi le seguenti potenze con esponente razionale sotto forma di radice.

$3^{\frac{5}{8}}$; $4^{\frac{2}{3}}$; $\left(\frac{1}{3}\right)^{\frac{3}{2}}$; $2^{-\frac{4}{3}}$; $\left(\frac{1}{4}\right)^{-\frac{4}{3}}$. $\left[\sqrt[8]{3^5}; 2\sqrt[3]{2}; \frac{\sqrt{3}}{9}; \frac{\sqrt[3]{4}}{4}; 4\sqrt[3]{4}\right]$

3 ●○ Scrivi le seguenti radici sotto forma di potenza con esponente razionale.

$\sqrt{7}$; $\sqrt[6]{2^5}$; $\sqrt[4]{243}$; $\sqrt[4]{0,25}$. $\left[7^{\frac{1}{2}}; 2^{\frac{5}{6}}; 3^{\frac{5}{4}}; 2^{-\frac{1}{2}}\right]$

4 ●○ **TEST** Il numero $\left(\frac{5}{2}\right)^{\frac{2}{5}}$:

A è uguale a 1.
B è uguale a $\sqrt[5]{\frac{25}{4}}$.
C è uguale a $\sqrt[5]{\frac{5}{2}}$.
D non esiste.

5 ●○ $\left(\frac{1}{16}\right)^{-\frac{1}{2}}$; $27^{-\frac{1}{3}}$; $64^{\frac{1}{3}}$; $125^{-\frac{1}{3}}$. $\left[4; \frac{1}{3}; 4; \frac{1}{5}\right]$

Potenze con esponente reale

▶ Teoria a p. 110

6 ●○ Indica quali fra le seguenti scritture hanno significato, ossia rappresentano potenze con esponente reale.

a. $-5^{\sqrt{3}}$; **b.** $\left(-\frac{1}{2}\right)^{1+\sqrt{2}}$; **c.** $(\sqrt{5}+1)^{\pi}$; **d.** $(1-\sqrt{2})^{\frac{1}{\sqrt{3}}}$; **e.** $1^{\sqrt{3}}$. [a; c; e]

Proprietà delle potenze con esponente reale

VERO O FALSO?

7 ●○
a. $4^{\frac{1}{x}} = 4^{-x}$ V F
b. $-8^x = (-8)^x$ V F
c. $6^{x^2} = (6^x)^2$ V F
d. $5^x + 5^y = 5^{x+y}$ V F

8 ●○
a. $7^{x-1} = 7^x - 1$ V F
b. $5^{x-2} \cdot \frac{1}{25} = 5^{x-4}$ V F
c. $8^{1+3x} = 2^{3+3x}$ V F
d. $(a^3)^x \cdot a^{-2x} = a$ V F

Semplifica le seguenti espressioni, applicando le proprietà delle potenze.

9 ●○ $3^{\sqrt{5}} \cdot 3^{\sqrt{20}}$; $2^{\sqrt{3}} \cdot 3^{\sqrt{3}}$. $[3^{3\cdot\sqrt{5}}; 6^{\sqrt{3}}]$

10 ●○ $5^{3\sqrt{3}} : 5^{\sqrt{3}}$; $(3^{\sqrt{2}})^{\sqrt{2}}$. $[5^{2\sqrt{3}}; 9]$

11 ●○ $(5^{4\pi} : 5^4) \cdot 5^{\pi}$; $\left[(6^{\sqrt{2}})^2\right]^{\sqrt{2}}$. $[5^{5\pi-4}; 6^4]$

12 ●○ $\sqrt{2^x} \cdot \sqrt{8^x}$; $(2^4 \cdot 4^3) : 8^2$. $[4^x; 16]$

13 ●○ $(2^x \cdot 2^3)^x$; $\sqrt{a} \cdot a^{3x}$. $\left[2^{x^2+3x}; a^{3x+\frac{1}{2}}\right]$

14 ●○ $\sqrt{2\sqrt{4^x}}$; $\left(\frac{2^x}{4^{2x}}\right)^3$. $\left[2^{\frac{x+1}{2}}; 2^{-9x}\right]$

ESERCIZI

15 $(3^{-2x}\cdot 3^3):3^x$; $\sqrt{\dfrac{9^{x+1}}{3^{4x}}}$. $[3^{-3x+3}; 3^{1-x}]$

16 $2^x\cdot 4^{x+1}\cdot 16^{x+2}$; $3^{-x}\cdot 9^{-\frac{1}{2}x}$. $\left[2^{7x+10}; \dfrac{1}{9^x}\right]$

17 $[(2^{x+1}\cdot 2^{-x})^3 : 2^{x-1}]^{\sqrt{x}}$ $[2^{\sqrt{x}(4-x)}]$

18 $(5^x)^x\cdot 25^{-x}:[(5^{2-x})^x\cdot 5]^{-1}$ $[5]$

Disponi in ordine crescente i seguenti numeri.

19 -2 -2^{π} $\sqrt{2}$ 2^{-1} $2^{\sqrt{2}}$

20 $3^{-\frac{1}{2}}$ $-3^{\sqrt{2}}$ -3^{π} 3^{-1} $3^{-\sqrt{3}}$

Funzione esponenziale

▶ Teoria a p. 111

21 Indica quali delle seguenti equazioni definiscono una funzione esponenziale.

$y=4^{-x}$, $y=(-4)^x$, $y=-4^x$, $y=0{,}2^x$, $y=(\sqrt{2})^x$, $y=(1-\sqrt{2})^x$.

Costruisci per punti il grafico delle seguenti funzioni.

22 $y=3^x$

23 $y=5^x$

24 $y=2{,}5^x$

25 $y=0{,}4^x$

26 $y=\left(\dfrac{1}{3}\right)^x$

27 Disegna i grafici delle funzioni $y=2^x$, $y=4^x$, $y=5^x$ in uno stesso piano cartesiano. Che cosa puoi dedurre dal confronto dei tre grafici?

28 Disegna i grafici delle funzioni $y=\left(\dfrac{1}{2}\right)^x$, $y=\left(\dfrac{1}{4}\right)^x$, $y=\left(\dfrac{1}{5}\right)^x$ in uno stesso piano cartesiano. Che cosa puoi dedurre dal confronto dei tre grafici?

29 ESERCIZIO GUIDA Determiniamo a nella funzione esponenziale $y=a^x$, il cui grafico è rappresentato in figura.

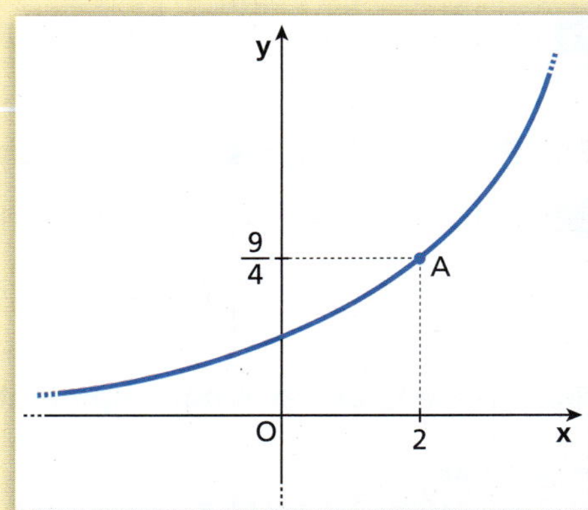

Il punto A appartiene al grafico della funzione, quindi sostituiamo 2 al posto di x e $\dfrac{9}{4}$ al posto di y nell'equazione della funzione:

$$\frac{9}{4}=a^2 \rightarrow a=\pm\frac{3}{2}.$$

Poiché deve essere $a>0$, è accettabile solo $\dfrac{3}{2}$.

L'equazione della funzione esponenziale è $y=\left(\dfrac{3}{2}\right)^x$.

LEGGI IL GRAFICO **Nelle figure sono disegnati i grafici di funzioni esponenziali. Scrivi le equazioni corrispondenti.**

30

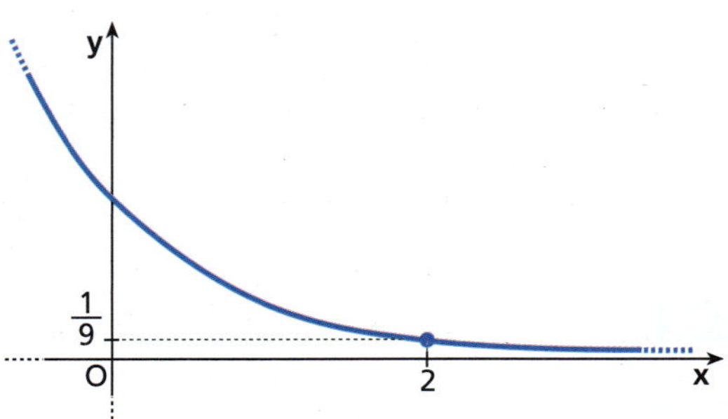

31

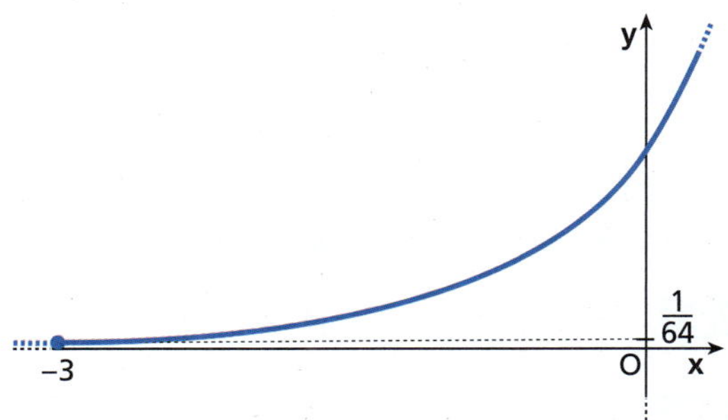

32 AL VOLO Quale delle seguenti funzioni cresce più rapidamente? **a.** $y=4^x$; **b.** $y=(\sqrt{3})^x$.

33 REALTÀ E MODELLI **Il tasso di crescita** Le ultime stime indicano che ogni anno la popolazione mondiale aumenta esponenzialmente (con base e) con un tasso dell'1,19% (dati Onu 2017, World Population Prospects). Il tasso di crescita della popolazione è quella percentuale che deve essere moltiplicata per il tempo di crescita della popolazione (espresso in anni) per ottenere l'esponente di crescita, da attribuire alla base e.

popolazione attuale: circa 7,4 miliardi

a. Scrivi la funzione di accrescimento $N(t)$ della popolazione, espressa in miliardi di persone, al passare del tempo.

b. Calcola quante persone abiteranno sulla Terra tra 25 anni *se* il tasso di crescita rimarrà costante.

[a) $N(t) = 7{,}4e^{\frac{1{,}19}{100}t}$; b) circa 10 miliardi]

34 ESERCIZIO GUIDA Determiniamo il dominio delle funzioni esponenziali:

a. $y = 2^{\frac{x-1}{x}}$; **b.** $y = (\pi - 4)^{x+1}$; **c.** $y = 5^{\frac{\sqrt{3}}{x+5}}$; **d.** $y = \left(\frac{1}{3}\right)^{\sqrt{\frac{x}{2-x}}}$.

a. La base è 2; l'esponente è una frazione algebrica che esiste per $x \neq 0$.

b. La base della potenza è un numero negativo, poiché $\pi < 4$. Quindi l'espressione assegnata non ha significato.

c. Per l'esistenza della funzione assegnata occorre che esista la frazione a esponente, ovvero che:

$$x + 5 \neq 0 \quad \rightarrow \quad x \neq -5.$$

d. La funzione assegnata ha per dominio il campo di esistenza dell'esponente, che è l'insieme dei valori di x che risolvono il sistema:

$$\begin{cases} \frac{x}{2-x} \geq 0 \\ x \neq 2 \end{cases} \quad \rightarrow \quad 0 \leq x < 2.$$

Determina il dominio delle seguenti funzioni.

35 $y = 3^{x-2}$ [$\mathbb{R}$]

36 $y = 2^{\sqrt{x-1}}$ [$x \geq 1$]

37 $y = \frac{1}{2} \cdot 3^x + 4^{\frac{1}{x}}$ [$x \neq 0$]

38 $y = 2^{\frac{x}{x^2-1}}$ [$x \neq \pm 1$]

39 $y = \sqrt{4^x}$ [$\mathbb{R}$]

40 $y = \frac{4}{3^x}$ [$\mathbb{R}$]

41 $y = 3^{\frac{x-1}{x^3-4x}}$ [$x \neq \pm 2 \wedge x \neq 0$]

42 $y = \frac{5^{\frac{1}{x}}}{x^2-4}$ [$x \neq 0 \wedge x \neq \pm 2$]

43 $y = \sqrt{-3^{-x}}$ [$\nexists x \in \mathbb{R}$]

44 Nell'anno di inaugurazione, un festival di letteratura ha registrato la presenza di 2500 persone. Ogni anno si registra un aumento di visitatori dell'8%.

a. TEST Quale delle seguenti funzioni rappresenta il numero y dei visitatori al trascorrere degli anni x?

A $y = 2500 \cdot (1 - 0{,}08)^x$

B $y = 2500 \cdot (1{,}08)^x$

C $y = 2500^x$

D $y = 2500 \cdot (0{,}08)^x$

b. A distanza di 10 anni dall'inaugurazione del festival, quanti visitatori si presenteranno alla manifestazione? [circa 5400]

Trasformazioni geometriche e grafico delle funzioni esponenziali

45 ESERCIZIO GUIDA Determiniamo quali sono le trasformazioni geometriche che trasformano il grafico di $y = 2^x$ nel grafico di ciascuna di queste funzioni:

a. $y = 2^{x+2}$; **b.** $y = 2^x + 2$; **c.** $y = -2^x$; **d.** $y = 2^{-x}$.

Ricordiamo che, data la funzione $y = f(x)$:
- la funzione traslata con vettore $\vec{v}(a; b)$ ha equazione $y = f(x - a) + b$;
- la funzione simmetrica rispetto all'asse x ha equazione $y = -f(x)$;
- la funzione simmetrica rispetto all'asse y ha equazione $y = f(-x)$.

Quindi:

a. $y = 2^{x+2}$ è la funzione traslata di $y = 2^x$ con vettore $\vec{v}(-2; 0)$.

b. $y = 2^x + 2$ è la funzione traslata di $y = 2^x$ con vettore $\vec{v}(0; 2)$.

c. $y = -2^x$ è la funzione simmetrica di $y = 2^x$ rispetto all'asse x.

d. $y = 2^{-x}$ è la funzione simmetrica di $y = 2^x$ rispetto all'asse y.

Assegnate le seguenti funzioni, scrivi le equazioni delle funzioni ottenute da quelle date mediante la trasformazione indicata e traccia i loro grafici.

46 $y = 2^x$; traslazione di vettore $\vec{v}(0; -1)$. $[y = 2^x - 1]$

47 $y = 10^x$; traslazione di vettore $\vec{v}(2; -1)$. $[y = 10^{x-2} - 1]$

48 $y = 5^x$; simmetria rispetto all'asse y. $\left[y = \left(\frac{1}{5}\right)^x\right]$

49 $y = -3^x$; simmetria rispetto all'asse x. $[y = 3^x]$

50 $y = 2^{x+2}$; simmetria rispetto all'asse x. $[y = -2^{x+2}]$

51 AL VOLO Le funzioni $y = 9 \cdot 3^{\frac{x}{2} - 2}$ e $y = 3^{\frac{x}{2}}$ sono uguali?

TEST

52 Applicando una traslazione di vettore $\vec{v}(-1; -3)$ alla funzione $y = 3^{x+2}$, si ottiene:

A $y = 3^{x+1} - 3$.
B $y = 3^{x+3} + 3$.
C $y = 3^{x+3} - 3$.
D $y = 3^{x+1} + 3$.

53 Applicando una simmetria rispetto all'asse y e poi una traslazione di vettore $\vec{v}(0; -1)$ alla funzione $y = \left(\frac{1}{2}\right)^x$, si ottiene:

A $y = -\left(\frac{1}{2}\right)^x - 1$.
B $y = \left(\frac{1}{2}\right)^x - 1$.
C $y = 2^x + 1$.
D $y = 2^x - 1$.

54 LEGGI IL GRAFICO Associa ogni funzione al grafico corrispondente.

a. $y = 4^x$ **b.** $y = -4^x$ **c.** $y = \left(\frac{1}{4}\right)^x$ **d.** $y = 4^x + 1$

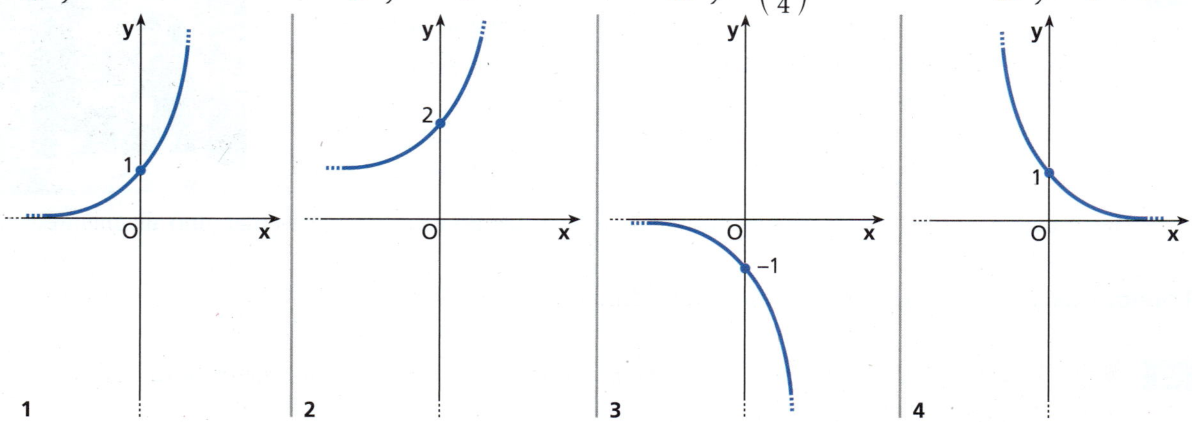

Disegna il grafico delle seguenti funzioni utilizzando le opportune trasformazioni geometriche.

55 $y = 2^{x+2}$; $y = 2^x + 2$.

56 $y = \left(\frac{1}{2}\right)^{x+1} - 1$; $y = 2^{-x}$.

57 $y = 4^{-x} + 1$; $\quad y = -3^x - 3$.

58 $y = \left(\frac{1}{2}\right)^{-x}$; $\quad y = 2^x - 1$.

PILLOLE DI ECONOMIA

Interesse composto

Ayman a inizio anno apre un nuovo conto presso una banca e deposita € 10 000. Sul conto gli viene riconosciuto un tasso di interesse composto annuo del 2%. Questo vuol dire che alla fine di ogni anno la banca accredita sul suo conto una quota uguale al 2% del capitale presente a inizio anno. Il nuovo ammontare concorre a formare gli interessi dell'anno successivo.

- Qual è la funzione che rappresenta il capitale presente a fine anno sul conto di Ayman in funzione del tempo trascorso t, espresso in anni?
- Qual è il saldo al termine del quinto anno?

▶ **Modellizziamo la situazione.**

Alla fine del primo anno ($t = 1$) il capitale sul conto è:

$$C(1) = \underbrace{10000}_{\text{capitale iniziale}} + \underbrace{\frac{2}{100} \cdot 10000}_{\text{interesse = 2\% del capitale}} = 10000(1 + 0{,}02) = 10000 \cdot 1{,}02.$$

Alla fine del secondo anno ($t = 2$) il capitale sul conto è:

$$C(2) = \underbrace{10000 \cdot 1{,}02}_{\text{capitale alla fine del 1° anno}} + \underbrace{\frac{2}{100} \cdot 10000 \cdot 1{,}02}_{\text{interesse}} = 10000 \cdot 1{,}02(1 + 0{,}02) = 10000 \cdot 1{,}02^2.$$

▶ **Determiniamo $C(t)$.**

In generale, alla fine del t-esimo anno il capitale presente sul conto sarà:

$$C(t) = 10000 \cdot 1{,}02^t.$$

Più in generale la funzione che permette di calcolare il capitale C accumulato dopo t anni è $C(t) = C_0(1 + i)^t$, dove C_0 è il capitale iniziale e i è il tasso di interesse.

▶ **Troviamo il saldo al termine del quinto anno.**

Alla fine del quinto anno Ayman avrà sul conto:

$$C(5) = 10000 \cdot 1{,}02^5 \simeq € 11040.$$

▶ **Ora prova tu!**

Determina la funzione che rappresenta il saldo di un conto corrente sul quale è riconosciuto un tasso di interesse composto annuo dello 0,5% in funzione del tempo t, espresso in anni, sapendo che il capitale iniziale depositato è di € 15 000. Qual è il saldo al termine del quarto anno? [circa € 15 302]

59 REALTÀ E MODELLI **Larve e anatre** Nell'agosto 2015 si è registrata una diffusa morìa di anatre e oche selvatiche nell'alta Toscana. La causa risiedeva nelle larve di mosche infettate dalle spore del botulino, larve mangiate dalle anatre e dalle oche. L'andamento nel tempo della diffusione della tossina può essere descritto dalla funzione esponenziale indicata a fianco, dove $y(t)$ è il numero di larve infette al tempo t (misurato in giorni). All'inizio dell'osservazione ($t = 0$) le larve infette erano 50.

diffusione tossina: $y(t) = 50e^{kt}$

a. Poni $k = 1{,}1$, riporta in una tabella l'andamento del numero di larve infette nei primi cinque giorni di osservazione e rappresenta graficamente la funzione.

b. Come cambia il grafico della funzione se la costante diventa $k = 0{,}5$? Confronta i due grafici.

ESERCIZI

Equazioni esponenziali

Teoria a p. 113

Equazione esponenziale $a^x = b$, con $a > 0$

se	è	esempio
$b \leq 0$	impossibile	$5^x = -125 \to \nexists x \in \mathbb{R}$
$a \neq 1$ e $b > 0$	determinata	$5^x = 5^3 \to x = 3$
$a = 1$ e $b \neq 1$	impossibile	$1^x = 5 \to \nexists x \in \mathbb{R}$
$a = 1$ e $b = 1$	indeterminata	$1^x = 1 \to \forall x \in \mathbb{R}$

60 ASSOCIA ciascuna equazione alla sua soluzione.

a. $3^{-x} = -1$ b. $4^x = 1$ c. $2^x = \frac{1}{4}$ d. $3 \cdot \left(\frac{1}{2}\right)^x = 6$

1. $x = -1$ 2. impossibile 3. $x = 0$ 4. $x = -2$

61 TEST La seguenti equazioni sono tutte impossibili tranne una. Quale?

A $1^x = 4$

B $1^x = 1$

C $8^x = -8$

D $3^{x-1} = 0$

62 VERO O FALSO?

a. $2^x + 1 = 0$ è impossibile. V F

b. $5^{2-x} - \frac{1}{5} = 0$ ha per soluzione 3. V F

c. $2^{-x} + 2^x = 0$ è impossibile. V F

d. $2 \cdot 4^{x-1} = 0$ ha per soluzione 1. V F

I due membri si possono scrivere come potenze di uguale base

63 ESERCIZIO GUIDA Risolviamo $3^x = \frac{\sqrt{3}}{9}$.

$$3^x = \frac{\sqrt{3}}{9} \to 3^x = \frac{3^{\frac{1}{2}}}{3^2} \to 3^x = 3^{\frac{1}{2}-2} \to 3^x = 3^{-\frac{3}{2}} \to x = -\frac{3}{2}$$

$\sqrt{3} = 3^{\frac{1}{2}}$; proprietà delle potenze; potenze con la stessa base: uguagliamo gli esponenti

Risolvi le seguenti equazioni esponenziali.

AL VOLO

64 $4 \cdot 3^x = 4$

65 $7^{x+2} + 7 = 0$

66 $9^x = 3^2$

67 $3 \cdot 1^x = 9$

68 $9^x = 3^x$

69 $3^{x+1} = 27$ $[2]$

70 $5^{2x} = \frac{1}{25}$ $[-1]$

71 $2^{3x-1} = 16$ $\left[\frac{5}{3}\right]$

72 $2^x = 16 \cdot \sqrt{2}$ $\left[\frac{9}{2}\right]$

73 $5^x = \frac{1}{25} \cdot \sqrt{5}$ $\left[-\frac{3}{2}\right]$

74 $3^x = \frac{9 \cdot \sqrt{3}}{\sqrt[4]{3}}$ $\left[\frac{9}{4}\right]$

75 $4^x = 2 \cdot \sqrt{2}$ $\left[\frac{3}{4}\right]$

76 $\sqrt[3]{5^x} = \frac{1}{3125}$ $[-15]$

77 $8^x \cdot \sqrt{2} = 4^x$ $\left[-\frac{1}{2}\right]$

78 $a^x \cdot a^{2x-1} = \frac{a^2}{\sqrt{a}}$ $(a > 0)$ $\left[\frac{5}{6}\right]$

79 $2^x = 8 \cdot \sqrt{2}$ $\left[\frac{7}{2}\right]$

80 $\sqrt[3]{5^x} = 25$ $[6]$

81 $4^{x+2} + 4 = 2$ [impossibile]

82 $3^x \cdot 27 = 9^{2x}$ [1]

83 $t^2 \cdot t^{x+1} = \frac{t^{6x}}{t^5}$ $(t > 0)$ $\left[\frac{8}{5}\right]$

84 $2^{3x} \cdot 4^{x-1} = 8^{x+1} \cdot 2^x \sqrt{2}$ $\left[\frac{11}{2}\right]$

85 $9^{x+2} = \sqrt[3]{3^{x+7}}$ [−1]

86 $4^{2x+1} = 8^{2x-1}$ $\left[\frac{5}{2}\right]$

87 ESERCIZIO GUIDA Risolviamo $75 \cdot 25^{x-1} - 5^{2x+1} = -50$.

$75 \cdot 25^{x-1} - 5^{2x+1} = -50 \rightarrow$ (proprietà delle potenze) $\overset{3}{\cancel{75}} \cdot \frac{5^{2x}}{\cancel{25}} - 5 \cdot 5^{2x} = -50 \rightarrow$ (raccogliamo 5^{2x}) $5^{2x}(3-5) = -50 \rightarrow$

$5^{2x} = 5^2 \rightarrow$ (uguagliamo gli esponenti) $2x = 2 \rightarrow x = 1$

Risolvi le seguenti equazioni esponenziali.

88 $2^x + 9 \cdot 2^x = 40$ [2]

89 $3^x - 3^{x-2} + 3^{x+1} = 35$ [2]

90 $3 \cdot 4^x + \frac{7}{4} \cdot 4^x = 19 \cdot \sqrt{2}$ $\left[\frac{5}{4}\right]$

91 $5 \cdot 2^x + 2^{x-3} = 328$ [6]

92 $3 \cdot 5^x + 5^{x+1} = 8 \cdot 5^3$ [3]

93 $2^x + 2^{x+1} = -2^{x-1} + 7$ [1]

94 $3^{x+\frac{1}{2}} - 3^x = 9 \cdot (\sqrt{3} - 1)$ [2]

95 $(\sqrt{2})^x + (\sqrt{2})^{x-1} = 2(\sqrt{2} + 1)$ [3]

---

96 REALTÀ E MODELLI **La mitosi** Una cellula madre si divide generando due cellule identiche attraverso un processo chiamato *mitosi*. Supponiamo che ogni cellula impieghi 30 ore a dividersi in due.

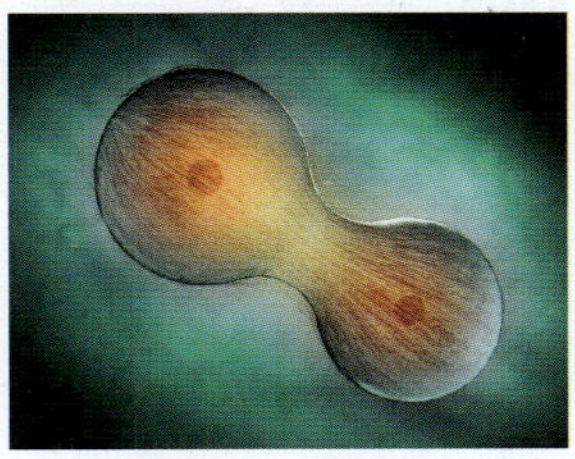

a. Quante cellule contiene un organismo umano dopo 5 giorni dalla fecondazione? (Ricorda che, al momento della fecondazione, si ha una sola cellula.)

b. Quanti giorni serviranno per generare complessivamente circa 2^{20} cellule (ossia più di un milione)? [a) 16; b) 25]

Particolari equazioni con potenze con basi diverse

97 ESERCIZIO GUIDA Risolviamo $6 \cdot 2^{x+3} = 4 \cdot 7^x - 2^x$.

$6 \cdot 2^x \cdot 8 = 4 \cdot 7^x - 2^x \rightarrow 48 \cdot 2^x + 2^x = 4 \cdot 7^x \rightarrow 49 \cdot 2^x = 4 \cdot 7^x \rightarrow$ (dividiamo entrambi i membri per $49 \cdot 7^x$) $\frac{2^x}{7^x} = \frac{4}{49} \rightarrow$ (proprietà delle potenze) $\left(\frac{2}{7}\right)^x = \left(\frac{2}{7}\right)^2 \rightarrow x = 2$

Risolvi le seguenti equazioni esponenziali.

98 $5 \cdot 2^x = 2 \cdot 5^x$ [1]

99 $3^{x+2} = 2^{2x+4}$ [−2]

100 $26 \cdot 2^x = 4 \cdot 5^x + 2^x$ [2]

101 $7^{x+1} = 3^{x+1}$ [−1]

102 $21 \cdot 3^x - 2^{x+3} = 3^{x+1}$ [−2]

103 $2^{x+2} - 4 \cdot 5^{x+2} = 25 \cdot 5^x - 4 \cdot 2^x$ [−3]

ESERCIZI

Utilizziamo un'incognita ausiliaria

104 ESERCIZIO GUIDA Risolviamo l'equazione $6 \cdot 3^x - 3^{2-x} = 15$.

$$6 \cdot 3^x - 3^{2-x} = 15 \rightarrow 6 \cdot 3^x - \frac{9}{3^x} = 15 \rightarrow 6z - \frac{9}{z} = 15 \rightarrow \frac{2z^2 - 3 - 5z}{z} = 0 \rightarrow$$

proprietà delle potenze $a^x : a^y = a^{x-y}$; sostituiamo $z = 3^x$; riduciamo allo stesso denominatore; $z \neq 0$

$$2z^2 - 5z - 3 = 0 \rightarrow z_1 = -\frac{1}{2} \vee z_2 = 3$$

$z_1 = -\frac{1}{2} \rightarrow 3^x = -\frac{1}{2} \rightarrow$ impossibile $\qquad z_2 = 3 \rightarrow 3^x = 3 \rightarrow x = 1$

L'equazione data ha per soluzione $x = 1$.

Risolvi le seguenti equazioni esponenziali utilizzando un'incognita ausiliaria.

105 $4^x = 2^x - 2$ [impossibile]

106 $8 + 2^{x+1} = 2^{2x}$ [2]

107 $9^x - 3 = 2 \cdot 3^x$ [1]

108 $3^{2x} - 9 \cdot 3^x + 3 = \frac{1}{3} \cdot 3^x$ [$-1; 2$]

109 $5^{2x} - 5^x = 5^{x-2} - \frac{1}{25}$ [$0; -2$]

110 $\frac{2}{3^x - 1} = \frac{1}{3^x - 5}$ [2]

111 $2^x + 8 = \frac{1}{4} + 2^{1-x}$ [-2]

112 $10^x + 10^{2-x} = 101$ [0; 2]

113 $2^{x+3} + 4^{x+1} = 320$ [3]

114 $2^{x+1} + 2^{3-x} = 17$ [$-1; 3$]

115 $3^x + 3^{1-x} = 4$ [0; 1]

116 $2^x - \sqrt{2} = 4 - 2^{\frac{5}{2} - x}$ [$\frac{1}{2}; 2$]

117 $(3^x - 5)^2 + 1 = 3^x - 5$ [impossibile]

118 $\left(\frac{1}{2}\right)^{2x} - \frac{12}{2^x} + 32 = 0$ [$-2; -3$]

119 $-2 \cdot 5^{x+2} + 25^{x+1} = 375$ [1]

Riepilogo: Equazioni esponenziali

Risolvi le seguenti equazioni esponenziali applicando il metodo opportuno.

120 $5^{x+6} = 125$ [-3]

121 $9^x - 3^x = 6$ [1]

122 $4^x = 3 \cdot 2^x + 4$ [2]

123 $2^x = 2^{x-1} + 2^{x+3}$ [impossibile]

124 $5^x + 125^{\frac{x}{3}} = 250$ [3]

125 $25^{5x-2} = \sqrt[3]{125^x}$ [$\frac{4}{9}$]

126 $3^{x-2} \cdot 9^{x+4} \cdot \sqrt{27^x} = 1$ [$-\frac{4}{3}$]

127 $3^{2+x} + 3^x = 90$ [2]

128 $5^{2x-1} = 7^{2x-1}$ [$\frac{1}{2}$]

129 $\left(\frac{1}{2}\right)^{x+3} - 4 \cdot 64^x = 0$ [$-\frac{5}{7}$]

130 $7^x \cdot \sqrt{7^x} = \frac{1}{343}$ [-2]

131 $2 \cdot 3^{2x} - 2 \cdot 3^{x+2} - 8 = 1 - 3^x$ [2]

132 $\left(\frac{3}{4}\right)^{x-3} = \left(\frac{16}{9}\right)^{1+2x}$ [$\frac{1}{5}$]

133 $2^{2x-1} \cdot 3^x = \frac{1}{2 \cdot 3^x}$ [0]

134 ●● $3^{x+1} - \frac{1}{3^x} - 2 = 0$ $[0]$

135 ●● $5^{x+1} \cdot 25^x = \sqrt{5^{1-x}} \cdot \sqrt{125}$ $\left[\frac{2}{7}\right]$

136 ●● $\frac{5^{x+2} \cdot 25^{1-x}}{125^x} = \frac{1}{5}$ $\left[\frac{5}{4}\right]$

137 ●● $27^{\frac{2}{3}x} - 3^{2x+3} + 9^{x+2} = 165$ $\left[\frac{1}{2}\right]$

138 ●● $\left(\frac{2}{5}\right)^{x-1} - \left(\frac{5}{2}\right)^{\frac{x-1}{x}} = 0$ $[\pm 1]$

Disequazioni esponenziali

▶ Teoria a p. 114

139 ●○ VERO O FALSO?

a. $5^x < \frac{1}{25}$ ha per soluzione $x < -2$. V F

b. $\left(\frac{5}{3}\right)^{-x} > 1$ se $x < 0$. V F

c. $1^x > 1^4$ è vera per $x > 4$. V F

d. $5^{-x} + 7^{-x} > 0$ $\forall x \in \mathbb{R}$. V F

e. $6^x < -6$ se $x < -1$. V F

140 ●○ CACCIA ALL'ERRORE Ognuna delle seguenti proposizioni è falsa. Individua l'errore.

a. $x^{-2} < x^{-3}$ se $x > 1$.

b. $4^x > 2^{-x}$, $\forall x \in \mathbb{R}$.

c. $x^4 < x^2$ non è mai vera.

d. $\left(\frac{4}{5}\right)^{-2} > \left(\frac{4}{5}\right)^{-4}$.

e. $3^x > 2^x$ $\forall x \in \mathbb{R}$.

I due membri si possono scrivere come potenze di uguale base

141 ESERCIZIO GUIDA Risolviamo: **a.** $250 \cdot 5^{\frac{x}{3}} > 2$; **b.** $\left(\frac{1}{27}\right)^x > \frac{1}{81}$.

a. $250 \cdot 5^{\frac{x}{3}} > 2$ — dividiamo entrambi i membri per 250

$5^{\frac{x}{3}} > \frac{2}{250}$ (semplificato: $\frac{1}{125}$)

$5^{\frac{x}{3}} > 5^{-3}$ — la base è 5 > 1

$\frac{x}{3} > -3$

$x > -9$

b. $\left(\frac{1}{27}\right)^x > \frac{1}{81}$ — scriviamo $\frac{1}{27}$ e $\frac{1}{81}$ come potenze di $\frac{1}{3}$

$\left(\frac{1}{3}\right)^{3x} > \left(\frac{1}{3}\right)^4$ — la base è $\frac{1}{3} < 1$

$3x < 4$

$x < \frac{4}{3}$

Risolvi le seguenti disequazioni esponenziali i cui membri sono riconducibili a potenze di uguale base.

> se $a > 1$: $a^t > a^z \leftrightarrow t > z$
>
> se $0 < a < 1$: $a^t > a^z \leftrightarrow t < z$

142 ●○ $4^x \leq 32$ $\left[x \leq \frac{5}{2}\right]$

143 ●○ $\left(\frac{3}{2}\right)^x < \frac{27}{8}$ $[x < 3]$

144 ●○ $3^{2x} \geq 81$ $[x \geq 2]$

145 ●○ $\left(\frac{3}{2}\right)^x < \frac{8}{27}$ $[x < -3]$

146 ●○ $3^{2x+2} < \frac{1}{3}$ $\left[x < -\frac{3}{2}\right]$

147 ●○ $7^{x+2} > 49$ $[x > 0]$

148 ●○ $\left(\frac{1}{4}\right)^{x-1} < 64$ $[x > -2]$

149 ●○ $0,1^x \leq 100$ $[x \geq -2]$

150 ●○ $100^x < 0,001$ $\left[x < -\frac{3}{2}\right]$

151 ●○ $\left(\frac{2}{5}\right)^{x+3} < \left(\frac{5}{2}\right)^{x-2}$ $\left[x > -\frac{1}{2}\right]$

152 ●○ $\left(\frac{1}{5}\right)^{2x+1} < 625$ $\left[x > -\frac{5}{2}\right]$

ESERCIZI

153 $\left(\frac{2}{3}\right)^{x^2-2x} < \frac{3}{2}$ $[x \neq 1]$

154 $5^{x^2-1} > \left(\frac{1}{5}\right)^{3x+1}$ $[x < -3 \vee x > 0]$

155 $2^x \cdot 3^{x+1} \leq \frac{6^{3x}}{2}$ $\left[x \geq \frac{1}{2}\right]$

156 $\frac{2^x \cdot 8}{4^x} > \frac{16^{-x}}{8}$ $[x > -2]$

Utilizziamo un'incognita ausiliaria

157 ESERCIZIO GUIDA Risolviamo $3^x - 2 \cdot 3^{2-x} < 7$.

$$3^x - 2 \cdot 3^{2-x} < 7 \rightarrow 3^x - 2 \cdot \frac{9}{3^x} < 7 \underset{z = 3^x}{\rightarrow} z - \frac{18}{z} < 7 \rightarrow \frac{z^2 - 7z - 18}{z} < 0 \underset{z > 0 \text{ perché } z = 3^x}{\rightarrow} z^2 - 7z - 18 < 0 \rightarrow$$

$$-2 < z < 9 \rightarrow \begin{cases} 3^x > -2 & \rightarrow \quad \forall x \in \mathbb{R} \\ 3^x < 3^2 & \rightarrow \quad x < 2 \end{cases}$$

La soluzione della disequazione data è $x < 2$.

Risolvi le seguenti disequazioni esponenziali con l'uso di un'incognita ausiliaria.

158 $2 \cdot 3^{-x} - 3^x \geq 1$ $[x \leq 0]$

159 $7^x - 6 > 7^{1-x}$ $[x > 1]$

160 $-4^x - 3 \cdot 2^x > 2^{2x} - 2^x$ [impossibile]

161 $34\left(\frac{3}{5}\right)^x < 25\left(\frac{9}{25}\right)^x + 9$ $[x < 0 \vee x > 2]$

162 $9\left(\frac{2}{3}\right)^x + 2 + 4\left(\frac{2}{3}\right)^{-x} \leq 0$ [impossibile]

163 $25\left(\frac{1}{5}\right)^x + 5 - 2\left(\frac{1}{5}\right)^{-x} \leq 0$ $[x \geq 1]$

164 $\frac{1}{3^x - 9} - \frac{1}{3^x + 1} > 0$ $[x > 2]$

165 $\frac{-6}{2^x - 2} + \frac{9}{2^x - 1} < 0$ $[x < 0 \vee 1 < x < 2]$

Riepilogo: Disequazioni esponenziali

Risolvi le seguenti disequazioni applicando il metodo opportuno.

166 $\frac{2^x - 4}{1 - 3^x} > 0$ $[0 < x < 2]$

167 $\frac{4 - 8^x}{3^x + 9} \leq 0$ $\left[x \geq \frac{2}{3}\right]$

168 $\left(\frac{1}{5}\right)^{2x+1} < 625$ $\left[x > -\frac{5}{2}\right]$

169 $45 \cdot 2^{2x-2} < -35 \cdot 4^{x-1}$ [impossibile]

170 $9^x - 12 \cdot 3^x + 27 < 0$ $[1 < x < 2]$

171 $\left(\frac{1}{4}\right)^x - 7 \cdot \left(\frac{1}{2}\right)^x - 8 \geq 0$ $[x \leq -3]$

172 $4 \cdot 2^{3x} - 4^{x+2} < 0$ $[x < 2]$

173 $9^x - 10 \cdot 3^x + 9 > 0$ $[x < 0 \vee x > 2]$

174 $\frac{3^{x+2}}{25} < 5^x$ $[x > -2]$

175 $25^x + 9 \cdot 5^{2x} \leq 2$ $\left[x \leq -\frac{1}{2}\right]$

176 $\frac{5^x - 125}{(1 - 2^x)(3^x - 3)} \geq 0$ $[x < 0 \vee 1 < x \leq 3]$

177 $72 \cdot 2^{2x} > 4 \cdot 9^x \cdot 27$ $\left[x < -\frac{1}{2}\right]$

178 $\frac{3^x - 2}{2} + \frac{2 \cdot 9^x - 1}{2 \cdot 3^x} + 2 > 0$ $[x > -1]$

179 $\frac{4}{2^x - 4} - \frac{2}{2^x - 2} \leq 0$ $[1 < x < 2]$

Determina il dominio delle seguenti funzioni.

180 $y = \frac{x}{3^x - 3}$ $[x \neq 1]$

181 $y = \frac{x - 1}{4^x - 2^x}$ $[x \neq 0]$

182 $y = \frac{6+3x}{8+5^x}$ $[\mathbb{R}]$

183 $y = \frac{1}{16-2^{x+2}}$ $[x \neq 2]$

184 $y = \left(\frac{1}{2}\right)^{\sqrt{x^2-3}}$ $[x \leq -\sqrt{3} \vee x \geq \sqrt{3}]$

185 $y = \sqrt{2^x - 16}$ $[x \geq 4]$

186 $y = \frac{1}{\sqrt{9-3^x}}$ $[x < 2]$

187 $y = \frac{3}{5^{-x}-25}$ $[x \neq -2]$

RISOLVIAMO UN PROBLEMA

Il parassita varroa

limite critico di sopravvivenza di un'arnia: circa 3200 varroe

Nell'arnia di Niccolò si è diffuso l'acaro varroa, un parassita che attacca le api e ha un ciclo vitale che raddoppia la popolazione ogni 30 giorni. Quando Niccolò se ne è accorto, nell'arnia erano presenti circa 100 varroe.

- Dal giorno in cui si è accorto del problema, in quanto tempo la popolazione di parassiti nell'arnia supererà le 1600 unità?
- Considerando il limite critico, quanti giorni ha a disposizione Niccolò per salvare le sue api?

► Modellizziamo la situazione determinando la legge di accrescimento delle varroe.

Indichiamo con t il numero di periodi di 30 giorni trascorsi da quando Niccolò ha visto le prime varroe (in prima approssimazione, possiamo quindi considerare t come il numero di mesi trascorsi).

Dopo 30 giorni ($t = 1$) il numero di varroe nell'arnia è diventato: $n(1) = 100 \cdot 2$.

Dopo 60 giorni ($t = 2$) il numero è diventato: $n(2) = n(1) \cdot 2 = 100 \cdot 2^2$.

In generale, fissato t, dopo $30t$ giorni il numero di parassiti è: $n(t) = 100 \cdot 2^t$.

► Calcoliamo in quanto tempo la popolazione di varroe supererà le 1600 unità.

Per calcolare dopo quanto tempo la popolazione di parassiti supererà le 1600 unità, dobbiamo risolvere la disequazione:

$$100 \cdot 2^t > 1600 \;\rightarrow\; 2^t > 16 \;\rightarrow\; 2^t > 2^4 \;\rightarrow\; t > 4.$$

Pertanto, dopo $30 \cdot 4 = 120$ giorni (circa 4 mesi) da quando Niccolò ha avvistato i primi parassiti, la popolazione di varroe avrà raggiunto le 1600 unità.

► Calcoliamo in quanto tempo la popolazione di varroe raggiungerà il limite critico.

Calcoliamo il tempo che Niccolò ha a disposizione per salvare l'arnia:

$$100 \cdot 2^t < 3200 \;\rightarrow\; 2^t < 32 \;\rightarrow\; 2^t < 2^5 \;\rightarrow\; t < 5.$$

Niccolò ha a disposizione al più $5 \cdot 30 = 150$ giorni (circa 5 mesi) dal momento in cui si è accorto dei primi parassiti per salvare la sua arnia.

► Ora prova tu!

Una cittadina del Nord Europa ha una popolazione di 30 000 abitanti. Dai dati statistici è noto che la popolazione della cittadina aumenta esponenzialmente (con base 2) con un tasso di crescita annuo del 4,5%.

a. Scrivi la funzione di accrescimento $P(t)$ che rappresenta il numero di individui della cittadina dopo t anni.

b. Dopo 4 anni quanti sono gli abitanti della cittadina?

c. Dopo quanti anni la popolazione della cittadina supererà le 60 000 unità?

[a) $P(t) = 30\,000 \cdot 2^{0{,}045t}$; b) circa 34 000 abitanti; c) circa 23 anni]

ESERCIZI

188 EUREKA! È data la funzione $f(x) = a4^x + b2^x - a + 2b$.

a. Trova a e b in modo che il grafico della funzione passi per i punti $O(0; 0)$ e $A(1; 6)$.

b. Utilizzando i valori di a e b trovati nel punto precedente traccia i grafici di $f(x)$ e di $g(x) = |f(x)| - 2$ e determina i loro punti di intersezione anche algebricamente.

c. Studia il segno delle due funzioni.

$\left[\text{a) } a = 2 \wedge b = 0; \text{ b) } \left(-\frac{1}{2}; -1\right); \text{ c) } f(x) > 0: x > 0; f(x) = 0: x = 0; g(x) > 0: \ldots\right]$

2 Logaritmi

Definizione di logaritmo

Teoria a p. 116

RIFLETTI SULLA TEORIA

189 Considera la definizione di logaritmo e, aiutandoti anche con esempi, spiega perché:

a. non esistono i logaritmi di numeri negativi;

b. la base di un logaritmo deve essere diversa da 1.

190 Ognuna delle seguenti scritture non è corretta. Perché?

a. $\log_4 0 = 1$

b. $\log_{-2} 1 = 0$

c. $\log_3 (-3)^3 = -3$

d. $\log_1 8 = 8$

e. $\log_0 1 = 0$

191 TEST Dato $\log_a b = c$, quale delle seguenti affermazioni è *vera*?

A b può essere negativo.

B c è sempre positivo.

C a deve essere maggiore o uguale a 0.

D c può assumere qualunque valore reale.

Riscrivi, usando le potenze, le seguenti uguaglianze.

192 $\log_7 49 = 2$; $\log_{11} 121 = 2$; $\log_{10} 10\,000 = 4$; $\log_5 \sqrt{5} = \frac{1}{2}$.

193 $\log_a 3 = 7$; $\log_2 b = -\frac{1}{2}$; $\log_5 3 = x$; $\log_2 a = -5$.

Riscrivi, usando i logaritmi, le seguenti uguaglianze.

194 $2^5 = 32$; $3^4 = 81$; $5^2 = 25$.

195 $7^x = 2$; $a^4 = 6$; $2^9 = b$.

196 $3^{\frac{1}{2}} = \sqrt{3}$; $10^0 = 1$; $\left(\frac{1}{2}\right)^{-2} = 4$.

197 $6^{-5} = b$; $a^{-2} = 8$; $3^x = \frac{1}{9}$.

198 Fra i seguenti logaritmi elimina quelli privi di significato e spiega il motivo della scelta.

$\log_3(-3)$; $\log_2 82$; $\log_2(-1)$; $\log_1 100$; $\log_5 0$; $\log_5 5$; $\log_{-2}(-8)$.

199 ESERCIZIO GUIDA Calcoliamo $\log_2(4 \cdot \sqrt[3]{2})$ applicando la definizione di logaritmo.

$x = \log_2(4 \cdot \sqrt[3]{2})$ è equivalente a $2^x = 4 \cdot \sqrt[3]{2} \rightarrow 2^x = 2^2 \cdot 2^{\frac{1}{3}} \rightarrow 2^x = 2^{\frac{7}{3}} \rightarrow x = \frac{7}{3}$.

proprietà delle potenze

Quindi $\log_2(4 \cdot \sqrt[3]{2}) = \frac{7}{3}$.

Calcola i seguenti logaritmi applicando la definizione.

200 $\log_{\frac{1}{2}} \frac{1}{2}$; $\log 10$.

201 $\log_2 1$; $\log_2 2$.

202 $\log_3 243$; $\log_2 64$.

203 $\log_3 27$; $\log_5 25$.

204 $\log_2 16$; $\log_3 9$.

205 $\log_5 125$; $\log_7 49$.

206 $\log 100$; $\log 1000$.

207 $\log_{11} 121$; $\log_7 343$.

208 $\log_3 \frac{1}{9}\sqrt{3}$; $\log_2 \frac{1}{16}$.

209 $\log_5 0,04$; $\log_{745} 1$.

210 $\log_2 \frac{4}{\sqrt{2}}$; $\log_3(3 \cdot \sqrt[4]{3})$.

Logaritmo $\log_a b = x \leftrightarrow a^x = b$

$a > 0, a \neq 1, b > 0$

$\log_a 1 = 0$ $\qquad \log_a a = 1$

211 $\log_2 \frac{\sqrt[5]{4}}{2}$; $\log_6(6 \cdot \sqrt[3]{6})$.

212 $\log_7(7\sqrt{7})$; $\log_3 \frac{1}{\sqrt{3}}$.

213 $\log_2(\sqrt{2} \cdot \sqrt[4]{2})$; $\log \frac{1}{\sqrt[13]{10}}$.

214 $\log_5 \sqrt[5]{5}$; $\log_{\frac{1}{2}} \frac{\sqrt{2}}{2}$.

215 $\log_3 \frac{3 \cdot \sqrt{3}}{\sqrt[3]{9}}$; $\log_5\left(0,2\frac{\sqrt{5}}{5}\right)$.

216 $\log_3(27 \cdot \sqrt{3})$; $\log_4 \frac{1}{2}$.

217 $\log_{25} \frac{5}{\sqrt[3]{5}}$; $\log_8 \sqrt[117]{4}$.

218 ESERCIZIO GUIDA Data l'uguaglianza $\log_5 b = 2$, calcoliamo il valore di b applicando la definizione di logaritmo.

$\log_5 b = 2$ è equivalente a $5^2 = b$. Quindi $b = 25$.

Calcola il valore dell'argomento *b*, usando la definizione di logaritmo.

219 $\log_2 b = 1$; $\log_3 b = 4$.

220 $\log_3 b = -1$; $\log_2 b = -1$.

221 $\log_2 b = -2$; $\log_5 b = -2$.

222 $\log_2 b = \frac{1}{2}$; $\log_3 b = \frac{1}{4}$.

223 $\log_4 b = \frac{1}{2}$; $\log_5 b = \frac{1}{3}$.

224 $\log_3 b = 0$; $\log_{0,4} b = 1$.

225 ESERCIZIO GUIDA Data l'uguaglianza $\log_a 16 = 2$, calcoliamo la base a.

Applichiamo la definizione di logaritmo: $a^2 = 16 \quad \rightarrow \quad a = \pm 4$.

La base di un logaritmo può essere solo positiva e diversa da 1, quindi $a = 4$.

Calcola il valore della base *a* usando la definizione di logaritmo.

226 $\log_a 9 = 2$; $\log_a 125 = 3$.

227 $\log_a 100 = 2$; $\log_a 2 = 1$.

228 $\log_a \frac{1}{4} = 2$; $\log_a \frac{16}{81} = 4$.

229 $\log_a \frac{1}{4} = -2$; $\log_a \frac{8}{27} = -3$.

230 $\log_a \frac{1}{81} = -4$; $\log_a \frac{4}{5} = -1$.

231 $\log_a 5 = 1$; $\log_a 100 = -2$.

232 $\log_a 4 = -2$; $\log_a \frac{1}{49} = -2$.

233 $\log_a 5 = -1$; $\log_a 3 = -2$.

234 $\log_a 4 = \frac{1}{2}$; $\log_a \frac{1}{2} = -2$.

COMPLETA inserendo > o < fra le seguenti coppie di logaritmi.

235 ●○ $\log 11 \square \log 3$; $\log 5 \square \log 8$; $\log 100 \square \log 5$; $\log_3 23 \square \log_3 116$.

236 ●○ $\log_2 14 \square \log_2 11$; $\log_{\frac{2}{3}} \frac{7}{6} \square \log_{\frac{2}{3}} \frac{11}{9}$; $\log_{0,4} 6 \square \log_{0,4} 9$; $\log_{\frac{6}{5}} 48 \square \log_{\frac{6}{5}} 7$.

Proprietà dei logaritmi

▶ Teoria a p. 117

VERO O FALSO

237 ●○
- a. $\log 5 - \log 4 = \log 1$ V F
- b. $\log \frac{4}{3} = \frac{\log 4}{\log 3}$ V F
- c. $\log_2 \sqrt{6} = \frac{1}{2}\log_2 6$ V F
- d. $\log_2(2 \cdot 7) = 1 + \log_2 7$ V F
- e. $(\log_3 8)^2 = 2\log_3 8$ V F

238 ●○
- a. $2\log_3 5 = \log_3 10$ V F
- b. $\log_2 \sqrt[3]{16} = \frac{4}{3}$ V F
- c. $\frac{1}{2}\log_2 36 = \log_2 \frac{1}{2} \cdot 36$ V F
- d. $(\log_2 7)^2 = \log_2 49$ V F
- e. $\frac{\log 11}{2} = \log \sqrt{11}$ V F

239 **ESERCIZIO GUIDA** Applicando le proprietà dei logaritmi sviluppiamo l'espressione $\log_2 \frac{a^6}{13 \cdot \sqrt[5]{9}}$, con $a > 0$.

$\log_2 \frac{a^6}{13 \cdot \sqrt[5]{9}} =$) logaritmo di un quoziente

$\log_2(a^6) - \log_2(13 \cdot \sqrt[5]{9}) =$) logaritmo di un prodotto

$\log_2 a^6 - (\log_2 13 + \log_2 3^{\frac{2}{5}}) =$) logaritmo di una potenza

$6\log_2 a - \log_2 13 - \frac{2}{5}\log_2 3$

Proprietà dei logaritmi
- $\log_a(b \cdot c) = \log_a b + \log_a c$
- $\log_a \frac{b}{c} = \log_a b - \log_a c$
- $\log_a b^n = n \cdot \log_a b$

a, b e c positivi, $a \neq 1$ e $n \in \mathbb{R}$.

Nell'ipotesi in cui tutte le lettere presenti indichino numeri positivi, sviluppa le seguenti espressioni applicando le proprietà dei logaritmi.

240 ●○ $\log \sqrt[3]{4}$ $\left[\frac{1}{3}\log 4\right]$

241 ●○ $\log(4\sqrt{2})$ $\left[\log 4 + \frac{1}{2}\log 2\right]$

242 ●○ $\log \frac{3}{2}$ $[\log 3 - \log 2]$

243 ●○ $\log \frac{3}{5a}$ $[\log 3 - \log 5 - \log a]$

244 ●○ $\log_5(3ab^2)$ $[\log_5 3 + \log_5 a + 2\log_5 b]$

245 ●○ $\log \frac{3\sqrt{a}}{b}$ $\left[\log 3 + \frac{1}{2}\log a - \log b\right]$

246 ●○ $\log_2\left(\frac{2 \cdot \sqrt[3]{2}}{\sqrt{2}}\right)$ $\left[\frac{5}{6}\right]$

247 ●○ $\log \frac{5a}{b^4}\sqrt[7]{b}$ $\left[\log 5 + \log a - \frac{27}{7}\log b\right]$

248 ●○ $\log_{\sqrt{2}} \frac{\sqrt[5]{4}}{8\sqrt{2}}$ $\left[-\frac{31}{5}\right]$

249 ●○ $\log(a^4 b^5 \sqrt{7})$ $\left[4\log a + 5\log b + \frac{1}{2}\log 7\right]$

250 ●○ $\log \frac{a^3(a^2+1)}{b^2}$ $[3\log a + \log(a^2+1) - 2\log b]$

251 ●○ $\log_5\left(\frac{3\sqrt[6]{a}}{\sqrt[27]{b}}\right)$ $\left[\log_5 3 + \frac{1}{6}\log_5 a - \frac{1}{27}\log_5 b\right]$

252 ●● **RIFLETTI SULLA TEORIA** Spiega perché non è corretta la seguente uguaglianza:

$\log 10 = \log[(-2)(-5)] = \log(-2) + \log(-5)$.

253 ESERCIZIO GUIDA Applichiamo le proprietà dei logaritmi per trasformare in un unico logaritmo l'espressione

$$2\log_5 10 + \log_5 25 - \frac{1}{3}\log_5 64.$$

$2\log_5 10 + \log_5 25 - \frac{1}{3}\cdot\log_5 64 =$) logaritmo di una potenza

$\log_5 10^2 + \log_5 25 - \log_5 \sqrt[3]{64} =$) logaritmo di un prodotto

$\log_5 (100\cdot 25) - \log_5 4 =$) logaritmo di un quoziente

$\log_5 \frac{2500}{4} = \log_5 625 = \log_5 5^4 = 4$

Applica le proprietà dei logaritmi per scrivere le seguenti espressioni sotto forma di un unico logaritmo, supponendo che tutti gli argomenti dei logaritmi considerati siano positivi.

254 $\log 3 + \log 7 - \log 6$ $\left[\log\frac{7}{2}\right]$

255 $\log_2 50 - \log_2 400 + \log_2 4$ $[-1]$

256 $\frac{1}{2}\log 81 - \log\frac{9}{7} + \log\frac{10}{7}$ $[1]$

257 $\frac{1}{4}\log 81 + \log\frac{9}{3} - \log 9$ $[0]$

258 $\frac{1}{3}[\log_3 35 - (\log_3 7 - 2\log_3 5)]$ $[\log_3 5]$

259 $\log_3\frac{9}{7} - \log_3\frac{27}{7} + \log_3\sqrt{3}$ $\left[-\frac{1}{2}\right]$

260 $\frac{1}{3}\log 27 + 2\log\frac{1}{3} - \frac{1}{2}\log\frac{1}{9} + \log 2$ $[\log 2]$

261 $\log_3 a + \log_3 b - \log_3 5 + \log_3\frac{1}{b}$ $\left[\log_3\frac{a}{5}\right]$

262 $\log_5 h - 2\log_5 b + \frac{1}{2}\log_5 6$ $\left[\log_5\frac{h\sqrt{6}}{b^2}\right]$

263 $\frac{1}{2}(\log 7 + \log x - \log 3) + \log\sqrt{3x}$ $[\log x\sqrt{7}]$

---

264 $\frac{1}{2}\log_3 x + 2\log_3(x+1) - \log_3 7$ $\left[\log_3\frac{\sqrt{x}(x+1)^2}{7}\right]$

265 $\log(x-1) + \log(x-2) - \log(x+3)$ $\left[\log\frac{(x-1)(x-2)}{x+3}\right]$

266 $4[\log a + \log(a+5)] - 2\log(a^2+5a)$ $[\log a^2(a+5)^2]$

267 TEST Qual è il risultato di $\log_{\frac{1}{2}} 4 + \log_{\frac{1}{2}} 3 - \log_{\frac{1}{2}} 6$?

A 1 B -1 C 0 D $\log_{\frac{1}{2}} 4 - \log_{\frac{1}{2}} 3$

268 ESERCIZIO GUIDA Trasformiamo in logaritmo in base 2 il numero 5 e in base 10 il numero $\frac{1}{3}$.

$5 = 5\cdot 1 = 5\cdot\log_2 2 = \log_2 2^5 = \log_2 32$

($1 = \log_2 2$; per la proprietà $n\log_a b = \log_a b^n$)

$\frac{1}{3} = \frac{1}{3}\cdot 1 = \frac{1}{3}\log_{10} 10 = \log_{10} 10^{\frac{1}{3}} = \log_{10}\sqrt[3]{10}$

($1 = \log_{10} 10$)

Trasforma i seguenti numeri in logaritmi nella base indicata.

269 1; -1; 3; $\frac{1}{8}$; base 2.
$\left[\log_2 2; \log_2\frac{1}{2}; \log_2 8; \log_2\sqrt[8]{2}\right]$

270 1; -1; 0; 2; base 3.
$\left[\log_3 3; \log_3\frac{1}{3}; \log_3 1; \log_3 9\right]$

Scrivi le seguenti espressioni sotto forma di un unico logaritmo.

271 $2+\log_2 6$ $[\log_2 24]$

272 $\log 7 - 1$ $\left[\log \frac{7}{10}\right]$

273 $\log_3 7 - 1$ $\left[\log_3 \frac{7}{3}\right]$

274 $\log_2 3 + 2 - \log_2 12$ $[0]$

Formula del cambiamento di base

▶ Teoria a p. 118

275 ESERCIZIO GUIDA Scriviamo $\log_2 3$ usando il logaritmo in base 10 e calcoliamone il valore approssimato.

Utilizziamo la formula del cambiamento di base $\log_a b = \frac{\log_c b}{\log_c a}$, in cui $a = 2$, $b = 3$, $c = 10$:

$$\log_2 3 = \frac{\log 3}{\log 2}.$$

Con la calcolatrice approssimiamo log 3 e log 2 con quattro cifre decimali:

$$\log 3 \simeq 0{,}4771 \quad \log 2 \simeq 0{,}3010 \quad \rightarrow \quad \log_2 3 \simeq \frac{0{,}4771}{0{,}3010} \simeq 1{,}5850.$$

$$\log_a b = \frac{\log_c b}{\log_c a}$$

Trasforma i seguenti logaritmi in logaritmi in base 10 e, con la calcolatrice, approssima con quattro cifre decimali i valori trovati.

276 $\log_5 7$; $\log_4 61$; $\log_2 10$.

277 $\log_5 0{,}23$; $\ln 100$; $\log_2 32$.

278 $\log_3 99$; $\log_{\frac{1}{2}} 15$; $\ln 8$.

279 $\log_5 50$; $\log_{40} 80$; $\log_9 2$.

280 Rappresenta sulla retta orientata i seguenti numeri, utilizzando la calcolatrice.

$\log_2 7$ $\log_3 26$ $\log_4 9$ $\log_{\frac{1}{2}} 6$

Funzione logaritmica

▶ Teoria a p. 118

281 Traccia per punti il grafico della funzione $y = \log_{\frac{3}{2}} x$, assegnando a x i seguenti valori.

$\frac{8}{27}$ $\frac{2}{3}$ 1 $\frac{9}{4}$ $\frac{81}{16}$

Per ogni funzione indica se è crescente o decrescente e individua il punto in cui si annulla.

282 $y = \log_{0,6} x$ $[(1; 0)]$

283 $y = \log_5 (x-2)$ $[(3; 0)]$

284 $y = \log_{\frac{1}{3}} (x+4)$ $[(-3; 0)]$

285 $y = \log_{3,7} (x-1)$ $[(2; 0)]$

Traccia per punti i grafici delle seguenti funzioni logaritmiche nello stesso piano cartesiano e confrontali.

286 $y = \log_3 x$; $y = \log_7 x$.

287 $y = \log_{0,2} x$; $y = \log_{0,5} x$.

288 AL VOLO Quale delle seguenti funzioni cresce più rapidamente? Motiva la risposta.

a. $y = \log_4 x$ **b.** $y = \log_{\sqrt{8}} x$

289 Traccia il grafico di $y = \log_5 x$ e deduci il grafico di $y = 5^x$.

290 Traccia il grafico di $y = \left(\frac{1}{4}\right)^x$ e deduci il grafico di $y = \log_{\frac{1}{4}} x$.

LEGGI IL GRAFICO Nelle figure sono disegnati i grafici di funzioni logaritmiche del tipo $y = \log_a x$. Scrivi le equazioni corrispondenti.

291 ●●

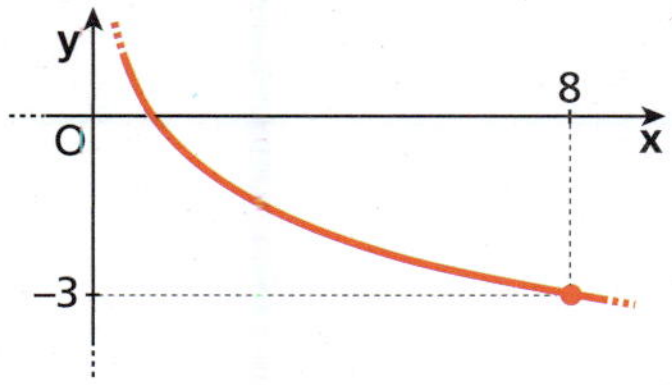

292 ●●

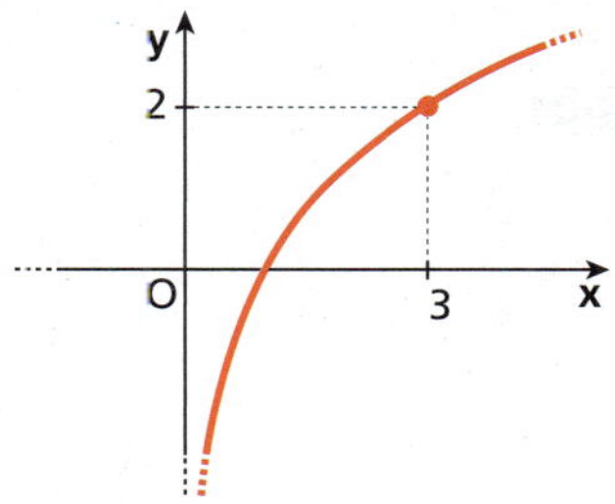

293 ●●

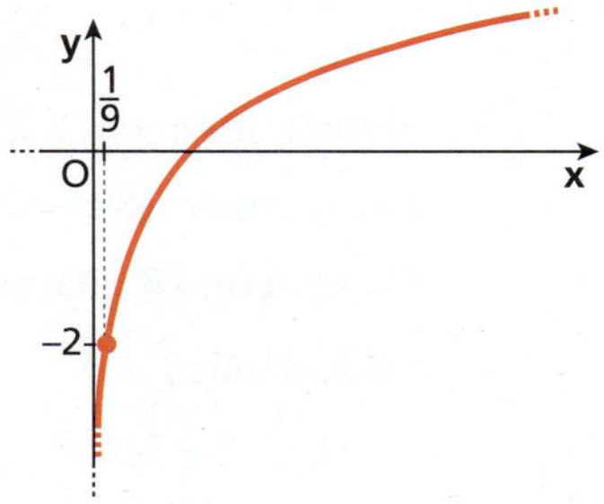

Trasformazioni geometriche e grafico della funzione logaritmo

Scrivi le equazioni delle funzioni ottenute da quelle assegnate applicando la trasformazione indicata e traccia i loro grafici.

294 ●○ $y = \ln x$ — traslazione di vettore $\vec{v}(-1; 2)$ $[y = \ln(x+1)+2]$

295 ●○ $y = \log x$ — simmetria rispetto all'origine $[y = -\log(-x)]$

296 ●○ $y = \log_{\frac{1}{2}} x$ — simmetria rispetto all'asse x $[y = -\log_{\frac{1}{2}} x]$

297 ●● $y = \log_{\frac{1}{3}} x$ — simmetria rispetto all'asse y $[y = \log_{\frac{1}{3}}(-x)]$

Disegna il grafico delle seguenti funzioni utilizzando le trasformazioni geometriche.

298 ●○ $y = \ln(x-1)$; $y = \log_2 x + 4$.

299 ●○ $y = \log(x-2) - 3$; $y = \log_3(x+3)$.

300 ●○ $y = \ln(-x)$; $y = -\ln x$.

301 ●○ $y = 2 + \ln x$; $y = -\log x - 2$.

302 ●○ $y = 4 - \log_2(-x)$; $y = \ln x + 3$.

Determina la funzione inversa della funzione data e disegna i due grafici.

303 ●● $y = \log(x+1)$ $[y = 10^x - 1]$

304 ●● $y = \log_2 x - 1$ $[y = 2^{x+1}]$

305 ●● $y = 3^x + 2$ $[y = \log_3(x-2)]$

306 ●○ **YOU & MATHS** Let $f(x) = \ln(x+3)$. Find $f^{-1}(x)$.

(USA *Southern Illinois University Carbondale*, Final Exam)

$[y = e^x - 3]$

Dominio di funzioni logaritmiche

307 ●○ **ASSOCIA** ogni funzione al suo dominio.

a. $y = \log_2 x - 2$ **b.** $y = \log_3 x^2 + 1$ **c.** $y = \log(x-1)$ **d.** $y = \log_2(x^2+1)$

1. $D: x > 0$ **2.** $D: \mathbb{R}$ **3.** $D: x \neq 0$ **4.** $D: x > 1$

308 **ESERCIZIO GUIDA** Determiniamo il dominio di $y = \log \dfrac{x+3}{x-1}$.

L'argomento del logaritmo deve essere positivo e il denominatore della frazione deve essere diverso da 0:

$$\frac{x+3}{x-1} > 0.$$

Numeratore: $x + 3 > 0 \rightarrow x > -3$.

Denominatore: $x - 1 > 0 \rightarrow x > 1$.

Compiliamo il quadro dei segni.

Deduciamo

D: $x < -3 \vee x > 1$.

		−3		1	
$x+3$	−	0	+		+
$x-1$	−		−	0	+
$\frac{x+3}{x-1}$	+	0	−	∄	+

Determina il dominio delle seguenti funzioni.

309 $y = \log_2(x+4)$ $[x > -4]$

310 $y = \log_3 x^2$ $[x \neq 0]$

311 $y = \log_{\frac{1}{2}} x - \log_2(1-x)$ $[0 < x < 1]$

312 $y = \log_3 \frac{1}{x-5}$ $[x > 5]$

313 $y = \log_2 \frac{x-3}{x+2}$ $[x < -2 \vee x > 3]$

314 $y = \log(x-8) + \log(2x+7)$ $[x > 8]$

315 $y = \ln \frac{x^2-1}{x^2+4}$ $[x < -1 \vee x > 1]$

316 $y = \log(x+1)^2$ $[x \neq -1]$

317 $y = \log(x+5) + \log(3-x)$ $[-5 < x < 3]$

318 $y = \ln|x^2 - 1|$ $[x \neq \pm 1]$

319 $y = \ln(x^2 - 4x) + 4$ $[x < 0 \vee x > 4]$

320 $y = \log(4^x - 2) + \log(2^x - 1)$ $\left[x > \frac{1}{2}\right]$

321 $y = \ln \frac{x-3}{1-x^2}$ $[x < -1 \vee 1 < x < 3]$

322 $y = \log_3(3x^2 + 2x - 1)$ $\left[x < -1 \vee x > \frac{1}{3}\right]$

323 RIFLETTI SULLA TEORIA Spiega perché $y = \log x^4$ e $y = 4\log x$ non sono funzioni uguali.

324 REALTÀ E MODELLI **Quanto aspettare?** Determina la funzione che permette di calcolare il tempo y (espresso in anni) necessario per accumulare un capitale di x euro, avendo depositato € 10 000 al tasso di interesse composto annuo del 2,5%.
Calcola dopo quanto tempo si possono riscuotere € 11 000.

$\left[y = \log_{1,025} \frac{x}{10\,000}; \simeq 3,8 \text{ anni}\right]$

Equazioni logaritmiche

▶ Teoria a p. 119

TEST

325 Le seguenti equazioni sono tutte equazioni logaritmiche tranne una. Quale?

A $3x + 1 = \log 4x$

B $3 \cdot \log_2 x = 17$

C $\log_2 5 = x + \frac{3}{\log_5 x}$

D $\log 2^x = 2$

326 La condizione di esistenza dell'equazione $\log^2 x - 4 = 0$ è:

A $x > 4$.

B $x < -2 \vee x > 2$.

C $x > 2$.

D $x > 0$.

Scrivi le condizioni di esistenza per ciascuna delle seguenti equazioni.

327 ●○ $2\log x - \log(1-x) = 1$ $[0 < x < 1]$

328 ●○ $\log(x-4)^2 = \log x^2$ $[x \neq 0 \wedge x \neq 4]$

329 ●○ $\dfrac{1}{\log x} = 3$ $[x > 0 \wedge x \neq 1]$

330 ●○ $\log_2(x^2+9) - \log x - 1 = 0$ $[x > 0]$

331 **ESERCIZIO GUIDA** Risolviamo $\log_3(x+8) = 2$.

- Condizioni di esistenza: $x + 8 > 0 \;\rightarrow\; x > -8$.
- Risolviamo l'equazione applicando la definizione di logaritmo.

$$x + 8 = 3^2 \;\rightarrow\; x + 8 = 9 \;\rightarrow\; x = 1$$ accettabile perché maggiore di -8

Risolvi le seguenti equazioni.

AL VOLO

332 ●○ $\log_5 x = -2$

333 ●○ $\log_4 x = \dfrac{1}{2}$

334 ●○ $\log_2(x-4) = 0$ $[5]$

335 ●○ $2\log_2(x+3) = 8$ $[13]$

336 ●○ $-\log(x+102) + 2 = 0$ $[-2]$

337 ●○ $\log(x^2-3) = 0$ $[\pm 2]$

338 ●○ $\log_2\left(\dfrac{5}{4}x - 1\right) = -2$ $[1]$

339 ●○ $\log_3(x^2+2x) = 1$ $[-3; 1]$

340 ●○ $3 - \log_2(x^2-2x) = 0$ $[-2; 4]$

341 ●○ $\log_{\frac{1}{2}}(x^2-8) = -3$ $[\pm 4]$

342 ●○ $\log\dfrac{x-9}{4x} = 0$ $[-3]$

343 ●○ $\log_2\dfrac{2x}{x+3} = -1$ $[1]$

344 **ESERCIZIO GUIDA** Risolviamo l'equazione:

$$\log_2(x-2) - \log_2(8-x) = \log_2 x - 3.$$

- Condizioni di esistenza:

$$\begin{cases} x-2>0 \\ 8-x>0 \\ x>0 \end{cases} \rightarrow \begin{cases} x>2 \\ x<8 \\ x>0 \end{cases} \rightarrow 2 < x < 8.$$

- Risolviamo l'equazione.
Al secondo membro, poiché per la definizione di logaritmo è $\log_a a = 1$, possiamo scrivere:

$$3 = 3 \cdot 1 = 3\log_2 2 = \log_2 2^3 = \log_2 8.$$

Sostituiamo questo risultato nell'equazione data e applichiamo le proprietà dei logaritmi.

$$\log_2(x-2) - \log_2(8-x) = \log_2 x - \log_2 8$$

$$\log_2\frac{x-2}{8-x} = \log_2\frac{x}{8}$$ uguagliamo gli argomenti

$$\frac{x-2}{8-x} = \frac{x}{8}$$ trasformiamo in equazione intera ricordando che $2 < x < 8$

$$8(x-2) = x(8-x)$$

$$x^2 - 16 = 0 = \begin{cases} x_1 = 4 \\ x_2 = -4 \end{cases}$$ $x_2 = -4$ non accettabile

- La soluzione dell'equazione è: $x = 4$.

Risolvi le seguenti equazioni.

345 ●○ $\log_5 x + \log_5 3 = \log_5 6$ $[2]$

346 ●○ $\log_2(x+1) = 2\log_2 3$ $[8]$

347 ●○ $2\log(x-7) = \log 25$ $[12]$

348 ●○ $\log_2(2x+11) = \log_2(x+10)$ $[-1]$

349 ●○ $\log_2 x - \log_2 7 = \log_2(x-1)$ $\left[\dfrac{7}{6}\right]$

350 ●○ $\log x - 2\log 3 = \log(x-1)$ $\left[\dfrac{9}{8}\right]$

ESERCIZI

351 $\log x - \log(x+1) = \log 2 - \log 5$ $\left[\frac{2}{3}\right]$

352 $\log(x-1) + \log(x-3) = \log 8$ $[5]$

353 $\log_2 x + \log_2(x-1) = 2\log_2 x$ [impossibile]

354 $\log(3x-1) + \log(x-2) = \log 22$ $[4]$

355 $\log_2 8x - 2\log_2 x = 3$ $[1]$

356 $\log_5(x^2+1) = \log_5 2 + \log_5(x^2-4)$ $[\pm 3]$

357 $\log_3(x-2) + \log_3 x = 2\log_3 x$ [impossibile]

358 $\log_5(x+1) + \log_5 4 = \log_5 6x$ $[2]$

359 $\log_7(x-3) = \log_7(x^2-3x)$ [impossibile]

360 $\log_{\frac{1}{2}}(x^2-4x) + \log_2 2x - 1 = 0$ $[5]$

361 $\log_3(2x+7) = 2 + \log_3 x$ $[1]$

362 $2\log_2\sqrt{x-2} + \log_2 x = 3$ $[4]$

---

363 $\log(x-1) - \log(x+1) = \log(x-3) - \log(x-2)$ $[5]$

364 $\log(2x+1) - \log(x-1) = \log(x+4) - \log 2$ $[3]$

365 $1 + \log_3(x-2) + \log_3(x+2) = \log_3 5 + \log_3 x$ $[3]$

Usiamo un'incognita ausiliaria

366 ESERCIZIO GUIDA Risolviamo l'equazione $2(\log_2 x)^2 + 5\log_2 x - 3 = 0$.

C.E.: $x > 0$.

Poniamo $\log_2 x = t$ e sostituiamo nell'equazione:

$$2t^2 + 5t - 3 = 0 \ \rightarrow\ t = \frac{-5 \pm \sqrt{25+24}}{4} = \frac{-5 \pm 7}{4} = \begin{cases} t_1 = \frac{1}{2}, \\ t_2 = -3. \end{cases}$$

Dai due valori di t, tenendo conto dell'assegnazione, otteniamo le soluzioni dell'equazione iniziale:

$$\log_2 x = -3 \ \rightarrow\ x_1 = \frac{1}{8} \text{ accettabile,} \qquad \log_2 x = \frac{1}{2} \ \rightarrow\ x_2 = \sqrt{2} \text{ accettabile.}$$

Risolvi le seguenti equazioni.

367 $3\log^2 x - 2\log x = 0$ $[1; \sqrt[3]{100}]$

368 $(\log_4 x)^2 + 3\log_4 x = 4$ $\left[4; \frac{1}{256}\right]$

369 $\log_3 x(3\log_3 x - 4) + 1 = 0$ $[\sqrt[3]{3}; 3]$

370 $2(\log_2 x)^2 - 9\log_2 x + 4 = 0$ $[\sqrt{2}; 16]$

371 $4(\log_2 x)^2 + 2\log_2 x - 2 = 0$ $\left[\frac{1}{2}; \sqrt{2}\right]$

372 $2\ln x + \ln^2 x = 0$ $[1; e^{-2}]$

373 $3 - \log x = \dfrac{2}{\log x}$ $[10; 100]$

374 $1 - \ln^2 x = 0$ $\left[e; \frac{1}{e}\right]$

Riepilogo: Equazioni logaritmiche

Risolvi le seguenti equazioni.

375 AL VOLO $\log_2 x = -5$

376 $\log(x-2) + \log 5 = \log x$ $\left[\frac{5}{2}\right]$

377 $5\log^2 x - \log x = 0$ $[1; \sqrt[5]{10}]$

378 $\ln^2 x - 9 = 0$ $[e^{-3}; e^3]$

379 AL VOLO $\log_x 3 = \dfrac{1}{3}$

380 $\ln\dfrac{x-4}{2x+1} = 0$ $[-5]$

381 $\log x - \dfrac{1}{2} = \log\sqrt{x}$ $[10]$

382 $\log_3(x+1) + 2\log_9(x+1) = \log_3 9$ $[2]$

383 $\log(x-3) - \log(x+1) = \log(4x-3)$ $[6]$

384 $\log(x+1) - \log(x+2) = \log 2$ $[0]$

385 $\log_2 x + \log_2(x-1) = 1$ $[2]$

386 $\log_2(x-2) - 1 = \log_2 \frac{3}{5}$ $\left[\frac{16}{5}\right]$

387 $\log_3(x+1) = \log_3(x^2+9) - 2$ $[0; 9]$

388 $\log(5+x) = \frac{3}{2}\log 2 + \frac{1}{2}\log(x+3)$ $[-1]$

389 $\log_2(2x+6) - \log_4(x-1) = 3$ $[5]$

390 $\log_5(x^2+6x-2) = 1 + \log_5(x+2)$ $[3]$

---

391 $\log(x-2) - \log(x-1) = \log 5$ [impossibile]

392 $\log(x^2-x-6) - \log(x-3) = 0$ [impossibile]

393 $\log 21 - \log(x+5) - \log(23-x) = -\log 7$ $[2; 16]$

394 $\log_3(x^2+3x-3) - 1 = \log_3(x+2) + \log_3(x-2)$ $[3]$

395 $\log(x-1) - 2\cdot\log(x+1) - \log 8 = -2$ $\left[\frac{3}{2}; 9\right]$

396 $3\log_{13}(5-x) + \log_{13}11 = \log_{13}(x+3) + 2\log_{13}(5-x)$ $\left[\frac{13}{3}\right]$

397 $2\log_2\left(\frac{3}{2}x - \frac{2}{3}\right) = \log_2(x^2-5) - 2$ [impossibile]

---

398 $2\log_2 x = 2 + \log_2(x+3)$ $[6]$

399 $\log_5 x + \log_5(\sqrt{5}\,x - 4) = \frac{1}{2}$ $[\sqrt{5}]$

400 $\log(x+1) - \log(\sqrt{x+1}) = 2$ $[9999]$

401 $\log^2 x - 2\log x = -1$ $[10]$

---

402 Traccia il grafico di $y = \log_2(x+2)$ e $y = 3 - \log_2 x$ e trova il loro punto di intersezione. $[(2; 2)]$

Disequazioni logaritmiche

▶ Teoria a p. 119

I due membri si possono scrivere come logaritmi di uguale base

403 TEST Dati $A, B \in \mathbb{R}^+$, puoi affermare che $\log_a A > \log_a B \rightarrow A > B$ se a vale:

A -1. B 0. C $\frac{2}{3}$. D $\frac{3}{2}$.

404 ESERCIZIO GUIDA Risolviamo:

a. $\log_{11}(2-x) > \log_{11}(x+2)$; **b.** $\log_{\frac{1}{5}} 20x < -3$.

a. Dobbiamo risolvere il seguente sistema.

$$\begin{cases} 2-x>0 \\ x+2>0 \\ 2-x>x+2 \end{cases}$$

condizione di esistenza di $\log_{11}(2-x)$

condizione di esistenza di $\log_{11}(x+2)$

disuguaglianza fra gli argomenti (con lo stesso verso di quella fra i logaritmi, dato che la base è maggiore di 1)

$$\begin{cases} -x>-2 \\ x>-2 \\ -2x>0 \end{cases} \rightarrow \begin{cases} x<2 \\ x>-2 \\ x<0 \end{cases} \rightarrow -2<x<0$$

b. Osserviamo che, per la definizione di logaritmo, possiamo scrivere

$$-3 = \log_{\frac{1}{5}}\left(\frac{1}{5}\right)^{-3} = \log_{\frac{1}{5}} 5^3 = \log_{\frac{1}{5}} 125$$

e perciò la disequazione assume la forma:

$$\log_{\frac{1}{5}} 20x < \log_{\frac{1}{5}} 125.$$

Ora dobbiamo risolvere il seguente sistema.

$\begin{cases} 20x > 0 \\ 20x > 125 \end{cases}$ condizione di esistenza di $\log_{\frac{1}{5}} 20x$; disuguaglianza fra gli argomenti (con verso opposto rispetto a quella fra i logaritmi, essendo la base minore di 1)

$$\begin{cases} x > 0 \\ 20x > 125 \end{cases} \rightarrow \begin{cases} x > 0 \\ x > \frac{25}{4} \end{cases} \rightarrow x > \frac{25}{4}$$

Risolvi le seguenti disequazioni.

se $a > 1$: $\log_a b < \log_a c \leftrightarrow b < c$
se $0 < a < 1$: $\log_a b < \log_a c \leftrightarrow b > c$
con b, $c > 0$

405 $\log_3 x > 2$ $[x > 9]$

406 $\log_2 x \leq \log_2(3x - 1)$ $\left[x \geq \frac{1}{2}\right]$

407 $\log(9 - x) \geq \log 12$ $[x \leq -3]$

408 $\ln x < 1$ $[0 < x < e]$

409 $\log_{\frac{1}{3}}(x + 1) > \log_{\frac{1}{3}}(4x)$ $\left[x > \frac{1}{3}\right]$

410 $\log x \leq -1$ $\left[0 < x \leq \frac{1}{10}\right]$

411 $\log_3 x < 2$ $[0 < x < 9]$

412 $\log(x - 3) \geq 0$ $[x \geq 4]$

413 $\log_{0,5}(5 + 3x) \geq \log_{0,5} 2$ $\left[-\frac{5}{3} < x \leq -1\right]$

414 $\log_{\frac{1}{2}}(2x) > 0$ $\left[0 < x < \frac{1}{2}\right]$

415 $\log_5(5 - x) \leq \log_5(5x + 2)$ $\left[\frac{1}{2} \leq x < 5\right]$

416 $\log_{\frac{2}{3}}(3 + x) < \log_{\frac{2}{3}}(2x - 3)$ $\left[\frac{3}{2} < x < 6\right]$

417 $\log_3(2 - 5x) > 2$ $\left[x < -\frac{7}{5}\right]$

Usiamo anche le proprietà dei logaritmi

418 ESERCIZIO GUIDATO Risolvi la disequazione $\log_7(x - 1) + \log_7 2 > \log_7 x$.

Scriviamo le condizioni di esistenza:

$$\begin{cases} \square > 0 \\ x > 0 \end{cases} \rightarrow \begin{cases} x > \square \\ x > 0 \end{cases} \rightarrow x > 1.$$

Applichiamo le proprietà dei logaritmi:

$$\log_7 \square (x - 1) > \log_7 x.$$

La disequazione è equivalente a:

$$2(x - 1) > \square \rightarrow 2x - 2 - x > 0 \rightarrow x \square > 0 \rightarrow x > 2.$$

Tenendo conto delle condizioni di esistenza, la soluzione della disequazione è $x > 2$.

Risolvi le seguenti disequazioni.

419 $\log_3 x^2 - \log_3 x < 3$ $[0 < x < 27]$

420 $\log_2 (x-1) + \log_2 x > 1$ $[x > 2]$

421 $\log_3 (2x-3) - \log_3 (x+1) < 2$ $\left[x > \frac{3}{2}\right]$

422 $\log_{\frac{3}{5}} (2-x) + \log_{\frac{3}{5}} (x+2) > \log_{\frac{3}{5}} 3x$ $[1 < x < 2]$

Usiamo un'incognita ausiliaria

423 ESERCIZIO GUIDA Risolviamo la disequazione $(\log_2 x)^2 - 3\log_2 x - 4 < 0$.

Introduciamo l'incognita ausiliaria $y = \log_2 x$ e sostituiamo:

$$y^2 - 3y - 4 < 0.$$

L'equazione associata $y^2 - 3y - 4 = 0$ ha come soluzioni -1 e 4.

La disequazione è verificata per:

$$-1 < y < 4.$$

Dobbiamo risolvere

$$-1 < \log_2 x < 4,$$

che è equivalente al seguente sistema.

$$\begin{cases} \log_2 x > -1 \\ \log_2 x < 4 \end{cases} \rightarrow \begin{cases} x > 0 & \text{condizione di esistenza del logaritmo} \\ \log_2 x > \log_2 2^{-1} & -1 = \log_2 2^{-1} \\ \log_2 x < \log_2 2^4 & 4 = \log_2 2^4 \end{cases}$$

$$\begin{cases} x > 0 \\ x > \frac{1}{2} \\ x < 16 \end{cases} \rightarrow \frac{1}{2} < x < 16$$

La disequazione è verificata per $\frac{1}{2} < x < 16$.

Risolvi le seguenti disequazioni.

424 $(\log_2 x)^2 - \log_2 x < 0$ $[1 < x < 2]$

425 $(\log_3 x)^2 - 6\log_3 x + 9 \leq 0$ $[27]$

426 $\log^2 x - 7\log x + 12 < 0$ $[1000 < x < 10\,000]$

427 $(\log_{\frac{1}{2}} x)^2 - \log_{\frac{1}{2}} x - 2 < 0$ $\left[\frac{1}{4} < x < 2\right]$

Riepilogo: Disequazioni logaritmiche

428 COMPLETA

Disequazione	a	Soluzione
$\log_a (x-1) < 1$	2	
$\log_2 (x+1) < a$		$-1 < x < 7$
$\log_{\frac{1}{3}} (x+a) < -2$		$x > 0$

429 ASSOCIA a ogni disequazione le sue soluzioni.

a. $\log_2 x < 3$

b. $\log_{\sqrt{2}} x > 4$

c. $\log_{\frac{1}{3}} (2-x) > \log_{\frac{1}{3}} (1-2x)$

d. $\log_2 (x+1) - \log_2 (x-1) < 1$

1. $x > 3$
2. $x < -1$
3. $0 < x < 8$
4. $x > 4$

ESERCIZI

Risolvi le seguenti disequazioni.

430 $\ln x + \ln^2 x < 0$ $\left[\frac{1}{e} < x < 1\right]$

431 $\log_{\frac{1}{2}}(x+3) < -1$ $[x > -1]$

432 $\log x + \frac{1}{\log x} < 0$ $[0 < x < 1]$

433 $x\log(x+2) > 0$ $[-2 < x < -1 \vee x > 0]$

434 $\log(x^2 + 17x + 16) < 2$ $[-21 < x < -16 \vee -1 < x < 4]$

435 $\log_4(4x-4) \le \log_2 x$ $[x > 1]$

436 $\frac{1}{\log x} - 3\log x < 2$ $\left[\frac{1}{10} < x < 1 \vee x > \sqrt[3]{10}\right]$

437 $\log(3-x)^2 - 2\log(4+x) < 0$ $\left[x > -\frac{1}{2} \wedge x \ne 3\right]$

438 $\log_{\frac{1}{3}}(2x+8) \ge \log_{\frac{1}{3}} 6x - 1$ $\left[x \ge \frac{1}{2}\right]$

439 $\log_2 \sqrt{x} \le \frac{1}{4}\log_2 x^2 + \log_2 x$ $[x \ge 1]$

440 $\log_3 \frac{1}{x} - \log_3 x^2 < 6$ $\left[x > \frac{1}{9}\right]$

441 $\log_{\frac{1}{2}} x^4 \ge \log_{\frac{1}{2}} x^3$ $[0 < x \le 1]$

442 $\log_2 x > -\log_{\frac{1}{2}} \sqrt{x}$ $[x > 1]$

443 $2\log_{\frac{1}{2}}(x-1) \ge \log_{\frac{1}{2}} \frac{1}{4}$ $\left[1 < x \le \frac{3}{2}\right]$

444 $\log x \cdot \log(x-3) > 0$ $[x > 4]$

445 $\frac{\log(x-1)}{\log x - 1} \le 0$ $[2 \le x < 10]$

446 Traccia il grafico di $f(x) = \log_{\frac{1}{2}}(x-1)$ e $g(x) = \log_2 x - 1$ e trova per quali valori di x si ha $f(x) \ge g(x)$.

Equazioni esponenziali risolubili con i logaritmi

▶ Teoria a p. 121

447 ESERCIZIO GUIDA Risolviamo $7^{x+1} + 2 \cdot 7^x = 11$.

$7^{x+1} + 2 \cdot 7^x = 11$) raccogliamo 7^x

$7^x(7+2) = 11$

$9 \cdot 7^x = 11$) dividiamo entrambi i membri per 9

$7^x = \frac{11}{9}$) calcoliamo i logaritmi in base 7 del primo e secondo membro

$\log_7 7^x = \log_7 \frac{11}{9}$) logaritmo di una potenza

$x\log_7 7 = \log_7 \frac{11}{9}$) $\log_7 7 = 1$

$x = \log_7 \frac{11}{9}$) cambiamo la base del logaritmo da 7 a 10

$x = \frac{\log \frac{11}{9}}{\log 7} = \frac{\log 11 - \log 9}{\log 7}$

Risolvi le seguenti equazioni.

448 $5^x = 9$ $\left[\frac{\log 9}{\log 5}\right]$

449 $3^x - 2 = 0$ $\left[\frac{\log 2}{\log 3}\right]$

450 $1{,}3^x + 2 = 0$ [impossibile]

451 $3 \cdot 11^x = 2$ $\left[\frac{\log 2 - \log 3}{\log 11}\right]$

452 $4 \cdot 5^x = 3 \cdot 7^x$ $\left[\dfrac{\log 3 - \log 4}{\log 5 - \log 7}\right]$

453 $\dfrac{7}{2^x} = 1$ $\left[\dfrac{\log 7}{\log 2}\right]$

454 $\sqrt[3]{7^x} = 5$ $\left[\dfrac{3\log 5}{\log 7}\right]$

455 $3 \cdot 2^x + 2^{x+1} = 19$ $\left[\dfrac{\log 19 - \log 5}{\log 2}\right]$

456 $3^x + 3^{x+1} + 3^{x+2} = 26$ $\left[\dfrac{\log 2}{\log 3}\right]$

457 $4^x = 4^{x-2} + 27$ $\left[2 + \dfrac{2\log 3 - \log 5}{2\log 2}\right]$

458 $7^{x+1} - 7^x + 2 \cdot 7^{x-1} = 2$ $\left[1 - \dfrac{\log 22}{\log 7}\right]$

459 $9^x - 3^x - 2 = 0$ $\left[\dfrac{\log 2}{\log 3}\right]$

460 $12 - 2^{x+3} + 2^{2x} = 0$ $\left[1; \dfrac{\log 2 + \log 3}{\log 2}\right]$

461 $3^x + 20 = 9^x$ $\left[\dfrac{\log 5}{\log 3}\right]$

REALTÀ E MODELLI

462 **Capelli in caduta** Circa l'80% degli uomini dopo i 45 anni è colpito da una perdita di capelli. Indicata con C_0 la quantità di capelli all'inizio della caduta, si può pensare che il loro numero decresca secondo la legge $C(t) = C_0 e^{-kt}$, dove t è il tempo trascorso (espresso in anni) a partire dall'età di 45 anni.

a. Scrivi le espressioni analitiche delle funzioni che riguardano uomini bruni ($k = 0,138$) e uomini biondi ($k = 0,147$).

b. Verifica che dopo 5 anni il numero di capelli di un uomo bruno si è dimezzato.

c. Mediante un'equazione calcola dopo quanto tempo un uomo biondo e uno bruno hanno lo stesso numero di capelli.

[a) $C(t) = 100\,000e^{-0,138t}$, $C(t) = 140\,000e^{-0,147t}$; c) circa 37 anni e 5 mesi]

463 **Veder lontano** Nel 1965 Gordon Moore, che diventò poi il fondatore di Intel, teorizzò che la potenza di calcolo dei processori sarebbe cresciuta negli anni successivi in modo prevedibile: in particolare, il numero di transistor presenti nei processori sarebbe raddoppiato ogni dodici mesi circa.

a. Indicato con t_0 il numero di transistor iniziale, scrivi l'espressione della funzione $t(x)$ che esprime la relazione di Moore in funzione di x, numero di mesi trascorsi.

b. Un processore, nel gennaio 1992, conteneva 750 000 transistor. Se la legge di Moore è valida, in quale anno è stato realizzato un processore con 1 000 000 000 di transistor?

[a) $t(x) = t_0 \cdot 2^{\frac{x}{12}}$; b) 2002]

Risolvi le seguenti equazioni con il metodo che ritieni opportuno.

464 $3^{\frac{x+2}{2}} = 9$ [2]

465 $4^{5-x} = 3^{x+1}$ $\left[\dfrac{5\log 4 - \log 3}{\log 3 + \log 4}\right]$

466 $3^{\sqrt{x+2}} = 9^{\sqrt{x}}$ $\left[\dfrac{2}{3}\right]$

467 $\sqrt{3^{x+3}} = \dfrac{3^{2x+4}}{27^{5x}}$ $\left[\dfrac{5}{27}\right]$

468 $49^x - 13 \cdot 7^x + 36 = 0$ $[\log_7 9; \log_7 4]$

469 $25^x - 2 \cdot 5^x = 8$ $\left[\dfrac{\log 4}{\log 5}\right]$

470 $4 \cdot 3^x + 3^{x+1} = 2$ $\left[\dfrac{\log 2 - \log 7}{\log 3}\right]$

471 $\dfrac{8^x \cdot 2}{2^{x+3}} = \dfrac{2^{x+1}}{2^{2x+2}}$ $\left[\dfrac{1}{3}\right]$

472 $64 \cdot 4^x + 7 \cdot 2^{x+2} - 2 = 0$ $[-4]$

473 $3 \cdot 9^x - 28 \cdot 3^x + 9 = 0$ $[-1; 2]$

Disequazioni esponenziali risolubili con i logaritmi

▶ Teoria a p. 121

474 ESERCIZIO GUIDA Risolviamo $7^x > 4 \cdot 3^{5x}$.

Applichiamo a entrambi i membri il logaritmo in base 10. Poiché la base è maggiore di 1, manteniamo il segno > nella disequazione fra logaritmi.

$\log 7^x > \log(4 \cdot 3^{5x})$) logaritmo di un prodotto

$\log 7^x > \log 4 + \log 3^{5x}$) logaritmo di una potenza

$x \log 7 > 2\log 2 + 5x \log 3$

$x\log 7 - 5x\log 3 > 2\log 2 \rightarrow x \cdot (\log 7 - 5\log 3) > 2\log 2$

Dato che $\log 7 - 5\log 3 \simeq -1{,}54 < 0$, dividendo entrambi i membri della disequazione per questo fattore, invertiamo il verso della disequazione.

Le soluzioni sono pertanto: $x < \dfrac{2\log 2}{\log 7 - 5\log 3}$.

Risolvi le seguenti disequazioni usando le proprietà dei logaritmi.

475 $2^x < 5$ $\left[x < \dfrac{\log 5}{\log 2}\right]$

476 $3^{2x} - 4 \geq 0$ $\left[x \geq \dfrac{\log 4}{2\log 3}\right]$

477 $4 - 7^{2x} > 0$ $\left[x < \dfrac{\log 4}{2\log 7}\right]$

478 $6^x + 6 \geq 6^{-1}$ $[\forall x \in \mathbb{R}]$

479 $10 \cdot 5^{2x} < 1$ $\left[x < -\dfrac{1}{2\log 5}\right]$

480 $3^{x+1} \geq 2^{1-x}$ $\left[x \geq \dfrac{\log 2 - \log 3}{\log 2 + \log 3}\right]$

481 $100^x - 2^{3-x} < 0$ $\left[x < \dfrac{3\log 2}{2 + \log 2}\right]$

Dominio di funzioni con logaritmi

482 ESERCIZIO GUIDA Cerchiamo il dominio di: **a.** $y = \dfrac{\ln x}{1 - \ln^2 x}$; **b.** $y = \ln(1 - e^{-2x})$.

a. Dobbiamo risolvere il seguente sistema.

$\begin{cases} x > 0 \\ 1 - \ln^2 x \neq 0 \end{cases}$ condizione di esistenza di ln x; denominatore diverso da 0

Cerchiamo i valori che annullano il denominatore risolvendo l'equazione:

$1 - \ln^2 x = 0 \rightarrow \ln^2 x = 1 \rightarrow \ln x = \pm 1.$

$\ln x = -1 \rightarrow x = e^{-1}; \quad \ln x = 1 \rightarrow x = e.$

Il dominio della funzione è dunque D: $x > 0 \wedge x \neq e^{-1} \wedge x \neq e$.

b. Imponiamo la condizione di esistenza del logaritmo:

$1 - e^{-2x} > 0 \rightarrow 1 > e^{-2x} \rightarrow e^{-2x} < e^0 \underset{e>1}{\rightarrow} -2x < 0 \rightarrow 2x > 0 \rightarrow x > 0.$

Il dominio della funzione è D: $x > 0$.

Determina il dominio delle seguenti funzioni.

483 $y = \log(2-x) + \log(x+3)$ $[-3 < x < 2]$

484 $y = \dfrac{\ln x}{1+\ln x}$ $[0 < x < e^{-1} \vee x > e^{-1}]$

485 $y = \sqrt{\log_3 x - 2}$ $[x \geq 9]$

486 $y = \sqrt{4-(\log_{\frac{1}{2}} x)^2}$ $\left[\frac{1}{4} \leq x \leq 4\right]$

487 $y = \sqrt{3-\log_2(x-1)}$ $[1 < x \leq 9]$

488 $y = \dfrac{\ln(9-6x)}{\ln x - 1}$ $\left[0 < x < \frac{3}{2}\right]$

489 $y = \sqrt{\log_2 x - 1} + \sqrt{-\log_2 x + 4}$ $[2 \leq x \leq 16]$

490 $y = \log_2(2^x + 2^{1-x} - 3)$ $[x < 0 \vee x > 1]$

491 $y = \dfrac{1}{\log^2 x - \log x}$ $[x > 0 \wedge x \neq 1 \wedge x \neq 10]$

492 $y = \dfrac{\sqrt{4-x}}{\ln(2^x-3)}$ $[\log_2 3 < x \leq 4 \wedge x \neq 2]$

493 $y = \dfrac{1}{5^x - 25^x + 6}$ $\left[x \neq \frac{\log 3}{\log 5}\right]$

494 $y = \log(2^{-x} - 3)$ $\left[x < -\frac{\log 3}{\log 2}\right]$

TUTOR matematica Allenati con **15 esercizi interattivi** con feedback "hai sbagliato, perché..."
su.zanichelli.it/tutor3 risorsa riservata a chi ha acquistato l'edizione con tutor

3 Funzioni goniometriche

Misura in radianti degli angoli

Teoria a p. 122

Dai gradi sessagesimali ai radianti e viceversa

$\alpha° : \alpha_{rad} = 360° : 2\pi$

$\alpha° = 40° \rightarrow \alpha_{rad} = \dfrac{\cancel{40}° \cdot 2\pi}{_9\cancel{360}} = \dfrac{2}{9}\pi$

$\alpha_{rad} = \dfrac{5}{8}\pi \rightarrow \alpha° = \dfrac{5}{\cancel{8}}\cancel{\pi} \cdot \dfrac{\cancel{360}°}{\cancel{2\pi}} = 112{,}5°$

495 ASSOCIA

a. 90°
b. 30°
c. 300°
d. 270°
e. 135°

1. $\frac{5}{3}\pi$
2. $\frac{\pi}{2}$
3. $\frac{3}{4}\pi$
4. $\frac{\pi}{6}$
5. $\frac{3}{2}\pi$

496 TEST L'angolo $\frac{\pi}{4}$:

A è corrisponde a 90°.
B è metà dell'angolo retto.
C è metà dell'angolo piatto.
D è un quarto dell'angolo giro.

497 COMPLETA la seguente tabella.

Gradi	0°		180°			270°
Radianti		$\frac{\pi}{3}$		$\frac{2}{3}\pi$	$\frac{5}{4}\pi$	

ESERCIZI

Trasforma in radianti le misure dei seguenti angoli, espresse in gradi sessagesimali.

498 ●○ 15°, 36°, 210°, 300°. $\left[\frac{\pi}{12}; \frac{\pi}{5}; \frac{7}{6}\pi; \frac{5}{3}\pi\right]$

499 ●○ 20°, 80°, 100°, 160°. $\left[\frac{\pi}{9}; \frac{4}{9}\pi; \frac{5}{9}\pi; \frac{8}{9}\pi\right]$

Trasforma in gradi sessagesimali le misure dei seguenti angoli, espresse in radianti.

500 ●○ $\frac{4}{5}\pi$, $\frac{5}{12}\pi$, $\frac{7}{9}\pi$, $\frac{5}{3}\pi$. [144°; 75°; 140°; 300°]

501 ●○ $\frac{2}{3}$, $\frac{2}{3}\pi$, $\frac{9}{5}\pi$, $\frac{3}{2}\pi$. [38° 11′ 50″; 120°; 324°; 270°]

502 ●○ Un angolo α misura $\frac{3}{5}\pi$. Trova la misura del suo supplementare in gradi. [72°]

Angoli orientati

▶ Teoria a p. 123

Disegna i seguenti angoli, utilizzando la circonferenza goniometrica.

503 ●○ −45°; −180°; 450°; 720°.

504 ●○ 390°; 765°; −420°; 1200°.

505 ●○ COMPLETA scrivendo in forma sintetica gli angoli rappresentati in figura.

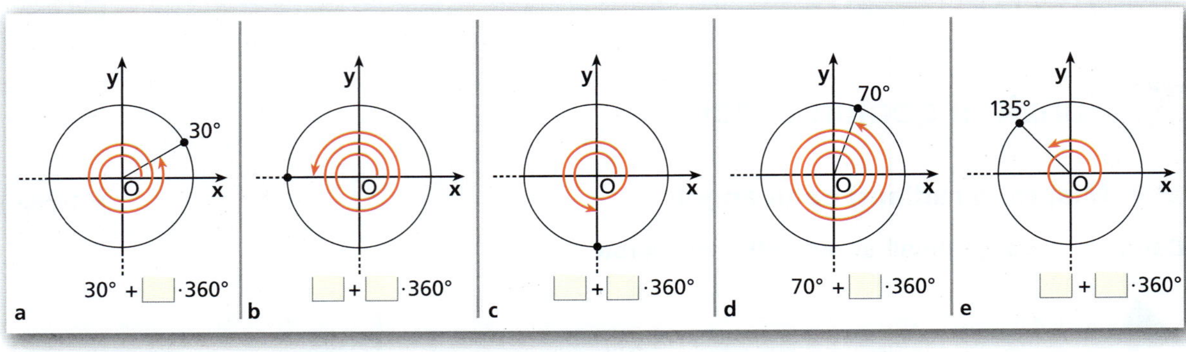

Disegna gli angoli corrispondenti a ogni scrittura sintetica, per ogni valore di *k* indicato.

506 ●○ $k360°$; $k = 1$, $k = 2$, $k = -1$.

507 ●○ $k180°$; $k = 2$, $k = -3$, $k = 5$.

Disegna i seguenti angoli, utilizzando la circonferenza goniometrica.

508 ●○ $\frac{\pi}{4}$; $\frac{3}{4}\pi$; $\frac{11}{4}\pi$; $\frac{\pi}{8}$.

509 ●○ $\frac{\pi}{2}$; $\frac{3}{2}\pi$; $\frac{\pi}{3}$; $\frac{13}{6}\pi$.

Funzioni seno e coseno

▶ Teoria a p. 124

510 ●○ COMPLETA Per ogni angolo α in figura, determina i valori del seno e del coseno.

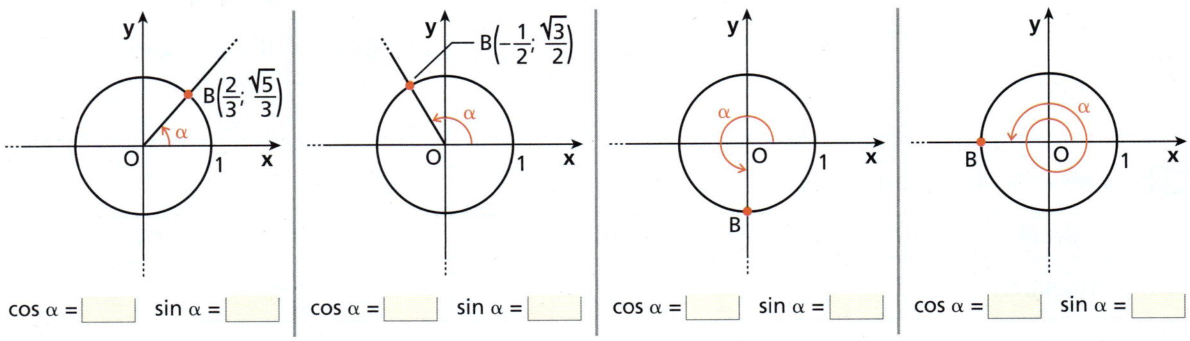

511 Utilizzando la circonferenza goniometrica, rappresenta gli angoli che verificano le seguenti condizioni.

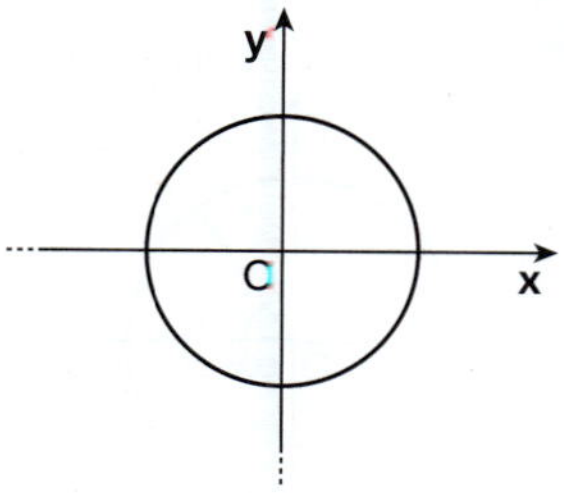

$\cos\alpha = -\frac{3}{5}$
$\alpha \in$ II quadrante

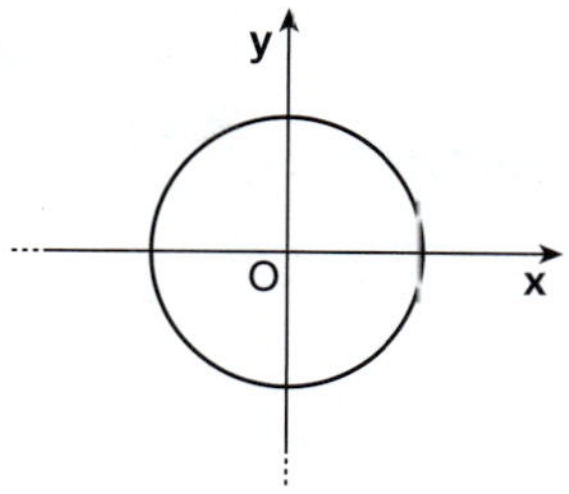

$\sin\alpha = \frac{1}{3}$
$\alpha \in$ I quadrante

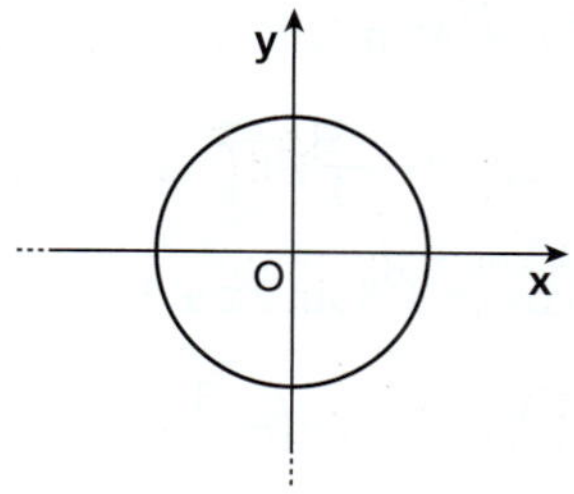

$\cos\alpha = \frac{1}{2}$
$\alpha \in$ IV quadrante

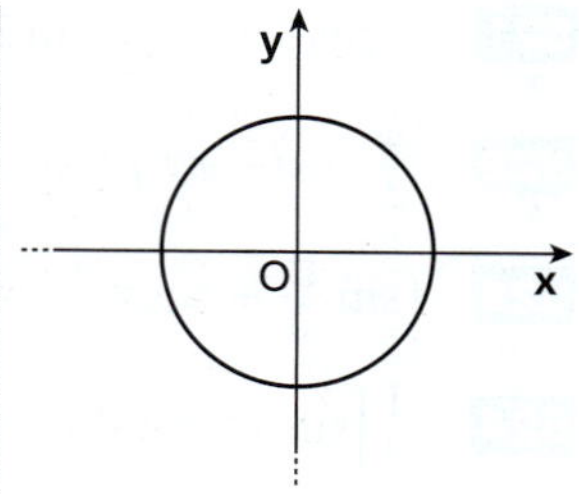

$\sin\alpha = -\frac{1}{4}$
$\alpha \in$ III quadrante

512 COMPLETA la tabella e disegna, utilizzando la circonferenza goniometrica, il coseno e il seno degli angoli assegnati, indicando se sono positivi o negativi.

α	30°	145°	220°	−28°	380°	460°	$\frac{\pi}{3}$	$\frac{13}{6}\pi$	$-\frac{\pi}{8}$	$\frac{17}{3}\pi$
$\cos\alpha$	+									
$\sin\alpha$	+									

513 COMPLETA

a. Se $\alpha = \frac{\pi}{2}$ → $\cos\alpha = \square$ e $\sin\alpha = \square$.

b. Se $\alpha = -\frac{\pi}{2}$ → $\cos\alpha = \square$ e $\sin\alpha = \square$.

c. Se $\alpha = \pi$ → $\cos\alpha = \square$ e $\sin\alpha = \square$.

d. Se $\alpha = 4\pi$ → $\cos\alpha = \square$ e $\sin\alpha = \square$.

TEST

514 Quanti sono gli angoli compresi tra 0° e 360° che hanno coseno $\frac{1}{2}$?

A 1 B 2 C 3 D 4

515 Quanti sono gli angoli compresi tra 0° e 360° che hanno seno −1?

A 1 B 2 C 3 D 4

Disegna, utilizzando la circonferenza goniometrica, gli angoli compresi tra 0° e 360° a cui corrispondono i seguenti valori.

516 $\sin\alpha = \frac{1}{3}$

517 $\cos\alpha = -\frac{2}{5}$

518 $\sin\alpha = -\frac{1}{4}$

519 COMPLETA utilizzando la calcolatrice. Approssima il risultato a una cifra decimale.

a. $\cos 40° = \square$

b. $\sin 200° = \square$

c. $\sin 2 = \square$

d. $\cos\frac{\pi}{5} = \square$

520 VERO O FALSO? Rispondi aiutandoti con la circonferenza goniometrica.

a. $\cos(\alpha + 6\pi) = \cos\alpha$ V F

b. $\sin(\alpha + 3\pi) = \sin\alpha$ V F

c. $\cos(-\alpha) = -\cos\alpha$ V F

d. $\sin(4\pi) = 4 \cdot \sin(\pi)$ V F

ESERCIZI

Calcola il valore delle seguenti espressioni.

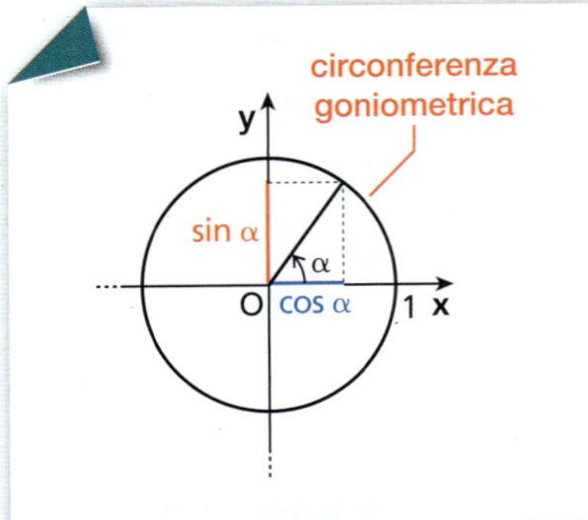

521 $-\cos 360° + \frac{3}{5}\sin 270° + 3\sin 720° - \frac{5}{3}\cos(-180°)$ $\left[\frac{1}{15}\right]$

522 $\frac{4}{3}\cos(-90°) + \sin(-270°) - \frac{3}{4}\sin(-450°) + \frac{1}{4}\sin 270°$ $\left[\frac{3}{2}\right]$

523 $\left(\sin\frac{\pi}{2} + \cos\pi\right)^2 - 4\cos 2\pi + 3\sin 2\pi + 1$ $[-3]$

524 $\frac{1}{3}\left[\sin 3\pi + 4\sin\left(-\frac{\pi}{2}\right) + 1\right] - \sin\left(-\frac{3}{2}\pi\right)$ $[-2]$

525 $\frac{1}{2}\cos 540° + \frac{2}{3}\sin 720° - \frac{1}{4}\sin 450° + 6\sin(-270°)$ $\left[\frac{21}{4}\right]$

526 $\cos 4\pi + 2\sin\left(-\frac{15}{2}\pi\right) + \frac{1}{3}\cos(-3\pi) + \sin\frac{9}{2}\pi$ $\left[\frac{11}{3}\right]$

COMPLETA scrivendo le coordinate mancanti in ciascuna figura.

527

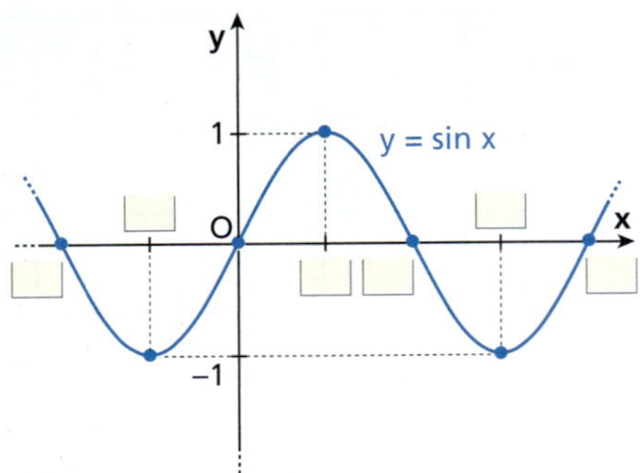

528

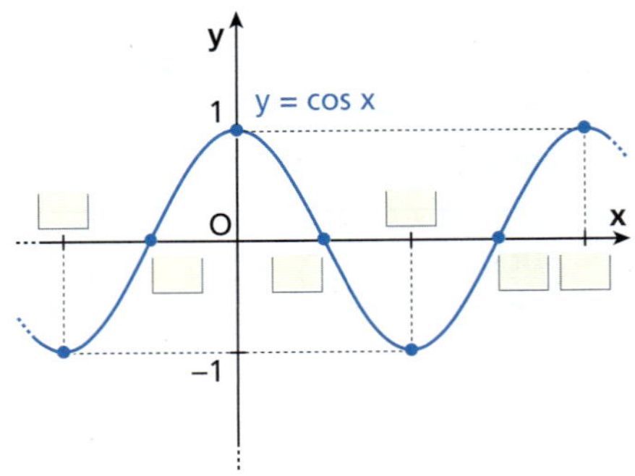

529 **ESERCIZIO GUIDA** Sapendo che $\sin\alpha = \frac{5}{13}$ e che $\frac{\pi}{2} < \alpha < \pi$, calcoliamo $\cos\alpha$.

Utilizziamo $\sin^2\alpha + \cos^2\alpha = 1$, sostituendo a $\sin\alpha$ il valore $\frac{5}{13}$. Otteniamo così:

$$\frac{25}{169} + \cos^2\alpha = 1 \rightarrow \cos^2\alpha = 1 - \frac{25}{169} \rightarrow \cos^2\alpha = \frac{144}{169} \rightarrow \cos\alpha = \pm\frac{12}{13}.$$

Poiché $\frac{\pi}{2} < \alpha < \pi$ e per tali angoli il coseno è negativo, allora: $\cos\alpha = -\frac{12}{13}$.

Calcola il valore della funzione indicata, utilizzando le informazioni fornite.

530 $\sin\alpha = \frac{7}{25}$ e $0 < \alpha < \frac{\pi}{2}$; $\cos\alpha$? $\left[\frac{24}{25}\right]$

531 $\cos\alpha = -\frac{4}{5}$ e $\pi < \alpha < \frac{3}{2}\pi$; $\sin\alpha$? $\left[-\frac{3}{5}\right]$

532 $\sin\alpha = \frac{1}{3}$ e $\frac{\pi}{2} < \alpha < \pi$; $\cos\alpha$? $\left[-\frac{2\sqrt{2}}{3}\right]$

533 $\sin\alpha = -\frac{2}{5}$ e $\frac{3}{2}\pi < \alpha < 2\pi$; $\cos\alpha$? $\left[\frac{\sqrt{21}}{5}\right]$

534 Utilizza i dati nelle figure per determinare i valori richiesti.

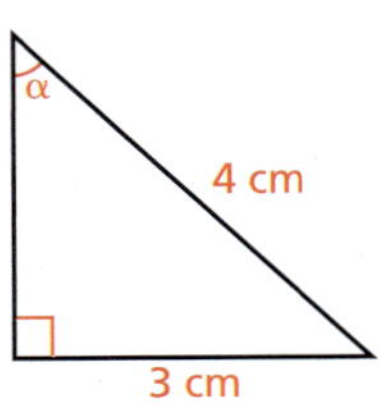

a $\sin\alpha =$ ☐ $\cos\alpha =$ ☐

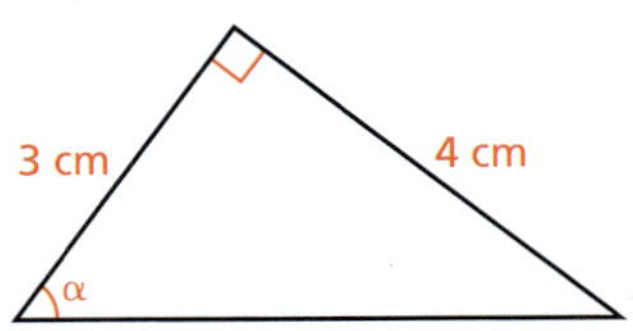

b $\sin\alpha =$ ☐ $\cos\alpha =$ ☐

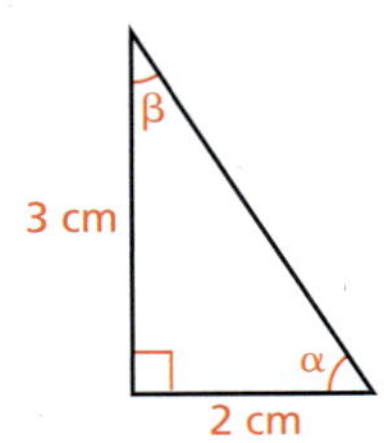

c $\sin\alpha =$ ☐ $\cos\beta =$ ☐

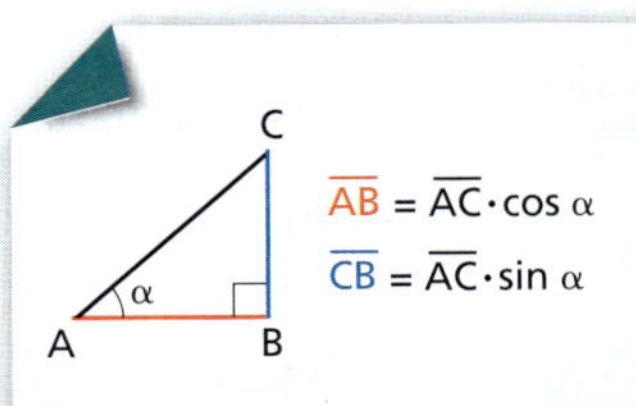

535 ●○ COMPLETA utilizzando la calcolatrice, determina x e y e approssima il risultato a una cifra decimale.

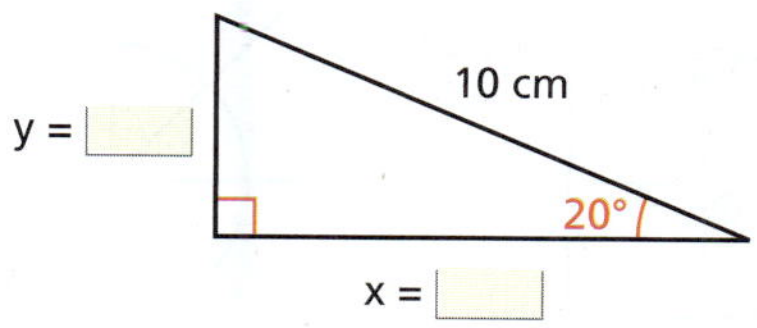

a

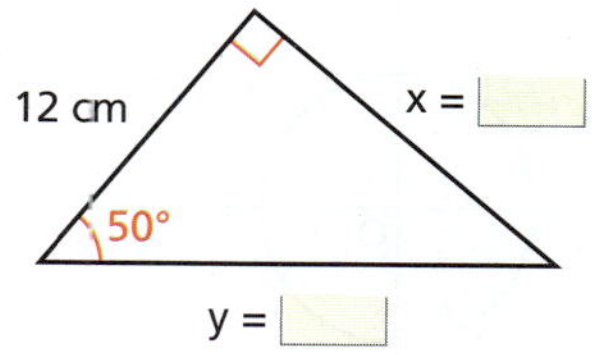

b

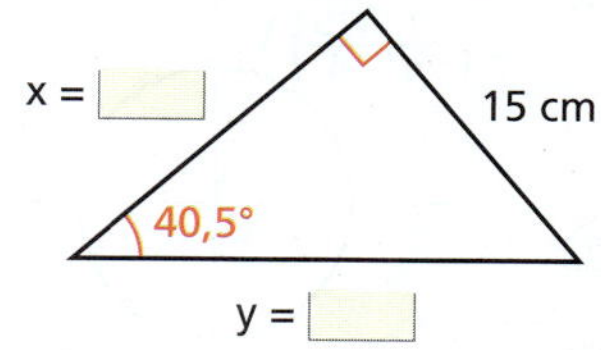

c

RISOLVIAMO UN PROBLEMA

Da cambiare

Devi sostituire un tratto di grondaia (il lato BC del triangolo ABC in figura). Sai che la pendenza del tetto è di 25° e che la lunghezza del fianco della casa corrispondente è di 11 m.

- Qual è la lunghezza del tratto di grondaia da sostituire?

▶ **Modellizziamo il problema.**
Consideriamo il triangolo rettangolo ABC. Il lato obliquo del tetto coincide con l'ipotenusa BC.
Il cateto maggiore AB è lungo 11 m.

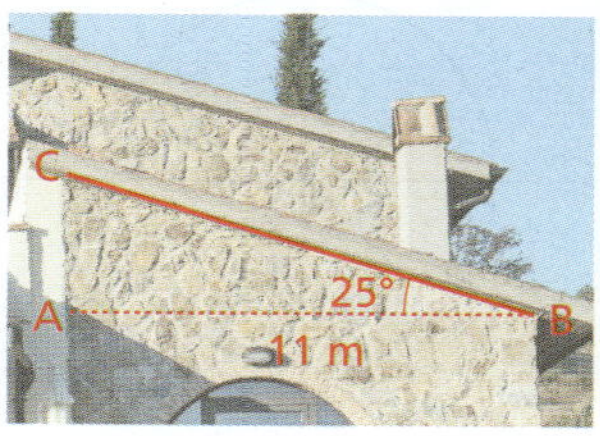

$$\frac{\overline{AB}}{\overline{BC}} = \cos 25° \quad \to \quad \frac{\overline{BC}}{\overline{AB}} = \frac{1}{\cos 25°} \quad \to \quad \overline{BC} = \frac{\overline{AB}}{\cos 25°} \simeq \frac{11}{0,9} = 12,2.$$

Serve un tratto di grondaia lungo circa 12,2 m.

▶ **Ora prova tu!**
Calcola l'ipotenusa di entrambe le squadre da disegno, sapendo che in quella di 30° e 60° il lato graduato maggiore è lungo 15 cm, mentre in quella di 45° è lungo 10,5 cm. [17,3 cm; 14,8 cm]

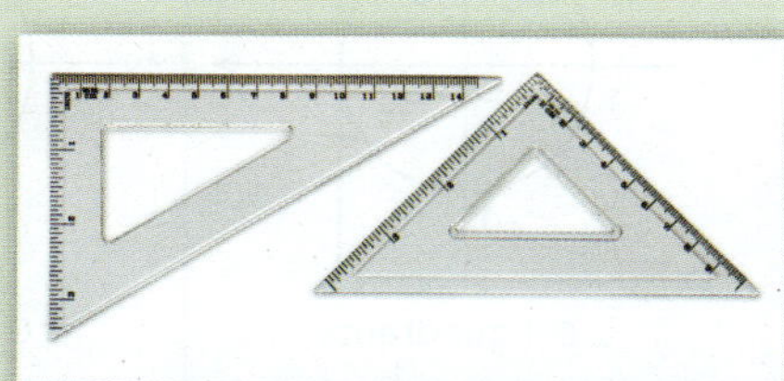

Tangente di un angolo

▶ Teoria a p. 126

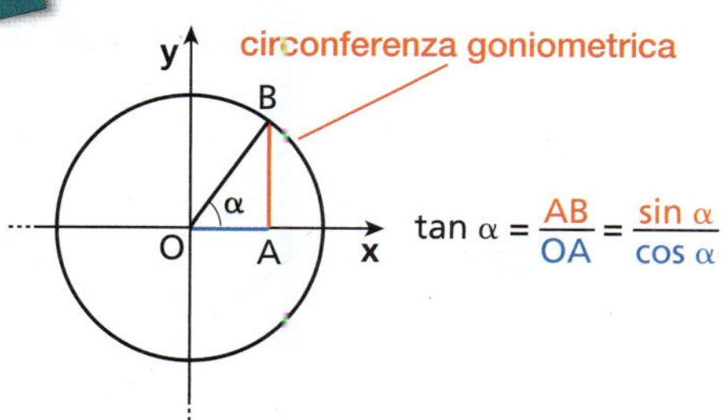

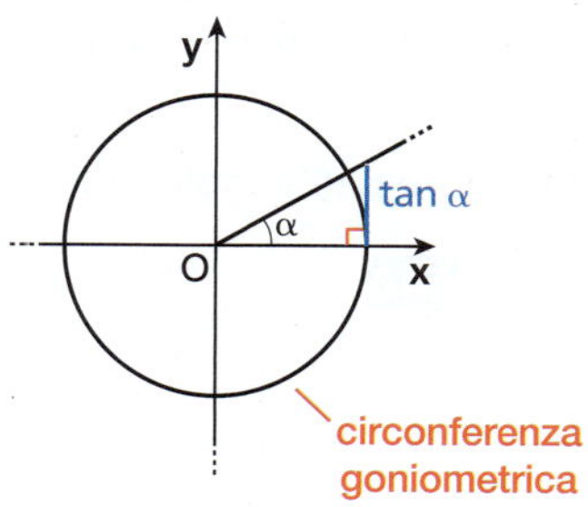

ESERCIZI

536 COMPLETA Per ogni angolo α in figura determina, se esiste, il valore della tangente.

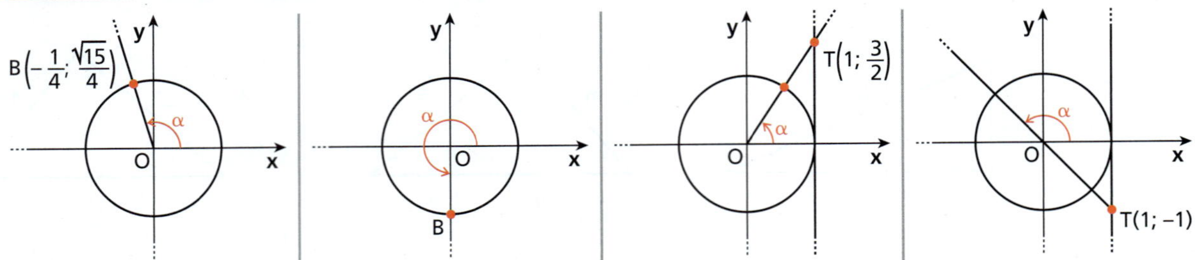

a $\tan\alpha =$ ____ **b** $\tan\alpha =$ ____ **c** $\tan\alpha =$ ____ **d** $\tan\alpha =$ ____

Disegna la circonferenza goniometrica e rappresenta la tangente dei seguenti angoli.

537 $\frac{\pi}{4}$; $\frac{\pi}{3}$; $\frac{5}{4}\pi$; 2π.

538 30°; 180°; 225°; 320°.

Per ogni angolo α in figura individua $\tan\alpha$, se esiste, sulla retta tangente alla circonferenza in E.

539

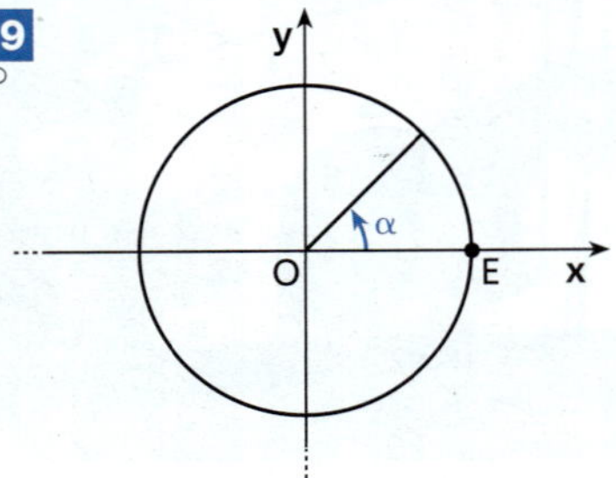

540

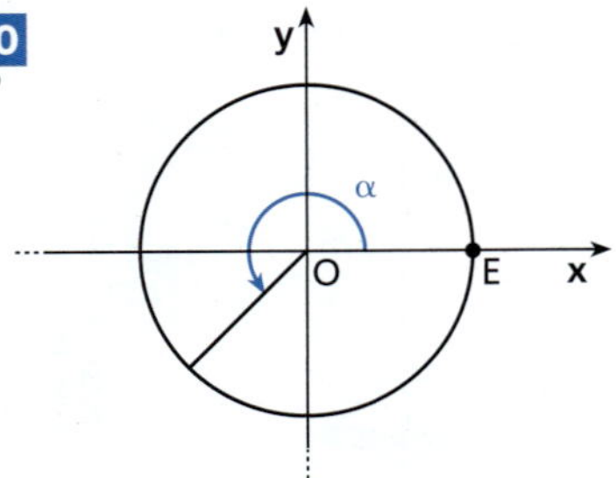

541

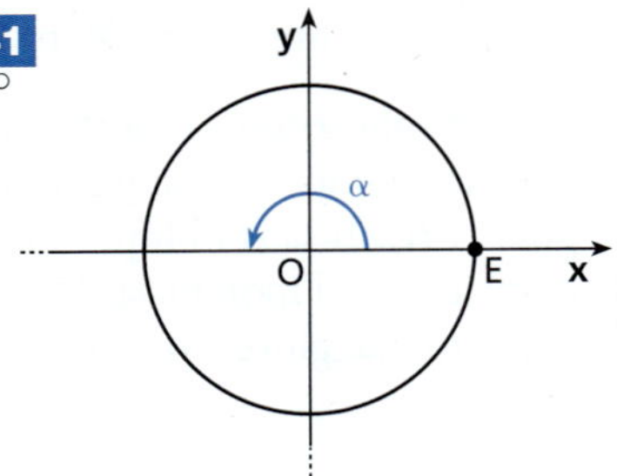

542 Su ciascuna circonferenza goniometrica rappresenta l'angolo che verifica la condizione richiesta.

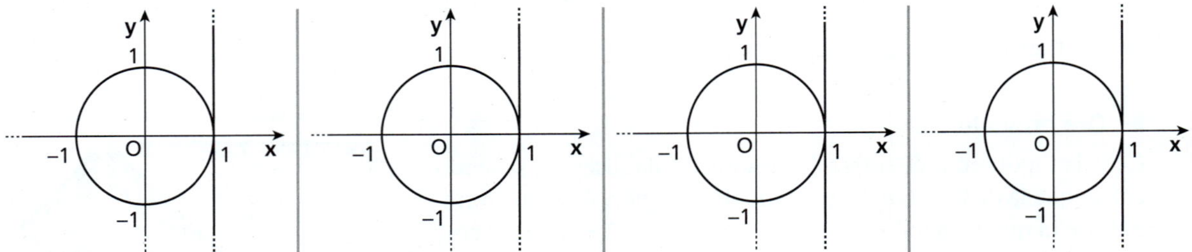

a $\alpha \in$ I quadrante, $\tan\alpha = \frac{1}{3}$

b $\alpha \in$ III quadrante, $\tan\alpha = 2$

c $\alpha \in$ IV quadrante, $\tan\alpha = 0$

d $\alpha \in$ II quadrante, $\tan\alpha = -\frac{4}{3}$

543 Rappresenta gli angoli α, β, γ tali che $\tan\alpha = 1$, $\tan\beta = 3$, $\tan\gamma = -2$, sapendo che ciascuno di essi è minore di 180°.

544 Utilizzando la circonferenza goniometrica rappresenta gli angoli che verificano le seguenti condizioni.

$\tan\alpha = -3$, $\alpha \in$ quarto quadrante; $\tan\beta = \frac{3}{2}$, $\beta \in$ terzo quadrante; $\tan\gamma = \sqrt{3}$, $\gamma \in$ primo quadrante.

Nei seguenti triangoli calcola la tangente dell'angolo indicato.

545

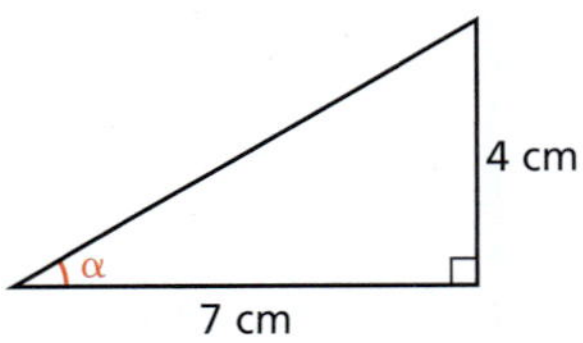

546

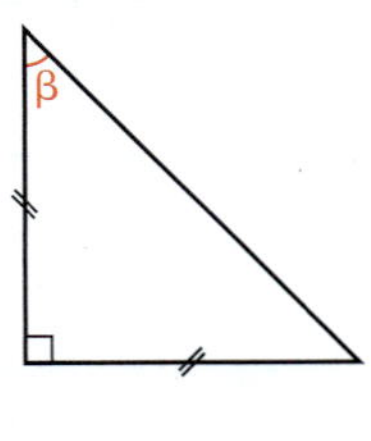

547

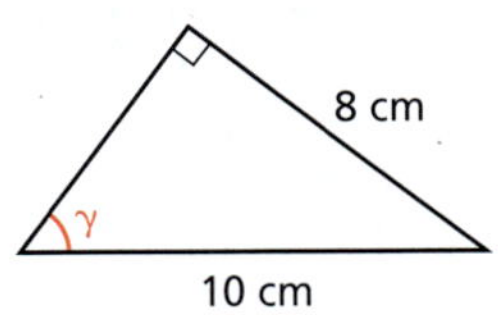

548 REALTÀ E MODELLI **Sui trampoli** Se indossi un tacco da 10 cm, che angolo forma la pianta del piede con il suolo? [$\simeq 51°$]

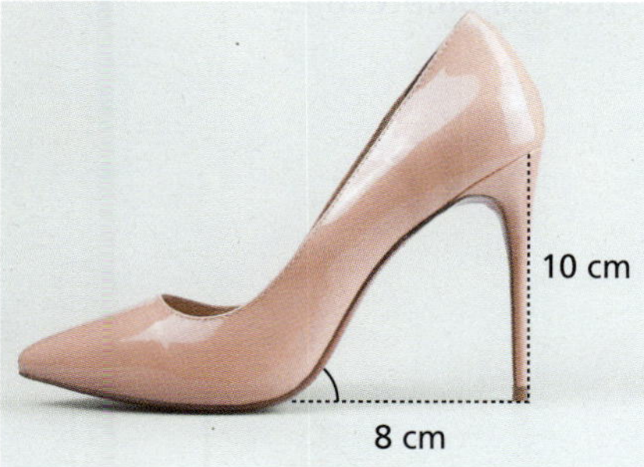

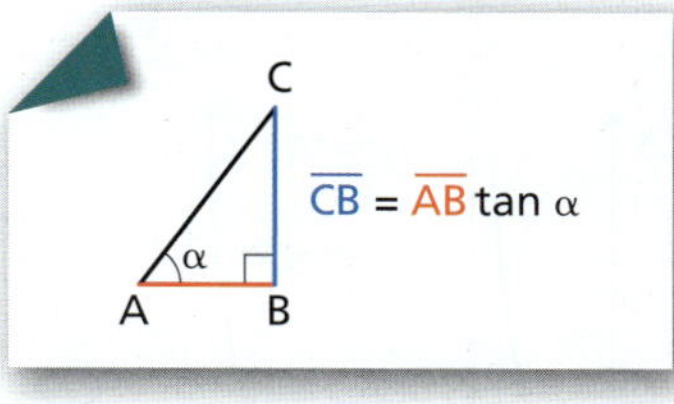

549 TEST Solo uno dei seguenti angoli ha tangente non nulla. Quale?

A 3π

B $-\pi$

C $\frac{3}{4}\pi$

D $180°$

Utilizziamo le relazioni fondamentali della goniometria

550 ESERCIZIO GUIDATO Sapendo che $\sin\alpha = \frac{5}{7}$ e che $0 < \alpha < \frac{\pi}{2}$, calcola il valore di $\tan\alpha$.

Utilizziamo $\sin^2\alpha + \cos^2\alpha = 1$, per determinare $\cos\alpha$:

$$\frac{\square}{49} + \cos^2\alpha = 1 \rightarrow \cos^2\alpha = \frac{24}{49}.$$

$\sin^2\alpha + \cos^2\alpha = 1$

Poiché $0 < \alpha < \frac{\pi}{2}$ e per tali angoli il coseno è positivo, abbiamo $\cos\alpha = \sqrt{\frac{\square}{\square}} = \frac{2\sqrt{6}}{7}$.

Sfruttiamo ora $\tan\alpha = \frac{\square}{\square}$, per determinare $\tan\alpha$:

$$\tan\alpha = \frac{\frac{5}{7}}{\frac{2\sqrt{6}}{7}} = \frac{5}{7}\cdot\frac{7}{2\sqrt{6}} = \frac{5}{2\sqrt{6}} = \frac{5\sqrt{6}}{12}.$$

$\tan\alpha = \frac{\sin\alpha}{\cos\alpha}$

Calcola il valore di $\tan\alpha$, usando le informazioni fornite.

551 $\sin\alpha = \frac{4}{5}$ e $\frac{\pi}{2} < \alpha < \pi$. $\left[-\frac{4}{3}\right]$

552 $\cos\alpha = -\frac{8}{17}$ e $\frac{\pi}{2} < \alpha < \pi$. $\left[-\frac{15}{8}\right]$

553 $\cos\alpha = -\frac{5}{6}$ e $\pi < \alpha < \frac{3}{2}\pi$. $\left[\frac{\sqrt{11}}{5}\right]$

554 $\sin\alpha = \frac{2}{3}$ e $\frac{\pi}{2} < \alpha < \pi$. $\left[-\frac{2}{5}\sqrt{5}\right]$

555 $\cos\alpha = \frac{3}{4}$ e $\frac{3}{2}\pi < \alpha < 2\pi$. $\left[-\frac{\sqrt{7}}{3}\right]$

556 $\cos\alpha = \frac{1}{5}$ e $0 < \alpha < \frac{\pi}{2}$. $[2\sqrt{6}]$

COMPLETA utilizzando i dati forniti e le relazioni fondamentali.

557

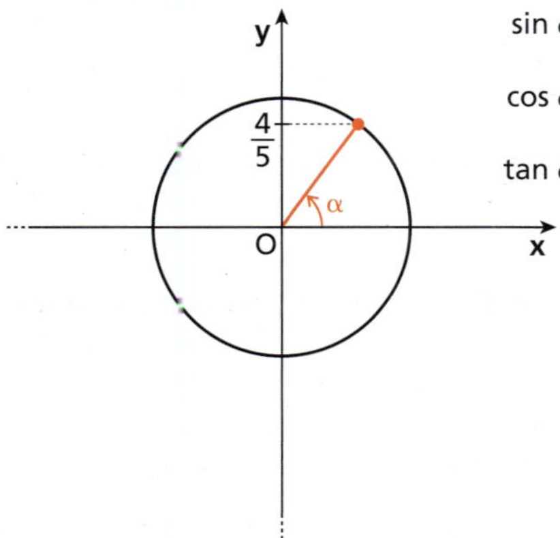

$\sin\alpha = \square$

$\cos\alpha = \square$

$\tan\alpha = \square$

558

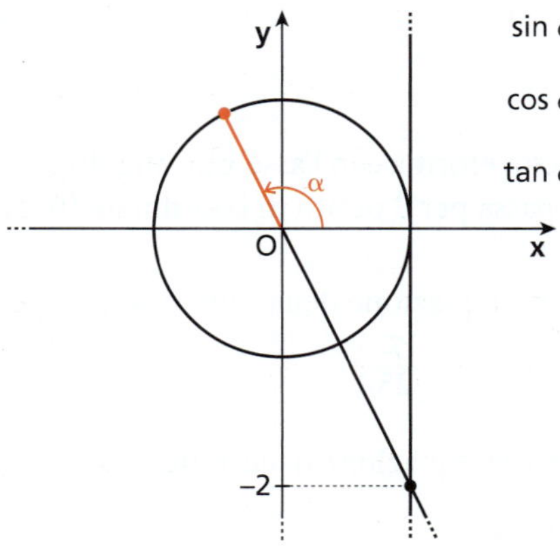

$\sin\alpha = \square$

$\cos\alpha = \square$

$\tan\alpha = \square$

ESERCIZI

559 COMPLETA

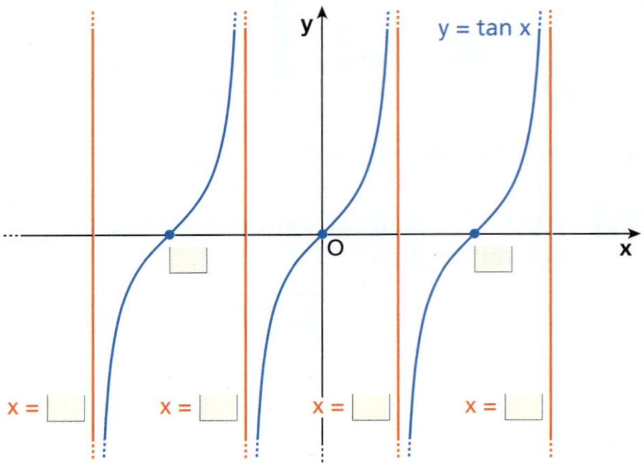

560 REALTÀ E MODELLI **A mezzogiorno** Un ombrellone è alto circa 1,50 m e l'altezza del Sole alle 12:00 è di circa 67°. Qual è la lunghezza dell'ombra dell'ombrellone? [$\simeq 0,64$ m]

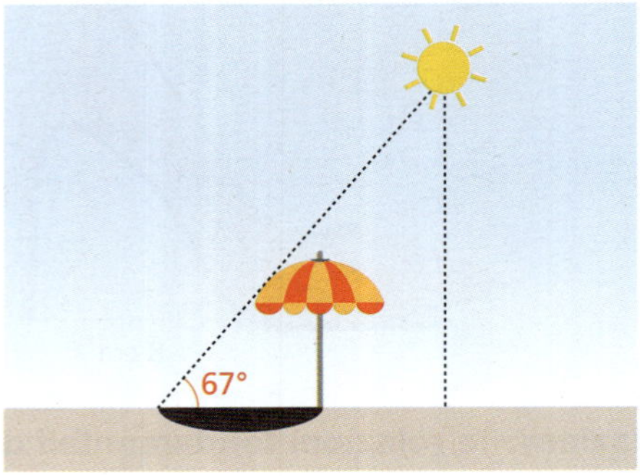

Significato goniometrico del coefficiente angolare di una retta

▶ Teoria a p. 127

LEGGI IL GRAFICO Utilizzando i dati della figura determina, se è possibile, tan α e scrivi l'equazione della retta.

561

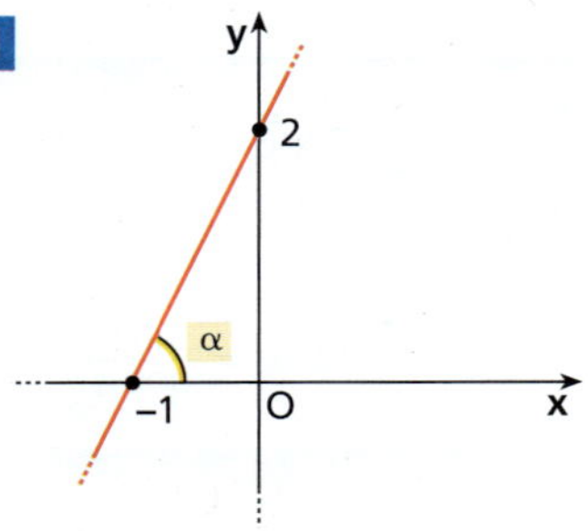

562

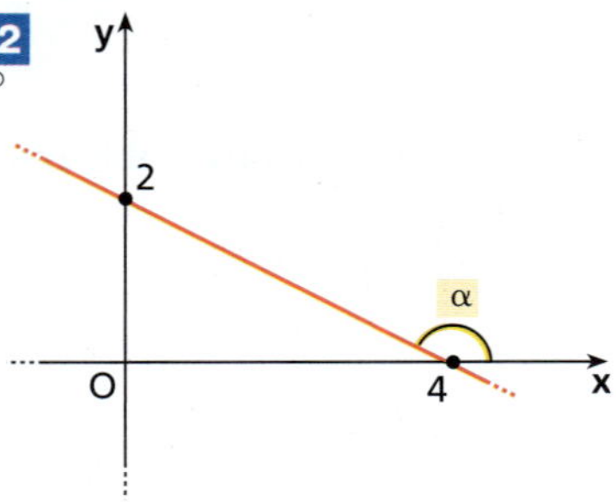

563

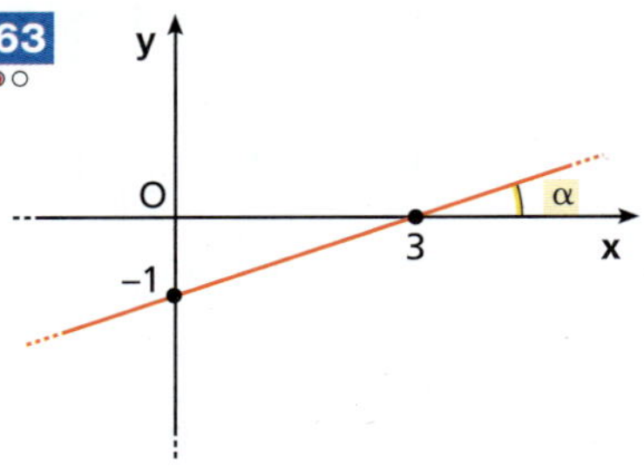

564

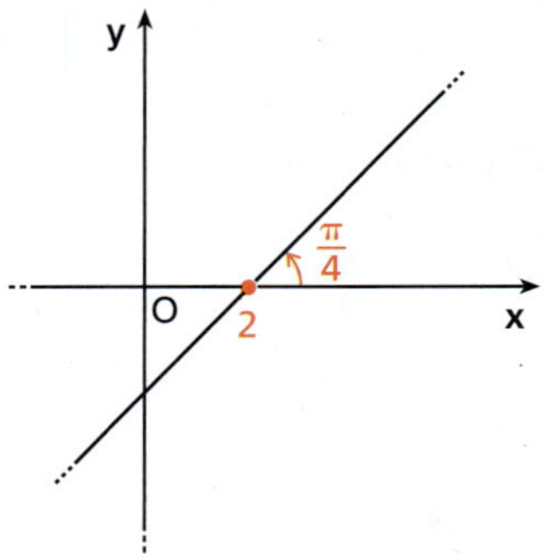

565

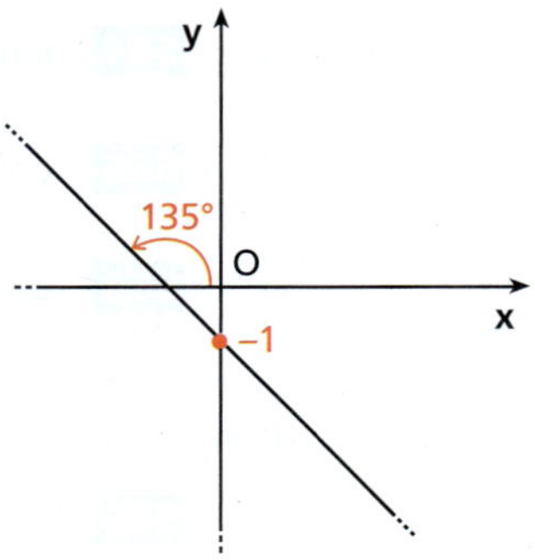

566

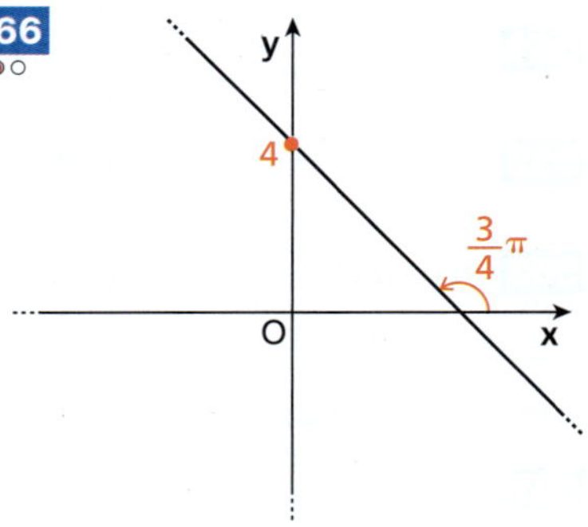

567 La retta r forma con l'asse x un angolo α, compreso tra 0 e π, che ha $\cos \alpha = \frac{3}{5}$. Scrivi l'equazione di r, sapendo che passa per il punto di coordinate (0; 1). [$4x - 3y + 3 = 0$]

568 Trova l'equazione della retta passante per $Q(-7; 1)$, che forma con l'asse x un angolo, compreso tra o e π, il cui coseno è $\frac{7}{25}$. $\left[y = \frac{24}{7}x + 25\right]$

569 Trova le equazioni delle rette passanti per il punto $P(5; 0)$ e che formano con l'asse x un angolo il cui seno è $\frac{8}{17}$. [$8x - 15y - 40 = 0$; $8x + 15y - 40 = 0$]

LEGGI IL GRAFICO Utilizzando i dati forniti, determina le equazioni delle seguenti rette.

570

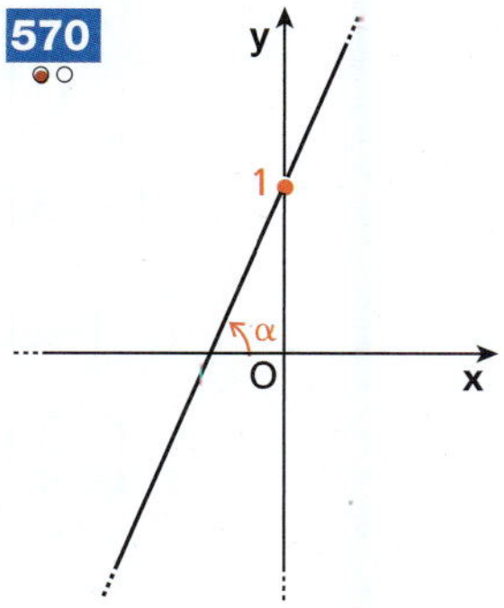

$\cos\alpha = 0{,}4$

571

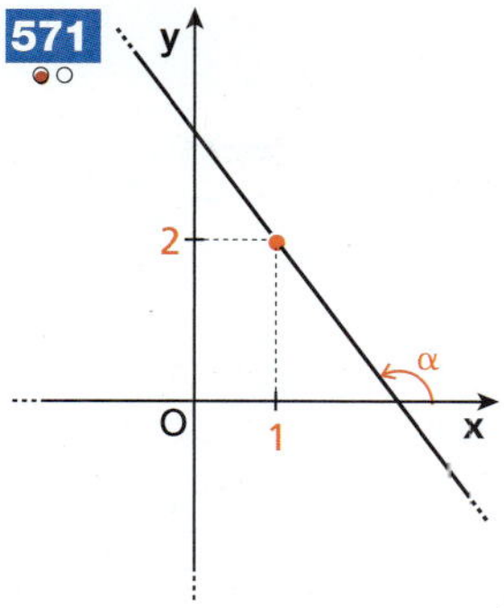

$\cos\alpha = -0{,}6$

572

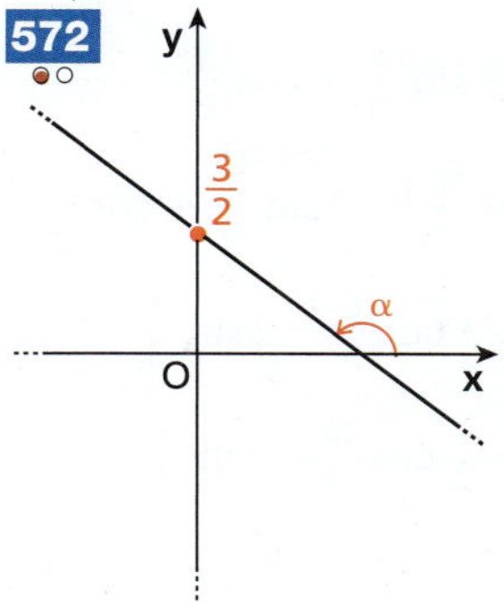

$\sin\alpha = \frac{3}{5}$

573

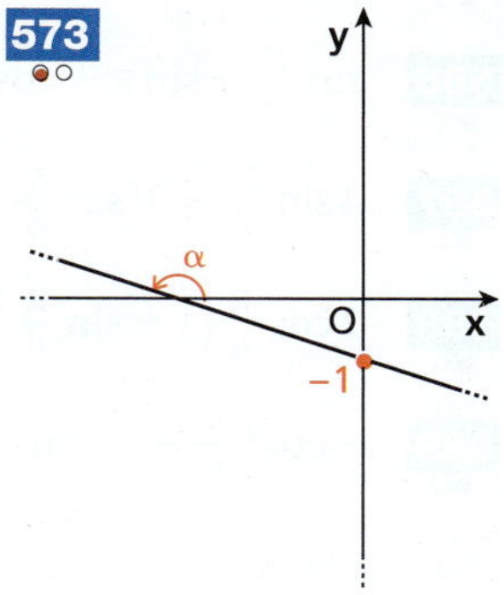

$\sin\alpha = 0{,}3$

Cotangente di un angolo

▶ Teoria a p. 128

Disegna la circonferenza goniometrica e rappresenta la cotangente dei seguenti angoli.

574 60°; 90°; 150°; 330°.

575 $\frac{\pi}{4}$; $\frac{3}{4}\pi$; $\frac{5}{4}\pi$; $\frac{7}{4}\pi$.

Per ogni angolo α nelle figure, individua cot α, se esiste, sulla retta tangente in *F* alla circonferenza.

576

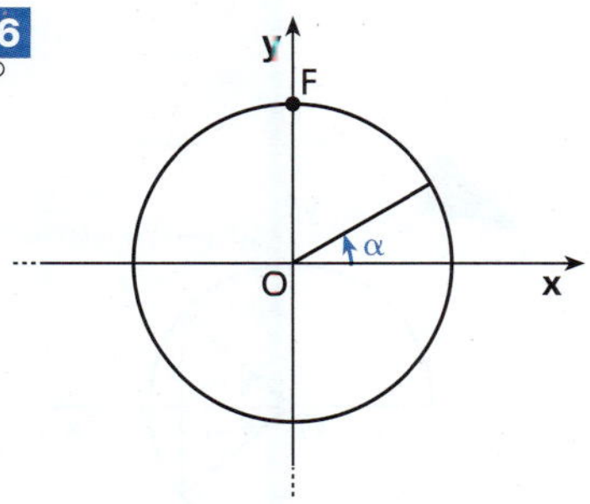

577

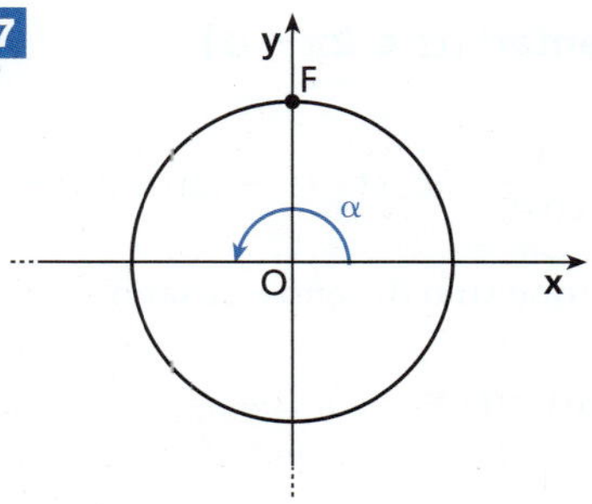

578

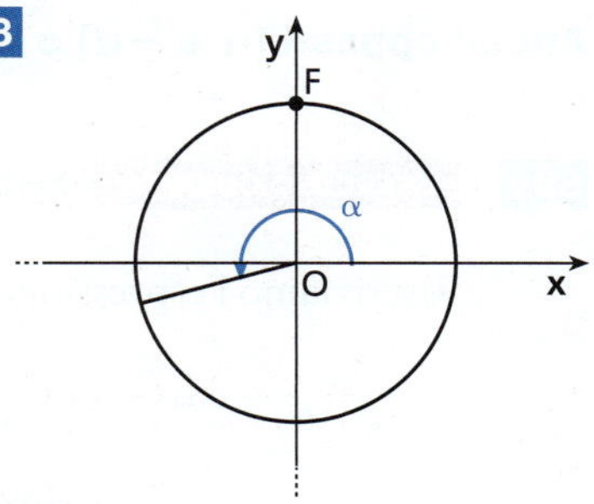

Funzioni goniometriche di angoli particolari

▶ Teoria a p. 129

579 **VERO O FALSO?**

a. $\sin\frac{\pi}{6} + \cos\frac{\pi}{3} = 1$ V F

b. $\sin 30° + \sin 60° = \sin 90°$ V F

c. $\tan\frac{\pi}{4} = \cot\frac{\pi}{4}$ V F

d. $\cos\frac{\pi}{6} - \sin\frac{\pi}{6} = \frac{1}{2}$ V F

Calcola il valore delle seguenti espressioni.

580 $\sin\frac{\pi}{6} + \cos\frac{\pi}{6} - \cos\frac{\pi}{3}$ $\left[\frac{\sqrt{3}}{2}\right]$

581 $\left(\tan 0 - 2\sin\frac{\pi}{4}\right)^2$ $[2]$

582 $\frac{\sqrt{3}}{3}\tan 30° + \sqrt{3}\tan 60°$ $\left[\frac{10}{3}\right]$

583 $\dfrac{\cos\frac{\pi}{4} + \sin\frac{\pi}{6}}{\cos\frac{\pi}{6} + \sin\frac{\pi}{3}}$ $\left[\frac{\sqrt{6}+\sqrt{3}}{6}\right]$

584 $3\tan 0° + 4\cos 30°\sin 60° - \sqrt{2}\cos 45° - 6\sin 90°$ $[-4]$

585 $\frac{1}{3}\cos 0° + \sqrt{3}\sin 60° + 4\cos 90° - \frac{\sqrt{2}}{3}\cos 45° - 2\cos 60° - \frac{3}{2}\sin 90°$ $[-1]$

586 $\sin\frac{\pi}{3} + \sin\pi + \cos\frac{\pi}{3} + \sin\frac{\pi}{6} - \cos\frac{\pi}{6}$ $[1]$

587 $4\sin\frac{\pi}{2} - 3\left(\sin\frac{\pi}{6} + \cos\frac{\pi}{3}\right) - 2\sin\frac{\pi}{3} + \cos\pi$ $[-\sqrt{3}]$

588 $2\cos\frac{\pi}{4}\left(1 + \sin\frac{\pi}{4}\right) - \sqrt{3}\tan\frac{\pi}{3} - 2\sin\frac{\pi}{4}$ $[-2]$

589 $-\cos^2\frac{\pi}{6} + \frac{1}{2}\sin^2\frac{\pi}{4} - \frac{1}{2}\cos\frac{\pi}{3} - \tan\frac{\pi}{4}$ $\left[-\frac{7}{4}\right]$

Funzioni goniometriche di angoli associati

▶ Teoria a p. 130

590 Per ciascuna coppia di angoli indica il tipo di angoli associati e le relazioni tra i loro seni e i loro coseni.

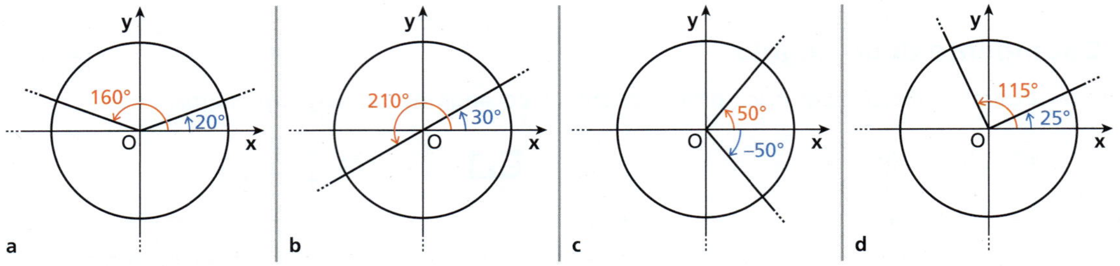

Angoli opposti (α e $-\alpha$) o esplementari (α e $2\pi - \alpha$)

591 ESERCIZIO GUIDATO Semplifica $\frac{1}{\cos\alpha} - \cos(-\alpha) + \tan\alpha\sin(-\alpha)$.

Riscriviamo l'espressione in funzione solo di seno e coseno.

$\frac{1}{\cos\alpha} - \cos(-\alpha) + \frac{\square}{\cos\alpha}\cdot\sin(-\alpha) =$ ⟩ trasformiamo le funzioni di $-\alpha$ come indicato in figura

$\frac{1}{\cos\alpha} - \cos\alpha + \frac{\sin\alpha}{\cos\alpha}\cdot(\square) =$ ⟩ denominatore comune

$\frac{1 - \cos^2\alpha - \sin^2\alpha}{\square} =$ ⟩ $\sin^2\alpha + \cos^2\alpha = 1$

$\frac{1 - \square}{\cos\alpha} = 0$

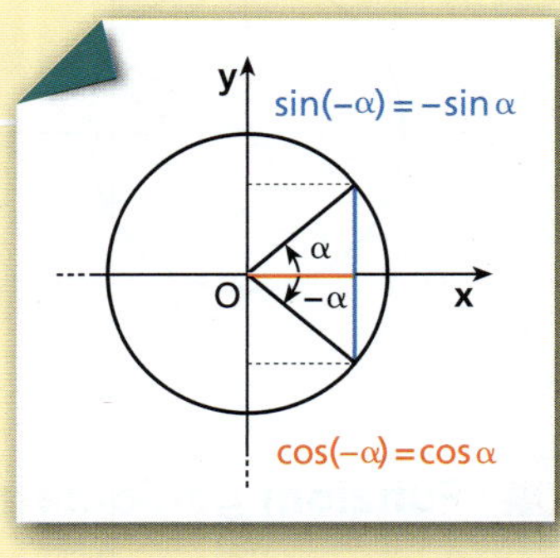

Semplifica le seguenti espressioni.

592 $-\sin\alpha\sin(-\alpha) + \cos\alpha\cos(-\alpha)$ $[1]$

593 $\tan(-\alpha) - 2\sin(-\alpha) + 2\cos(-\alpha)\tan(-\alpha)$ $[-\tan\alpha]$

594 $\sin(2\pi - \alpha) + \frac{1}{\cos(-\alpha)} + 2\sin\alpha - \frac{1}{\cos\alpha} + 4\cos(-\alpha)$ $[\sin\alpha + 4\cos\alpha]$

595 $\sin^2(-\alpha) + \cos^2\alpha + \tan\alpha\,\frac{1}{\tan(-\alpha)}$ $[0]$

596 $\cos(-\alpha) - \sin(-\alpha)\frac{1}{\tan(-\alpha)} + \cos(2\pi - \alpha)$ $[\cos\alpha]$

597 $\sin(2\pi - \alpha) - 2\cos(-\alpha) - \cos\alpha\tan(2\pi - \alpha)$ $[-2\cos\alpha]$

Angoli complementari $\left(\alpha \text{ e } \frac{\pi}{2} - \alpha\right)$

598 ESERCIZIO GUIDA Semplifichiamo

$$\sin\left(\frac{\pi}{2} - \alpha\right) - \cos\alpha + \frac{1}{\sin\left(\frac{\pi}{2} - \alpha\right)} \cos\left(\frac{\pi}{2} - \alpha\right).$$

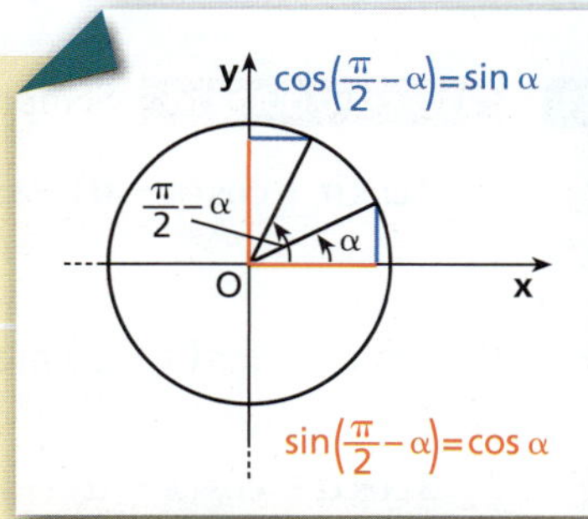

Trasformiamo le funzioni di $\frac{\pi}{2} - \alpha$ come indicato in figura.

$$\cos\alpha - \cos\alpha + \frac{1}{\cos\alpha} \sin\alpha = \tan\alpha.$$

Semplifica le seguenti espressioni.

599 $\tan\alpha \sin\left(\frac{\pi}{2} - \alpha\right) - \cos\left(\frac{\pi}{2} - \alpha\right)$ $[0]$

600 $\tan\left(\frac{\pi}{2} - \alpha\right)\sin\alpha - \cos\alpha + \sin\left(\frac{\pi}{2} - \alpha\right)$ $[\cos\alpha]$

601 $2\cos(90° - \alpha) - 3\sin(90° - \alpha) + 2\cos\alpha - 3\sin\alpha$ $[-\cos\alpha - \sin\alpha]$

602 $\tan(90° - \alpha)\tan\alpha - \sin(90° - \alpha)\cos\alpha$ $[\sin^2\alpha]$

Determina il valore delle espressioni indicate nelle figure.

603

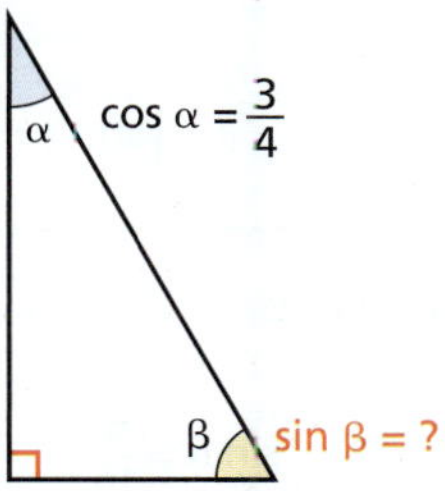

604

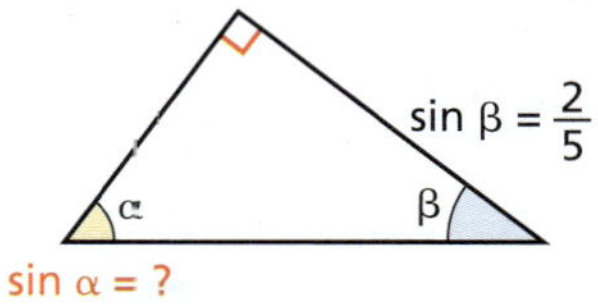

605

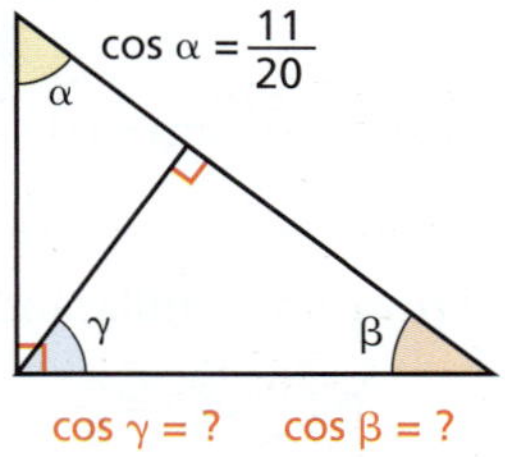

Angoli che differiscono di un angolo retto $\left(\alpha \text{ e } \frac{\pi}{2} + \alpha\right)$

606 ESERCIZIO GUIDA Semplifichiamo la seguente espressione:

$$\cos\left(\frac{\pi}{2} + \alpha\right) + \sin\alpha + \frac{1}{\cos\left(\frac{\pi}{2} + \alpha\right)} \sin\alpha + \sin\left(\frac{\pi}{2} + \alpha\right).$$

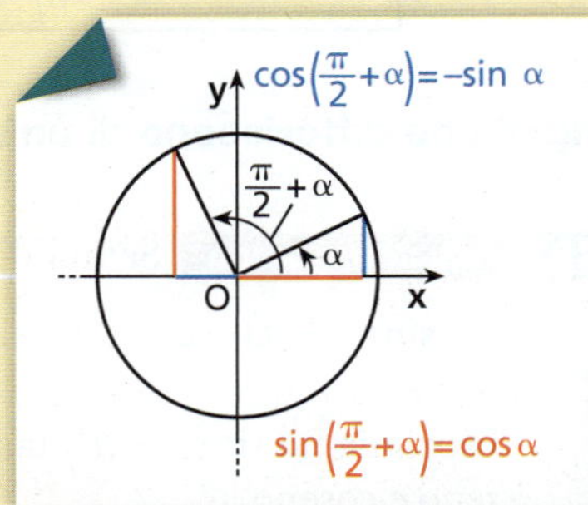

Trasformiamo le funzioni di $\frac{\pi}{2} + \alpha$ come indicato in figura.

$$-\sin\alpha + \sin\alpha + \frac{1}{-\sin\alpha} \sin\alpha + \cos\alpha = -1 + \cos\alpha.$$

Semplifica le seguenti espressioni.

607 $\sin\left(\frac{\pi}{2} + \alpha\right)\cos\alpha + \cos\left(\frac{\pi}{2} - \alpha\right)\sin\alpha$ $[1]$

608 $\tan\left(\frac{\pi}{2} + \alpha\right)\sin\alpha + \frac{\cos\left(\frac{\pi}{2} + \alpha\right)}{\tan\alpha}$ $[-2\cos\alpha]$

609 $\sin(-\alpha)\tan(90° + \alpha) - \sin(90° + \alpha)$ $[0]$

610 $\sin(90° + \alpha)\cos(90° - \alpha) + \cos(90° + \alpha)\sin(90° + \alpha) - \sin(-\alpha)$ $[\sin\alpha]$

ESERCIZI

Angoli supplementari (α e $\pi - \alpha$)

611 ESERCIZIO GUIDATO Semplifica la seguente espressione:

$$3\cos\alpha + \cos(\pi - \alpha) - \sin\alpha + 2\frac{\sin\alpha}{\tan(\pi - \alpha)} + 2\sin(\pi - \alpha).$$

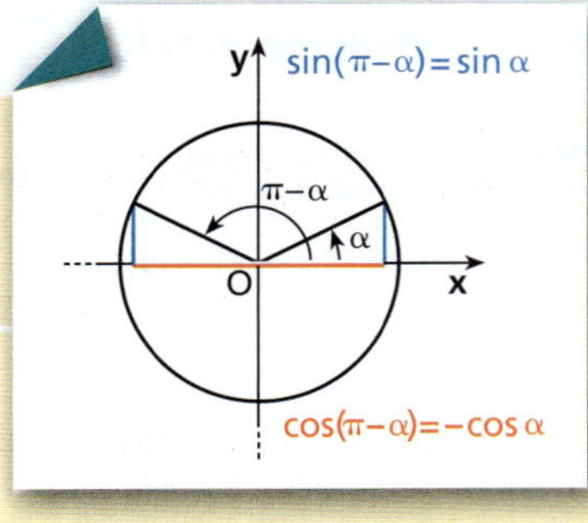

Esprimiamo $\tan(\pi - \alpha)$ mediante le funzioni seno e coseno:

$$3\cos\alpha + \cos(\pi - \alpha) - \sin\alpha + \frac{\square}{\sin(\pi - \alpha)}\sin\alpha + 2\sin(\pi - \alpha) =$$

trasformiamo le funzioni di $\pi - \alpha$ come indicato in figura

$$3\cos\alpha - \cos\alpha - \sin\alpha + 2\frac{\square}{\sin\alpha}\sin\alpha + 2\square =$$

$$\square\cos\alpha + \sin\alpha - \square\cos\alpha = \sin\alpha.$$

Semplifica le seguenti espressioni.

612 $2[\sin\alpha\sin(180° - \alpha) - \cos\alpha\cos(180° - \alpha)] - 5\cos 180°$ [7]

613 $\tan(\pi - \alpha)\cos(-\alpha) + \tan\alpha\cos(\pi - \alpha)$ $[-2\sin\alpha]$

614 $\sin(90° - \alpha)\tan(180° - \alpha) - \sin(-\alpha)$ [0]

615 $\cos(\pi - \alpha)\tan(-\alpha) + \cos(\pi - \alpha)$ $[\sin\alpha - \cos\alpha]$

---

616 Trova $\sin\gamma$, utilizzando i dati.

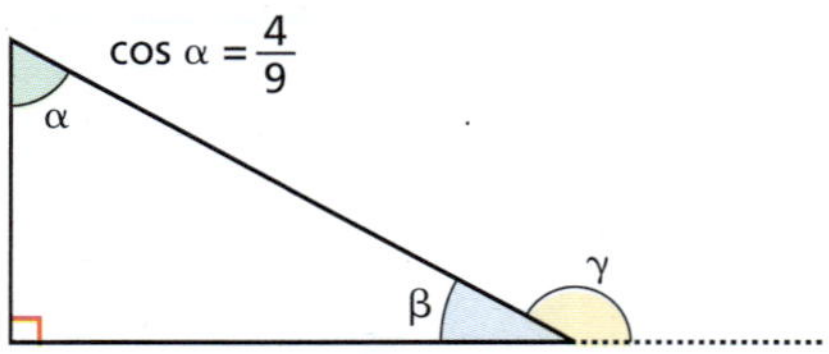

617 Trova $\cos\beta$, utilizzando i dati.

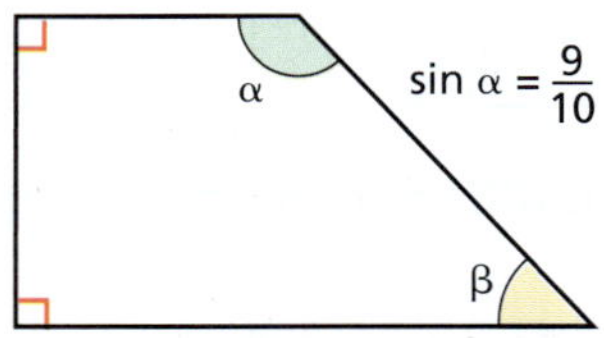

Angoli che differiscono di un angolo piatto (α e $\pi + \alpha$)

618 ESERCIZIO GUIDA Semplifichiamo la seguente espressione:

$$\sin(\pi + \alpha) - \cos\alpha + 3\sin\alpha + \tan(\pi + \alpha)\cos\alpha - \cos(\pi + \alpha).$$

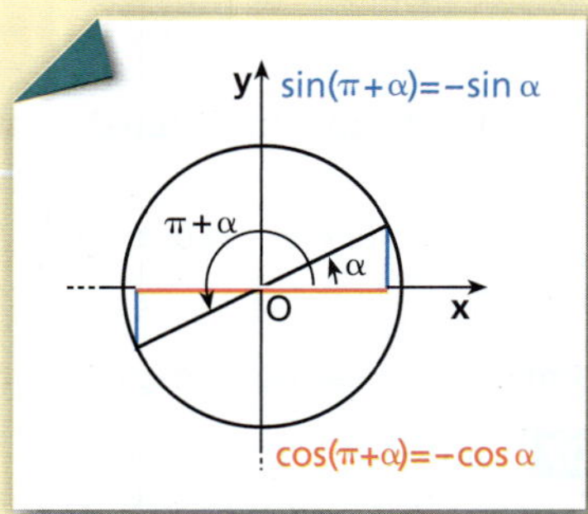

Esprimiamo $\sin(\pi + \alpha)$, $\tan(\pi + \alpha)$ e $\cos(\pi + \alpha)$ mediante le funzioni seno e coseno.

$$-\sin\pi - \cos\alpha + 3\sin\alpha + \frac{\sin(\pi + \alpha)}{\cos(\pi + \alpha)}\cos\alpha - (-\cos\alpha) =$$

$$-\sin\alpha - \cancel{\cos\alpha} + 3\sin\alpha + \frac{-\sin\alpha}{-\cancel{\cos\alpha}}\cancel{\cos\alpha} + \cancel{\cos\alpha} = 3\sin\alpha$$

Semplifica le seguenti espressioni.

619 $\sin\alpha\sin(\pi + \alpha) + \cos(\pi + \alpha)\cos\alpha + 2$ [1]

620 $\sin\alpha\cos(\pi + \alpha) + 2\sin\alpha\cos\alpha + \cos\alpha[\sin(\pi + \alpha) + 1] + \cos(\pi + \alpha)$ [0]

621 $[\sin(180° - \alpha) - \cos(180° + \alpha)]^2 - 2\sin(-\alpha)\cos(180° + \alpha)$ [1]

622 $\cos(180° - \alpha)\tan(180° + \alpha) - \tan(180° - \alpha)\cos(180° + \alpha)$ $[-2\sin\alpha]$

Angoli la cui somma o differenza è $\frac{3}{2}\pi$

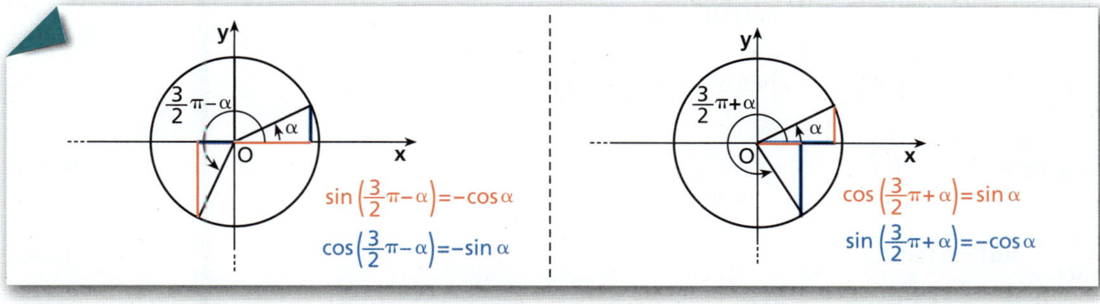

623 ESERCIZIO GUIDA Semplifichiamo l'espressione:

$$\sin\left(\frac{3}{2}\pi - \alpha\right)\cos\alpha + \cos\left(\frac{3}{2}\pi + \alpha\right)\cos\left(\frac{3}{2}\pi - \alpha\right) + \frac{1}{\tan\left(\frac{3}{2}\pi - \alpha\right)}.$$

Trasformiamo le funzioni di $\frac{3}{2}\pi - \alpha$ e $\frac{3}{2}\pi + \alpha$ in funzioni di α ottenendo:

$$-\cos\alpha\cos\alpha + \sin\alpha(-\sin\alpha) + \tan\alpha = -\cos^2\alpha - \sin^2\alpha + \tan\alpha = -1 + \tan\alpha.$$

Semplifica le seguenti espressioni.

624 $\cos\left(\frac{3}{2}\pi - \alpha\right)\sin\left(\frac{3}{2}\pi + \alpha\right) + \cos\left(\frac{3}{2}\pi + \alpha\right)\sin\left(\frac{3}{2}\pi - \alpha\right)$ [0]

625 $\sin\left(\frac{3}{2}\pi + \alpha\right) + \cos\left(\frac{3}{2}\pi - \alpha\right) + \cos(-\alpha) + 2\cos\left(\frac{3}{2}\pi + \alpha\right)$ $[\sin\alpha]$

626 $\cos(270° + \alpha) + \tan(270° - \alpha) - \dfrac{\sin(270° - \alpha)}{\sin(-\alpha)}$ $[\sin\alpha]$

627 $\tan(270° - \alpha)\cos(90° - \alpha)\cos(180° + \alpha) + \cos(270° - \alpha)\sin(180° - \alpha)$ $[-1]$

Riepilogo: Angoli associati

TEST

628 Quale fra le seguenti espressioni *non* è equivalente a $-\sin(\alpha + 270°)$?

A $\cos\alpha$
B $\cos(-\alpha)$
C $\sin(\pi - \alpha)$
D $-\cos(\alpha - \pi)$

629 Quale fra le seguenti espressioni è equivalente a $\cos\alpha$?

A $\cos(\pi - \alpha)$
B $\sin(90° - \alpha)$
C $\sin(-\alpha)$
D $\sin(270° - \alpha)$

Semplifica le seguenti espressioni.

630 $\dfrac{\tan(\pi - \alpha)}{\sin(\pi + \alpha)} + \cos(2\pi - \alpha) - \dfrac{1}{\cos(-\alpha)}$ $[\cos\alpha]$

631 $\cos(-\alpha) + \cos(360° - \alpha) + \cos(180° - \alpha) - \cos(180° + \alpha)$ $[2\cos\alpha]$

ESERCIZI

632 $\tan(-\alpha) + \tan(180° - \alpha) + \tan(360° - \alpha) - \tan(180° - \alpha)$ $[-2\tan\alpha]$

633 $\sin(2\pi - \alpha) + 2\cos(\pi + \alpha) + 3\sin\left(\frac{\pi}{2} - \alpha\right) - \cos(-\alpha)$ $[-\sin\alpha]$

634 $\sin(90° + \alpha)\tan(-\alpha) + \sin(90° + \alpha)\frac{1}{\tan(90° - \alpha)}$ $[0]$

635 $\sin\left(\frac{\pi}{2} + \alpha\right)\cos(\pi - \alpha) - \cos\left(\frac{\pi}{2} - \alpha\right)\sin\alpha + \tan\left(\frac{\pi}{2} - \alpha\right)$ $[\cot\alpha - 1]$

636 $\tan(-\alpha)\cos(\pi + \alpha) - \cos\left(\frac{3}{2}\pi + \alpha\right) - \frac{1}{\tan\left(\frac{\pi}{2} + \alpha\right)}$ $[\tan\alpha]$

637 $\frac{\tan(\alpha + \pi)}{\tan(\pi - \alpha)} + \sin(-\alpha)\tan\left(\alpha + \frac{\pi}{2}\right)$ $[-1 + \cos\alpha]$

Utilizza i dati nelle figure per determinare i valori richiesti.

638

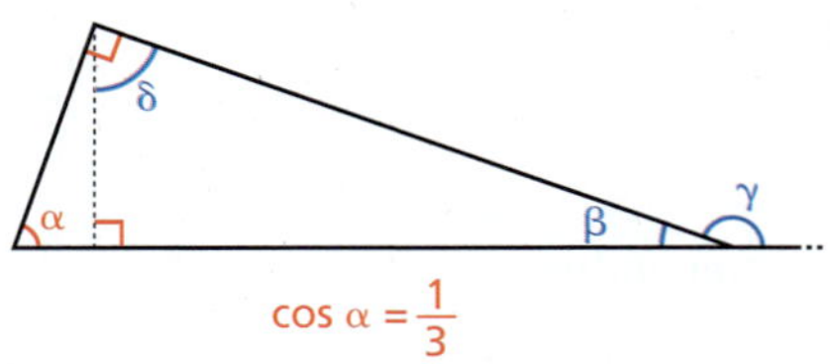

Trova $\cos\beta$, $\sin\delta$, $\sin\gamma$. $\left[\frac{2}{3}\sqrt{2}; \frac{2}{3}\sqrt{2}; \frac{1}{3}\right]$

639

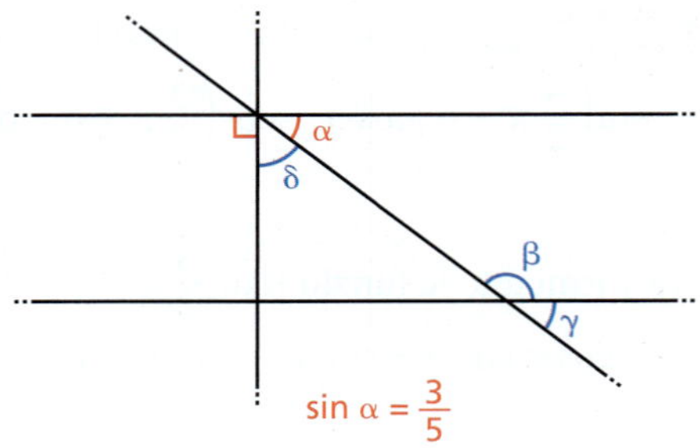

Trova $\cos\beta$, $\tan\gamma$, $\sin\delta$. $\left[-\frac{4}{5}; \frac{3}{4}; \frac{4}{5}\right]$

Funzioni goniometriche inverse

▶ Teoria a p. 130

COMPLETA

640 $\arccos 1 = \square$, $\arcsin 1 = \square$.

641 $\arccos 0 = \square$, $\arctan 0 = \square$.

642 $\arctan(-1) = \square$, $\arcsin(-1) = \square$.

643 $\arcsin 0 = \square$, $\arctan(-1) = \square$.

644 **ASSOCIA** a ciascuna espressione il suo valore.

a. $\arcsin\frac{1}{2}$ **b.** $\arctan\left(-\frac{\sqrt{3}}{3}\right)$ **c.** $\arccos\left(-\frac{\sqrt{3}}{2}\right)$ **d.** $\arctan(-1)$

1. $\frac{5}{6}\pi$ **2.** $-\frac{\pi}{4}$ **3.** $-\frac{\pi}{6}$ **4.** $\frac{\pi}{6}$

Calcola il valore delle seguenti espressioni.

645 $\arccos\left(-\frac{\sqrt{2}}{2}\right)$; $\arcsin\frac{\sqrt{3}}{2}$. $\left[\frac{3}{4}\pi, \frac{\pi}{3}\right]$

646 $\arctan(-1)$; $\arctan\sqrt{3}$. $\left[-\frac{\pi}{4}, \frac{\pi}{3}\right]$

647 $\arcsin\frac{1}{2} + \arccos\left(-\frac{\sqrt{3}}{2}\right)$ $[\pi]$

648 $\arcsin 1 + \arctan(-1)$ $\left[\frac{\pi}{4}\right]$

649 $\arctan(-1) + 2\arcsin\frac{1}{2} + \arctan(-\sqrt{3})$ $\left[-\frac{\pi}{4}\right]$

650 $\arccos\frac{\sqrt{3}}{2} + \arcsin\frac{1}{2} - \arctan\frac{\sqrt{3}}{3}$ $\left[\frac{\pi}{6}\right]$

REALTÀ E MODELLI

651 ●○ **La fetta di pizza** Calcola l'ampiezza dell'angolo della fetta di pizza in figura. [65°]

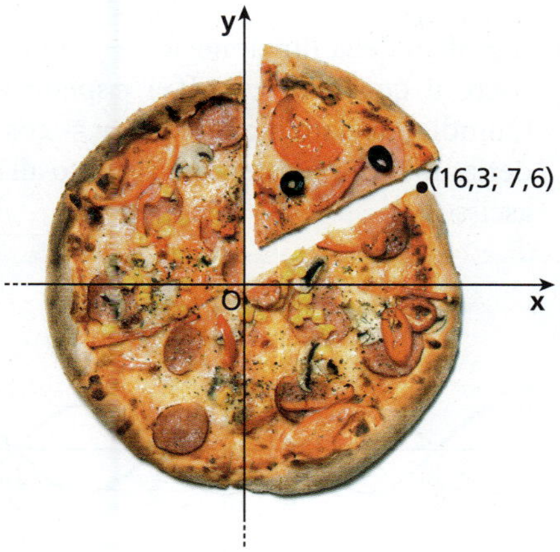

652 ●○ **Il ventaglio** Determina l'angolo di apertura del ventaglio. [≃ 143°]

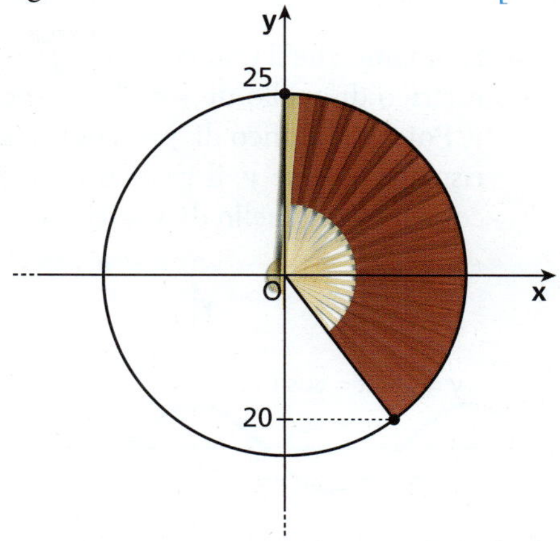

Funzioni goniometriche e trasformazioni geometriche

Disegna il grafico delle seguenti funzioni dopo aver calcolato il loro valore nei punti di ascissa indicati.

653 ●○ $y = -\sin x$, $\quad x = 0, \frac{\pi}{2}, \pi, \frac{3}{2}\pi, 2\pi.$

654 ●○ $y = \cos 2x$, $\quad x = 0, \frac{\pi}{4}, \frac{\pi}{2}, \frac{3}{4}\pi, \pi.$

655 ●○ $y = 3\sin\frac{x}{2}$, $\quad x = 0, \pi, 2\pi, 3\pi, 4\pi.$

656 ●○ $y = 2\tan x$, $\quad x = -\frac{\pi}{3}, -\frac{\pi}{4}, 0, \frac{\pi}{4}, \frac{\pi}{3}.$

Traslazione

657 ●○ **TEST** Il grafico di $y = \sin\left(x - \frac{\pi}{2}\right) - 1$ si ottiene dal grafico di $y = \sin x$ mediante una traslazione di vettore:

A $\vec{v}\left(-\frac{\pi}{2}; -1\right)$. **B** $\vec{v}\left(1; \frac{\pi}{2}\right)$. **C** $\vec{v}\left(-1; \frac{\pi}{2}\right)$. **D** $\vec{v}\left(\frac{\pi}{2}; -1\right)$.

658 **ESERCIZIO GUIDA** Disegniamo il grafico di $y = \sin\left(x - \frac{\pi}{2}\right) + 2$.

- Tracciamo il grafico di $y = \sin x$.
- Riconosciamo che $y = \sin\left(x - \frac{\pi}{2}\right) + 2$ si ottiene da $y = \sin x$ con una traslazione di vettore $\vec{v}\left(\frac{\pi}{2}; 2\right)$.
- Trasliamo il grafico di $y = \sin x$ secondo il vettore trovato.

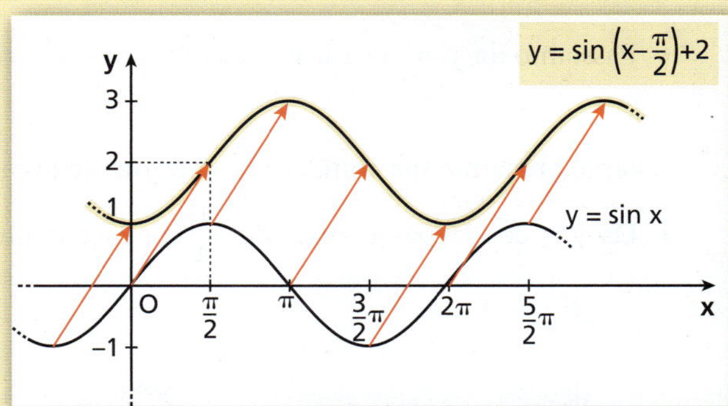

Disegna le seguenti funzioni, utilizzando i grafici delle funzioni goniometriche e delle loro inverse.

659 ●○ $y = \cos\left(x - \frac{\pi}{4}\right) + 1$

660 ●○ $y = \sin x + 1$

661 ●○ $y = \sin(x + 2\pi) + 2$

662 ●○ $y = \sin\left(x - \frac{\pi}{4}\right) - 1$

663 ●○ $y = \sin\left(x - \frac{\pi}{2}\right)$

664 ●● $y = \cos x + 2$

665 ●○ **RIFLETTI SULLA TEORIA** Qual è il periodo della funzione $y = \tan x$ traslata di un vettore $\vec{v}(a; b)$?

ESERCIZI

Simmetrie

666 ESERCIZIO GUIDA Disegniamo i grafici delle funzioni: **a.** $y = \cos(-x)$; **b.** $y = -\cos x$.

a. Sappiamo che il grafico di $y = f(-x)$ è il simmetrico di quello di $y = f(x)$ rispetto all'asse y. Poiché il grafico di $y = \cos x$ è simmetrico rispetto all'asse y, il grafico di $y = \cos(-x)$ coincide con quello di $y = \cos x$.

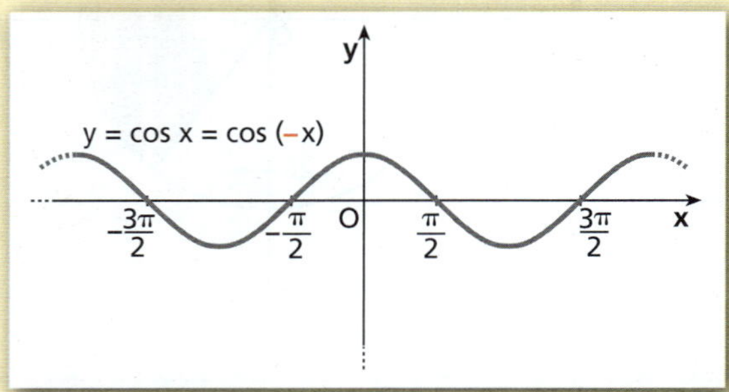

b. Il grafico della funzione $y = -f(x)$ è il simmetrico di quello di $y = f(x)$ rispetto all'asse x. Quindi, tracciato il grafico di $y = \cos x$, consideriamo il suo simmetrico rispetto all'asse delle ascisse.

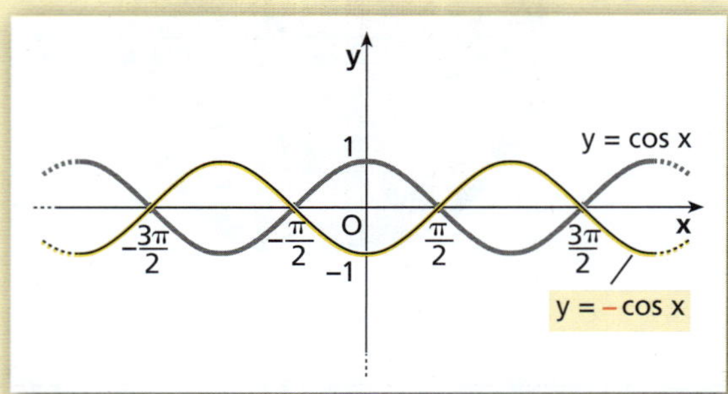

Disegna i grafici delle seguenti funzioni.

667 $y = \tan(-x)$

668 $y = -\sin(-x)$

669 $y = -\arcsin x$

670 $y = \sin(-x)$

671 $y = -\cos(-x)$

672 $y = -\tan(-x)$

673 $y = -\sin x$

674 $y = -\tan x$

675 $y = -\sin\left(x - \frac{\pi}{4}\right)$

676 EUREKA! Verifica graficamente che $\sin\left(\frac{\pi}{2} - x\right) = \cos x$.

Dilatazione e contrazione

677 ESERCIZIO GUIDA Disegniamo il grafico di $y = \frac{1}{4}\cos 2x$.

- Passiamo da $y = \cos x$ a $y = \cos 2x$. Possiamo scrivere $2x = \frac{x}{\frac{1}{2}}$, quindi $y = \cos 2x = \cos\frac{x}{\frac{1}{2}}$, e pertanto abbiamo una contrazione orizzontale di rapporto $m = \frac{1}{2}$ (figura **a**).
- Da $y = \cos 2x$ passiamo a $y = \frac{1}{4}\cos 2x$ con una contrazione verticale con $n = \frac{1}{4}$ (figura **b**).

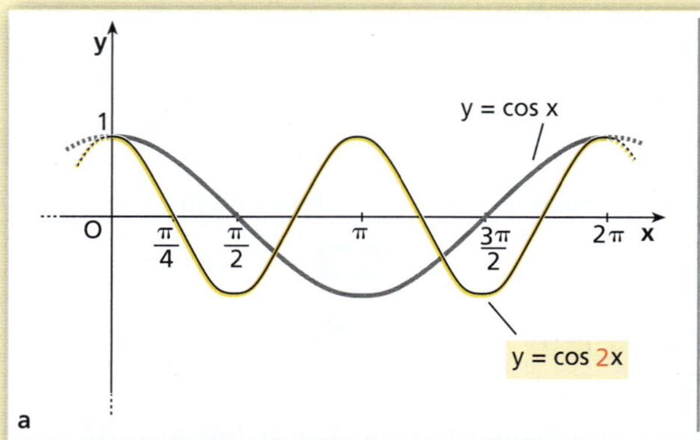

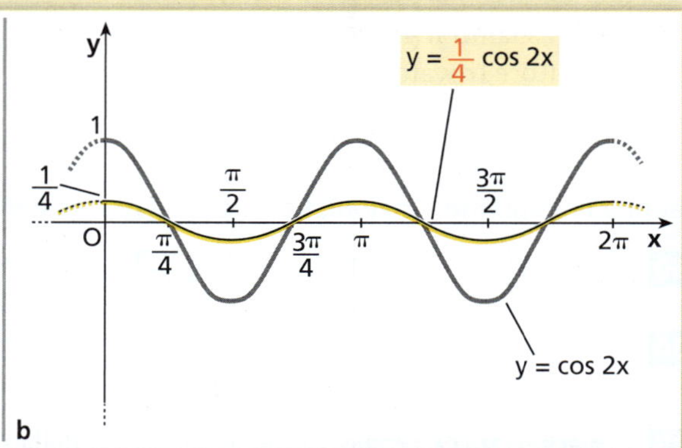

Disegna i grafici delle seguenti funzioni.

678 $y = \sin 2x$; $y = 2\cos x$; $y = \frac{1}{3}\sin x$.

679 $y = 3\cos x$; $y = \cos\frac{x}{2}$; $y = \sin\frac{x}{3}$.

680 $y = 3\tan\frac{x}{4}$; $y = 2\cos 4x$; $y = 4\sin\frac{x}{2}$.

681 $y = 4\cos 2x$; $y = \frac{1}{2}\sin\frac{x}{4}$; $y = \tan 2x$.

PILLOLE DI ECONOMIA

Azioni

Un'azione è una quota di un'azienda che viene offerta in vendita agli investitori.
Il prezzo delle azioni varia al variare della domanda e dell'offerta relative. Nell'ultimo anno il prezzo, in migliaia di euro, delle azioni di un'azienda ha avuto un andamento che può essere approssimato dalla funzione

$$y = 10\cos(0{,}5x) + 11{,}5,$$

dove x indica il numero dei giorni trascorsi dall'inizio dell'anno.

- Determiniamo il prezzo massimo e il prezzo minimo delle azioni nell'ultimo anno.

▶ **Modellizziamo il problema.**

L'insieme immagine della funzione $y = 10\cos(0{,}5x)$ è $[-10; 10]$, quindi per ottenere il prezzo massimo e quello minimo basta aggiungere 11,5 agli estremi dell'intervallo:

$$-10 + 11{,}5 = 1{,}5; \quad +10 + 11{,}5 = 21{,}5.$$

Il prezzo massimo è di € 21 500, quello minimo di € 1500.

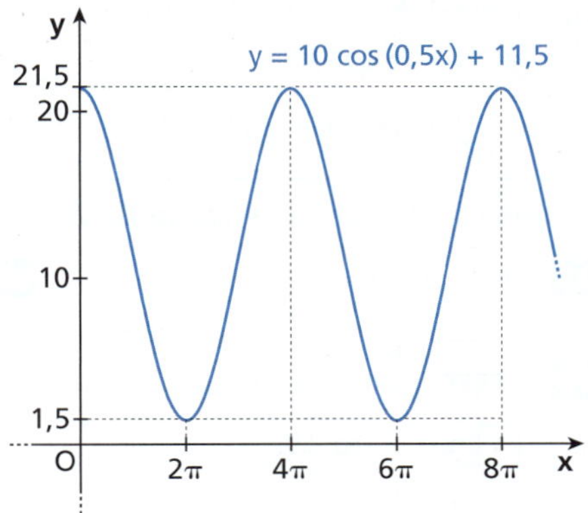

▶ **Ora prova tu!**

Il prezzo delle azioni Gamma nell'ultimo mese ha avuto un andamento che può essere approssimato dalla funzione $y = 1{,}8\sin\left(\frac{\pi}{10}x\right) + 12$, dove x è il numero di giorni trascorsi dall'inizio del mese e y il prezzo in migliaia di euro. Dopo aver disegnato il grafico, determina il prezzo massimo delle azioni e quanto tempo è stato necessario per ottenerlo. [€ 13 800; 5 giorni]

Periodo delle funzioni goniometriche

682 CACCIA ALL'ERRORE Trova l'errore nella determinazione del periodo.

a. $y = 2\sin x \rightarrow T = \frac{2\pi}{2} = \pi$ b. $y = \cos\frac{x}{5} \rightarrow T = \frac{2\pi}{5}$ c. $y = \tan 3x \rightarrow T = \frac{2\pi}{3}$

Determina il periodo delle seguenti funzioni.

683 $y = \cos 2x$

684 $y = \sin 3x$

685 $y = \sin\frac{x}{2}$

686 $y = \cos\frac{3}{2}x$

687 $y = \tan 2x$

688 $y = 2\sin\left(\frac{x}{3} + \pi\right)$

689 FAI UN ESEMPIO di funzione goniometrica con periodo: a. 4π; b. $\frac{\pi}{4}$.

ESERCIZI

REALTÀ E MODELLI

690 ●○ **Datemi un LA** Un diapason percosso emette la nota LA pura, che è perciò rappresentabile come una sinusoide. La funzione che descrive l'intensità del suono prodotto è: $y = 10\sin(2{,}76 \cdot 10^3 t)$, dove t è il tempo espresso in secondi. Calcola il periodo dell'onda sonora e rappresentala in un riferimento cartesiano dove in ascissa c'è il tempo e in ordinata l'intensità del suono. $[2{,}27 \cdot 10^{-3}\ \text{s}]$

691 ●○ **Salta, salta, salta** A Luisa piace saltare su un trampolino elastico.

La funzione

$$H(t) = -0{,}6\cos\left(\frac{4}{5}\pi t\right) + 1{,}5, \quad \text{con } t \geq 0,$$

approssima la distanza, in metri, dei piedi di Luisa da terra al variare del tempo.
Quanto in alto riesce a saltare?

Riepilogo: Funzioni goniometriche e trasformazioni geometriche

692 ●● ASSOCIA a ogni funzione quella che ha lo stesso grafico.

a. $y = -\cos x$ **b.** $y = \sin(-x)$ **c.** $y = \cos(-x)$

1. $y = \cos(x + 2\pi)$ **2.** $y = \sin\left(x + \frac{3}{2}\pi\right)$ **3.** $y = \sin(x + \pi)$

Disegna i grafici delle seguenti funzioni.

693 ●○ $y = 2\cos(-x)$

694 ●○ $y = \sin 2x - \frac{\pi}{2}$

695 ●○ $y = \cos 2x + 2$

696 ●○ TEST Quale delle seguenti funzioni ha il grafico della figura?

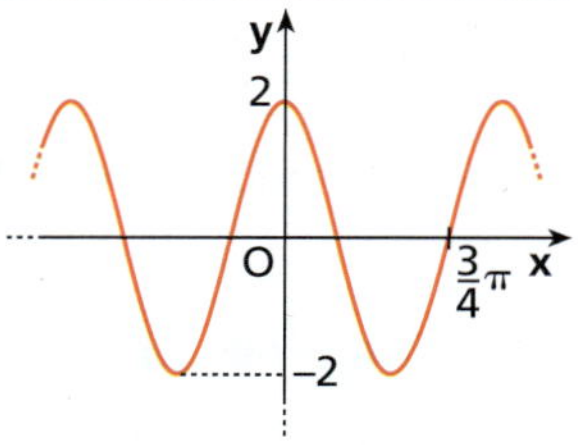

A $y = 2\sin 2x$

B $y = 2\sin x$

C $y = 4\cos 2x$

D $y = 2\cos 2x$

LEGGI IL GRAFICO

Determina le espressioni analitiche delle funzioni rappresentate nei grafici.

697 ●○

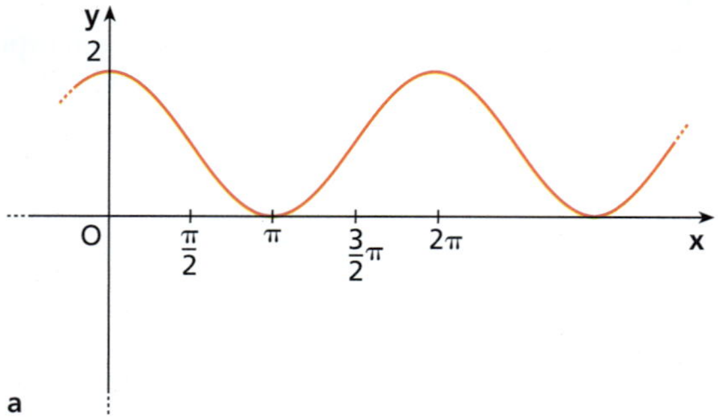

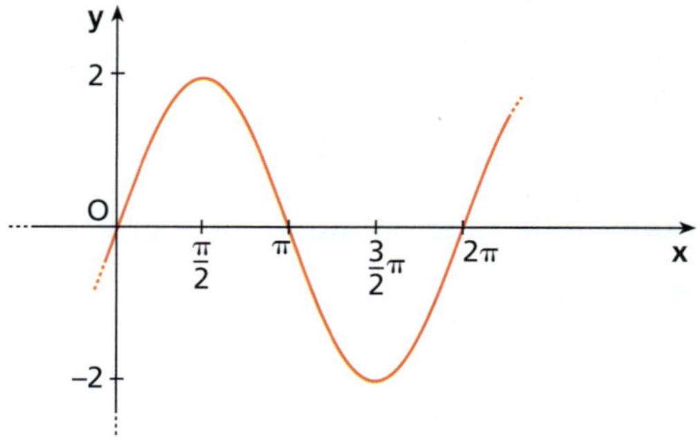

698 ●●

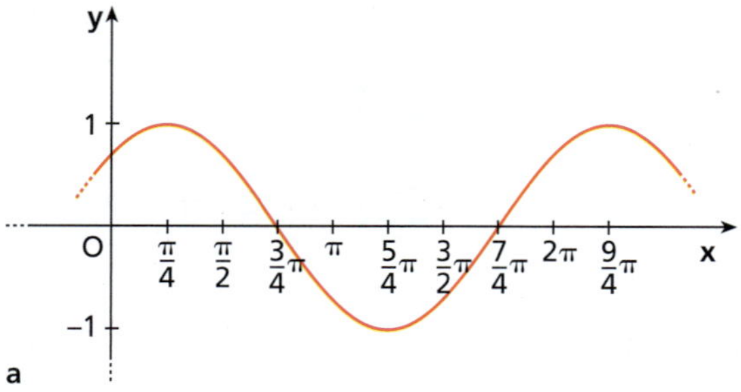

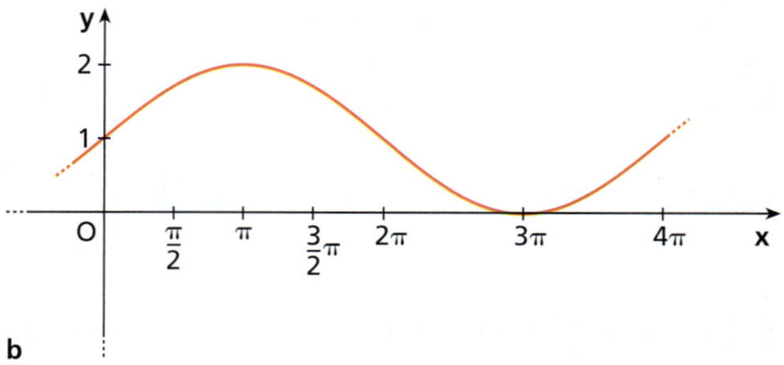

699 Scrivi l'espressione analitica della funzione rappresentata in blu.

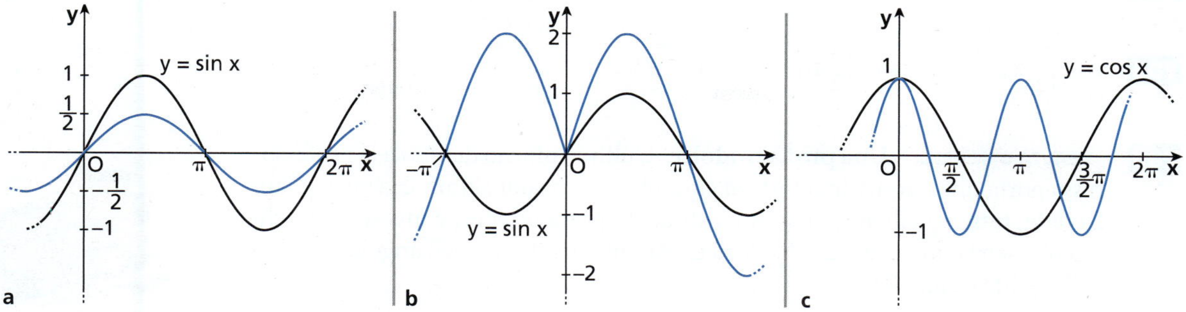

Formule goniometriche

▶ Teoria a p. 132

Formule di addizione e di sottrazione

700 VERO O FALSO?

a. $\cos(30° + 90°) = \cos 30° - \cos 90°$. V F

b. $\sin 70° \cos 10° - \cos 70° \sin 10° = \frac{1}{2}$. V F

c. $\cos 15° = \cos 45° \cos 30° - \sin 45° \sin 30°$. V F

d. $\sin 105° = \sin 60° \cos 45° - \cos 60° \sin 45°$. V F

701 ESERCIZIO GUIDATO Calcola seno, coseno e tangente di 75° e cos 15° utilizzando le formule di addizione e di sottrazione.

- Possiamo scrivere $75° = 30° + \square$.

  Applichiamo le formule di addizione del seno, del coseno e della tangente:

$$\sin(30° + 45°) = \sin 30° \cos 45° + \cos 30° \sin 45° = \frac{1}{2} \cdot \frac{\square}{\square} + \frac{\sqrt{3}}{2} \cdot \frac{\square}{\square} = \frac{\sqrt{2} + \sqrt{6}}{4};$$

$$\cos(30° + 45°) = \cos 30° \cos 45° - \sin 30° \sin 45° = \frac{\sqrt{3}}{2} \cdot \frac{\sqrt{2}}{2} - \frac{\square}{\square} \cdot \frac{\square}{\square} = \frac{\sqrt{6} - \sqrt{2}}{4};$$

$$\tan(30° + 45°) = \frac{\tan 30° + \tan 45°}{1 - \tan 30° \tan \square} = \frac{\frac{\sqrt{3}}{3} + \square}{1 - \frac{\sqrt{3}}{3} \cdot 1} = \frac{\sqrt{3} + 3}{3 - \sqrt{3}} =$$

$$\frac{(3 + \sqrt{3})^2}{(3 - \sqrt{3})(3 + \sqrt{3})} = \frac{12 + 6\sqrt{3}}{\square} = 2 + \sqrt{3}.$$

- Calcoliamo ora cos 15°.
  Possiamo scrivere: $15° = 45° - \square$.

  Per la formula di sottrazione del coseno:

$$\cos(45° - 30°) = \cos 45° \cos \square + \sin 45° \sin 30° = \frac{\square}{\square} \cdot \frac{\sqrt{3}}{2} + \frac{\sqrt{2}}{2} \cdot \frac{\square}{\square} = \frac{\sqrt{6} + \sqrt{2}}{4}.$$

Applicando opportunamente le formule di addizione e sottrazione, calcola le seguenti funzioni goniometriche.

702 $\sin 15°$; $\cos 135°$; $\tan 150°$. $\left[\frac{\sqrt{6} - \sqrt{2}}{4}; -\frac{\sqrt{2}}{2}; -\frac{\sqrt{3}}{3}\right]$

703 $\cos 105°$; $\sin 165°$; $\tan \frac{5}{12}\pi$. $\left[\frac{\sqrt{2} - \sqrt{6}}{4}; \frac{\sqrt{6} - \sqrt{2}}{4}; 2 + \sqrt{3}\right]$

ESERCIZI

704 $\sin 195°$; $\cos 165°$; $\sin 285°$. $\left[\frac{\sqrt{2}-\sqrt{6}}{4}; \frac{-\sqrt{6}-\sqrt{2}}{4}; \frac{-\sqrt{6}-\sqrt{2}}{4}\right]$

705 $\cos\frac{7}{12}\pi$; $\sin\frac{13}{12}\pi$; $\tan\frac{7}{12}\pi$. $\left[\frac{\sqrt{2}-\sqrt{6}}{4}; \frac{\sqrt{2}-\sqrt{6}}{4}; -2-\sqrt{3}\right]$

706 REALTÀ E MODELLI **Una prof agrodolce** L'ultimo giorno di scuola la professoressa porta una buonissima torta al cioccolato per i suoi alunni. Ha già tagliato 24 fette, tutte uguali, ma sfida i suoi studenti: potrà ottenerne una soltanto chi calcola, senza utilizzare la calcolatrice, esattamente il seno dell'angolo formato dalla punta di una fetta. $\left[\frac{\sqrt{6}-\sqrt{2}}{4}\right]$

Espressioni con le formule di addizione e di sottrazione

707 ESERCIZIO GUIDA Sviluppiamo $\sin\left(\frac{\pi}{6}+x\right)$ e $\cos\left(\frac{\pi}{3}-x\right)$, con le formule di addizione e di sottrazione.

$$\sin\left(\frac{\pi}{6}+x\right) = \sin\frac{\pi}{6}\cos x + \sin x \cos\frac{\pi}{6} = \frac{1}{2}\cos x + \frac{\sqrt{3}}{2}\sin x$$

$$\cos\left(\frac{\pi}{3}-x\right) = \cos\frac{\pi}{3}\cos x + \sin\frac{\pi}{3}\sin x = \frac{1}{2}\cos x + \frac{\sqrt{3}}{2}\sin x$$

Semplifica le seguenti espressioni.

708 $\sin\left(\frac{\pi}{3}+x\right)+\cos\left(\frac{\pi}{6}+x\right)$ $[\sqrt{3}\cos x]$

709 $\sin\left(\alpha+\frac{2}{3}\pi\right)-\cos\left(\frac{\pi}{6}+\alpha\right)$ $[0]$

710 $\cos(\alpha+135°)-\cos(225°-\alpha)+\cos(-\alpha)$ $[\cos\alpha]$

711 $\cos\left(\alpha-\frac{11}{6}\pi\right)-\sin\left(\frac{5}{3}\pi+\alpha\right)$ $[\sqrt{3}\cos\alpha-\sin\alpha]$

712 $\sin(45°+\alpha)-\sin(135°+\alpha)$ $[\sqrt{2}\sin\alpha]$

713 $\cos\left(\frac{\pi}{3}+\alpha\right)+\cos\left(\frac{2}{3}\pi-\alpha\right)$ $[0]$

Calcolo di funzioni goniometriche

714 ESERCIZIO GUIDA Senza determinare α e β, calcoliamo $\sin(\alpha+\beta)$ sapendo che α e β sono acuti e che $\sin\alpha=\frac{3}{5}$, $\cos\beta=\frac{5}{13}$.

Per usare la formula di addizione $\sin(\alpha+\beta)=\sin\alpha\cos\beta+\cos\alpha\sin\beta$ calcoliamo $\cos\alpha$ e $\sin\beta$ con la prima relazione fondamentale.
Scegliamo il segno positivo dato che α e β sono acuti:

$$\cos\alpha=+\sqrt{1-\sin^2\alpha}=\sqrt{\frac{16}{25}}=\frac{4}{5} \quad \text{e} \quad \sin\beta=+\sqrt{1-\cos^2\beta}=\sqrt{\frac{144}{169}}=\frac{12}{13}.$$

Calcoliamo $\sin(\alpha+\beta)$:

$$\sin(\alpha+\beta)=\frac{3}{5}\cdot\frac{5}{13}+\frac{4}{5}\cdot\frac{12}{13}=\frac{15+48}{65}=\frac{63}{65}.$$

715 Dati gli angoli acuti α e β, con $\sin\alpha=\frac{1}{3}$ e $\cos\beta=\frac{2}{3}$, calcola $\cos(\alpha+\beta)$. $\left[\frac{4\sqrt{2}-\sqrt{5}}{9}\right]$

716 Calcola $\sin(\alpha-\beta)$, con $0<\alpha$ e $\beta<\frac{\pi}{2}$, sapendo che $\cos\alpha=\frac{4}{5}$ e $\cos\beta=\frac{1}{2}$. $\left[\frac{3-4\sqrt{3}}{10}\right]$

Utilizzando i dati forniti nelle figure, determina quanto richiesto.

717 ●●

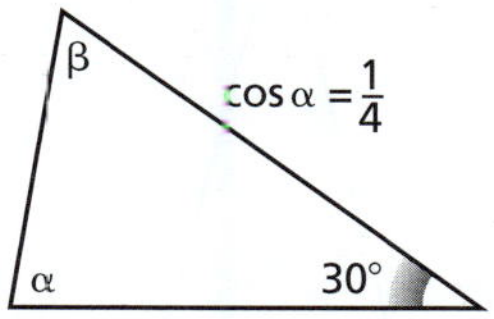

Determina $\tan\beta$. $\left[\frac{\sqrt{3}(4+\sqrt{5})}{3}\right]$

718 ●●

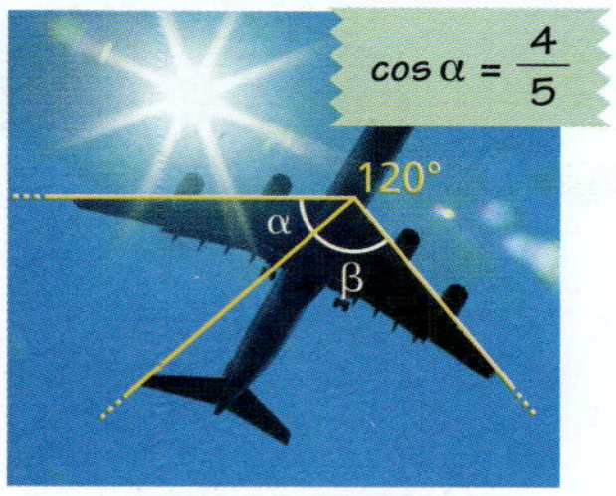

Determina $\sin\beta$. $\left[\frac{3+4\sqrt{3}}{10}\right]$

719 ●●

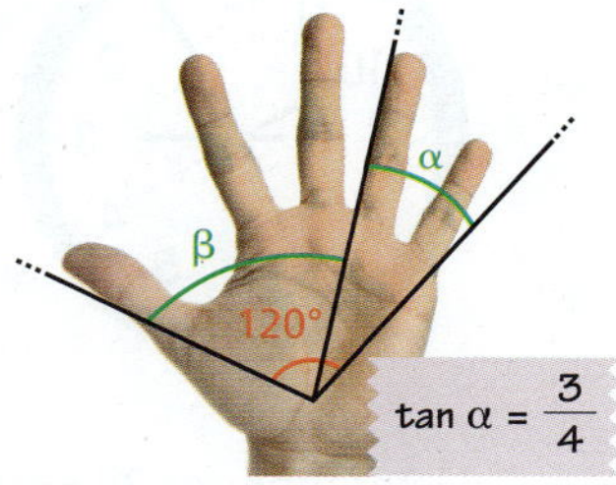

Determina $\tan\beta$. $\left[\frac{48+25\sqrt{3}}{11}\right]$

Formule di duplicazione

TEST

720 ●○ $\cos 2\beta$ non è uguale a:

- **A** $\cos^2\beta - \sin^2\beta$.
- **B** $2\cos^2\beta - 1$.
- **C** $\cos(-2\beta)$.
- **D** $2\cos\beta$.

721 ●○ $\frac{\sin 2\alpha}{2}$ è uguale a:

- **A** $\sin\alpha$.
- **B** $2\sin\alpha\cos\alpha$.
- **C** $\sin\alpha\cos\alpha$.
- **D** $\frac{\sin^2\alpha - \cos^2\alpha}{2}$.

722 ●○ **FAI UN ESEMPIO** per mostrare che $\cos 2\alpha \neq 2\cos\alpha$.

Calcolo di funzioni goniometriche

723 **ESERCIZIO GUIDATO** Senza determinare il valore di α, calcola $\sin 2\alpha$, $\cos 2\alpha$ e $\sin\left(2\alpha + \frac{\pi}{4}\right)$, sapendo che:
$\sin\alpha = \frac{3}{5}$ e $\frac{\pi}{2} < \alpha < \pi$.

- $\sin 2\alpha = 2\sin\alpha\cos\alpha$

  Determiniamo $\cos\alpha$ per mezzo della prima relazione fondamentale, osservando che $\cos\alpha$ deve essere negativo, poiché $\frac{\pi}{2} < \alpha < \pi$:

  $$\cos\alpha = \square\sqrt{1-\sin^2\alpha} = \square\sqrt{1-\frac{\square}{\square}} = -\sqrt{\frac{\square}{\square}} = -\frac{4}{5}.$$

  Sostituendo i valori di $\cos\alpha$ e $\sin\alpha$, otteniamo:

  $$\sin 2\alpha = 2\cdot\frac{3}{5}\cdot\left(-\frac{4}{5}\right) = -\frac{24}{25}.$$

- $\cos 2\alpha = \cos^2\alpha - \sin^2\alpha = \frac{\square}{\square} - \frac{\square}{\square} = \frac{7}{25}$

- $\sin\left(2\alpha + \frac{\pi}{4}\right) = \sin\square\cos\frac{\pi}{4} + \cos 2\alpha \sin\frac{\square}{\square}$ con la formula di addizione.

Sostituiamo i valori di $\sin\alpha$ e $\cos 2\alpha$:

$$\sin\left(2\alpha + \frac{\pi}{4}\right) = -\frac{24}{25}\cdot\frac{\square}{\square} + \frac{\square}{\square}\cdot\frac{\sqrt{2}}{2} = -\frac{17}{25}\cdot\frac{\sqrt{2}}{2}.$$

Calcola quanto è richiesto utilizzando le informazioni.

724 ●○ $\sin 2\alpha$. $\cos\alpha = \frac{3}{4}$, con $0 < \alpha < \frac{\pi}{2}$ $\left[\frac{3}{8}\sqrt{7}\right]$

725 ●○ $\cos 2\alpha$. $\sin\alpha = \frac{1}{4}$, con $0 < \alpha < \frac{\pi}{2}$ $\left[\frac{7}{8}\right]$

726 ●○

Determina $\cos 2\beta$ e $\tan 2\beta$. $\left[-\frac{1}{2}; -\sqrt{3}\right]$

727 ●●

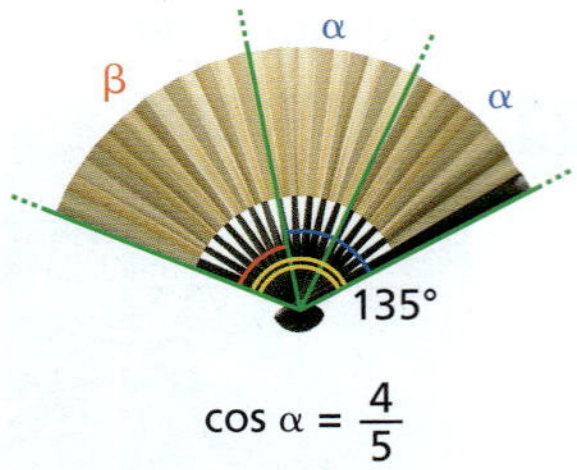

Determina $\sin \beta$. $\left[\frac{31\sqrt{2}}{50}\right]$

728 ●●

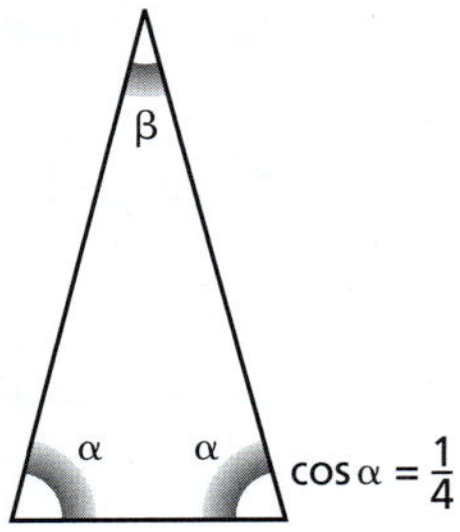

Calcola $\sin \beta$ e $\cos \beta$. $\left[\frac{\sqrt{15}}{8}; \frac{7}{8}\right]$

Formule di bisezione

729 ●● **TEST** Nel terzo quadrante l'angolo α ha il seno che vale $-0{,}8$. Quanto vale $\sin\frac{\alpha}{2}$?

A $-0{,}4$ **B** $0{,}4$ **C** $\frac{2}{\sqrt{5}}$ **D** $\frac{1}{\sqrt{5}}$

Calcolo di funzioni goniometriche

730 **ESERCIZIO GUIDA** Senza determinare il valore dell'angolo α, calcoliamo $\sin\frac{\alpha}{2}$, $\cos\frac{\alpha}{2}$, $\tan\frac{\alpha}{2}$, sapendo che $\sin\alpha = -\frac{12}{13}$ e $\pi < \alpha < \frac{3}{2}\pi$.

Poiché $\pi < \alpha < \frac{3}{2}\pi$, $\cos\alpha$ deve essere negativo. Da $\sin^2\alpha + \cos^2\alpha = 1$ ricaviamo il valore di $\cos\alpha$:

$$\cos\alpha = -\sqrt{1-\sin^2\alpha} = -\sqrt{1-\frac{144}{169}} = -\frac{5}{13}.$$

Inoltre, essendo $\pi < \alpha < \frac{3}{2}\pi$, si ha $\frac{\pi}{2} < \frac{\alpha}{2} < \frac{3}{4}\pi$, quindi il lato termine di $\frac{\alpha}{2}$ si trova nel secondo quadrante. Perciò $\sin\frac{\alpha}{2}$ deve essere positivo e $\cos\frac{\alpha}{2}$ negativo. Abbiamo:

$$\cos\frac{\alpha}{2} = -\sqrt{\frac{1+\cos\alpha}{2}} = -\sqrt{\frac{1-\frac{5}{13}}{2}} = -\sqrt{\frac{\cancel{8}^{\,4}}{13}\cdot\frac{1}{\cancel{2}}} = -\frac{2\sqrt{13}}{13},$$

$$\sin\frac{\alpha}{2} = +\sqrt{\frac{1-\cos\alpha}{2}} = \sqrt{\frac{1+\frac{5}{13}}{2}} = \sqrt{\frac{\cancel{18}^{\,9}}{13}\cdot\frac{1}{\cancel{2}}} = \frac{3\sqrt{13}}{13},$$

$$\tan\frac{\alpha}{2} = \frac{\sin\alpha}{1+\cos\alpha} = \frac{-\frac{12}{13}}{\frac{8}{13}} = -\frac{12}{8} = -\frac{3}{2}.$$

Calcola quanto è richiesto utilizzando le informazioni date.

731 ●○ Seno, coseno e tangente di $\frac{\alpha}{2}$. $\cos\alpha = \frac{3}{5}$, con $0 < \alpha < \frac{\pi}{2}$ $\left[\frac{\sqrt{5}}{5}; \frac{2\sqrt{5}}{5}; \frac{1}{2}\right]$

732 ●○ Seno, coseno e tangente di $\frac{\alpha}{2}$. $\sin\alpha = \frac{\sqrt{15}}{8}$, con $\frac{\pi}{2} < \alpha < \pi$ $\left[\frac{\sqrt{15}}{4}; \frac{1}{4}; \sqrt{15}\right]$

733 ●○ Seno, coseno e tangente di $\frac{\alpha}{2}$. $\cos\alpha = \frac{5}{7}$, con $\frac{\pi}{2} < \alpha < \pi$ $\left[\frac{\sqrt{7}}{7}; \frac{\sqrt{42}}{7}; \frac{\sqrt{6}}{6}\right]$

RISOLVIAMO UN PROBLEMA

Mezzogiorno e un quarto

Michele e Laura vogliono calcolare il seno dell'angolo formato dalle lancette delle ore e dei minuti della sveglia che vedi nella foto. Non hanno una calcolatrice scientifica. Come possono fare?

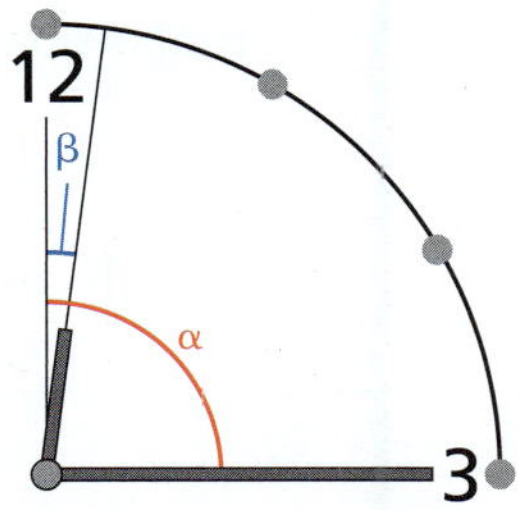

► Esprimiamo l'angolo come differenza di due angoli.

L'angolo formato dalle lancette vale $\alpha - \beta$, dove α e β sono gli angoli indicati in figura.

► Troviamo α.

L'angolo α è $\frac{1}{4}$ dell'angolo giro, quindi $\alpha = 90°$.

► Troviamo β.

Ogni ora la lancetta delle ore percorre un dodicesimo di angolo giro, cioè 30°. Poiché è passato un quarto d'ora dalle 12, la lancetta delle ore ha percorso un quarto del suo cammino tra le 12 e l'una, quindi $\beta = \frac{30°}{4} = 7,5°$.

► Calcoliamo il seno dell'angolo.

$$\sin(\alpha - \beta) = \sin(90° - 7,5°) = \cos 7,5°$$

Utilizziamo la formula di bisezione:

$$\cos 7,5° = \sqrt{\frac{1 + \cos 15°}{2}}.$$

Il valore di cos 15° si può ottenere con la formula di bisezione, applicata a $\cos\frac{30°}{2}$, oppure con la formula di sottrazione, applicata a $\cos(45° - 30°)$.
Troviamo:

$$\cos 15° = \frac{\sqrt{2} + \sqrt{6}}{4}.$$

Sostituiamo nella formula precedente:

$$\sin(\alpha - \beta) = \sqrt{\frac{1 + \frac{\sqrt{2}+\sqrt{6}}{4}}{2}} = \frac{1}{2}\sqrt{\frac{4 + \sqrt{2} + \sqrt{6}}{2}}.$$

► Ora prova tu!

Un orologio si è fermato alle 4:45. Calcola il coseno dell'angolo compreso tra le due lancette.

$$\left[\frac{\sqrt{2-\sqrt{2}} - \sqrt{6+3\sqrt{2}}}{4}\right]$$

VERIFICA DELLE COMPETENZE ALLENAMENTO

UTILIZZARE TECNICHE E PROCEDURE DI CALCOLO

Esponenziali e logaritmi

Risolvi le seguenti equazioni esponenziali.

1 $9^{2x-1} = 27$ $\left[\frac{5}{4}\right]$

2 $3^x + 4 \cdot 3^x = 3^{x+1} + 6$ $[1]$

3 $25^x - 4 \cdot 5^x = 2 \cdot 5^x - 5$ $[0; 1]$

4 $3^{2x} + 6 \cdot 3^x + 8 = 0$ [impossibile]

5 $2^{x+2} - 2^{x-1} - 2^{x-2} = 26$ $[3]$

6 $5^x + 5^{-x-1} = \frac{6}{5}$ $[-1; 0]$

Risolvi le seguenti disequazioni esponenziali.

7 $4^{1-x} > \left(\frac{1}{2}\right)^{3x+4}$ $[x > -6]$

8 $5^{x+1} - 5^{x-2} < 0$ [impossibile]

9 $4 \cdot 2^{3x} - 4^{x+2} < 0$ $[x < 2]$

10 $4^{2x} - 17 \cdot 4^x + 16 < 0$ $[0 < x < 2]$

11 $15 \cdot \sqrt{9^{x+4}} \leq 5 \cdot 81^{4x-1}$ $\left[x \geq \frac{3}{5}\right]$

12 $(4 - 2^{3x})(x - 1) \geq 0$ $\left[\frac{2}{3} \leq x \leq 1\right]$

Risolvi le seguenti equazioni logaritmiche.

13 $\log(2 - x) = 2\log 2$ $[-2]$

14 $\log_4 x + \log_4(x - 1) = \log_4(3x - 4)$ $[2]$

15 $\ln^2 x - 4\ln x = 0$ $[1; e^4]$

16 $\log(x + 5) - \log(x + 3) = \log 4$ $\left[-\frac{7}{3}\right]$

17 $\log(x - 2) - \log(x + 1) = \log 6$ [impossibile]

18 $\log 7 + \log(x - 3) - \log x = \log 14 - \log(x + 1)$ $[2 + \sqrt{7}]$

Risolvi le seguenti disequazioni logaritmiche.

19 $\log_{\frac{2}{3}}(3x - 1) > 1$ $\left[\frac{1}{3} < x < \frac{5}{9}\right]$

20 $\log_2(4x + 6) - \log_2(5 + x) \leq 1$ $\left[-\frac{3}{2} < x \leq 2\right]$

21 $\ln(x + 1) - 2\ln(x - 2) + \ln(x - 1) < 0$ [imp.]

22 $\log_5(4^{2x} + 1) > 1$ $\left[x > \frac{1}{2}\right]$

23 $\frac{1}{2}\log_3 x - \log_9 x \log_3 x \leq 0$ $[0 < x \leq 1 \vee x \geq 3]$

24 $\log(3x - 2) \geq \log(x + 4)$ $[x \geq 3]$

Risolvi con i logaritmi le seguenti equazioni e disequazioni esponenziali.

25 $4 \cdot 5^x = 3^{2x+1}$ $\left[\frac{\log 3 - \log 4}{\log 5 - 2\log 3}\right]$

26 $9^x - 3^{x+1} - 10 = 0$ $\left[\frac{\log 5}{\log 3}\right]$

27 $2^x - 3^x > -2^{x+1}$ $\left[x < \frac{\log 3}{\log 3 - \log 2}\right]$

28 $4^x + 1 < 2^{2x+2}$ $\left[x > -\frac{\log 3}{\log 4}\right]$

Funzioni goniometriche

29 **VERO O FALSO?**

a. $\sin(-\alpha) = -\sin\alpha$ V F

b. $\cot\left(\frac{\pi}{2} - \alpha\right) = -\tan\alpha$ V F

c. $\cos(\pi - \alpha) = -\cos\alpha$ V F

d. $\sin(2\pi - \alpha) = -\sin\alpha$ V F

e. $\tan(\pi + \alpha) = \tan\alpha$ V F

TEST

30 Quale delle seguenti uguaglianze è sempre vera?

A $\sin(\pi+\alpha)=\cos(\pi+\alpha)$

B $\tan(-\alpha)=\tan(\pi-\alpha)$

C $\tan\left(\frac{\pi}{2}+\alpha\right)=\frac{1}{\tan\alpha}$

D $\sin(-\alpha)=-\cos\alpha$

31 Quanto vale l'espressione

$\sin 13°\cos 17°+\cos 13°\sin 17°$?

A 1

B 0,5

C -1

D $-0,5$

Calcola il valore delle funzioni indicate utilizzando le informazioni fornite.

32 $\cos\alpha$ e $\tan\alpha$. $\sin\alpha=\frac{5}{13}$, $\frac{\pi}{2}<\alpha<\pi$ $\left[-\frac{12}{13};-\frac{5}{12}\right]$

33 $\tan\alpha$ e $\sin(-\alpha)$. $\cos\alpha=-\frac{2}{3}$, $\pi<\alpha<\frac{3}{2}\pi$ $\left[\frac{\sqrt{5}}{2};\frac{\sqrt{5}}{3}\right]$

34 $\cos\alpha$ e $\tan\alpha$. $\sin\alpha=\frac{15}{17}$, $\frac{\pi}{2}<\alpha<\pi$ $\left[-\frac{8}{17};-\frac{15}{8}\right]$

35 $\sin\alpha$ e $\tan\alpha$. $\cos\alpha=\frac{39}{89}$, $\frac{3}{2}\pi<\alpha<2\pi$ $\left[-\frac{80}{89};-\frac{80}{39}\right]$

36 $\cos\left(\frac{\pi}{2}-\alpha\right)$, $\sin\left(\frac{\pi}{2}+\alpha\right)$, $\tan(\pi-\alpha)$. $\sin\alpha=-\frac{5}{13}$, con $-\frac{\pi}{2}<\alpha<0$ $\left[-\frac{5}{13};\frac{12}{13};\frac{5}{12}\right]$

37 $\sin 2\alpha$ e $\tan 2\alpha$. $\sin\alpha=\frac{1}{3}$, con $0<\alpha<\frac{\pi}{2}$ $\left[\frac{4}{9}\sqrt{2};\frac{4}{7}\sqrt{2}\right]$

38 $\cos\alpha$ $\cos\frac{\alpha}{2}=-\frac{1}{3}$, con $\pi<\alpha<2\pi$ $\left[-\frac{7}{9}\right]$

39 $\sin(\alpha+\beta)$ $\cos\alpha=\frac{1}{3}$, $\sin\beta=\frac{1}{4}$, con $0<\alpha<\frac{\pi}{2}$, $\frac{\pi}{2}<\beta<\pi$ $\left[\frac{-2\sqrt{30}+1}{12}\right]$

40 $\cos(\alpha-\beta)$ $\sin\alpha=\frac{5}{7}$, $\sin\beta=\frac{3}{7}$, con $0<\alpha<\frac{\pi}{2}$, $\frac{\pi}{2}<\beta<\pi$ $\left[\frac{15-8\sqrt{15}}{7}\right]$

Calcola il valore delle seguenti espressioni.

41 $\cos\frac{4\pi}{3}-\sin\left(-\frac{\pi}{4}\right)-\sin\frac{7\pi}{6}-\cos\frac{3\pi}{2}$ $\left[\frac{\sqrt{2}}{2}\right]$

42 $\tan\frac{2\pi}{3}-\cos\frac{5\pi}{4}+\cos\frac{11\pi}{6}-\sin\frac{3\pi}{4}$ $\left[-\frac{\sqrt{3}}{2}\right]$

43 $\sin\frac{7\pi}{4}+4\cos\frac{11\pi}{6}-3\tan\left(-\frac{\pi}{6}\right)-\cos\left(-\frac{\pi}{4}\right)$ $[3\sqrt{3}-\sqrt{2}]$

44 $\cos\left(-\frac{\pi}{2}\right)+\tan\frac{5\pi}{4}+\sin\left(-\frac{3\pi}{2}\right)+\tan\left(\frac{11\pi}{6}\right)$ $\left[2-\frac{\sqrt{3}}{3}\right]$

45 $\sqrt{3}\cos 30°-\sqrt{3}\sin 60°-\sin 45°+\cos 45°-8\sin^2 30°$ $[-2]$

46 ●○ $\left(2\cos\frac{\pi}{6}-4\sin\frac{\pi}{4}\right)^2+16\sin\frac{\pi}{4}\left(\cos\frac{\pi}{6}+\cos\frac{\pi}{3}\right)-\sin\frac{\pi}{2}$ $[10+4\sqrt{2}]$

47 ●○ $3\tan 180°-4\cos 330°\sin 300°-\sqrt{2}\cos(-45°)-12\sqrt{2}\cos(-45°)$ $[-10]$

48 ●● $\sqrt{3}\sin\frac{\pi}{3}-\sqrt{2}\cos\frac{\pi}{4}+\cos\frac{\pi}{2}\left(\sin\frac{\pi}{4}+\cos\frac{\pi}{3}\right)^2-\left(\sin\frac{\pi}{3}-2\cos\frac{\pi}{6}\right)^2$ $\left[-\frac{1}{4}\right]$

49 ●● $2\left(\sin\frac{\pi}{6}+\cos\frac{\pi}{3}\right)-2\sin\frac{\pi}{2}+\tan 0-\tan\frac{\pi}{4}\left(\cos\frac{\pi}{6}+\sin\frac{\pi}{3}\right)$ $[-\sqrt{3}]$

50 ●● $\cos(-30°)+\sin(-60°)+\sin 210°-\tan 225°-2$ $\left[-\frac{7}{2}\right]$

Semplifica le seguenti espressioni.

51 ●○ $\left(\frac{1}{\cos^2\alpha}+\tan^2\alpha\right)\cos^2\alpha$ $[1+\sin^2\alpha]$

52 ●○ $1+\frac{1}{\cos^2\alpha}+\tan^2\alpha-\frac{1}{\sin^2\alpha}\cdot\tan^2\alpha$ $\left[\frac{1}{\cos^2\alpha}\right]$

53 ●○ $\frac{\sin(90°+\alpha)+\cos(90°+\alpha)\tan(90°-\alpha)}{\cos\alpha}$ $[0]$

54 ●○ $\cos(\pi+\alpha)+\sin^2(-\alpha)+\tan(\alpha+\pi)\tan\left(\alpha+\frac{\pi}{2}\right)+\sin\left(\frac{\pi}{2}+\alpha\right)$ $[-\cos^2\alpha]$

55 ●○ $\cos(-a)+\sin(90°-\alpha)+\cos(\alpha-360°)-\sin(90°+\alpha)$ $[2\cos\alpha]$

56 ●○ $\sin\left(\frac{\pi}{3}-x\right)-\cos\left(\frac{\pi}{6}-x\right)$ $[-\sin x]$

57 ●○ $\sin(-\alpha)\cos(\alpha+60°)+\frac{1}{4}\sin 2\alpha+\frac{\sqrt{3}}{2}\cos^2\alpha$ $\left[\frac{\sqrt{3}}{2}\right]$

58 ●○ $\tan\left(\alpha+\frac{\pi}{4}\right)-\frac{\cos 2\alpha}{1-2\sin^2\alpha}$ $\left[\frac{2\tan\alpha}{1-\tan\alpha}\right]$

59 ●○ $\sqrt{2}\cos\left(\frac{\pi}{4}+\alpha\right)-\tan(\pi-\alpha)\cos\alpha$ $[\cos\alpha]$

60 ●○ $4[\cos(\alpha-30°)+\sin(-60°)\cos\alpha]+2\cos(90°+\alpha)$ $[0]$

61 ●○ $2\cos\left(x-\frac{\pi}{4}\right)+4\cos\left(\frac{7}{4}\pi+x\right)-3\sqrt{2}\sin x$ $[3\sqrt{2}\cos x]$

ANALIZZARE E INTERPRETARE DATI E GRAFICI

Esponenziali e logaritmi

Disegna il grafico delle seguenti funzioni.

62 ●○ $y=2^{x+1}-3$

63 ●○ $y=\ln(x+2)$

64 ●○ $y=-\left(\frac{1}{2}\right)^x+2$

65 ●○ $y=|\log_2 x+1|$

66 ●○ $y=-3^{-x}+2$

67 ●○ $y=1-\log(x+2)$

68 ●○ $y=-\log(x-3)$

69 ●● $y=|2^x-1|$

Determina il dominio delle seguenti funzioni.

70 ●● $y=2^{\frac{x}{x-1}}$ $[x\neq 1]$

71 ●○ $y=\log(x+5)-\log(6-x)+2$ $[-5<x<6]$

72 ●● $y=\sqrt{\log\frac{x}{x-3}}$ $[x>3]$

73 ●● $y=\frac{x}{\log(x+1)}$ $[x>-1\wedge x\neq 0]$

74 $y = \log_3 \log_2 x$ $[x > 1]$

75 $y = \sqrt{1 - \log^2 x}$ $\left[\frac{1}{10} \le x \le 10\right]$

76 $y = \log(10^x + 4) - \log(10^x - 5)$ $[x > \log 5]$

77 $y = \log \frac{x-2}{x^2 - x}$ $[0 < x < 1 \vee x > 2]$

78 Disegna il grafico della funzione $f(x) = -2^{x+1}$, poi applica a $f(x)$ la traslazione di vettore $\vec{t}(1; 1)$ e alla funzione traslata la simmetria rispetto all'asse y. Della funzione così ottenuta scrivi l'espressione analitica e traccia il grafico.
$\left[y = -\left(\frac{1}{2}\right)^x + 1\right]$

79 Data la funzione $y = \log_4 x$, applica a essa, in sequenza, la traslazione di vettore $\vec{t}(2; -3)$ e la simmetria rispetto all'asse x. Rappresenta graficamente la funzione ottenuta ed esprimila analiticamente.
$[y = 3 - \log_4(x - 2)]$

Funzioni goniometriche

80 Un triangolo ha gli angoli α, β, γ tali che $\alpha = \frac{1}{3}\beta$ e $\beta = \gamma$. Trova la misura in radianti degli angoli α, β, γ.
$\left[\alpha = \frac{\pi}{7}; \beta = \gamma = \frac{3}{7}\pi\right]$

81 Dato il triangolo rettangolo della figura, è noto che $\sin\beta = \frac{4}{5}$. Calcola $\tan\beta$, $\cos\gamma$ e $\tan\delta$.
$\left[\frac{4}{3}; \frac{4}{5}; -\frac{4}{3}\right]$

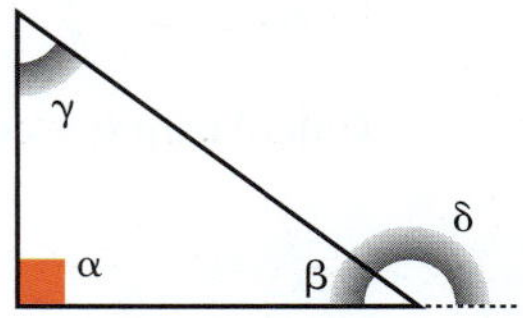

82

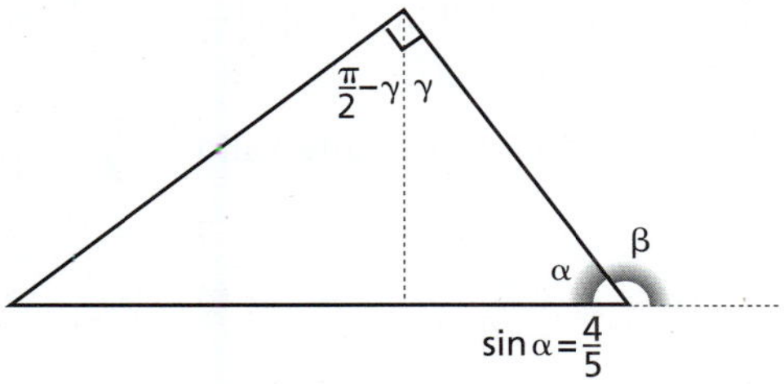

Trova: $\cos\beta$, $\tan\gamma$, $\cos\left(\frac{\pi}{2} - \gamma\right)$. $\left[-\frac{3}{5}; \frac{3}{4}; \frac{3}{5}\right]$

83

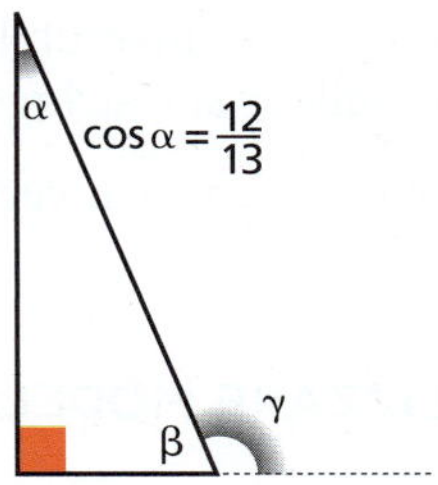

Calcola: $\tan\beta$, $\cos\gamma$, $\sin(\pi + \gamma)$.
$\left[\frac{12}{5}; -\frac{5}{13}; -\frac{12}{13}\right]$

84

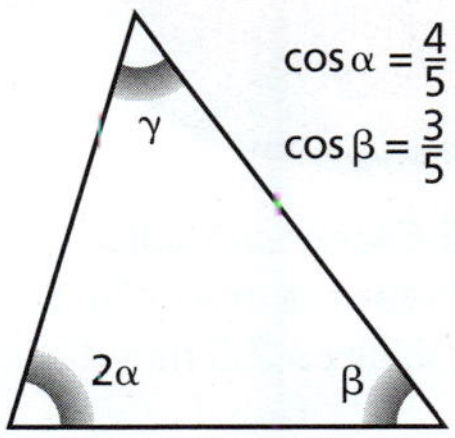

Calcola $\sin\gamma$ e $\cos\gamma$.
$\left[\frac{4}{5}; \frac{3}{5}\right]$

85

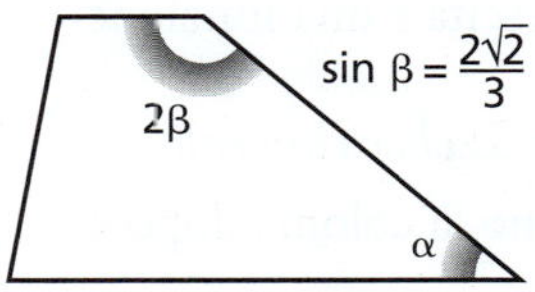

Calcola $\sin\alpha$.
$\left[\frac{4\sqrt{2}}{9}\right]$

86

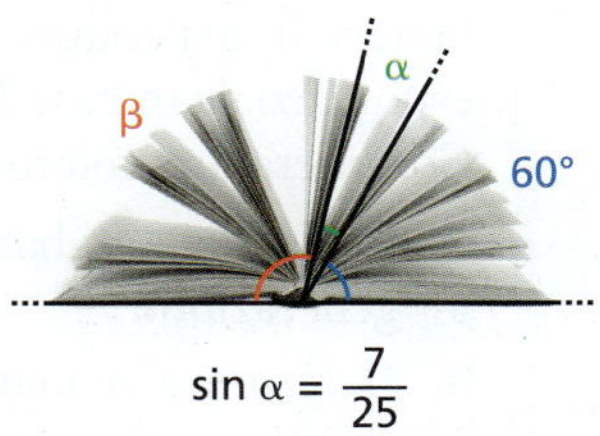

Calcola $\cos\beta$.
$\left[\frac{7\sqrt{3} - 24}{50}\right]$

Disegna i grafici delle seguenti funzioni.

87 $y = 4\sin x - 1$

88 $y = \cos\left(\frac{\pi}{6} + x\right)$

89 $y = -\cos(x + \pi)$

90 $y = -\sin x + 2$

91 $y = \sin\left(x - \frac{\pi}{4}\right) - 1$

92 $y = -\cos x + 2$

Scrivi le equazioni dei seguenti grafici.

93

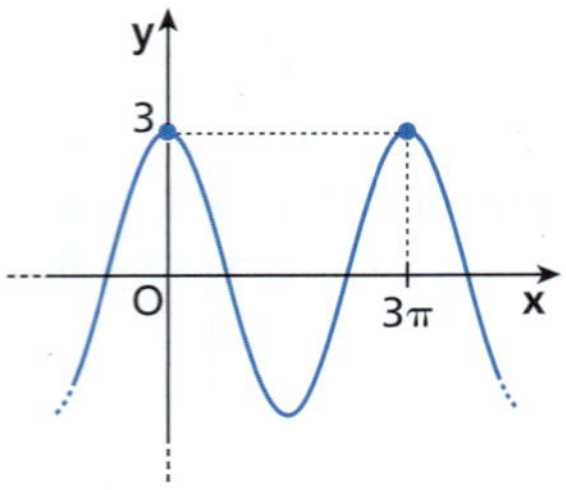

94

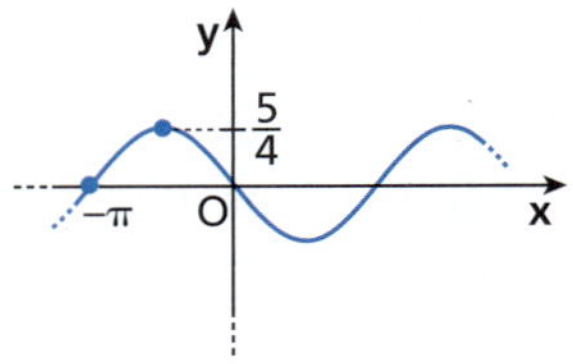

95

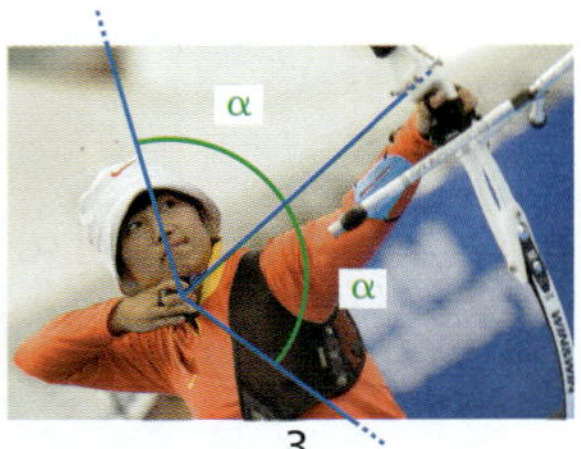

$\cos 2\alpha = -\frac{3}{4}$

Calcola sin α e cos α.

$\left[\frac{\sqrt{14}}{4}; \frac{\sqrt{2}}{4}\right]$

96

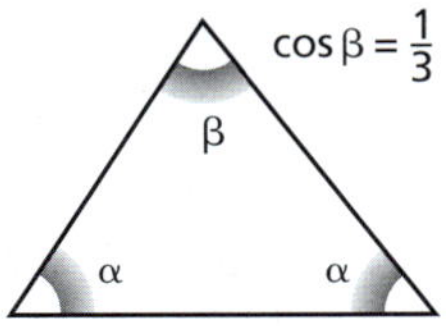

Trova cos α.

$\left[\frac{\sqrt{3}}{3}\right]$

97

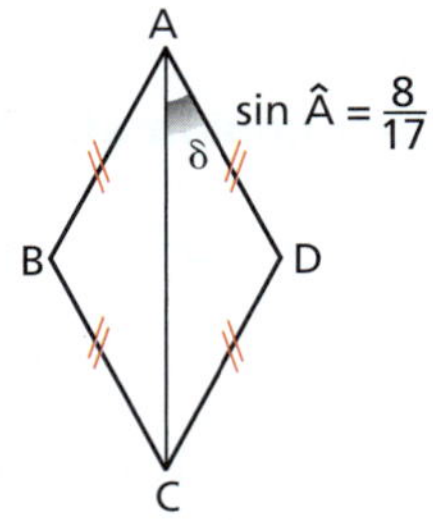

Determina: tan δ, sin $\widehat{B}$, cos $\widehat{B}$.

$\left[\frac{1}{4}; \frac{8}{17}; -\frac{15}{17}\right]$

98 Spiega perché la funzione seno è invertibile se si restringe il suo dominio all'intervallo $\left[-\frac{\pi}{2}; \frac{\pi}{2}\right]$, mentre la funzione coseno è invertibile se si restringe il suo dominio all'intervallo $[0; \pi]$.

99 Spiega perché la funzione tangente è invertibile se si restringe il suo dominio all'intervallo $\left]-\frac{\pi}{2}; \frac{\pi}{2}\right[$.

COSTRUIRE E UTILIZZARE MODELLI

Esponenziali e logaritmi

100 **Una popolazione batterica** La crescita dei batteri avviene per divisione cellulare, perciò in un dato intervallo di tempo (che dipende da vari fattori) raddoppia il numero dei batteri di una coltura e la legge di crescita è una funzione esponenziale in base 2.

Considera una colonia di 1000 batteri *Escherichia coli*.

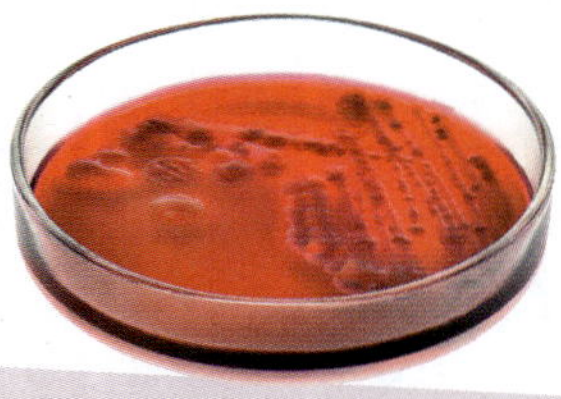

coltura di *Escherichia coli*; tempo necessario a una cellula per duplicarsi: circa 20 minuti.

a. Calcola quanti batteri compongono la colonia dopo 4 generazioni.
b. Determina in quanto tempo è avvenuta tale crescita.
c. Esprimi la legge di crescita in funzione del numero n di generazioni.
d. Calcola la velocità media di crescita (variazione del numero di cellule per unità di tempo).
e. Da quanti batteri sarà costituita la colonia dopo 4 ore?

101 **Cavolo logaritmico** Il broccolo romanesco ha una struttura molto affascinante: la parte che si consuma normalmente è composta da una serie di infiorescenze disposte lungo una spirale logaritmica. Il processo di accrescimento del raggio delle infiorescenze (o rosette) si può descrivere con l'equazione

$r = 2 \cdot 10^{-4} \cdot e^{\frac{1}{7}t}$ (t indica il tempo in giorni e r il raggio in cm).

Il broccolo è maturo quando il raggio delle rosette più grandi è compreso tra 4 cm e 8 cm. Quanti giorni impiega a maturare?

[circa 70 giorni]

102 ●● **Nel Web** Un sito web possiede attualmente circa 300 000 iscritti, in crescita del 10% all'anno.

a. Scrivi l'equazione della funzione $N(t)$ che descrive la crescita del numero degli iscritti al sito al trascorrere del tempo t, misurato in anni.

b. Se il tasso di crescita rimane costante nel tempo, quanti iscritti al sito ci saranno tra 5 anni?

c. Se gli iscritti diminuissero del 3% all'anno anziché aumentare, quale sarebbe il loro numero dopo 5 anni?

[a) $N(t) = 300\,000 \cdot 1{,}1^t$; b) circa 483 000; c) circa 258 000]

Funzioni goniometriche

103 ●○ **Pedala!** Marta ha una bicicletta con le ruote che hanno raggi di 28 cm.

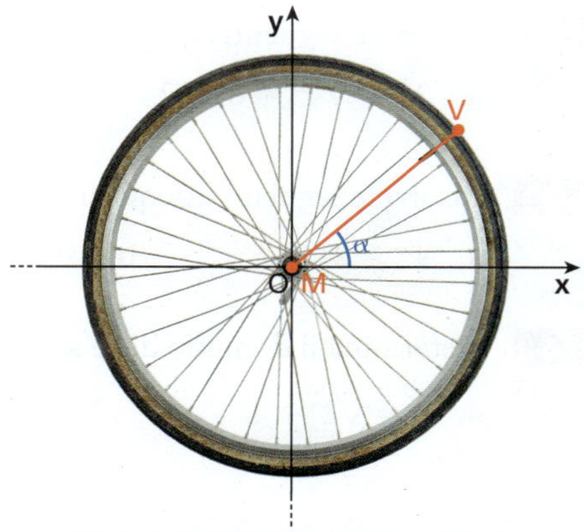

a. Scrivi la funzione che rappresenta l'altezza y del punto V sulla periferia della ruota (in corrispondenza della valvola), rispetto all'altezza del mozzo M, in funzione dell'angolo α.

b. Determina l'altezza rispetto al suolo del punto V quando α vale 150°. Quanto vale α quando l'altezza è 0?

c. Partendo da $\alpha = 0$, Marta pedala facendo compiere alla valvola un angolo di 1500°. Quanta strada ha percorso?

[a) $y = 28 \sin \alpha$; b) 42 cm; 270°; c) 7,33 m]

104 ●○ **In Bretagna** La marea è un moto periodico di oceani e mari che si innalzano e abbassano anche di 10-15 metri, solitamente ogni sei ore circa. L'ampiezza (detta *altezza dell'onda di marea*, uguale al dislivello tra bassa e alta marea) dipende dalla conformazione della costa e del terreno.
Al molo di un villaggio in Bretagna una tabella riporta giorno per giorno gli orari della marea e precisa che l'altezza dell'acqua sul pilone del molo varia da 0,8 a 9,5 m. Per un certo giorno sono segnati i seguenti orari: alta marea ore 4:03; bassa marea ore 10:14; alta marea ore 16:25; bassa marea ore 22:36.

a. Trova l'altezza media dell'acqua sul pilone, l'ampiezza della variazione e il periodo, in minuti, dell'onda di marea di quel giorno.

b. La variazione dell'altezza del livello dell'acqua nel tempo può essere descritta da una funzione goniometrica; scrivi l'equazione di tale funzione fissando il tempo 0 in corrispondenza delle ore 4:03 e il livello 0 in corrispondenza dell'altezza media dell'acqua.

$\left[\text{a) } h_{media} = 5{,}15 \text{ m}; A = 4{,}35 \text{ m}; T = 742 \text{ min; b) } h(t) = 4{,}35 \cos\left(\frac{2\pi}{742}\right)\right]$

105 ●●

Riesenrad Nel 1897 fu costruita a Vienna la Riesenrad, una ruota panoramica utilizzata ancora oggi. La funzione che descrive l'altezza del passeggero al variare del tempo, espresso in minuti, è $h(t) = 34{,}5 - 30{,}5 \cos\left(\frac{\pi}{2} t\right)$.

a. Quanto tempo impiega la ruota panoramica per fare un giro completo?

b. Quanto dista da terra il punto più basso della ruota? E quello più alto? A che altezza dal suolo si trova il passeggero dopo 30 secondi dalla partenza?

[a) 4 min; b) $h_{min} = 4$ m; $h_{max} = 65$ m; $h(0{,}5) \simeq 12{,}9$ m]

VERIFICA DELLE COMPETENZE

VERIFICA DELLE COMPETENZE PROVE

1 ora

PROVA A

1 ..../25 Disegna i grafici delle seguenti funzioni.

a. $y = 5^x + 2$ **b.** $y = -\left(\frac{1}{3}\right)^{x-1}$ **c.** $y = -\log_2 x + 1$

2 ..../30 Risolvi le seguenti equazioni.

a. $2^{4x+1}\sqrt{4^x} = 8^x \cdot 32$ **b.** $5^x + \frac{5}{5^x} = 6$ **c.** $\log_2(4x+6) - \log_2(5+x) = 1$

3 ..../30 Risolvi le seguenti disequazioni.

a. $4^x > 2^{5-x}$ **b.** $3^{2x} - 8 \cdot 3^x < 9$ **c.** $\log_3 x - \log_{\frac{1}{3}} x < 0$

4 ..../15 Determina il dominio delle seguenti funzioni.

a. $y = \sqrt{2^x - 4}$ **b.** $y = \frac{x-1}{27^x - 81}$ **c.** $y = \frac{1}{\log_2 x}$

Punti totali ..../100

Controlla i risultati sul sito del libro.

PROVA B

1 ..../15 Sapendo che $\sin\alpha = \frac{1}{3}$ e $\frac{\pi}{2} < \alpha < \pi$, calcola: $\cos\alpha$, $\tan\alpha$ e $\tan\left(\frac{\pi}{2} - \alpha\right)$.

2 ..../20 Calcola il valore delle seguenti espressioni.

a. $\sin\frac{\pi}{6} + \left(\cos\frac{\pi}{2} + \tan\frac{\pi}{3}\right)^2 - \cos\frac{2}{3}\pi \cdot \tan\frac{3}{4}\pi$ **b.** $\sin 72° \cos 18° + \cos 72° \sin 18°$

3 ..../15 Semplifica la seguente espressione: $\sin(180° - \alpha)\tan(90° - \alpha) - \cos(-\alpha) + \sin(\alpha - 90°) - \cos(360° + \alpha)$.

4 ..../10 Determina il periodo e l'insieme immagine della funzione $y = 4\sin\left(\frac{x}{2} + \frac{\pi}{3}\right)$.

5 ..../20 Disegna il grafico delle seguenti funzioni.

a. $y = \sin\left(x + \frac{\pi}{2}\right) - 1$ **b.** $y = 2\sin 2x + 2$

6 ..../20 **Sprint finale** L'ultima parte di una gara di triathlon prevede un rettilineo in salita con 25° di pendenza e lungo 100 m. Calcola il dislivello tra il punto in cui inizia la salita e il punto in cui finisce.

Punti totali ..../100

Controlla i risultati sul sito del libro.